중학 수학 내신 대비 기출문제집

3-2 중간고사

정답과 풀이는 EBS 중학사이트(mid.ebs.co.kr)에서 다운로드 받으실 수 있습니다.

중학 수학 내신 대비 기출문제집

3-2 중간고사

구성과 활용법

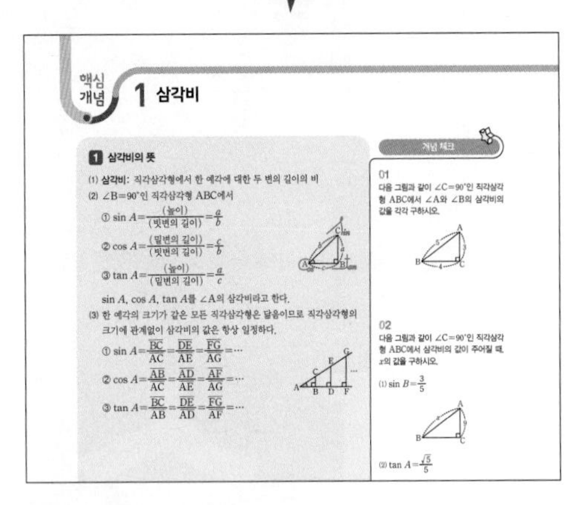

핵심 개념 + 개념 체크

체계적으로 정리된 교과서 개념을 통해 학습한 내용을 복습하고, 개념 체크 문제를 통해 자신의 실력을 점검할 수 있습니다.

2

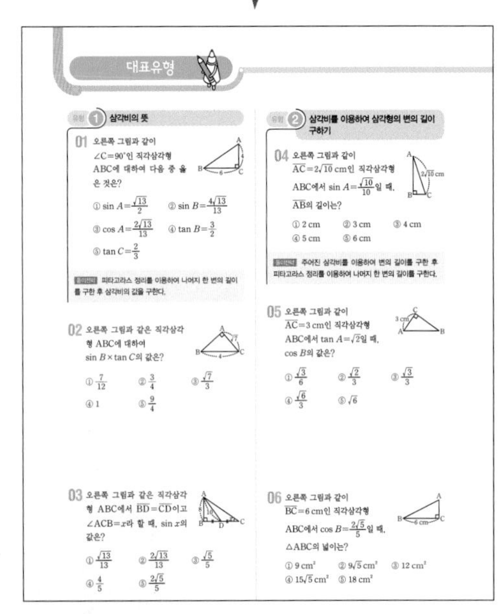

대표 유형 학습

중단원별 출제 빈도가 높은 대표 유형을 선별하여 유형별 유제와 함께 제시하였습니다.

대표 유형별 풀이 전략을 함께 파악하며 문제 해결 능력을 기를 수 있습니다.

부록

8

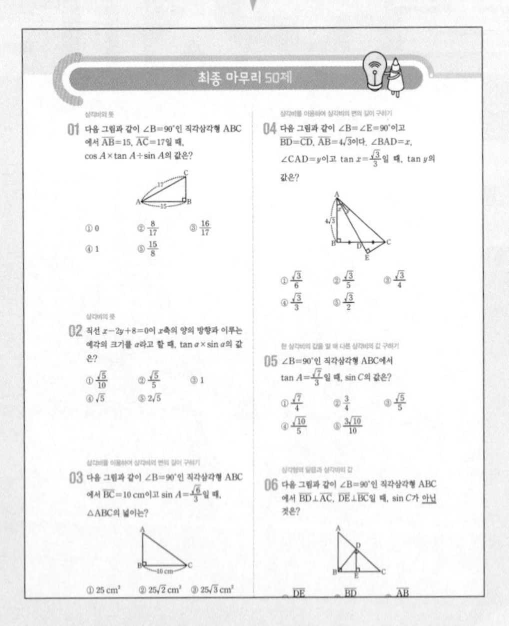

최종 마무리 50제

시험 직전, 최종 실력 점검을 위해 50문제를 선별했습니다. 유형별 문항으로 부족한 개념을 바로 확인하고 학교 시험 준비를 완벽하게 마무리할 수 있습니다.

7

실전 모의고사 1회

실전 모의고사(3회)

실제 학교 시험과 동일한 형식으로 구성한 3회분의 모의고사를 통해, 충분한 실전 연습으로 시험에 대비할 수 있습니다.

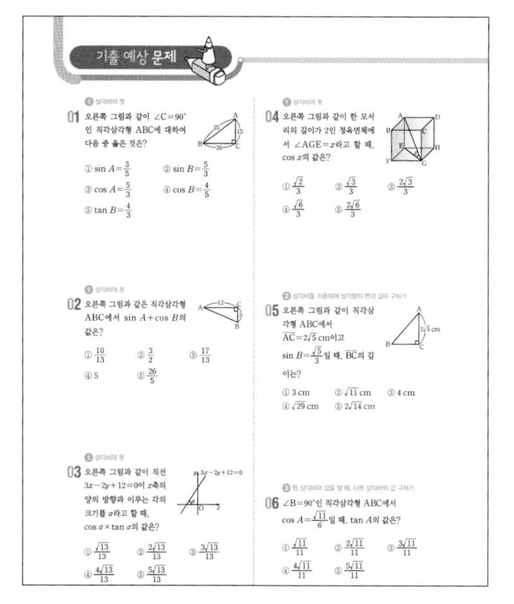

기출 예상 문제

학교 시험을 분석하여 기출 예상 문제를 구성하였습니다. 학교 선생님이 직접 출제하신 적중률 높은 문제들로 대표 유형을 복습할 수 있습니다.

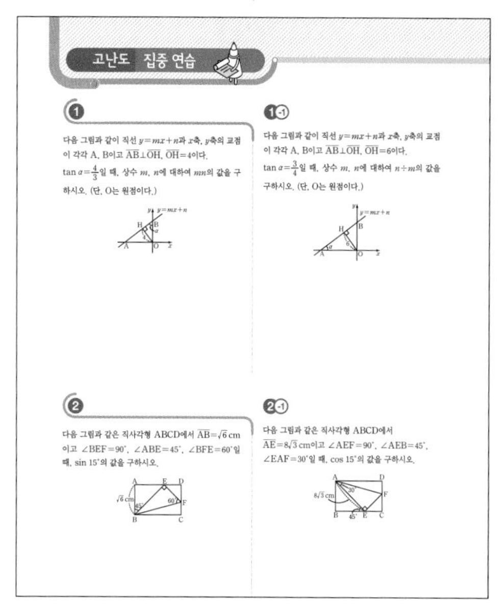

고난도 집중 연습

중단원별 틀리기 쉬운 유형을 선별하여 구성하였습니다. 쌍둥이 문제를 다시 한 번 풀어보며 고난도 문제에 대한 자신감을 키울 수 있습니다.

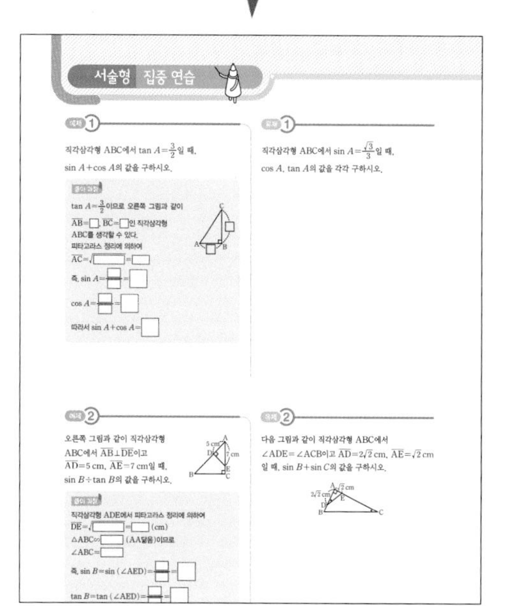

서술형 집중 연습

서술형으로 자주 출제되는 문제를 제시하였습니다. 예제의 빈칸을 채우며 풀이 과정을 서술하는 방법을 연습하고, 유제와 해설의 채점 기준표를 통해 서술형 문제에 완벽하게 대비할 수 있습니다.

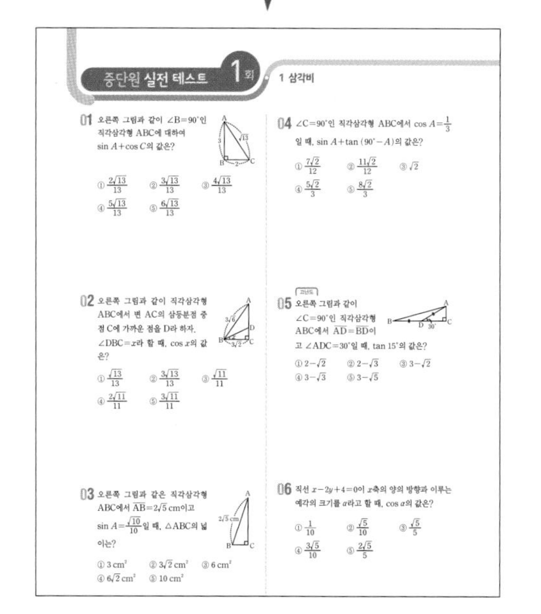

중단원 실전 테스트(2회)

고난도와 서술형 문제를 포함한 실전 형식 테스트를 2회 구성했습니다. 중단원 학습을 마무리하며 자신이 보완해야 할 부분을 파악할 수 있습니다.

이 책의 차례

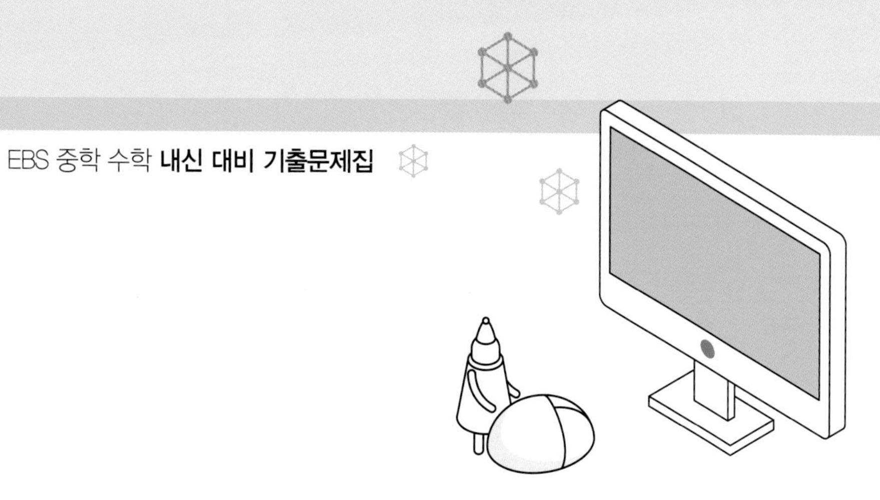

학습 계획표

매일 일정한 분량을 계획적으로 학습하고, 공부한 후 '학습한 날짜'를 기록하며 체크해 보세요.

	대표 유형 학습	기출 예상 문제	고난도 집중 연습	서술형 집중 연습	중단원 실전 테스트 1회	중단원 실전 테스트 2회
삼각비	/	/	/	/	/	/
삼각비의 활용	/	/	/	/	/	/
원과 직선	/	/	/	/	/	/
원주각	/	/	/	/	/	/

	실전 모의고사 1회	실전 모의고사 2회	실전 모의고사 3회	최종 마무리 50제
부록	/	/	/	/

V. 삼각비

1

삼각비

핵심 개념 1 삼각비

1 삼각비의 뜻

(1) **삼각비:** 직각삼각형에서 한 예각에 대한 두 변의 길이의 비

(2) $\angle B=90^\circ$인 직각삼각형 ABC에서

① $\sin A=\dfrac{(\text{높이})}{(\text{빗변의 길이})}=\dfrac{a}{b}$

② $\cos A=\dfrac{(\text{밑변의 길이})}{(\text{빗변의 길이})}=\dfrac{c}{b}$

③ $\tan A=\dfrac{(\text{높이})}{(\text{밑변의 길이})}=\dfrac{a}{c}$

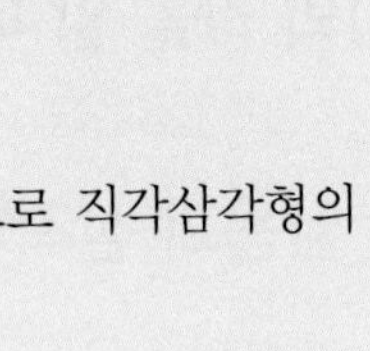

$\sin A$, $\cos A$, $\tan A$를 $\angle$A의 삼각비라고 한다.

(3) 한 예각의 크기가 같은 모든 직각삼각형은 닮음이므로 직각삼각형의 크기에 관계없이 삼각비의 값은 항상 일정하다.

① $\sin A=\dfrac{\overline{BC}}{\overline{AC}}=\dfrac{\overline{DE}}{\overline{AE}}=\dfrac{\overline{FG}}{\overline{AG}}=\cdots$

② $\cos A=\dfrac{\overline{AB}}{\overline{AC}}=\dfrac{\overline{AD}}{\overline{AE}}=\dfrac{\overline{AF}}{\overline{AG}}=\cdots$

③ $\tan A=\dfrac{\overline{BC}}{\overline{AB}}=\dfrac{\overline{DE}}{\overline{AD}}=\dfrac{\overline{FG}}{\overline{AF}}=\cdots$

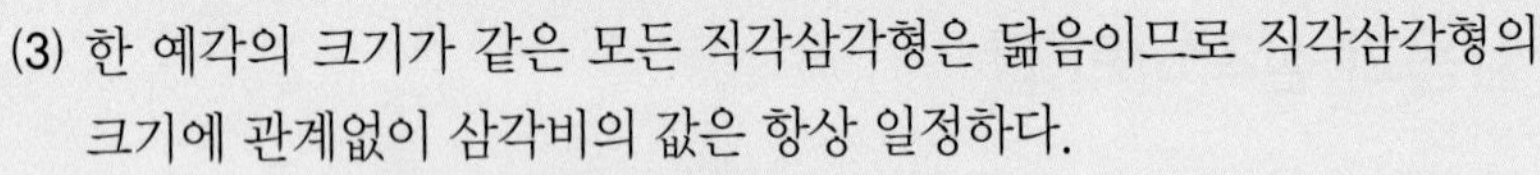

2 30°, 45°, 60°의 삼각비의 값

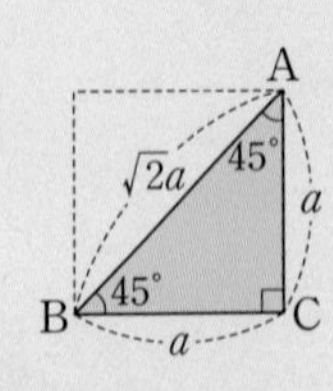

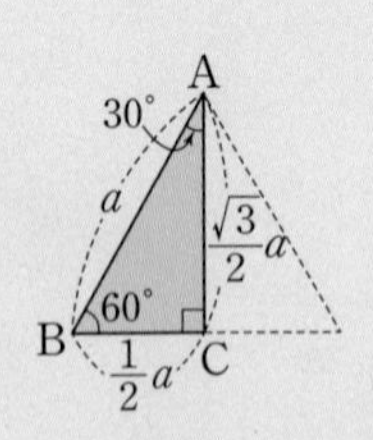

삼각비 \ A	30°	45°	60°
$\sin A$	$\frac{1}{2}$	$\frac{\sqrt{2}}{2}$	$\frac{\sqrt{3}}{2}$
$\cos A$	$\frac{\sqrt{3}}{2}$	$\frac{\sqrt{2}}{2}$	$\frac{1}{2}$
$\tan A$	$\frac{\sqrt{3}}{3}$	1	$\sqrt{3}$

개념 체크

01
다음 그림과 같이 $\angle C=90^\circ$인 직각삼각형 ABC에서 $\angle$A와 $\angle$B의 삼각비의 값을 각각 구하시오.

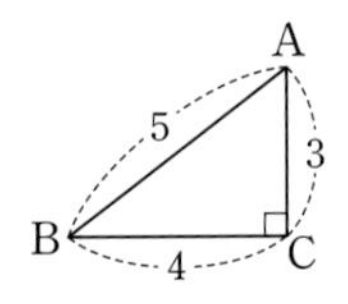

02
다음 그림과 같이 $\angle C=90^\circ$인 직각삼각형 ABC에서 삼각비의 값이 주어질 때, x의 값을 구하시오.

(1) $\sin B=\dfrac{3}{5}$

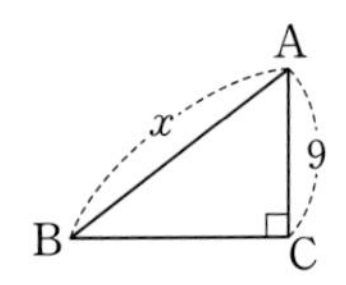

(2) $\tan A=\dfrac{\sqrt{5}}{5}$

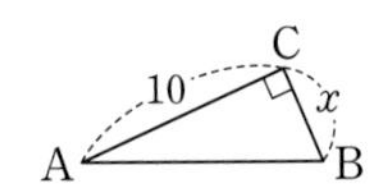

03
다음을 계산하시오.

(1) $\sin 60^\circ+\tan 60^\circ$

(2) $\sin 30^\circ\times\cos 60^\circ-\tan 45^\circ$

04
다음 그림과 같이 $\angle B=90^\circ$인 직각삼각형 ABC에서 삼각비의 값을 이용하여 x, y의 값을 각각 구하시오.

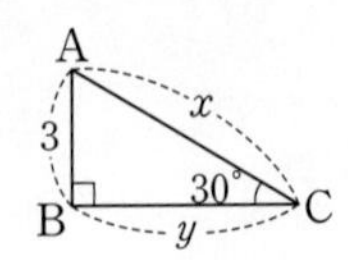

V. 삼각비

3 예각의 삼각비의 값

반지름의 길이가 1인 사분원과 두 직각삼각형 AOC, DOB에서

(1) $\sin x=\frac{\overline{AC}}{\overline{OA}}=\frac{\overline{AC}}{1}=\overline{AC}$

(2) $\cos x=\frac{\overline{OC}}{\overline{OA}}=\frac{\overline{OC}}{1}=\overline{OC}$

(3) $\tan x=\frac{\overline{BD}}{\overline{OB}}=\frac{\overline{BD}}{1}=\overline{BD}$

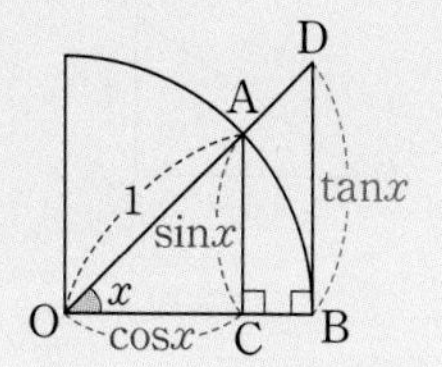

4 0°, 90°의 삼각비의 값

(1) 0°, 90°의 삼각비의 값

삼각비 \ A	0°	90°
$\sin A$	0	1
$\cos A$	1	0
$\tan A$	0	정할 수 없다.

(2) $0°\leq x\leq 90°$의 범위에서 x의 크기가 커지면

① $\sin x$의 값은 0에서 1까지 증가한다.

② $\cos x$의 값은 1에서 0까지 감소한다.

③ $\tan x$의 값은 0에서 한없이 증가한다. (단, $x\neq 90°$)

5 삼각비의 표에서의 삼각비의 값

(1) **삼각비의 표:** 0°에서 90°까지의 각에 대한 삼각비의 값을 반올림하여 소수점 아래 넷째 자리까지 나타낸 표

(2) **삼각비의 표 보는 법:** 삼각비의 표에서 가로줄과 세로줄이 만나는 곳의 수가 삼각비의 값이다.

예 $\cos 19°=0.9455$

각도	사인(sin)	코사인(cos)	탄젠트(tan)
17°	0.2924	0.9563	0.3057
18°	0.3090	0.9511	0.3249
19°	0.3256	0.9455	0.3443
20°	0.3420	0.9397	0.3640

개념 체크

05
다음 그림은 반지름의 길이가 1인 사분원이다. 삼각비의 값을 구하시오.

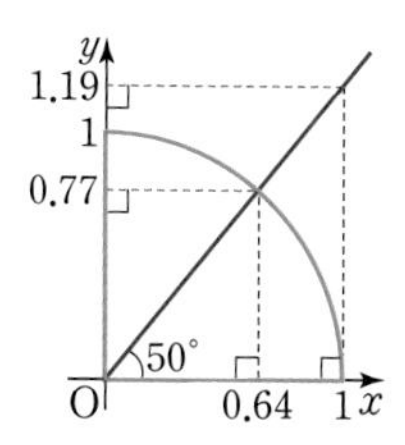

(1) $\sin 50°$
(2) $\cos 50°$
(3) $\tan 50°$

06
다음을 계산하시오.

(1) $\cos 45°\times\sin 0°$
(2) $\tan 0°-\cos 0°+\sin 90°$

07
다음 □ 안에 >, =, < 중 알맞은 것을 써넣으시오.

(1) $\sin 20°$ □ $\sin 40°$
(2) $\cos 35°$ □ $\cos 65°$
(3) $\tan 40°$ □ $\tan 70°$
(4) $\sin 45°$ □ $\cos 45°$

08
왼쪽의 삼각비의 표를 이용하여 다음 값을 구하시오.

(1) $\sin 20°$
(2) $\cos 18°$
(3) $\tan 17°$

09
왼쪽의 삼각비의 표를 이용하여 x의 값을 구하시오.

(1) $\sin x°=0.2924$
(2) $\cos x°=0.9397$
(3) $\tan x°=0.3249$

대표유형

유형 1 삼각비의 뜻

01 오른쪽 그림과 같이 $\angle C=90^\circ$인 직각삼각형 ABC에 대하여 다음 중 옳은 것은?

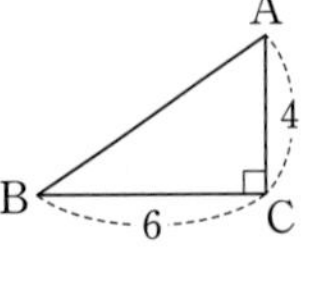

① $\sin A=\frac{\sqrt{13}}{2}$　② $\sin B=\frac{4\sqrt{13}}{13}$
③ $\cos A=\frac{2\sqrt{13}}{13}$　④ $\tan B=\frac{3}{2}$
⑤ $\tan C=\frac{2}{3}$

풀이전략 피타고라스 정리를 이용하여 나머지 한 변의 길이를 구한 후 삼각비의 값을 구한다.

02 오른쪽 그림과 같은 직각삼각형 ABC에 대하여 $\sin B\times\tan C$의 값은?

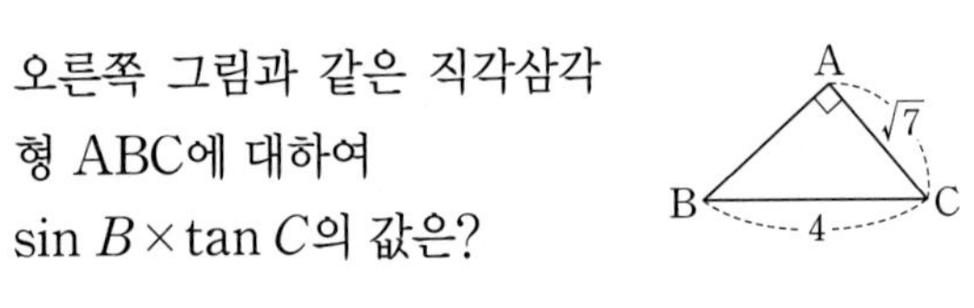

① $\frac{7}{12}$　② $\frac{3}{4}$　③ $\frac{\sqrt{7}}{3}$
④ 1　⑤ $\frac{9}{4}$

03 오른쪽 그림과 같은 직각삼각형 ABC에서 $\overline{BD}=\overline{CD}$이고 $\angle ACB=x$라 할 때, $\sin x$의 값은?

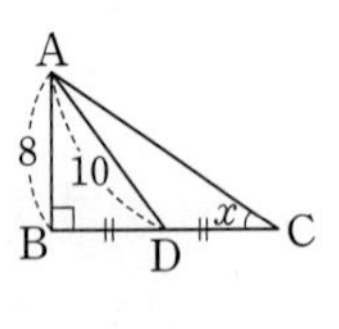

① $\frac{\sqrt{13}}{13}$　② $\frac{2\sqrt{13}}{13}$　③ $\frac{\sqrt{5}}{5}$
④ $\frac{4}{5}$　⑤ $\frac{2\sqrt{5}}{5}$

유형 2 삼각비를 이용하여 삼각형의 변의 길이 구하기

04 오른쪽 그림과 같이 $\overline{AC}=2\sqrt{10}$ cm인 직각삼각형 ABC에서 $\sin A=\frac{\sqrt{10}}{10}$일 때, $\overline{AB}$의 길이는?

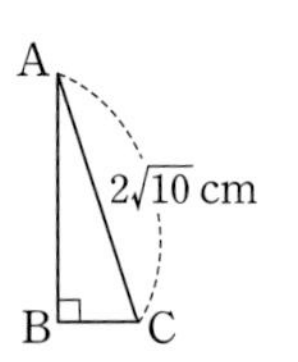

① 2 cm　② 3 cm　③ 4 cm
④ 5 cm　⑤ 6 cm

풀이전략 주어진 삼각비를 이용하여 변의 길이를 구한 후 피타고라스 정리를 이용하여 나머지 한 변의 길이를 구한다.

05 오른쪽 그림과 같이 $\overline{AC}=3$ cm인 직각삼각형 ABC에서 $\tan A=\sqrt{2}$일 때, $\cos B$의 값은?

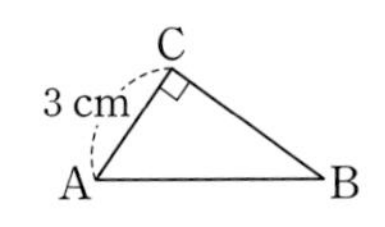

① $\frac{\sqrt{3}}{6}$　② $\frac{\sqrt{2}}{3}$　③ $\frac{\sqrt{3}}{3}$
④ $\frac{\sqrt{6}}{3}$　⑤ $\sqrt{6}$

06 오른쪽 그림과 같이 $\overline{BC}=6$ cm인 직각삼각형 ABC에서 $\cos B=\frac{2\sqrt{5}}{5}$일 때, $\triangle ABC$의 넓이는?

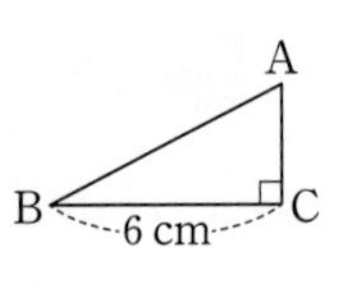

① 9 cm^2　② $9\sqrt{5}\text{ cm}^2$　③ 12 cm^2
④ $15\sqrt{5}\text{ cm}^2$　⑤ 18 cm^2

유형 3 한 삼각비의 값을 알 때, 다른 삼각비의 값 구하기

07 $\angle B=90°$인 직각삼각형 ABC에서 $\sin A=\frac{\sqrt{6}}{3}$일 때, $\tan A$의 값은?

① $\frac{\sqrt{2}}{2}$ ② $\sqrt{2}$ ③ $\sqrt{3}$
④ 2 ⑤ 3

풀이전략 주어진 삼각비의 값을 갖는 직각삼각형을 그린다.

08 $\angle C=90°$인 직각삼각형 ABC에서 $\tan A=2$일 때, 다음 중 옳지 <u>않은</u> 것은?

① $\sin A=\frac{\sqrt{5}}{2}$ ② $\cos A=\frac{\sqrt{5}}{5}$
③ $\sin B=\frac{\sqrt{5}}{5}$ ④ $\cos B=\frac{2\sqrt{5}}{5}$
⑤ $\tan B=\frac{1}{2}$

09 $\cos A=\frac{5}{7}$일 때, $\sin A\times\tan A$의 값은?
(단, $0°<A<90°$)

① $\frac{8}{35}$ ② $\frac{12}{35}$ ③ $\frac{16}{35}$
④ $\frac{4}{7}$ ⑤ $\frac{24}{35}$

유형 4 삼각형의 닮음과 삼각비의 값

10 오른쪽 그림과 같이 $\angle A=90°$이고, $\overline{AB}=8$, $\overline{AC}=6$인 직각삼각형 ABC에서 $\overline{BC}\perp\overline{AD}$이고 $\angle BAD=x$라 할 때, $\cos x$의 값은?

① $\frac{1}{5}$ ② $\frac{2}{5}$ ③ $\frac{3}{5}$
④ $\frac{4}{5}$ ⑤ 1

풀이전략 닮음을 이용하여 크기가 같은 각을 찾는다.

11 오른쪽 그림과 같이 $\angle A=90°$인 직각삼각형 ABC에서 $\overline{AH}\perp\overline{BC}$이고 $\angle CAH=x$라 할 때, 〈보기〉에서 옳은 것만을 있는 대로 고른 것은?

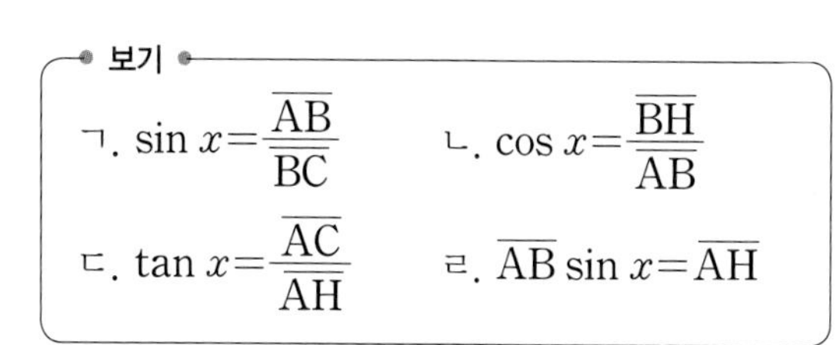
보기

ㄱ. $\sin x=\frac{\overline{AB}}{\overline{BC}}$ ㄴ. $\cos x=\frac{\overline{BH}}{\overline{AB}}$
ㄷ. $\tan x=\frac{\overline{AC}}{\overline{AH}}$ ㄹ. $\overline{AB}\sin x=\overline{AH}$

① ㄱ, ㄴ ② ㄱ, ㄷ ③ ㄴ, ㄷ
④ ㄴ, ㄹ ⑤ ㄷ, ㄹ

12 오른쪽 그림과 같이 $\angle A=90°$, $\overline{AC}=10$인 직각삼각형 ABC에서 $\overline{BC}\perp\overline{DH}$이다. $\angle BDH=x$라 하고 $\cos x=\frac{5}{8}$일 때, $\overline{AB}$의 길이는?

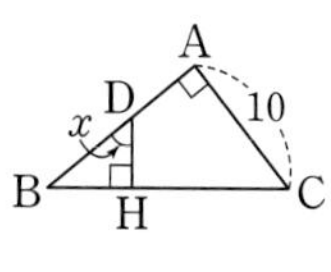

① 8 ② 16 ③ $\sqrt{89}$
④ $2\sqrt{39}$ ⑤ $2\sqrt{89}$

유형 5 0°, 30°, 45°, 60°, 90°의 삼각비의 값

13 다음 중 옳지 않은 것은?

① $\sin 30° + \cos 60° = 1$

② $\sin 45° \times \tan 60° = \frac{\sqrt{6}}{2}$

③ $\tan 60° \times (\tan 30° - \cos 30°) = \frac{1}{2}$

④ $\sin 45° \div \cos 45° - \tan 45° = 0$

⑤ $(\sin 60° + \tan 60°) \div \tan 30° = \frac{9}{2}$

풀이전략 특수한 각의 삼각비의 값을 대입하여 계산한다.

14 다음 중 계산 결과가 나머지 넷과 다른 하나는?

① $\frac{\cos 45°}{\sin 45°} \times \cos 0°$

② $\frac{\sin 0° + \tan 45°}{\sin 30° + \cos 60°}$

③ $\frac{\sin 0° + \cos 0°}{\cos 90° + \sin 90°}$

④ $(\tan 0° + \cos 0°) \times \sin 90°$

⑤ $\sin 90° \times \tan 60° - (\cos 30° + \sin 60°)$

15 $\tan x = \sqrt{3}$일 때, 다음을 계산하시오.
(단, $0° < x < 90°$)

$$\sin (90° - x) \times \cos x$$

유형 6 30°, 45°, 60°의 삼각비의 값을 이용하여 변의 길이 구하기

16 오른쪽 그림과 같이 $\angle ACB = 45°$인 $\triangle ABC$에서 $\overline{AD} \perp \overline{BC}$이고 $\angle BAD = 30°$, $\overline{BD} = 3$일 때, $\overline{AC}$의 길이는?

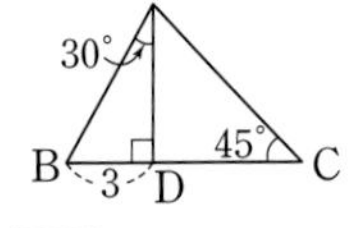

① $3\sqrt{2}$ ② $3\sqrt{3}$ ③ 6
④ $3\sqrt{5}$ ⑤ $3\sqrt{6}$

풀이전략 30°, 45°, 60°의 삼각비의 값을 이용하여 삼각형의 변의 길이를 구한다.

17 오른쪽 그림과 같이 두 직각삼각형 ABC, DBC에서 $\angle ABC = 45°$, $\angle BDC = 60°$, $\overline{AB} = 5\text{ cm}$일 때, $\overline{BD}$의 길이를 구하시오.

18 오른쪽 그림과 같이 직각삼각형 ABC에서 $\angle ABC = 45°$, $\angle ADC = 60°$이고 $\overline{BD} = 2$일 때, $\overline{CD}$의 길이는?

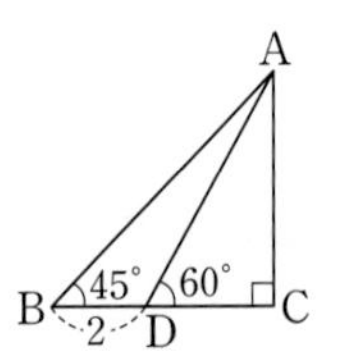

① $\sqrt{3}+1$ ② $2\sqrt{3}$ ③ $\sqrt{3}+3$
④ $2\sqrt{2}+2$ ⑤ $3\sqrt{2}+3$

유형 7 사분원에서의 예각의 삼각비의 값

19 오른쪽 그림과 같이 반지름의 길이가 1인 사분원이 있다. 〈보기〉에서 옳은 것만을 있는 대로 고른 것은?

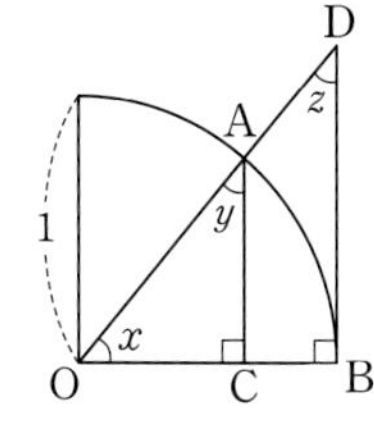

보기

ㄱ. $\cos x=\overline{OC}$　　ㄴ. $\sin y=\overline{AC}$

ㄷ. $\tan y=\overline{BD}$　　ㄹ. $\cos z=\overline{AC}$

① ㄱ, ㄴ　② ㄱ, ㄷ　③ ㄱ, ㄹ
④ ㄴ, ㄷ　⑤ ㄷ, ㄹ

풀이전략 빗변의 길이가 1인 직각삼각형과 밑변의 길이가 1인 직각삼각형을 이용하여 삼각비의 값을 구한다.

20 오른쪽 그림은 반지름의 길이가 1인 사분원을 좌표평면 위에 나타낸 것이다.
$\cos 52^\circ+\tan 52^\circ$의 값은?

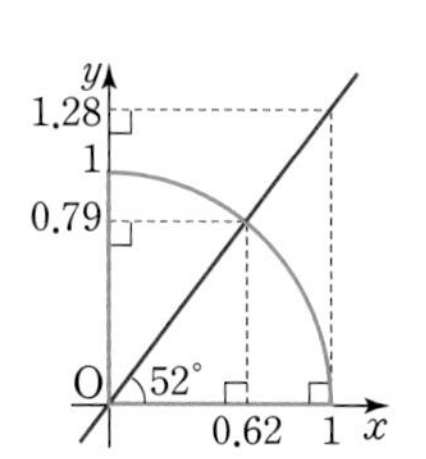

① 1.41　② 1.62　③ 1.79
④ 1.90　⑤ 2.07

21 오른쪽 그림과 같이 반지름의 길이가 1인 사분원에서 $\overline{CF}$의 길이는?

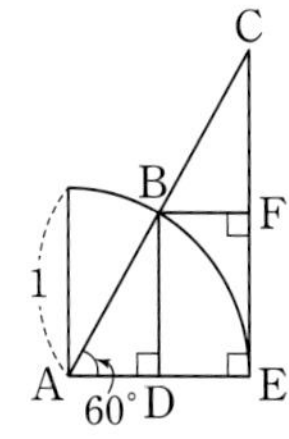

① $\frac{\sqrt{3}}{6}$　② $\frac{1}{2}$　③ $\frac{\sqrt{3}}{2}$
④ $\sqrt{3}$　⑤ $\frac{3\sqrt{3}}{2}$

유형 8 삼각비의 값의 대소 관계

22 다음 삼각비의 값을 크기가 작은 것부터 차례대로 나열한 것으로 옳은 것은?

ㄱ. $\cos 20^\circ$　ㄴ. $\sin 45^\circ$　ㄷ. $\tan 50^\circ$
ㄹ. $\cos 70^\circ$　ㅁ. $\sin 90^\circ$

① ㄹ－ㄱ－ㄴ－ㅁ－ㄷ
② ㄹ－ㄴ－ㄱ－ㅁ－ㄷ
③ ㄹ－ㄴ－ㅁ－ㄱ－ㄷ
④ ㅁ－ㄹ－ㄱ－ㄷ－ㄴ
⑤ ㅁ－ㄱ－ㄹ－ㄷ－ㄴ

풀이전략 $0^\circ\le x\le 90^\circ$인 범위에서 $x=45^\circ$를 기준으로 $\sin x$, $\cos x$, $\tan x$의 값의 대소 관계를 비교한다.

23 $45^\circ<x<90^\circ$일 때, $\sin x$, $\cos x$, $\tan x$의 값의 대소 관계를 바르게 나타낸 것은?

① $\sin x<\cos x<\tan x$
② $\sin x<\tan x<\cos x$
③ $\cos x<\sin x<\tan x$
④ $\cos x<\tan x<\sin x$
⑤ $\tan x<\sin x<\cos x$

유형 9 삼각비의 표를 이용하여 삼각비의 값 구하기

24 오른쪽 그림의 직각삼각형 ABC에서 삼각비의 표를 이용하여 $x+y$의 값을 구하시오.

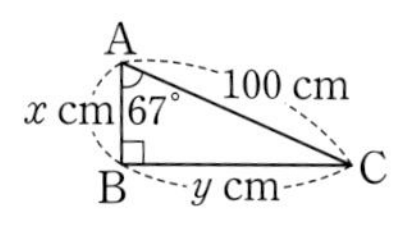

각도	사인(sin)	코사인(cos)	탄젠트(tan)
22°	0.3746	0.9272	0.4040
23°	0.3907	0.9205	0.4245
24°	0.4067	0.9135	0.4452

풀이전략 직각삼각형에서 삼각비의 표를 이용할 수 있는 각을 찾는다.

기출 예상 문제

❶ 삼각비의 뜻

01 오른쪽 그림과 같이 $\angle C=90°$인 직각삼각형 ABC에 대하여 다음 중 옳은 것은?

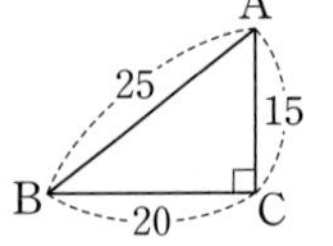

① $\sin A=\frac{3}{5}$ ② $\sin B=\frac{5}{3}$
③ $\cos A=\frac{5}{3}$ ④ $\cos B=\frac{4}{5}$
⑤ $\tan B=\frac{4}{3}$

❶ 삼각비의 뜻

02 오른쪽 그림과 같은 직각삼각형 ABC에서 $\sin A+\cos B$의 값은?

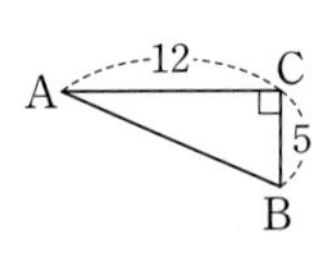

① $\frac{10}{13}$ ② $\frac{3}{2}$ ③ $\frac{17}{13}$
④ 5 ⑤ $\frac{26}{5}$

❶ 삼각비의 뜻

03 오른쪽 그림과 같이 직선 $3x-2y+12=0$이 x축의 양의 방향과 이루는 각의 크기를 α라고 할 때, $\cos\alpha\times\tan\alpha$의 값은?

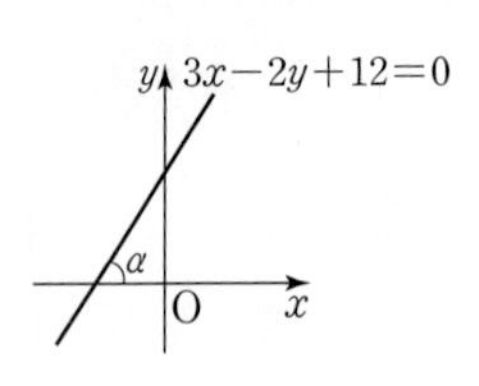

① $\frac{\sqrt{13}}{13}$ ② $\frac{2\sqrt{13}}{13}$ ③ $\frac{3\sqrt{13}}{13}$
④ $\frac{4\sqrt{13}}{13}$ ⑤ $\frac{5\sqrt{13}}{13}$

❶ 삼각비의 뜻

04 오른쪽 그림과 같이 한 모서리의 길이가 2인 정육면체에서 $\angle AGE=x$라고 할 때, $\cos x$의 값은?

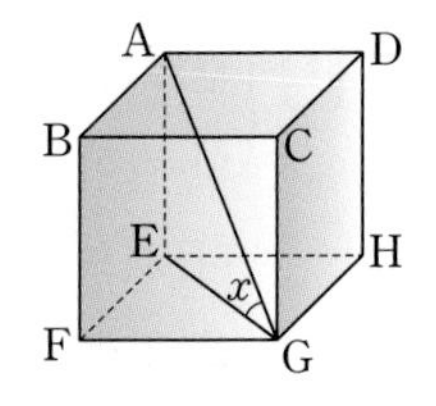

① $\frac{\sqrt{2}}{3}$ ② $\frac{\sqrt{3}}{3}$ ③ $\frac{2\sqrt{3}}{3}$
④ $\frac{\sqrt{6}}{3}$ ⑤ $\frac{2\sqrt{6}}{3}$

❷ 삼각비를 이용하여 삼각형의 변의 길이 구하기

05 오른쪽 그림과 같이 직각삼각형 ABC에서 $\overline{AC}=2\sqrt{5}$ cm이고 $\sin B=\frac{\sqrt{5}}{3}$일 때, $\overline{BC}$의 길이는?

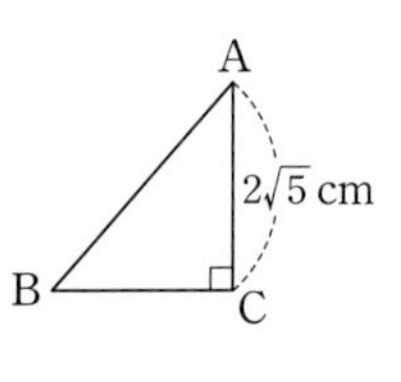

① 3 cm ② $\sqrt{11}$ cm ③ 4 cm
④ $\sqrt{29}$ cm ⑤ $2\sqrt{14}$ cm

❸ 한 삼각비의 값을 알 때, 다른 삼각비의 값 구하기

06 $\angle B=90°$인 직각삼각형 ABC에서 $\cos A=\frac{\sqrt{11}}{6}$일 때, $\tan A$의 값은?

① $\frac{\sqrt{11}}{11}$ ② $\frac{2\sqrt{11}}{11}$ ③ $\frac{3\sqrt{11}}{11}$
④ $\frac{4\sqrt{11}}{11}$ ⑤ $\frac{5\sqrt{11}}{11}$

③ 한 삼각비의 값을 알 때, 다른 삼각비의 값 구하기

07 오른쪽 그림과 같이 $\angle C=90°$인 직각삼각형 ABC에서 $\overline{AD}=2\overline{CD}$이고 $\sin(\angle DBC)=\frac{1}{3}$일 때, $\tan A$의 값은?

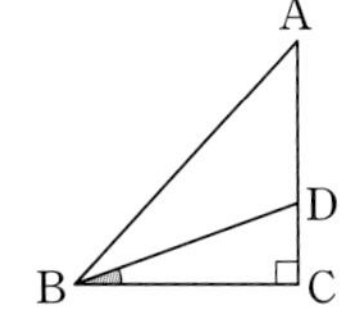

① $\frac{\sqrt{2}}{3}$　② $\frac{\sqrt{3}}{3}$　③ $\frac{\sqrt{5}}{3}$
④ $\frac{\sqrt{6}}{3}$　⑤ $\frac{2\sqrt{2}}{3}$

④ 삼각형의 닮음과 삼각비의 값

08 오른쪽 그림과 같은 직사각형 ABCD에서 $\overline{BD}\perp\overline{AH}$이고 $\angle BAH=x$, $\angle DAH=y$라 할 때 $\sin x\times\tan y$의 값은?

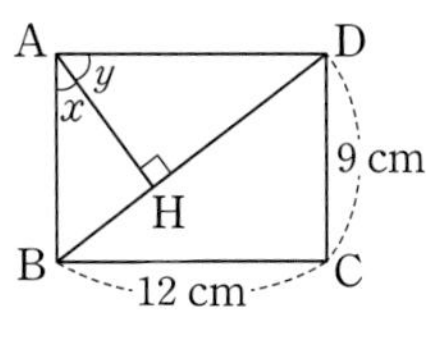

① $\frac{1}{5}$　② $\frac{2}{5}$　③ $\frac{3}{5}$
④ $\frac{4}{5}$　⑤ 1

④ 삼각형의 닮음과 삼각비의 값

09 오른쪽 그림과 같은 직각삼각형 ABC에서 $\overline{AC}\perp\overline{DE}$이고 $\angle ADE=x$라 할 때, $\sin x$의 값은?

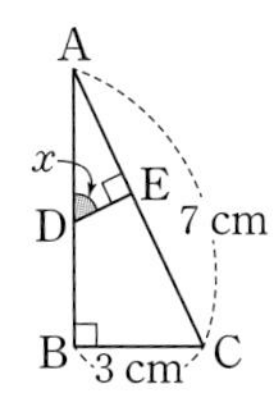

① $\frac{\sqrt{7}}{7}$　② $\frac{3}{7}$　③ $\frac{\sqrt{10}}{7}$
④ $\frac{2\sqrt{7}}{7}$　⑤ $\frac{2\sqrt{10}}{7}$

⑤ 0°, 30°, 45°, 60°, 90°의 삼각비의 값

10 다음 중 가장 큰 값은?

① $\sin 0°+\frac{\sin 60°}{\tan 30°}$
② $(1+\tan 60°)(1-\tan 60°)$
③ $\tan 30°\times\sin 45°\div\cos 60°$
④ $\sin 90°\times\tan 45°-\cos 0°\times\tan 0°$
⑤ $(\sin 45°+\cos 30°)(\sin 60°-\cos 45°)$

⑤ 0°, 30°, 45°, 60°, 90°의 삼각비의 값

11 $0°\le x\le 90°$일 때, $\sin 60°\times(\cos 45°)^2\times\tan x=\frac{\sqrt{3}}{4}$을 만족시키는 x의 크기는?

① 0°　② 30°　③ 45°
④ 60°　⑤ 90°

⑤ 0°, 30°, 45°, 60°, 90°의 삼각비의 값

12 $\sin(2x-40°)=\cos 30°$일 때, x의 크기를 구하시오. (단, $20°<x<65°$)

⑤ 0°, 30°, 45°, 60°, 90°의 삼각비의 값

13 삼각형의 세 내각의 크기의 비가 1 : 2 : 3이고 내각 중 가장 작은 각의 크기를 A라고 할 때, $\sin A \times \cos A \times \tan A$의 값을 구하시오.

⑥ 30°, 45°, 60°의 삼각비의 값을 이용하여 변의 길이 구하기

14 오른쪽 그림과 같은 △ABC의 꼭짓점 A에서 변 BC에 내린 수선의 발을 H라고 할 때, $\overline{AC}$의 길이는?

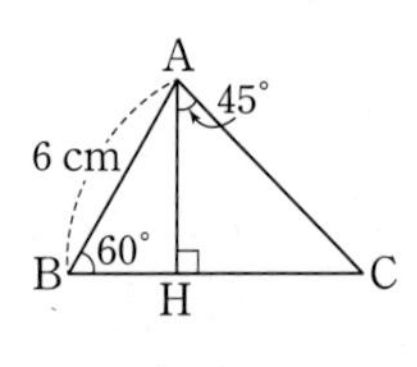

① $3\sqrt{2}$ cm ② $3\sqrt{6}$ cm ③ 6 cm
④ $6\sqrt{2}$ cm ⑤ $6\sqrt{3}$ cm

⑥ 30°, 45°, 60°의 삼각비의 값을 이용하여 변의 길이 구하기

15 오른쪽 그림과 같이 ∠A=∠C=90°인 사각형 ABCD에서 $\overline{AB}$=4 cm이고 ∠DBC=30°, ∠ADB=45°일 때, $\overline{DC}$의 길이는?

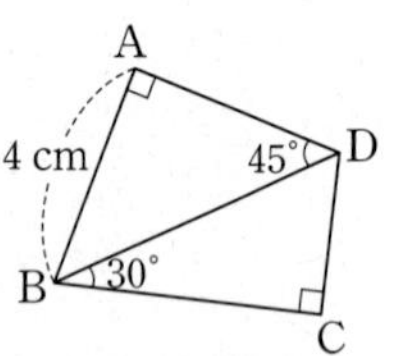

① $\sqrt{2}$ cm ② 2 cm ③ $2\sqrt{2}$ cm
④ 4 cm ⑤ $4\sqrt{2}$ cm

⑥ 30°, 45°, 60°의 삼각비의 값을 이용하여 변의 길이 구하기

16 오른쪽 그림과 같은 직각삼각형 ABC에서 $\overline{BD}$=2 cm이고 ∠ABD=22.5°, ∠ADC=45°일 때, tan 22.5°의 값은?

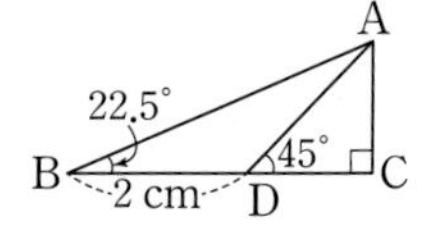

① $2-\sqrt{3}$ ② $\sqrt{3}-\sqrt{2}$ ③ $\sqrt{2}-1$
④ $2-\sqrt{2}$ ⑤ $\sqrt{3}-1$

⑦ 사분원에서의 예각의 삼각비의 값

17 오른쪽 그림과 같이 반지름의 길이가 1인 사분원에서 ∠COD=x, ∠OCD=y, ∠OEB=z라 할 때, 다음 중 옳지 않은 것은?

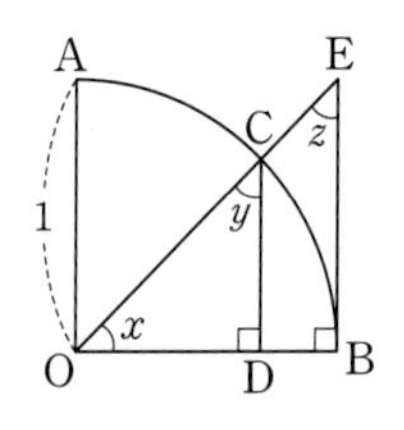

① $\sin x=\overline{CD}$ ② $\tan x=\overline{EB}$
③ $\cos y=\overline{CD}$ ④ $\sin y=\overline{OD}$
⑤ $\cos z=\overline{OB}$

⑦ 사분원에서의 예각의 삼각비의 값

18 오른쪽 그림은 반지름의 길이가 1인 사분원을 좌표평면 위에 나타낸 것이다. cos 48°+cos 42°의 값은?

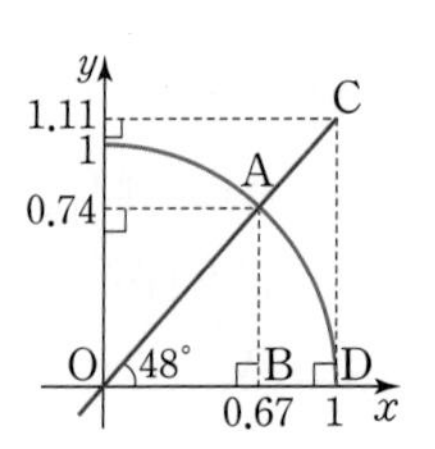

① 1.34 ② 1.41 ③ 1.48
④ 1.78 ⑤ 1.85

⑦ 사분원에서의 예각의 삼각비의 값

19 오른쪽 그림과 같이 반지름의 길이가 1인 사분원에서 $\overline{OC}=0.5446$일 때, $\overline{AD}$의 길이는?

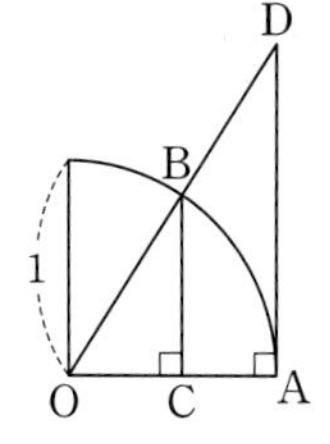

각도	사인(sin)	코사인(cos)	탄젠트(tan)
32°	0.5299	0.8480	0.6249
33°	0.5446	0.8387	0.6494
56°	0.8290	0.5592	1.4826
57°	0.8387	0.5446	1.5399

① 0.5592　② 0.6494　③ 0.8387
④ 1.4826　⑤ 1.5399

⑧ 삼각비의 값의 대소 관계

20 다음 중 삼각비의 값에 대한 설명으로 옳지 <u>않은</u> 것은? (단, $0°<A<90°$)

① $\cos A<\sin A$
② $0<\cos A<1$
③ $45°<A<90°$일 때, $\sin A<\tan A$
④ $\sin A=\cos A$인 A의 값이 존재한다.
⑤ A의 크기가 커지면 $\sin A$의 값도 증가한다.

⑧ 삼각비의 값의 대소 관계

21 다음 중 삼각비의 값의 대소 관계로 옳은 것은?

① $\sin 35°>\sin 65°$
② $\cos 40°<\cos 80°$
③ $\tan 70°<\tan 45°$
④ $\sin 20°<\cos 20°$
⑤ $\cos 15°>\tan 50°$

⑧ 삼각비의 값의 대소 관계

22 $45°<x<90°$일 때,
$\sqrt{(\sin x-\cos x)^2}-\sqrt{(\cos x-\tan x)^2}$
을 간단히 한 것은?

① $2\cos x$
② $-\sin x+\tan x$
③ $\sin x-\tan x$
④ $-\sin x+2\cos x-\tan x$
⑤ $\sin x-2\cos x+\tan x$

⑨ 삼각비의 표를 이용하여 삼각비의 값 구하기

23 다음 삼각비의 표에 대한 설명 중 옳지 <u>않은</u> 것은?

각도	사인(sin)	코사인(cos)	탄젠트(tan)
31°	0.5150	0.8572	0.6009
32°	0.5299	0.8480	0.6249
33°	0.5446	0.8387	0.6494
34°	0.5592	0.8290	0.6745
35°	0.5736	0.8192	0.7002

① $\sin 32°=0.5299$
② $\cos 33°=0.8387$
③ $\tan 35°=0.7002$
④ $\sin x=0.5592$이면 $x=34°$이다.
⑤ $\tan y=0.6009$이면 $y=32°$이다.

⑨ 삼각비의 표를 이용하여 삼각비의 값 구하기

24 오른쪽 그림과 같은 직각삼각형 ABC에서 $\overline{AB}$의 길이는?

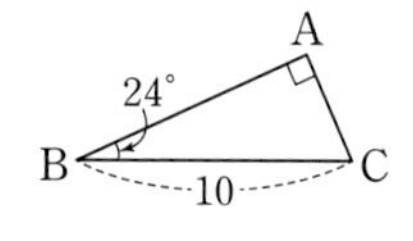

각도	사인(sin)	코사인(cos)	탄젠트(tan)
56°	0.8290	0.5592	1.4826
57°	0.8387	0.5446	1.5399
66°	0.9135	0.4067	2.2460
67°	0.9205	0.3907	2.3559

① 4.067　② 5.446　③ 8.290
④ 9.135　⑤ 14.826

고난도 집중 연습

1

다음 그림과 같이 직선 $y=mx+n$과 x축, y축의 교점이 각각 A, B이고 $\overline{AB}\perp\overline{OH}$, $\overline{OH}=4$이다.
$\tan\alpha=\frac{4}{3}$일 때, 상수 m, n에 대하여 mn의 값을 구하시오. (단, O는 원점이다.)

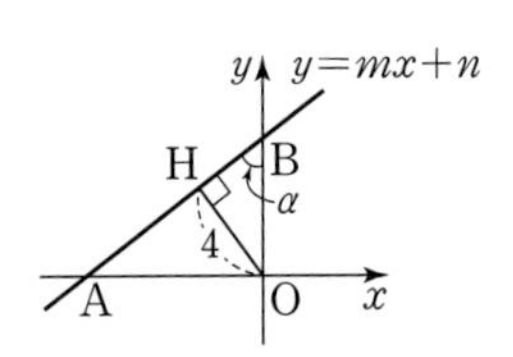

1-1

다음 그림과 같이 직선 $y=mx+n$과 x축, y축의 교점이 각각 A, B이고 $\overline{AB}\perp\overline{OH}$, $\overline{OH}=6$이다.
$\tan\alpha=\frac{3}{4}$일 때, 상수 m, n에 대하여 $n\div m$의 값을 구하시오. (단, O는 원점이다.)

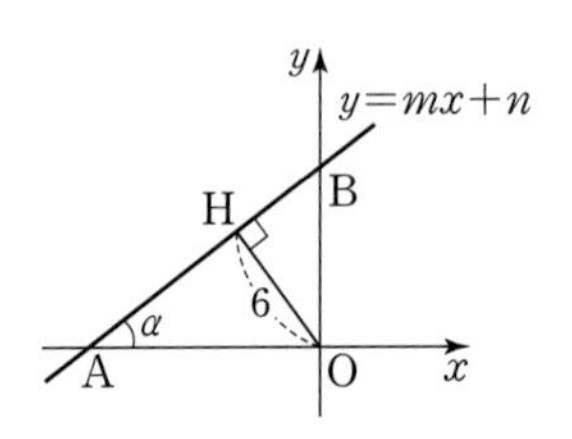

2

다음 그림과 같은 직사각형 ABCD에서 $\overline{AB}=\sqrt{6}$ cm이고 $\angle BEF=90°$, $\angle ABE=45°$, $\angle BFE=60°$일 때, $\sin 15°$의 값을 구하시오.

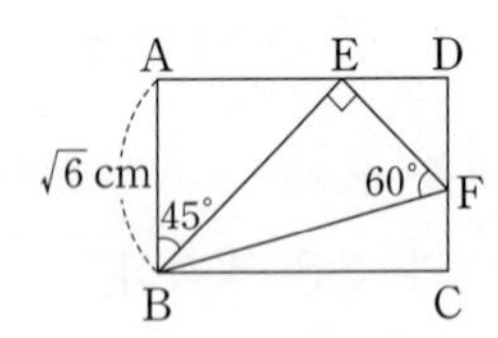

2-1

다음 그림과 같은 직사각형 ABCD에서 $\overline{AE}=8\sqrt{3}$ cm이고 $\angle AEF=90°$, $\angle AEB=45°$, $\angle EAF=30°$일 때, $\cos 15°$의 값을 구하시오.

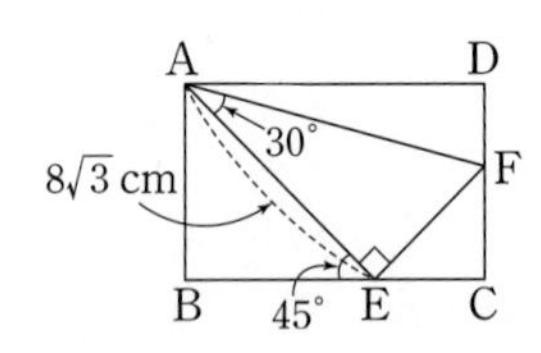

다음 그림과 같이 $\angle B=\angle E=90^\circ$이고 $\overline{BD}=\overline{CD}=3\text{ cm}$이다. $\angle BAD=x$, $\angle CAD=y$라 하고 $\sin x=\frac{1}{3}$일 때, $\cos y$의 값을 구하시오.

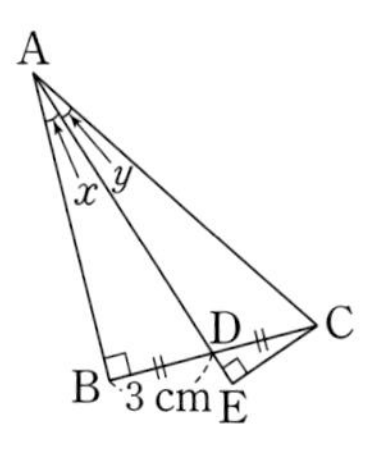

3-1

다음 그림과 같이 $\angle C=\angle E=90^\circ$이고 $\overline{BD}=\overline{CD}=12\text{ cm}$이다. $\angle BAE=x$, $\angle CAD=y$라 하고 $\sin y=\frac{2}{3}$일 때, $\tan x$의 값을 구하시오.

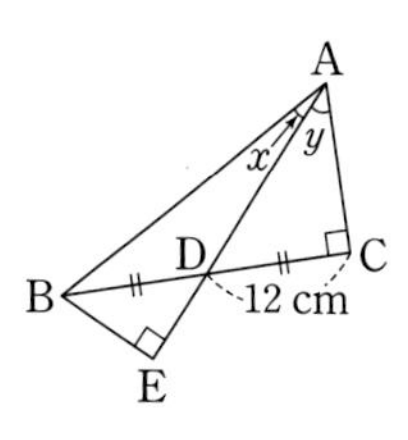

4

$\sqrt{(\sin x+\cos x)^2}+\sqrt{(\sin x-\cos x)^2}=\sqrt{3}$일 때, $\sin(90^\circ-x)\times\tan x$의 값을 구하시오.

(단, $0^\circ<x<45^\circ$)

4-1

$\sqrt{(\sin x-\tan x)^2}-\sqrt{(\sin x+\tan x)^2}=-\sqrt{3}$일 때, $\tan x\times\cos(90^\circ-x)$의 값을 구하시오.

(단, $45^\circ<x<90^\circ$)

서술형 집중 연습

예제 1

직각삼각형 ABC에서 $\tan A=\frac{3}{2}$일 때, $\sin A+\cos A$의 값을 구하시오.

풀이 과정

$\tan A=\frac{3}{2}$이므로 오른쪽 그림과 같이

$\overline{AB}=\square$, $\overline{BC}=\square$인 직각삼각형 ABC를 생각할 수 있다.

피타고라스 정리에 의하여

$\overline{AC}=\sqrt{\square}=\square$

즉, $\sin A=\frac{\square}{\square}=\square$

$\cos A=\frac{\square}{\square}=\square$

따라서 $\sin A+\cos A=\square$

유제 1

직각삼각형 ABC에서 $\sin A=\frac{\sqrt{3}}{3}$일 때, $\cos A$, $\tan A$의 값을 각각 구하시오.

예제 2

오른쪽 그림과 같이 직각삼각형 ABC에서 $\overline{AB}\perp\overline{DE}$이고 $\overline{AD}=5$ cm, $\overline{AE}=7$ cm일 때, $\sin B\div\tan B$의 값을 구하시오.

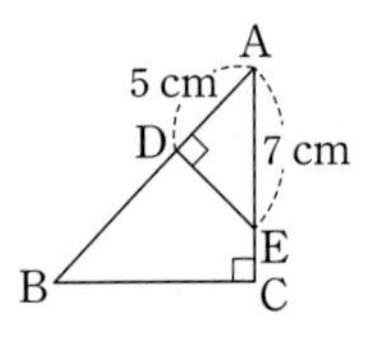

풀이 과정

직각삼각형 ADE에서 피타고라스 정리에 의하여

$\overline{DE}=\sqrt{\square}=\square$ (cm)

$\triangle ABC\backsim\square$ (AA닮음)이므로

$\angle ABC=\square$

즉, $\sin B=\sin(\angle AED)=\frac{\square}{\square}=\square$

$\tan B=\tan(\angle AED)=\frac{\square}{\square}=\square$

따라서 $\sin B\div\tan B=\square$

유제 2

다음 그림과 같이 직각삼각형 ABC에서 $\angle ADE=\angle ACB$이고 $\overline{AD}=2\sqrt{2}$ cm, $\overline{AE}=\sqrt{2}$ cm일 때, $\sin B+\sin C$의 값을 구하시오.

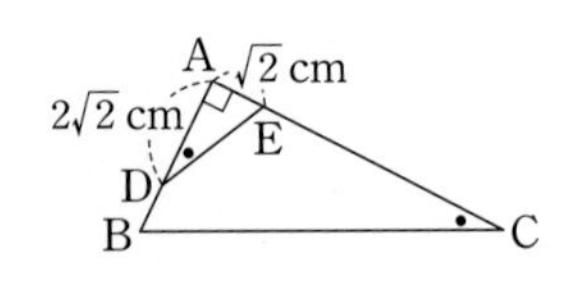

예제 3

오른쪽 그림과 같이 모든 모서리의 길이가 8인 정사각뿔에서 $\overline{AB}$, $\overline{CD}$의 중점을 각각 M, N이라 하고 $\angle VMN=x$라 할 때, $\sin x$의 값을 구하시오.

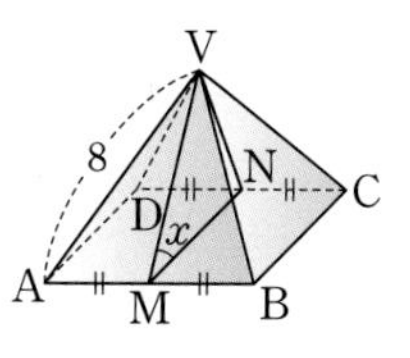

풀이 과정

직각삼각형 VAM에서 피타고라스 정리에 의하여

$\overline{VM}=\sqrt{\square}=\square$

$\triangle VMN$은 $\overline{VM}=\square$인 $\square$삼각형이다. 즉, 꼭짓점 V에서 $\overline{MN}$에 내린 수선의 발을 H라고 하면

$\overline{MH}=\overline{\square}=\frac{1}{2}\times\square=\square$

직각삼각형 VMH에서 피타고라스 정리에 의하여

$\overline{VH}=\sqrt{\square}=\square$

따라서 $\sin x=\frac{\square}{\square}=\square$

유제 3

다음 그림과 같이 한 모서리의 길이가 4인 정육면체에서 $\overline{FG}$, $\overline{GH}$의 중점을 각각 M, N이라 하고 $\angle CMN=x$라 할 때, $\sin x$의 값을 구하시오.

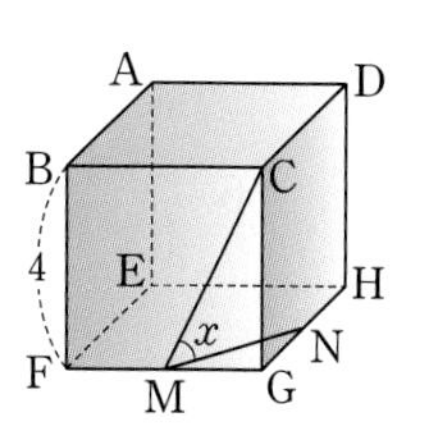

예제 4

오른쪽 그림과 같이 $\overline{BD}=4$ cm, $\angle ABD=30^\circ$, $\angle ADC=45^\circ$일 때, $\overline{AB}$의 길이를 구하시오.

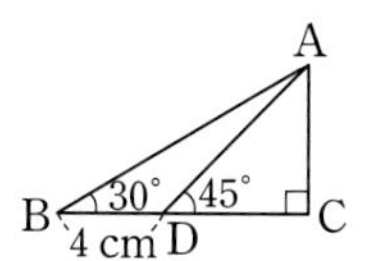

풀이 과정

$\overline{CD}=x$ cm라고 하면

$\triangle ADC$에서 $\tan\square=\frac{\square}{\overline{CD}}$이므로 $\overline{AC}=\square$ (cm)

$\triangle ABC$에서 $\square=\frac{\overline{AC}}{\overline{BC}}=\frac{\square}{\square}$

$\square x=4$

$x=\frac{\square}{\square}=\square$

따라서 $\overline{CD}=\square$ (cm)

$\square=\frac{\square}{\overline{AB}}=\frac{\square}{\overline{AB}}$이므로

$\overline{AB}=\square$ (cm)

유제 4

다음 그림과 같이 $\overline{BD}=2$ cm, $\angle BAD=15^\circ$, $\angle ADC=60^\circ$일 때, $\overline{AD}$의 길이를 구하시오.

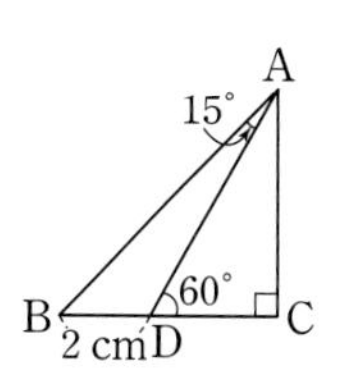

01 오른쪽 그림과 같이 $\angle B=90^\circ$인 직각삼각형 ABC에 대하여 $\sin A+\cos C$의 값은?

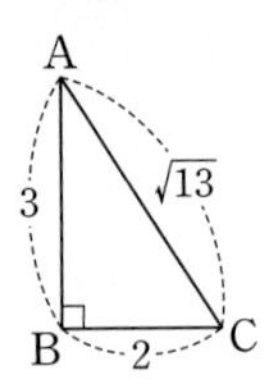

① $\frac{2\sqrt{13}}{13}$　② $\frac{3\sqrt{13}}{13}$　③ $\frac{4\sqrt{13}}{13}$
④ $\frac{5\sqrt{13}}{13}$　⑤ $\frac{6\sqrt{13}}{13}$

02 오른쪽 그림과 같이 직각삼각형 ABC에서 변 AC의 삼등분점 중 점 C에 가까운 점을 D라 하자. $\angle DBC=x$라 할 때, $\cos x$의 값은?

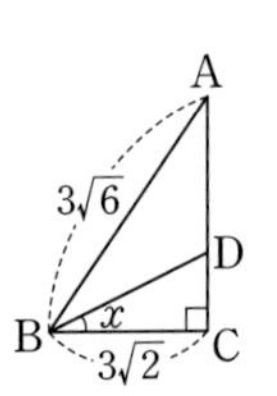

① $\frac{\sqrt{13}}{13}$　② $\frac{3\sqrt{13}}{13}$　③ $\frac{\sqrt{11}}{11}$
④ $\frac{2\sqrt{11}}{11}$　⑤ $\frac{3\sqrt{11}}{11}$

03 오른쪽 그림과 같은 직각삼각형 ABC에서 $\overline{AB}=2\sqrt{5}$ cm이고 $\sin A=\frac{\sqrt{10}}{10}$일 때, △ABC의 넓이는?

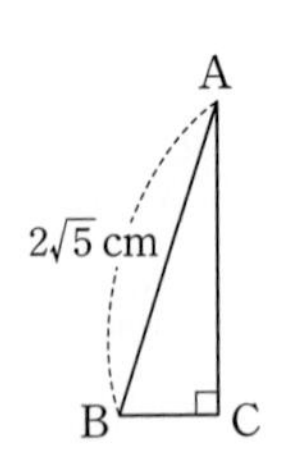

① 3 cm^2　② $3\sqrt{2}$ cm^2　③ 6 cm^2
④ $6\sqrt{2}$ cm^2　⑤ 10 cm^2

04 $\angle C=90^\circ$인 직각삼각형 ABC에서 $\cos A=\frac{1}{3}$일 때, $\sin A+\tan(90^\circ-A)$의 값은?

① $\frac{7\sqrt{2}}{12}$　② $\frac{11\sqrt{2}}{12}$　③ $\sqrt{2}$
④ $\frac{5\sqrt{2}}{3}$　⑤ $\frac{8\sqrt{2}}{3}$

고난도

05 오른쪽 그림과 같이 $\angle C=90^\circ$인 직각삼각형 ABC에서 $\overline{AD}=\overline{BD}$이고 $\angle ADC=30^\circ$일 때, $\tan 15^\circ$의 값은?

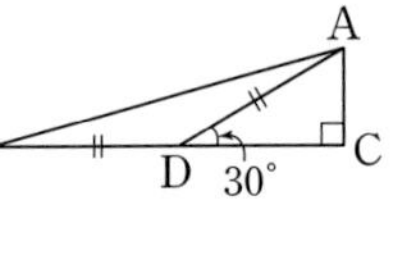

① $2-\sqrt{2}$　② $2-\sqrt{3}$　③ $3-\sqrt{2}$
④ $3-\sqrt{3}$　⑤ $3-\sqrt{5}$

06 직선 $x-2y+4=0$이 x축의 양의 방향과 이루는 예각의 크기를 α라고 할 때, $\cos\alpha$의 값은?

① $\frac{1}{10}$　② $\frac{\sqrt{5}}{10}$　③ $\frac{\sqrt{5}}{5}$
④ $\frac{3\sqrt{5}}{10}$　⑤ $\frac{2\sqrt{5}}{5}$

고난도

07 이차방정식 $2x^2+x-1=0$의 한 근이 $\cos A$의 값과 같을 때, $\sin A+\tan A$의 값은?

(단, $0^\circ<A<90^\circ$)

① 0 ② $\frac{5\sqrt{3}}{6}$ ③ $\frac{3\sqrt{3}}{2}$

④ $\frac{3+2\sqrt{3}}{6}$ ⑤ $\frac{1+2\sqrt{3}}{2}$

08 다음을 계산한 것은?

$$(\sin 45^\circ-\cos 30^\circ)\div(\tan 30^\circ-\cos 90^\circ)$$

① $\frac{\sqrt{6}-\sqrt{3}}{2}$ ② $\frac{\sqrt{6}-3}{2}$ ③ $\frac{\sqrt{6}-\sqrt{3}}{6}$

④ $\frac{\sqrt{6}-3}{6}$ ⑤ $\frac{\sqrt{2}-\sqrt{3}+\sqrt{6}-3}{4}$

09 다음 그림에서 $\overline{AB}=3$일 때, $\overline{AE}$의 길이는?

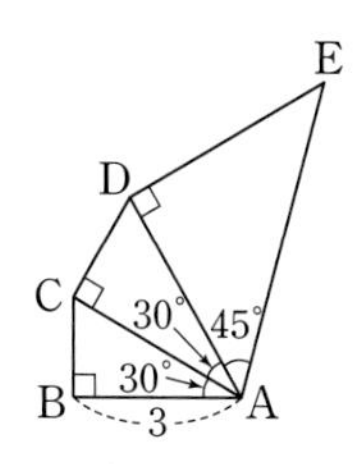

① $4\sqrt{2}$ ② $6\sqrt{2}$ ③ $4\sqrt{6}$

④ $9\sqrt{2}$ ⑤ $12\sqrt{2}$

10 오른쪽 그림과 같은 직육면체에서 $\angle CEG=x$라 할 때, $\sin x$의 값은?

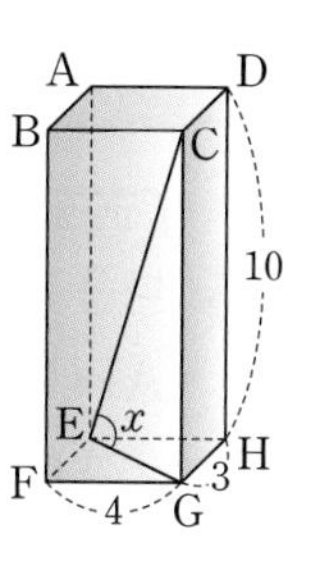

① $\frac{\sqrt{5}}{10}$ ② $\frac{\sqrt{5}}{5}$

③ $\frac{3\sqrt{5}}{10}$ ④ $\frac{2\sqrt{5}}{5}$

⑤ $\frac{\sqrt{5}}{2}$

11 오른쪽 그림은 반지름의 길이가 1인 사분원을 좌표평면 위에 나타낸 것이다. 점 A의 y좌표가 $\cos 32^\circ$일 때, $\overline{BC}$의 길이는?

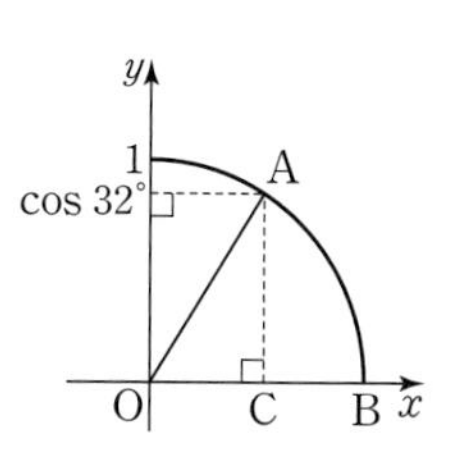

① $\sin 32^\circ$ ② $1-\sin 58^\circ$ ③ $\sin 58^\circ$

④ $\cos 58^\circ$ ⑤ $1-\cos 58^\circ$

12 다음 삼각비의 값 중에서 두 번째로 작은 것은?

① $\cos 57^\circ$ ② $\sin 60^\circ$ ③ $\tan 70^\circ$

④ $\sin 80^\circ$ ⑤ $\cos 90^\circ$

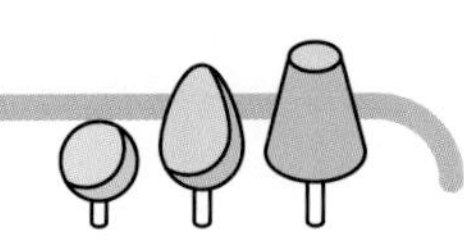

서술형

고난도

13 다음 그림과 같이 $\angle A=90^\circ$인 직각삼각형 ABC에서 $\overline{BC}\perp\overline{AD}$, $\overline{AC}\perp\overline{DE}$이고 $\angle ADE=x$라 할 때, $\cos x$의 값을 구하시오.

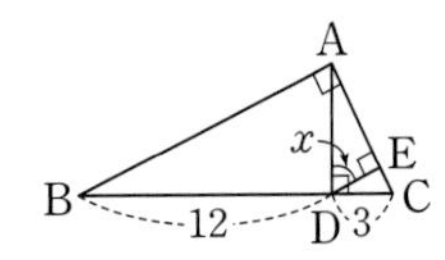

14 다음 그림과 같은 두 직각삼각형 ABC, DBE에서 $\angle ACB=45^\circ$, $\angle BDE=60^\circ$일 때, $\overline{CE}$의 길이를 구하시오.

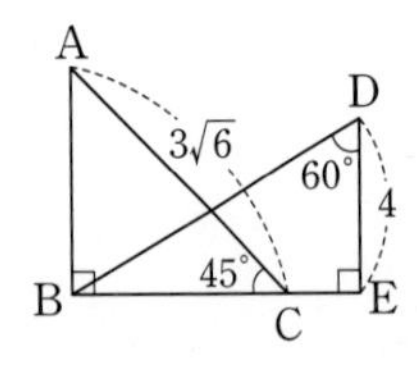

15 다음 그림과 같이 반지름의 길이가 1인 사분원에서 $\angle AOC=30^\circ$이고 $\overline{AC}\perp\overline{OB}$, $\overline{DB}\perp\overline{OB}$일 때, □ACBD의 넓이를 구하시오.

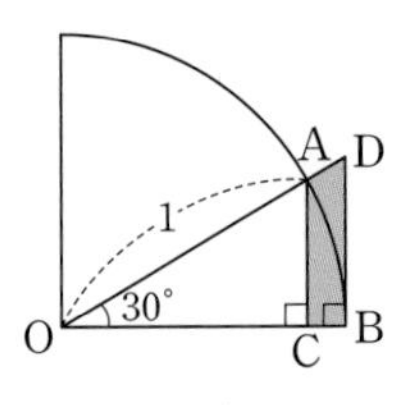

16 $0^\circ<x<45^\circ$일 때, $\sqrt{(\sin x-\cos x)^2}-\sqrt{(\sin x-1)^2}$을 가장 간단한 식으로 나타내시오.

01 오른쪽 그림과 같이 $\angle A=90^\circ$인 직각삼각형 ABC에 대하여 다음 중 옳은 것은?

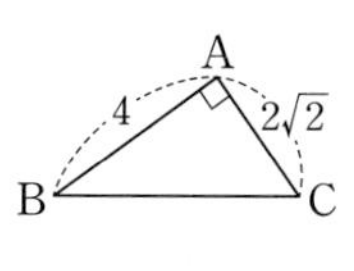

① $\overline{BC}=2\sqrt{5}$　② $\tan A=\frac{\sqrt{2}}{2}$
③ $\cos B=\frac{\sqrt{5}}{5}$　④ $\sin C=\frac{\sqrt{3}}{3}$
⑤ $\sin B=\cos C$

02 오른쪽 그림과 같이 $\overline{AB}=\overline{AC}$인 이등변삼각형 ABC에서 $\cos B=\frac{5}{13}$일 때, $\tan C$의 값은?

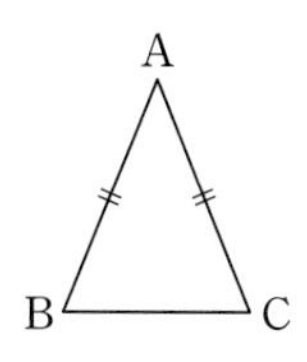

① $\frac{5}{12}$　② $\frac{12}{13}$　③ $\frac{13}{12}$
④ $\frac{6}{5}$　⑤ $\frac{12}{5}$

03 $\sin A : \cos A=3 : 2$일 때, $\tan A$의 값은? (단, $0^\circ<A<90^\circ$)

① $\frac{2}{5}$　② $\frac{3}{5}$　③ $\frac{2}{3}$
④ 1　⑤ $\frac{3}{2}$

고난도

04 오른쪽 그림과 같이 직사각형 모양의 종이를 $\overline{GF}$를 접는 선으로 하여 점 C가 $\overline{AD}$ 위의 점 E에 오도록 접었다. $\overline{AB}=1$, $\overline{GD}=2$이고 $\angle EFG=x$라 할 때, $\tan x$의 값은?

① $\sqrt{5}+1$　② $\sqrt{5}+2$　③ $\sqrt{5}+3$
④ $2\sqrt{5}+1$　⑤ $2\sqrt{5}+2$

05 오른쪽 그림과 같이 $\angle C=90^\circ$인 직각삼각형 ABC에서 $\overline{DE}\perp\overline{AB}$이고 $\overline{DE}=\sqrt{10}$, $\overline{BD}=\sqrt{6}$일 때, $\cos x$의 값은?

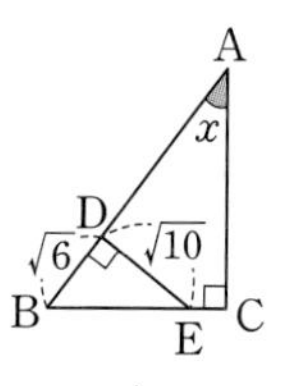

① $\frac{\sqrt{6}}{4}$　② $\frac{\sqrt{2}}{2}$　③ $\frac{\sqrt{10}}{4}$
④ $\frac{\sqrt{3}}{2}$　⑤ $\frac{\sqrt{14}}{4}$

06 다음 중 옳지 않은 것은?

① $\sin 0^\circ\times\tan 30^\circ-\cos 0^\circ=-1$
② $\sin 30^\circ\times\cos 0^\circ+\tan 45^\circ\times\tan 0^\circ=0$
③ $\sqrt{2}\sin 45^\circ-\sqrt{3}(\tan 30^\circ+\tan 0^\circ)=0$
④ $(\sin 90^\circ+\cos 60^\circ)(\cos 0^\circ-\sin 30^\circ)=\frac{3}{4}$
⑤ $\cos 30^\circ\times\cos 45^\circ+\sin 60^\circ\times\sin 45^\circ=\frac{\sqrt{6}}{2}$

고난도

07 오른쪽 그림과 같이 $\angle A=90°$인 직각삼각형 ABC에서 $\overline{BC}$의 중점을 M이라 하자. $\overline{AB}=5$, $\overline{BC}=7$이고 $\angle BAM=x$라 할 때, $\sin x$의 값은?

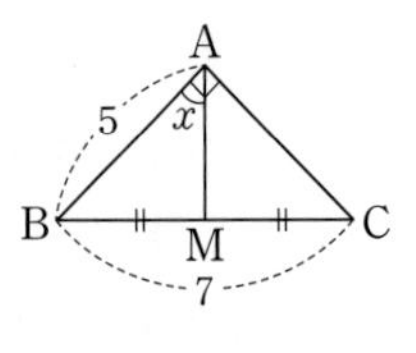

① $\frac{\sqrt{6}}{7}$ ② $\frac{4}{7}$ ③ $\frac{3\sqrt{2}}{7}$
④ $\frac{2\sqrt{6}}{7}$ ⑤ $\frac{5}{7}$

08 오른쪽 그림과 같이 $\angle C=90°$인 직각삼각형 ABC에서 $\angle B=45°$, $\angle ADC=60°$, $\overline{BD}=8$일 때, $\triangle ABD$의 넓이는?

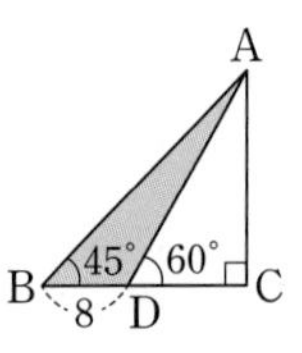

① $16(3-\sqrt{3})$ ② $8(3-\sqrt{3})$
③ $8(3+\sqrt{3})$ ④ $16(3+\sqrt{3})$
⑤ $32(3+\sqrt{3})$

09 $\sqrt{2}\sin(2x-15°)=1$을 만족시키는 x에 대하여 $\tan(3x-30°)$의 값은? (단, $7.5°<x<37.5°$)

① $\frac{\sqrt{3}}{3}$ ② $\frac{\sqrt{3}}{2}$ ③ 1
④ $\sqrt{2}$ ⑤ $\sqrt{3}$

고난도

10 오른쪽 그림과 같이 두 직각삼각형 ABC, DBC에서 $\angle BAC=45°$, $\angle DBC=30°$이고 $\overline{CD}=2$일 때, $\triangle EBC$의 넓이는?

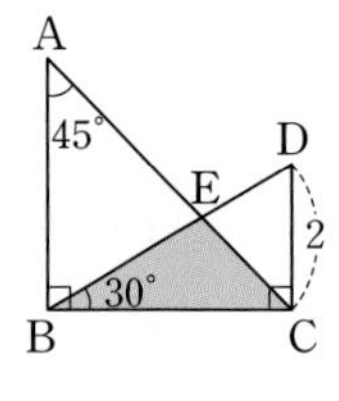

① $3\sqrt{3}-3$ ② $3\sqrt{3}-1$ ③ $3\sqrt{3}+3$
④ $6\sqrt{3}-6$ ⑤ $6\sqrt{3}+3$

11 다음과 같이 주어진 삼각비의 값을 그 크기가 작은 것부터 차례대로 나열한 것은?

ㄱ. $\cos 25°$ ㄴ. $\sin 35°$ ㄷ. $\cos 45°$
ㄹ. $\tan 50°$ ㅁ. $\tan 80°$ ㅂ. $\sin 90°$

① ㄱ-ㄴ-ㄷ-ㄹ-ㅁ-ㅂ
② ㄱ-ㄷ-ㄴ-ㄹ-ㅂ-ㅁ
③ ㄴ-ㄱ-ㄷ-ㅂ-ㄹ-ㅁ
④ ㄴ-ㄷ-ㄱ-ㄹ-ㅂ-ㅁ
⑤ ㄴ-ㄷ-ㄱ-ㅂ-ㄹ-ㅁ

12 오른쪽 그림과 같이 점 O를 중심으로 하고 반지름의 길이가 1인 사분원에서 $\overline{AC}$의 길이가 0.8090일 때, 삼각비의 표를 이용하여 $\overline{BD}$의 길이를 구하면?

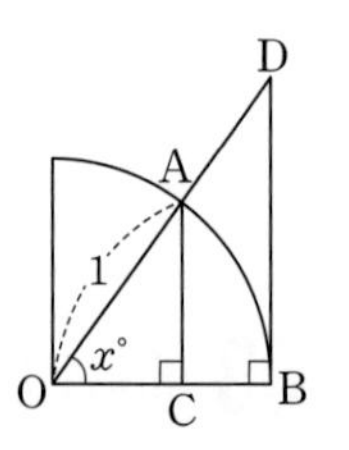

각도	사인(sin)	코사인(cos)	탄젠트(tan)
36°	0.5878	0.8090	0.7265
37°	0.6018	0.7986	0.7536
⋯	⋯	⋯	⋯
53°	0.7986	0.6018	1.3270
54°	0.8090	0.5878	1.3764
55°	0.8192	0.5736	1.4281

① 0.5878 ② 0.7265 ③ 1.0000
④ 1.3270 ⑤ 1.3764

서술형

고난도

13 다음 그림과 같이 직각삼각형 ABC에서 $\overline{AC}=\overline{BD}=\overline{DE}=\overline{EC}$이고 $\angle ADC=x$, $\angle ABC=y$라 할 때, $\cos x\times\sin y$의 값을 구하시오.

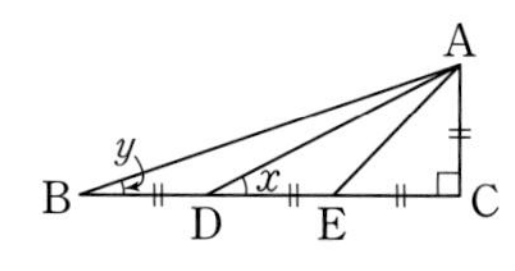

14 다음 그림과 같이 직선 $\sqrt{3}x-y+2\sqrt{3}=0$과 x축, y축의 교점이 각각 A, B이고 $\overline{AB}\perp\overline{OH}$일 때, $\overline{OH}$의 길이를 구하시오.

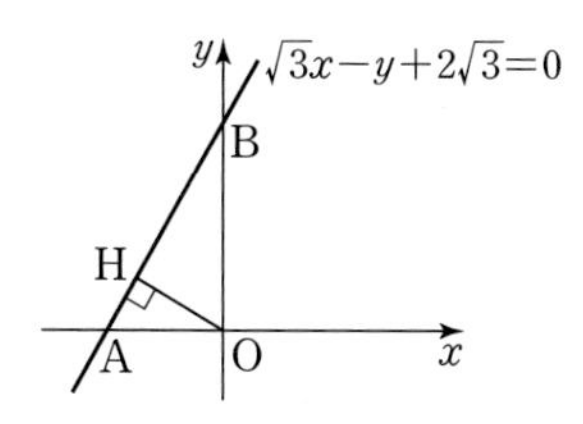

15 다음 그림과 같이 한 모서리의 길이가 4 cm인 정육면체 2개를 면끼리 완전히 포개지도록 이어 붙였다. $\angle IFL=x$라 할 때, $\sin x\times\cos x$의 값을 구하시오.

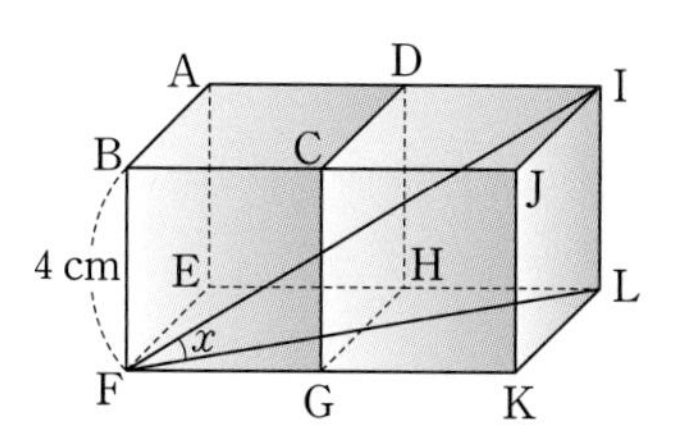

고난도

16 $\sqrt{(\sin x-\cos x)^2}-\sqrt{\left(\cos x-\frac{1}{2}\right)^2}=\frac{2}{5}$일 때, $\tan x$의 값을 구하시오. (단, $60°<x<90°$)

V. 삼각비

2

삼각비의 활용

대표유형 1 직각삼각형의 변의 길이

대표유형 2 일반삼각형의 변의 길이

대표유형 3 삼각형의 높이

대표유형 4 삼각형의 넓이

대표유형 5 사각형의 넓이

대표유형 6 다각형의 넓이

핵심 개념

2 삼각비의 활용

1 직각삼각형의 변의 길이

직각삼각형에서 한 예각의 크기와 한 변의 길이를 알면 삼각비를 이용하여 나머지 두 변의 길이를 구할 수 있다.

$\angle B=90^\circ$인 직각삼각형 ABC에서

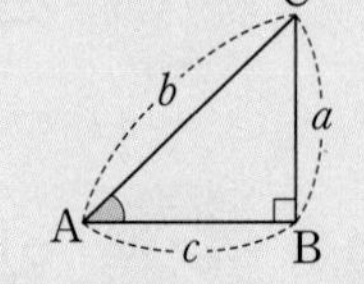

(1) $\angle A$의 크기와 빗변의 길이 b를 알 때

$a=b\sin A$, $c=b\cos A$

(2) $\angle A$의 크기와 밑변의 길이 c를 알 때

$a=c\tan A$, $b=\dfrac{c}{\cos A}$

(3) $\angle A$의 크기와 높이 a를 알 때

$b=\dfrac{a}{\sin A}$, $c=\dfrac{a}{\tan A}$

2 일반삼각형의 변의 길이

$\triangle$ABC에서

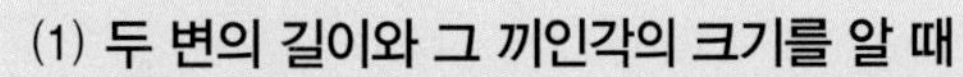

(1) 두 변의 길이와 그 끼인각의 크기를 알 때

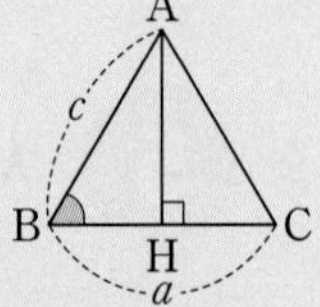

① $\triangle$ABH에서 $\overline{BH}=c\cos B$, $\overline{AH}=c\sin B$

② $\triangle$AHC에서 $\overline{CH}=a-c\cos B$

③ 피타고라스 정리를 이용하면

$\overline{AC}=\sqrt{\overline{AH}^2+\overline{CH}^2}=\sqrt{(c\sin B)^2+(a-c\cos B)^2}$

(2) 한 변의 길이와 양 끝 각의 크기를 알 때

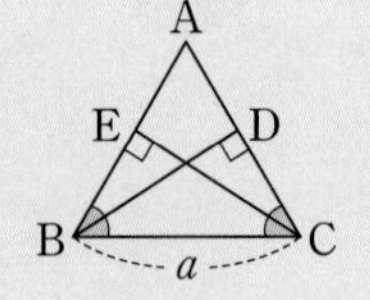

① $\triangle$BCD과 $\triangle$ABD에서

$\overline{BD}=a\sin C$, $\overline{BD}=\overline{AB}\sin A$

② $a\sin C=\overline{AB}\sin A \Rightarrow \overline{AB}=\dfrac{a\sin C}{\sin A}$

마찬가지 방법으로 $\overline{AC}=\dfrac{\overline{CE}}{\sin A}=\dfrac{a\sin B}{\sin A}$

3 삼각형의 높이

$\triangle$ABC에서 한 변의 길이와 양 끝 각의 크기를 알 때, 높이 h는

(1) 예각삼각형일 때

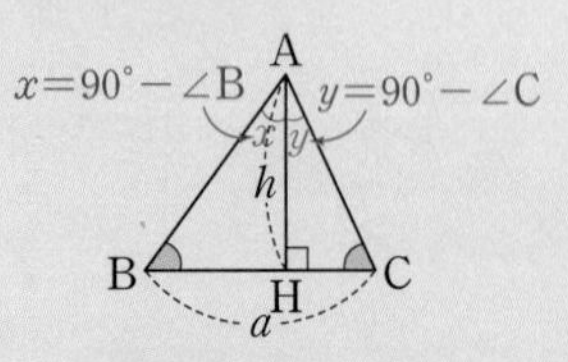

$a=\overline{BH}+\overline{CH}$

$=h\tan x+h\tan y$

$\Rightarrow h=\dfrac{a}{\tan x+\tan y}$

(2) 둔각삼각형일 때

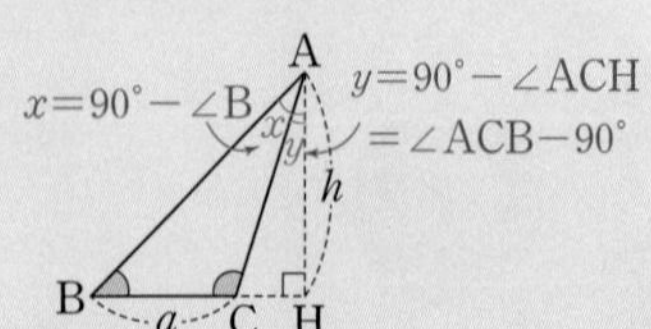

$a=\overline{BH}-\overline{CH}$

$=h\tan x-h\tan y$

$\Rightarrow h=\dfrac{a}{\tan x-\tan y}$

개념 체크

01

오른쪽 그림과 같이 $\angle C=90^\circ$인 직각삼각형 ABC에서 $\overline{AC}$의 길이를 구하시오. (단, $\sin 40^\circ=0.64$)

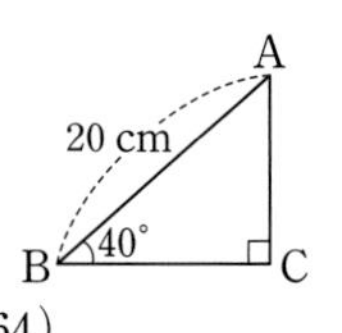

02

오른쪽 그림과 같은 삼각형 ABC에서 $\overline{AB}=4\sqrt{3}$, $\overline{BC}=7$, $\angle B=30^\circ$이고 $\overline{AH}\perp\overline{BC}$일 때, 다음 길이를 구하시오.

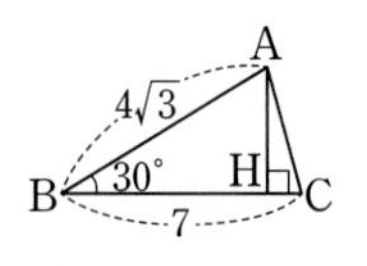

(1) $\overline{AH}$

(2) $\overline{AC}$

03

오른쪽 그림과 같은 삼각형 ABC에서 $\angle B=60^\circ$, $\angle C=45^\circ$, $\overline{BC}=10$일 때, 다음 물음에 답하시오.

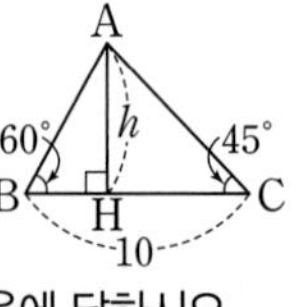

(1) $\overline{BH}$를 h에 대한 식으로 나타내시오.

(2) $\overline{CH}$를 h에 대한 식으로 나타내시오.

(3) h의 값을 구하시오.

04

다음 그림과 같이 $\overline{BC}=2$ cm, $\angle B=45^\circ$, $\angle BCA=120^\circ$인 삼각형 ABC에서 $\overline{AH}$의 길이를 구하시오.

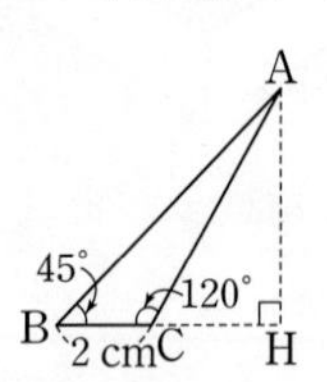

Ⅴ. 삼각비

4 삼각형의 넓이

삼각형에서 두 변의 길이와 그 끼인각의 크기를 알면 삼각형의 넓이를 구할 수 있다.

(1) 끼인각이 예각인 경우

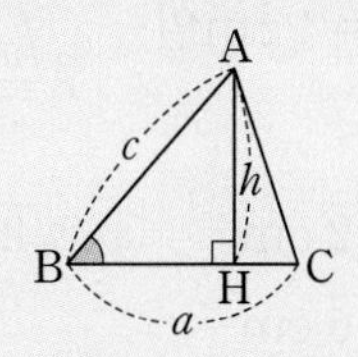

$h=c\sin B$

$\triangle ABC=\frac{1}{2}ah$

$=\frac{1}{2}ac\sin B$

(2) 끼인각이 둔각인 경우

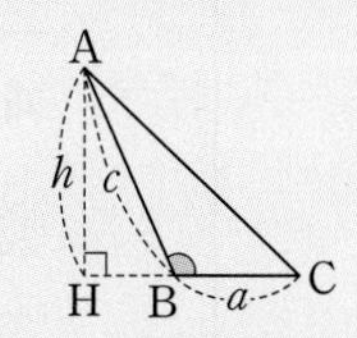

$h=c\sin(180^\circ-B)$

$\triangle ABC=\frac{1}{2}ah$

$=\frac{1}{2}ac\sin(180^\circ-B)$

5 사각형의 넓이

(1) 평행사변형의 넓이: 이웃하는 두 변의 길이와 그 끼인각의 크기를 알 때

① 끼인각이 예각인 경우

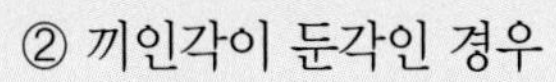

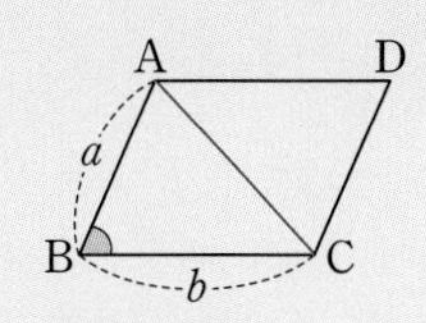

$\square ABCD$

$=2\triangle ABC$

$=2\times\frac{1}{2}ab\sin B$

$=ab\sin B$

② 끼인각이 둔각인 경우

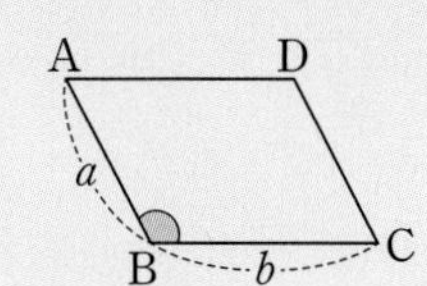

$\square ABCD$

$=2\triangle ABC$

$=2\times\frac{1}{2}ab\sin(180^\circ-B)$

$=ab\sin(180^\circ-B)$

(2) 사각형의 넓이: 두 대각선의 길이와 두 대각선이 이루는 각의 크기를 알 때

① 두 대각선이 이루는 각이 예각인 경우

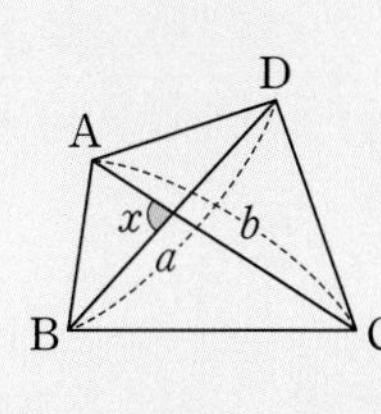

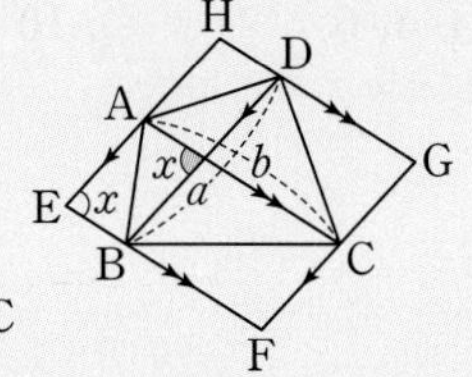

$\square ABCD$

$=\frac{1}{2}\square EFGH$

$=\frac{1}{2}ab\sin x$

② 두 대각선이 이루는 각이 둔각인 경우

$\square ABCD$

$=\frac{1}{2}ab\sin(180^\circ-x)$

개념 체크

05

다음 삼각형의 넓이를 구하시오.

(1)

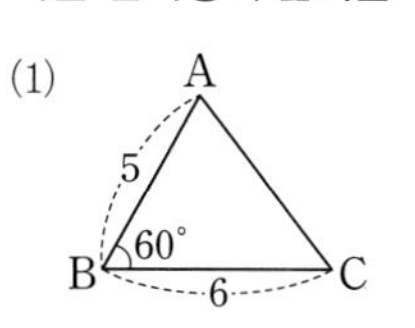

(2)

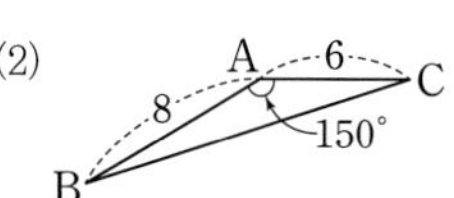

06

다음 평행사변형의 넓이를 구하시오.

(1)

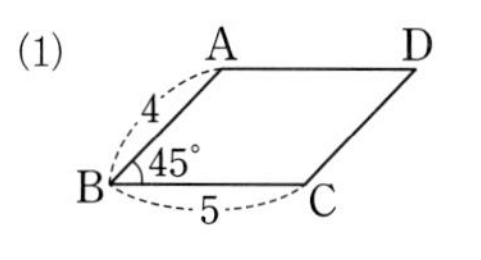

(2)

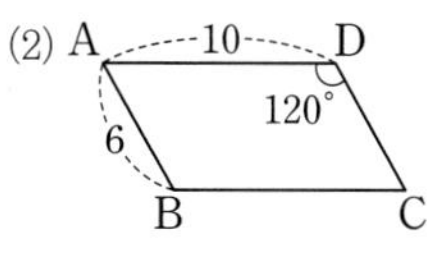

07

다음 사각형의 넓이를 구하시오.
(단, $\sin 80^\circ=0.98$, $\cos 80^\circ=0.17$, $\tan 80^\circ=5.67$)

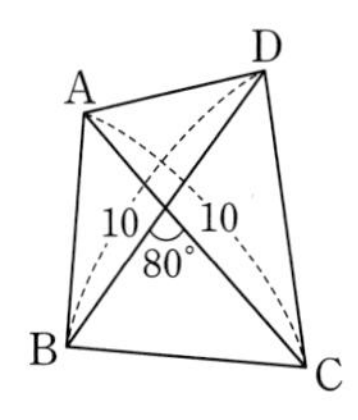

대표유형

유형 1 직각삼각형의 변의 길이

01 오른쪽 그림과 같이 나무의 그림자의 길이가 10 m이고, 선분 AC와 지면이 이루는 각의 크기가 48°일 때, 나무의 높이는?

(단, $\sin 48° = 0.74$, $\tan 48° = 1.11$)

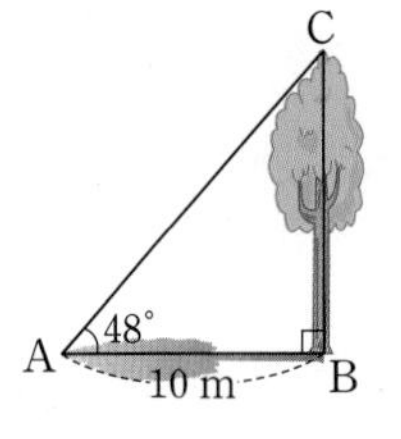

① 6.7 m ② 7.4 m ③ 9.0 m
④ 11.1 m ⑤ 13.5 m

풀이전략 한 변의 길이와 삼각비를 이용하여 다른 두 변의 길이를 구한다.

02 오른쪽 그림과 같이 직각삼각형 ABC에서 $\overline{BC} = 20$ cm, $\angle B = 36°$일 때, $x - y$의 값은? (단, $\sin 36° = 0.59$, $\cos 36° = 0.81$)

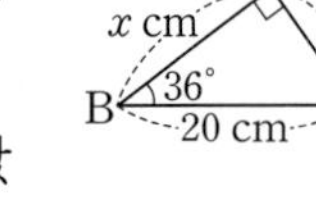

① −4.4 ② −2.8 ③ 1.6
④ 2.8 ⑤ 4.4

03 오른쪽 그림과 같이 두 건물 A, B 사이의 거리가 6 m이고 B건물 옥상에서 A건물의 꼭대기를 올려다본 각의 크기가 30°, 내려다본 각의 크기가 45°일 때, A건물의 높이는?

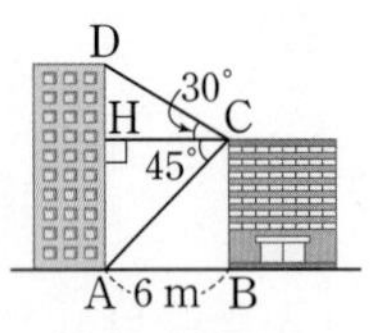

① $(6 + 2\sqrt{3})$ m ② $(6 + 6\sqrt{3})$ m
③ $(6 + 6\sqrt{2})$ m ④ $(6\sqrt{2} + 2\sqrt{3})$ m
⑤ $(6\sqrt{2} + 6\sqrt{3})$ m

유형 2 일반삼각형의 변의 길이

04 오른쪽 그림과 같이 삼각형 ABC에서 $\angle B = 75°$, $\angle C = 60°$이고 $\overline{BC} = 4$ cm일 때 $\overline{AB}$의 길이는?

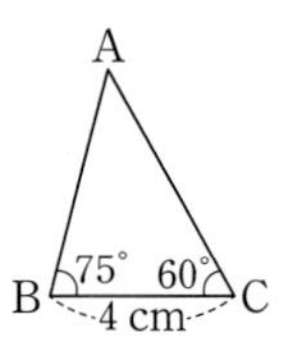

① $\sqrt{6}$ cm ② $2\sqrt{2}$ cm ③ $2\sqrt{3}$ cm
④ $2\sqrt{5}$ cm ⑤ $2\sqrt{6}$ cm

풀이전략 수선을 그어 2개의 직각삼각형으로 나눈다.

05 오른쪽 그림의 삼각형 ABC에서 $\overline{AB} = 6$, $\overline{BC} = 5\sqrt{3}$이고 $\angle B = 30°$일 때, $\overline{AC}$의 길이는?

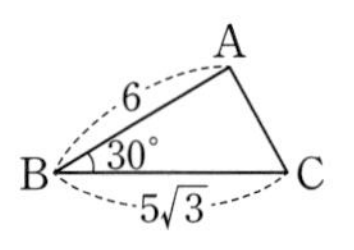

① 4 ② $4\sqrt{5}$ ③ $\sqrt{21}$
④ 6 ⑤ $\sqrt{39}$

06 오른쪽 그림과 같이 $\overline{AC} = \overline{BC} = 12$인 이등변삼각형 ABC에서 $\sin C = \frac{\sqrt{5}}{3}$일 때, $\overline{AB}$의 길이는? (단, $0° < \angle C < 90°$)

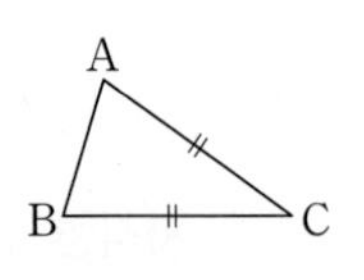

① 8 ② $4\sqrt{5}$ ③ $2\sqrt{21}$
④ $4\sqrt{6}$ ⑤ 10

07 오른쪽 그림과 같이 삼각형 ABC에서 $\angle B=105°$, $\angle C=30°$이고 $\overline{BC}=6$ cm일 때, $\frac{y}{x}$의 값은?

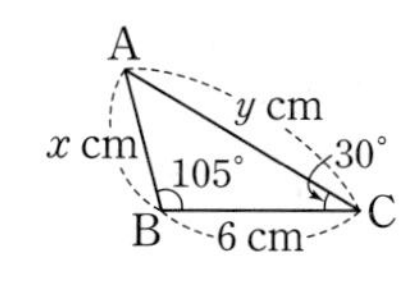

① $\frac{\sqrt{6}-\sqrt{2}}{2}$ ② $\frac{\sqrt{2}+\sqrt{3}}{2}$ ③ $\frac{\sqrt{2}+\sqrt{6}}{2}$
④ $\sqrt{2}+\sqrt{3}$ ⑤ $\sqrt{2}+\sqrt{6}$

08 오른쪽 그림과 같이 연못의 가장자리의 두 지점 B, C 사이의 거리를 구하기 위해 측량한 결과 $\angle BAC=45°$, $\overline{AB}=50\sqrt{2}$ m, $\overline{AC}=80$ m일 때, 두 지점 B, C 사이의 거리를 구하시오.

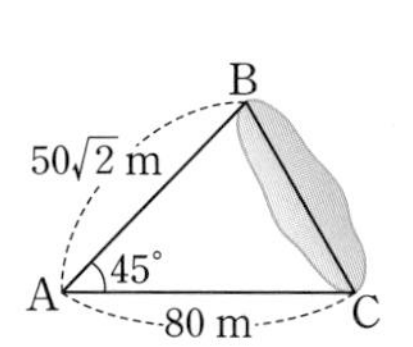

09 오른쪽 그림과 같이 강 위에 떠 있는 오리인형까지의 거리를 구하기 위해 측량한 결과 $\angle BAC=27°$, $\angle ABC=123°$이고 $\overline{AB}=100$ m일 때, B지점에서 오리인형까지의 거리는? (단, $\sin 27°=0.45$)

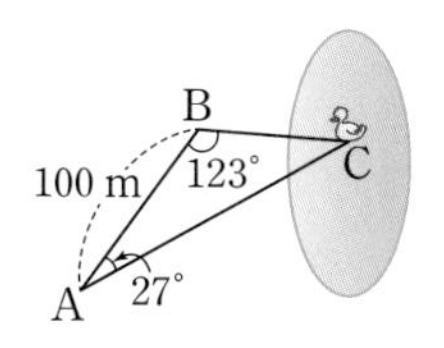

① 90 m ② 135 m ③ 178 m
④ 240 m ⑤ 267 m

유형 3 삼각형의 높이

10 오른쪽 그림과 같이 하늘에 떠 있는 풍선 A를 20 m만큼 떨어진 두 지점 B, C에서 동시에 올려다본 각의 크기가 각각 60°, 45°이었다. 이때 지면으로부터 풍선까지의 높이는?

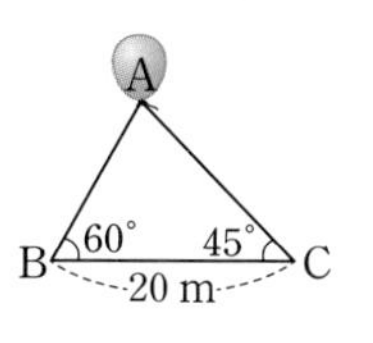

① 10 m ② $10(\sqrt{3}-1)$ m
③ $10(1+\sqrt{3})$ m ④ $10(3-\sqrt{3})$ m
⑤ $10(3+\sqrt{3})$ m

풀이전략 두 개의 직각삼각형에서 tan값을 이용한다.

11 다음은 오른쪽 그림과 같은 삼각형 ABC에서 $\angle B=30°$, $\angle C=45°$이고 $\overline{BC}=10$일 때, $\overline{AH}$의 길이를 구하는 과정이다. 처음으로 틀린 곳을 고르면?

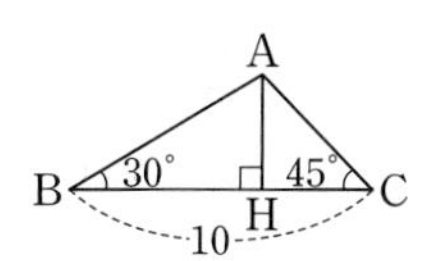

$\overline{AH}=x$라고 하면
직각삼각형 AHC에서
$\overline{AH}=\overline{CH}=x$ …… ①
직각삼각형 ABH에서
$\overline{BH}=\tan 30°\times x$ …… ②
$=\frac{\sqrt{3}}{3}x$ …… ③
$\overline{BC}=\overline{BH}+\overline{CH}=\frac{3+\sqrt{3}}{3}x$ …… ④
따라서 $\overline{AH}=5(3-\sqrt{3})$ …… ⑤

12 오른쪽 그림과 같이 삼각형 ABC에서 $\angle ABC=45°$, $\angle ACB=120°$이고 $\overline{BC}=12$일 때, $\overline{AH}$의 길이는?

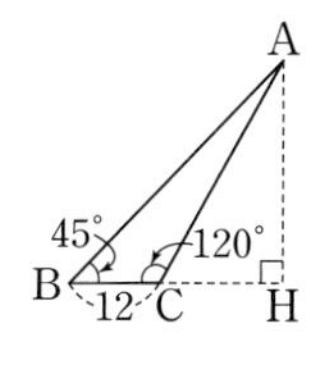

① $6(3-\sqrt{3})$ ② $6(3+\sqrt{3})$ ③ $12(1+\sqrt{3})$
④ $12(3-\sqrt{3})$ ⑤ $12(3+\sqrt{3})$

유형 4 삼각형의 넓이

13 오른쪽 그림과 같이 $\overline{AB}=\overline{AC}=10$ cm인 이등변삼각형 ABC에서 $\angle B=70°$일 때, $\triangle ABC$의 넓이는? (단, $\sin 40°=0.64$)

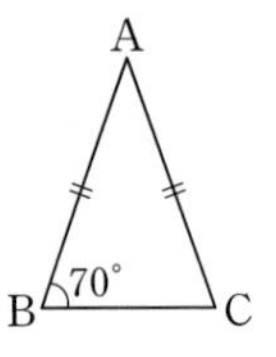

① 32 cm^2 ② 38 cm^2 ③ 64 cm^2
④ 76 cm^2 ⑤ 83 cm^2

풀이전략 삼각비의 값을 이용할 수 있는 각을 찾고, 두 변의 길이와 끼인각의 크기를 이용하여 삼각형의 넓이를 구한다.

14 오른쪽 그림과 같이 삼각형 ABC에서 $\overline{BC}=6$ cm, $\angle B=135°$이고 $\triangle ABC$의 넓이가 $24\sqrt{2}\text{ cm}^2$일 때, $\overline{AB}$의 길이를 구하시오.

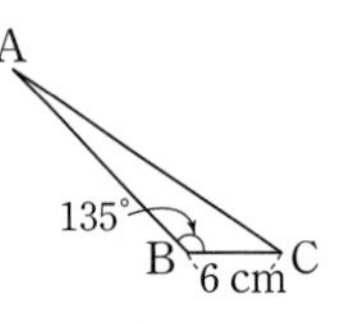

15 오른쪽 그림과 같이 지름의 길이가 $12\sqrt{3}$인 반원 O에서 $\angle CAB=30°$일 때, 색칠한 부분의 넓이는?

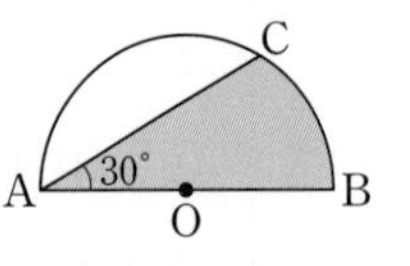

① $27\sqrt{3}+6\pi$ ② $27\sqrt{3}+12\pi$
③ $27\sqrt{3}+18\pi$ ④ $54\sqrt{3}+6\pi$
⑤ $54\sqrt{3}+18\pi$

유형 5 사각형의 넓이

16 오른쪽 그림과 같이 $\angle B=60°$, $\angle D=150°$인 □ABCD의 넓이는?

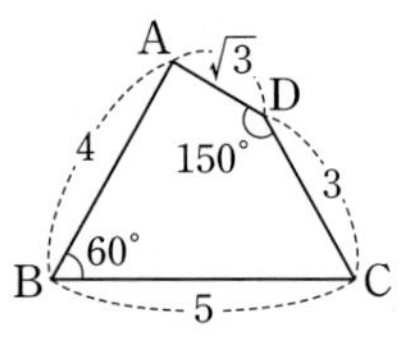

① $\frac{21}{4}\sqrt{3}$ ② $\frac{11}{2}\sqrt{3}$ ③ $\frac{23}{4}\sqrt{3}$
④ $6\sqrt{3}$ ⑤ $\frac{25}{4}\sqrt{3}$

풀이전략 두 변의 길이와 끼인각의 크기 또는 두 대각선의 길이와 두 대각선이 이루는 각의 크기를 이용하여 삼각형의 넓이를 구한다.

17 오른쪽 그림과 같은 □ABCD의 넓이는?

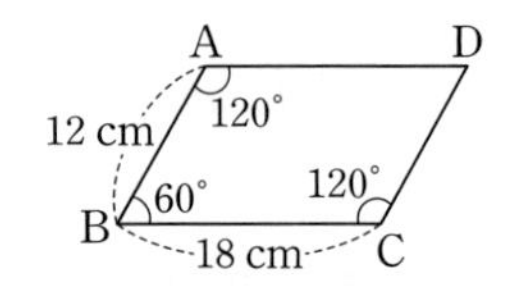

① $36\sqrt{3}\text{ cm}^2$ ② $54\sqrt{3}\text{ cm}^2$
③ $72\sqrt{3}\text{ cm}^2$ ④ $90\sqrt{3}\text{ cm}^2$
⑤ $108\sqrt{3}\text{ cm}^2$

18 오른쪽 그림과 같이 □ABCD에서 두 대각선의 교점을 O라고 하자. $\overline{AC}=10$ cm, $\angle BOC=150°$이고 □ABCD의 넓이가 20 cm^2일 때, $\overline{BD}$의 길이는?

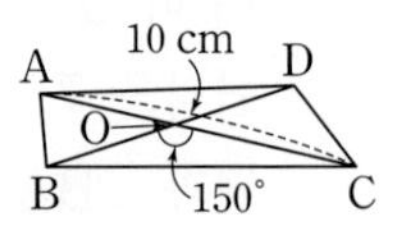

① 4 cm ② 8 cm ③ 12 cm
④ 16 cm ⑤ 20 cm

19 오른쪽 그림과 같이 넓이가 $16\sqrt{2}\ \text{cm}^2$인 마름모 ABCD의 한 변의 길이는?

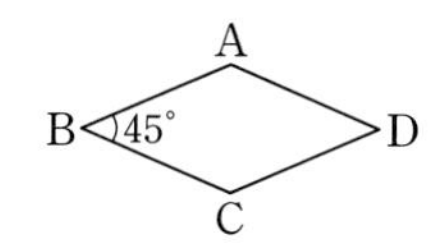

① $4\ \text{cm}$　② $4\sqrt{2}\ \text{cm}$　③ $8\ \text{cm}$
④ $8\sqrt{2}\ \text{cm}$　⑤ $12\ \text{cm}$

20 오른쪽 그림과 같이 $\angle B=60°$, $\angle BAC=90°$, $\angle D=75°$이고 $\overline{AB}=10\ \text{cm}$일 때, □ABCD의 넓이는?

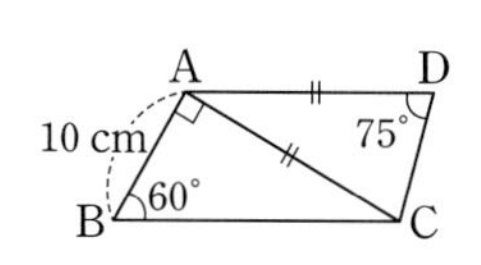

① $100\ \text{cm}^2$　② $125\ \text{cm}^2$
③ $(50\sqrt{3}+75)\ \text{cm}^2$　④ $(50+75\sqrt{3})\ \text{cm}^2$
⑤ $125\sqrt{3}\ \text{cm}^2$

21 오른쪽 그림과 같이 □ABCD에서 두 대각선이 이루는 각의 크기가 45°이고, $\overline{AC}:\overline{BD}=4:3$이다. □ABCD의 넓이가 $18\sqrt{2}$일 때, $\overline{BD}$의 길이를 구하시오.

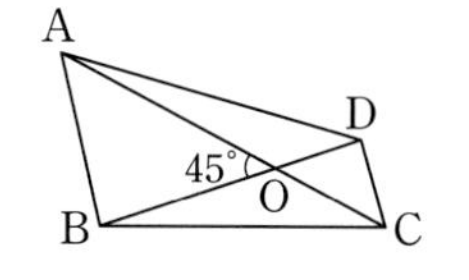

유형 6 다각형의 넓이

22 한 변의 길이가 2 cm인 정육각형의 넓이는?

① $3\sqrt{3}\ \text{cm}^2$　② $6\sqrt{3}\ \text{cm}^2$
③ $9\sqrt{3}\ \text{cm}^2$　④ $12\sqrt{3}\ \text{cm}^2$
⑤ $18\sqrt{3}\ \text{cm}^2$

풀이전략 보조선을 그려 여러 개의 삼각형으로 나누어 삼각형의 넓이의 합으로 구한다.

23 오른쪽 그림과 같이 넓이가 $25\pi\ \text{cm}^2$인 원에 내접하는 정팔각형의 넓이를 구하시오.

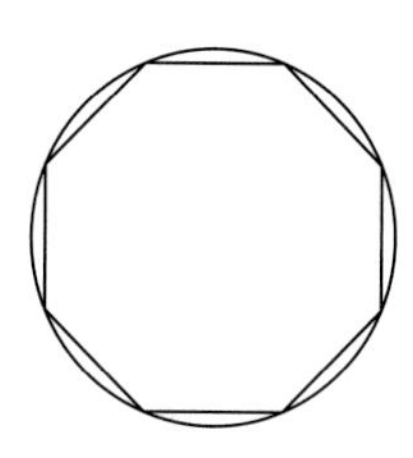

24 오른쪽 그림과 같이 □ABCD에서 $\overline{AC}/\!/\overline{DE}$가 되도록 $\overline{BC}$의 연장선 위에 점 E를 잡을 때, $\overline{AB}=6$, $\overline{AD}=3$, $\overline{BE}=12$이다. 이때 □ABCD의 넓이는?

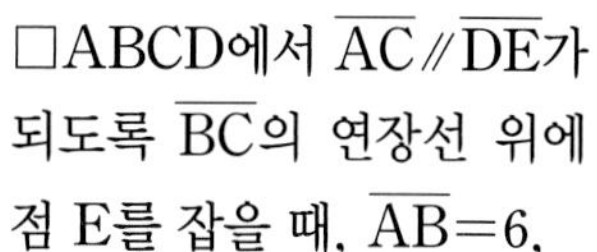

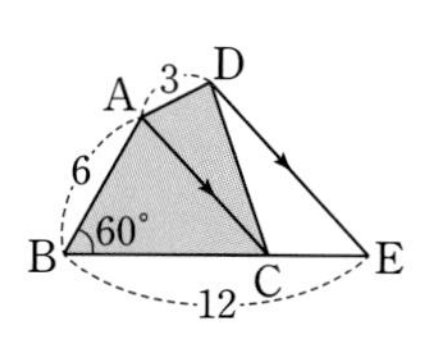

① $6\sqrt{3}$　② $9\sqrt{3}$　③ $12\sqrt{3}$
④ $15\sqrt{3}$　⑤ $18\sqrt{3}$

기출 예상 문제

❶ 직각삼각형의 변의 길이

01 오른쪽 그림과 같이 직각삼각형 ABC에서 $\overline{AB}=40$ cm이고 $\angle B=20°$일 때, $\overline{BC}$의 길이는? (단, $\cos 20°=0.94$)

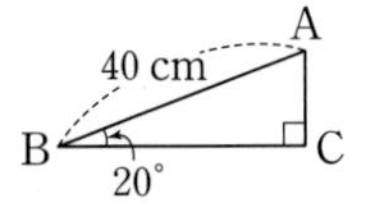

① 36 cm ② 36.4 cm ③ 36.8 cm
④ 37.2 cm ⑤ 37.6 cm

❶ 직각삼각형의 변의 길이

02 오른쪽 그림과 같이 모선의 길이가 12 cm인 원뿔의 부피는?

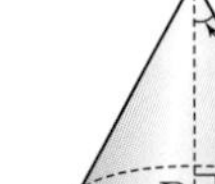

① $72\sqrt{3}\pi$ cm^3
② 216 cm^3
③ $144\sqrt{3}\pi$ cm^3
④ $216\sqrt{3}$ cm^3
⑤ 648 cm^3

❶ 직각삼각형의 변의 길이

03 오른쪽 그림과 같이 지면에 수직으로 서 있던 나무가 부러져 직각으로 쓰러져 있다. 이 나무가 쓰러지기 전의 높이는?
(단, $\sin 48°=0.74$, $\cos 48°=0.67$)

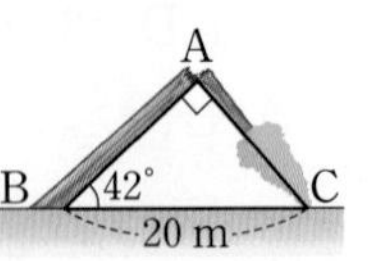

① 27.2 m ② 27.6 m ③ 28.2 m
④ 28.6 m ⑤ 29.2 m

❶ 직각삼각형의 변의 길이

04 오른쪽 그림과 같이 A건물 옥상에서 B타워를 올려다본 각의 크기는 30°이고 A건물에서 B타워까지의 거리가 20 m이다. A건물의 높이가 3 m일 때, B타워의 높이는?

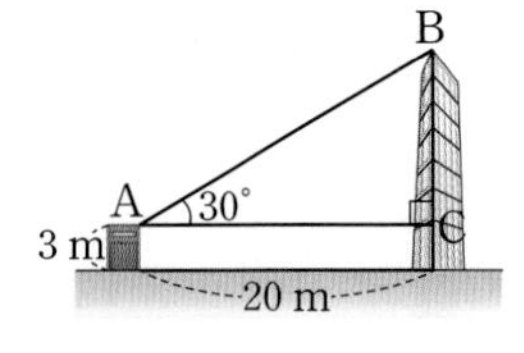

① $\dfrac{20\sqrt{3}}{3}$ m ② $\dfrac{9+20\sqrt{3}}{3}$ m
③ 23 m ④ $20\sqrt{3}$ m
⑤ $(3+20\sqrt{3})$ m

❶ 직각삼각형의 변의 길이

05 오른쪽 그림과 같이 길이가 30 cm인 실에 매달린 추가 좌우로 60°의 각을 이루며 왕복운동을 하고 있다. 추가 가장 낮을 때의 지점을 A, 가장 높을 때의 지점을 B라고 할 때, A지점과 B지점의 높이의 차는? (단, 추의 크기는 무시한다.)

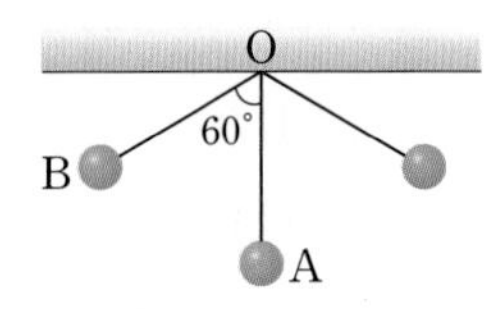

① 10 cm ② 15 cm ③ $10\sqrt{3}$ cm
④ 20 cm ⑤ $15\sqrt{3}$ cm

❷ 일반삼각형의 변의 길이

06 오른쪽 그림과 같이 △ABC에서 $\overline{AB}=50\sqrt{2}$, $\angle A=75°$, $\angle B=45°$일 때, $x+y$의 값은?

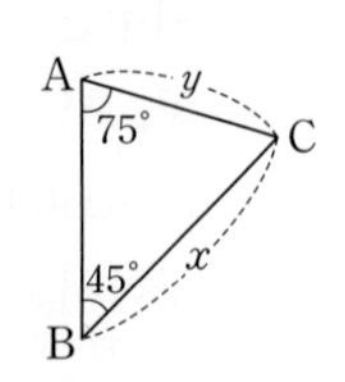

① $25+25\sqrt{3}$ ② $25+50\sqrt{3}$
③ $50+25\sqrt{3}$ ④ $50+50\sqrt{3}$
⑤ $50+75\sqrt{3}$

② 일반삼각형의 변의 길이

07 오른쪽 그림과 같이 세 섬 A, B, C에서 섬 A, C를 잇는 다리의 길이는 80 m, 섬 B, C를 잇는 다리의 길이는 120 m일 때, 섬 A, B를 잇는 다리의 길이는?

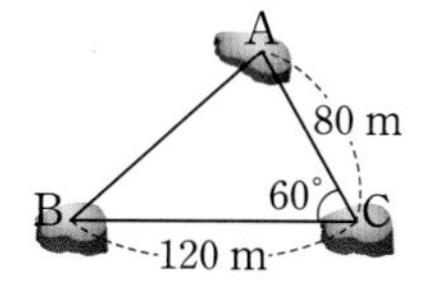

① $40\sqrt{2}$ m　② 60 m　③ $40\sqrt{3}$ m
④ $60\sqrt{3}$ m　⑤ $40\sqrt{7}$ m

② 일반삼각형의 변의 길이

08 오른쪽 그림과 같이 △ABC에서 $\overline{AB}=9$, $\overline{AC}=11$이고 $\cos A=\frac{2}{3}$일 때, $\overline{BC}$의 길이는?

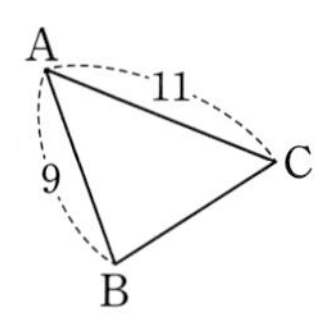

① $\sqrt{61}$　② $3\sqrt{7}$　③ $2\sqrt{17}$
④ $\sqrt{70}$　⑤ $6\sqrt{2}$

② 일반삼각형의 변의 길이

09 오른쪽 그림과 같은 사다리꼴 ABCD에서 $\overline{AB}=12$, $\overline{AD}=9$이고 $\angle A=120°$일 때, $\overline{BD}$의 길이는?

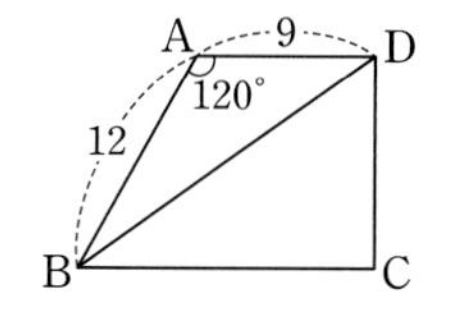

① $3\sqrt{21}$　② 18　③ $3\sqrt{37}$
④ $4\sqrt{21}$　⑤ $2\sqrt{85}$

③ 삼각형의 높이

10 오른쪽 그림과 같이 500 m 상공에 떠 있는 헬리콥터에서 A지점과 B지점을 내려다본 각의 크기가 각각 40°, 25°일 때, A지점과 B지점 사이의 거리는?

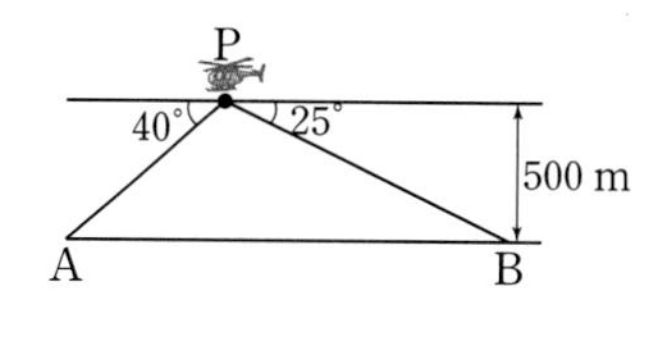

① $500(\tan 40°-\tan 25°)$ m
② $500(\tan 40°+\tan 25°)$ m
③ $500(\tan 40°+\tan 65°)$ m
④ $500(\tan 65°-\tan 50°)$ m
⑤ $500(\tan 65°+\tan 50°)$ m

③ 삼각형의 높이

11 오른쪽 그림과 같은 직각삼각형 ABC에서 $\overline{BD}=4$, $\angle BDA=120°$이고 $\tan B=\frac{\sqrt{3}}{2}$일 때, $\overline{AC}$의 길이는?

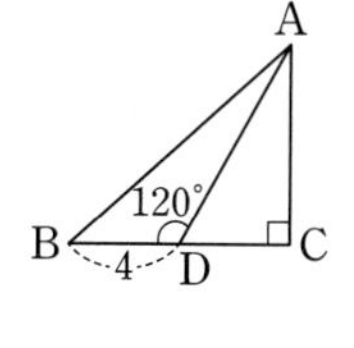

① 4　② $4\sqrt{2}$　③ $4\sqrt{3}$
④ 8　⑤ $4\sqrt{5}$

③ 삼각형의 높이

12 오른쪽 그림과 같이 △ABC에서 $\overline{BC}=22$이고 $\angle B=45°$, $\angle C=50°$일 때 $\overline{AH}$의 길이는? (단, $\tan 50°=1.2$로 계산한다.)

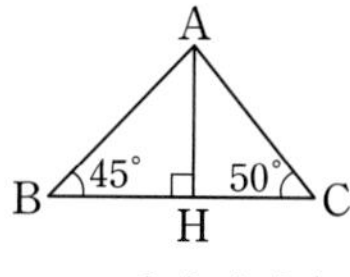

① 10　② 11　③ 12
④ 13　⑤ 14

④ 삼각형의 넓이

13 오른쪽 그림과 같이 $\overline{AB}=4\sqrt{3}$, $\overline{BC}=2$이고 $\angle B=150^\circ$일 때, $\triangle ABC$의 넓이는?

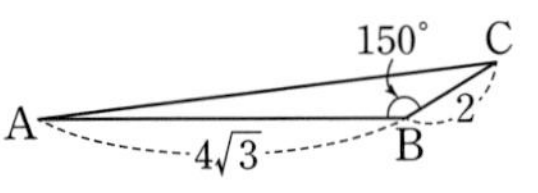

① $\sqrt{3}$ ② $2\sqrt{3}$ ③ $3\sqrt{3}$
④ $4\sqrt{3}$ ⑤ $5\sqrt{3}$

④ 삼각형의 넓이

14 오른쪽 그림과 같이 $\overline{AB}=10$, $\overline{AC}=6$인 $\triangle ABC$의 넓이가 15일 때, $\angle A$의 크기를 구하시오.
(단, $0^\circ<\angle A<90^\circ$)

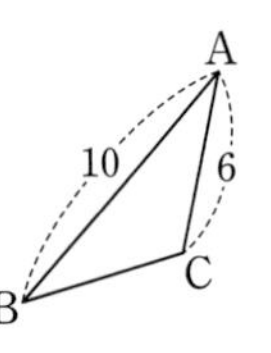

④ 삼각형의 넓이

15 오른쪽 그림과 같이 $\overline{BC}=8$ cm, $\angle B=45^\circ$인 $\triangle ABC$의 넓이가 12 cm^{2}일 때, $\overline{AC}$의 길이는?

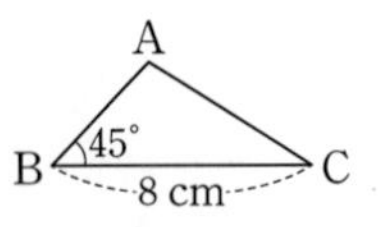

① $\sqrt{34}$ cm ② 6 cm ③ $\sqrt{38}$ cm
④ $2\sqrt{10}$ cm ⑤ $\sqrt{42}$ cm

④ 삼각형의 넓이

16 다음 그림과 같이 한 변의 길이가 6 cm인 정삼각형 ABC에서
$\overline{AD}:\overline{BD}=\overline{BE}:\overline{CE}=\overline{CF}:\overline{AF}=2:1$일 때, $\triangle DEF$의 넓이는?

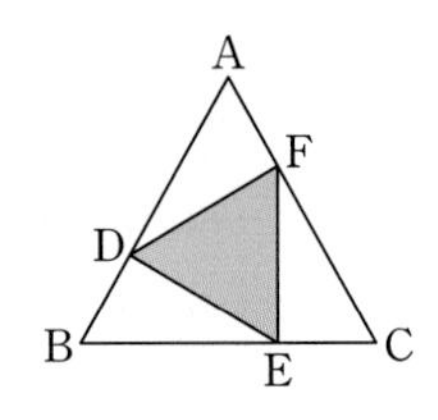

① $\sqrt{3}$ cm^2 ② $2\sqrt{3}$ cm^2 ③ $3\sqrt{3}$ cm^2
④ $4\sqrt{3}$ cm^2 ⑤ $5\sqrt{3}$ cm^2

④ 삼각형의 넓이

17 오른쪽 그림과 같이 반지름의 길이가 6 cm인 반원 O에서 $\angle ABC=15^\circ$일 때, 색칠한 부분의 넓이를 구하시오.

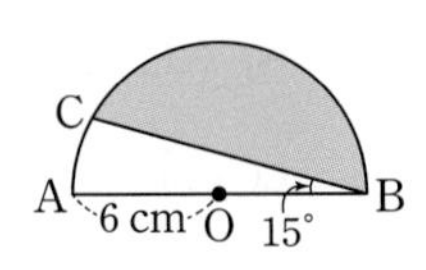

④ 삼각형의 넓이

18 오른쪽 그림과 같이 폭이 4 cm로 일정한 직사각형 모양의 종이를 $\overline{AC}$를 접는 선으로 하여 접었다.
$\overline{AC}=8$ cm일 때, $\triangle ABC$의 넓이는?

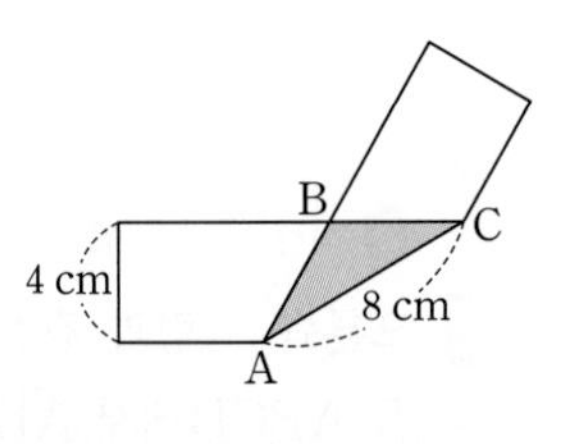

① $5\sqrt{3}$ cm^2 ② $\dfrac{16\sqrt{3}}{3}$ cm^2
③ $\dfrac{17\sqrt{3}}{3}$ cm^2 ④ $6\sqrt{3}$ cm^2
⑤ $\dfrac{19\sqrt{3}}{3}$ cm^2

⑤ 사각형의 넓이

19 오른쪽 그림과 같이 한 변의 길이가 4이고 $\angle A=120°$인 마름모 ABCD의 넓이는?

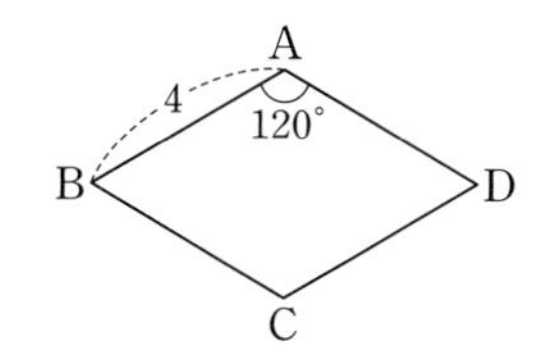

① 8 ② $8\sqrt{2}$ ③ $8\sqrt{3}$
④ 16 ⑤ $8\sqrt{5}$

⑤ 사각형의 넓이

20 오른쪽 그림과 같이 $\overline{AB}:\overline{BC}=2:5$인 평행사변형 ABCD의 넓이가 $80\sqrt{2}\text{ cm}^2$일 때, □ABCD의 둘레의 길이는?

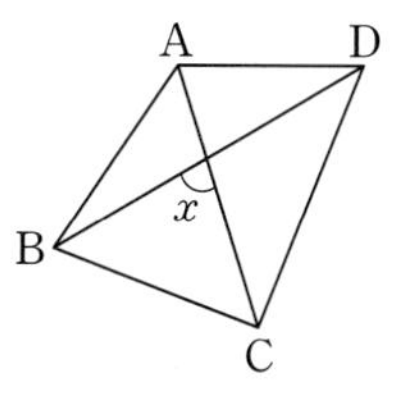

① 28 cm ② 35 cm ③ 42 cm
④ 49 cm ⑤ 56 cm

⑤ 사각형의 넓이

21 오른쪽 그림과 같이 $\overline{AC}=9$, $\overline{BD}=12$인 □ABCD의 넓이가 18일 때, $\sin x$의 값은? (단, $0°<x<90°$)

① $\frac{1}{2}$ ② $\frac{1}{3}$ ③ $\frac{1}{4}$
④ $\frac{1}{5}$ ⑤ $\frac{1}{6}$

⑤ 사각형의 넓이

22 오른쪽 그림과 같이 폭이 각각 4 cm, 6 cm로 일정한 직사각형 모양의 두 종이테이프가 겹쳐져 있을 때, 겹쳐진 부분의 넓이는?

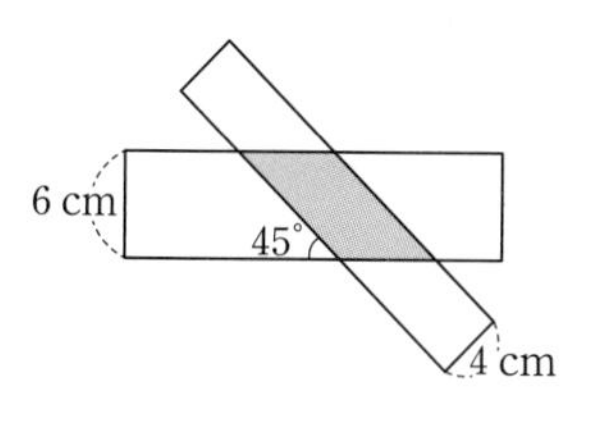

① 12 cm^2 ② $12\sqrt{2}\text{ cm}^2$ ③ 24 cm^2
④ $24\sqrt{2}\text{ cm}^2$ ⑤ 36 cm^2

⑥ 다각형의 넓이

23 원에 내접하는 정육각형의 넓이가 $24\sqrt{3}\text{cm}^2$일 때, 원의 넓이는?

① $16\pi\text{ cm}^2$ ② $32\pi\text{ cm}^2$ ③ $48\pi\text{ cm}^2$
④ $64\pi\text{ cm}^2$ ⑤ $80\pi\text{ cm}^2$

⑥ 다각형의 넓이

24 다음 그림과 같은 □ABCD의 넓이를 구하시오.

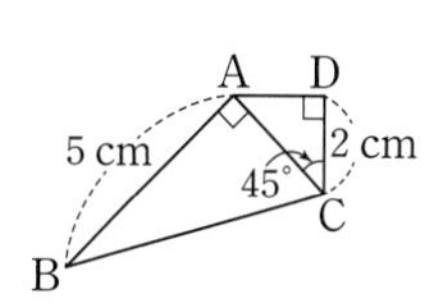

고난도 집중 연습

1

다음 그림과 같이 초속 200 m의 속력으로 움직이는 비행기를 A지점에서 올려다본 각의 크기가 45°이고 3초 후 같은 지점에서 올려다본 각의 크기가 30°일 때, A지점에서 비행기까지의 높이를 구하시오.

(단, 비행기는 높이를 유지하면서 움직인다.)

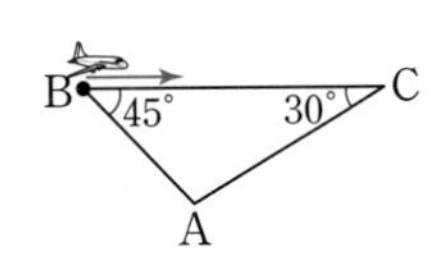

1-1

다음 그림과 같이 초속 30 m의 속력으로 움직이는 배에서 등대 위의 A지점을 올려다본 각의 크기가 30°이고 4초 후 배에서 올려다본 각의 크기가 60°일 때, 등대의 높이를 구하시오. (단, 배는 직선으로 움직인다.)

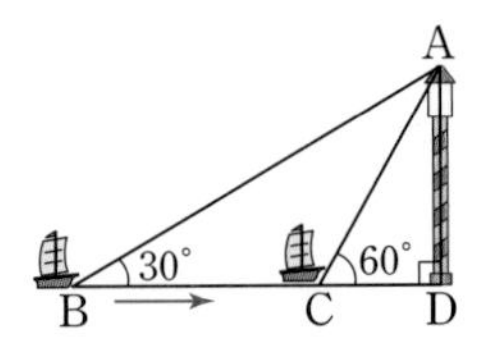

2

다음 그림과 같은 $\triangle ABC$에서 $\overline{BC}=4$이고 $\angle B=45^\circ$, $\angle C=120^\circ$일 때, $\triangle ABC$의 넓이를 구하시오.

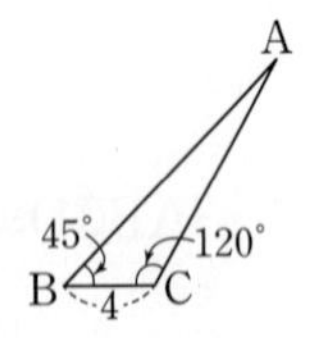

2-1

다음 그림과 같은 $\triangle ABC$에서 $\overline{AB}=10$이고 $\angle A=135^\circ$, $\angle B=30^\circ$일 때, $\triangle ABC$의 넓이를 구하시오.

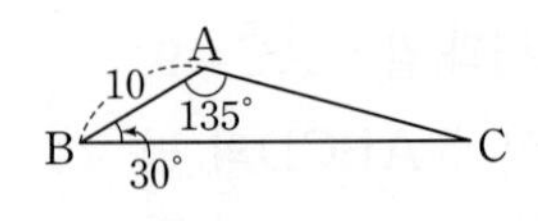

3

다음 그림과 같은 정사각형 ABCD에서 두 점 M, N은 각각 $\overline{AB}$, $\overline{BC}$의 중점이고 $\angle MDN=x$라 할 때, $\sin x$의 값을 구하시오.

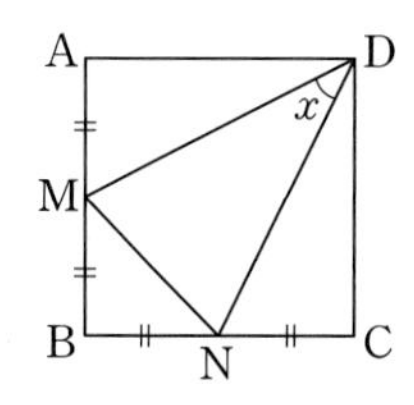

3-1

다음 그림과 같이 정사각형 ABCD에서 $\overline{BM}:\overline{CM}=2:1$, $\overline{DN}:\overline{CN}=2:1$이고 $\angle MAN=x$라 할 때, $\sin x$의 값을 구하시오.

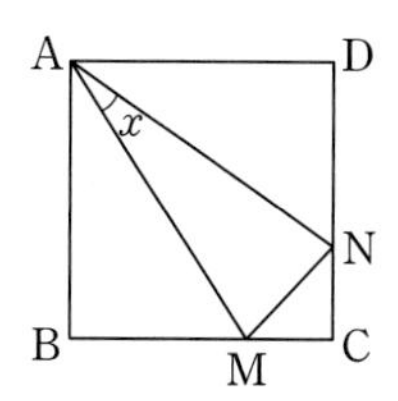

4

다음 그림과 같은 예각삼각형 ABC에서 $\overline{AD}:\overline{BD}=2:1$이고 $\overline{AE}:\overline{CE}=5:3$이다. □DBCE의 넓이는 △ABC의 넓이의 $\frac{n}{m}$배일 때, $m+n$의 값을 구하시오.

(단, m, n은 서로소인 자연수이다.)

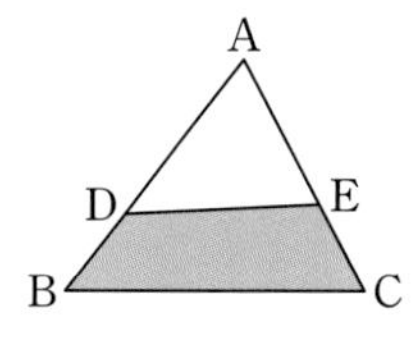

4-1

다음 그림과 같은 예각삼각형 ABC에서 점 D는 $\overline{AB}$의 중점이고 점 E는 $\overline{BC}$의 삼등분점 중 점 C에 가까운 점일 때, (△BDE의 넓이) : (□ADEC의 넓이)를 가장 간단한 자연수의 비로 나타내시오.

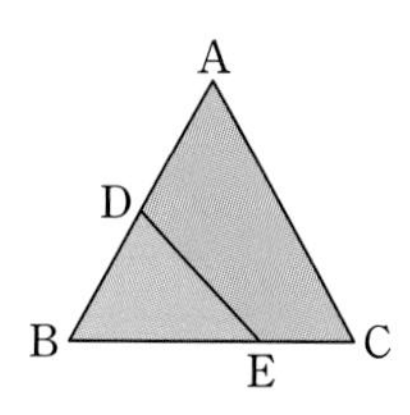

서술형 집중 연습

예제 1

오른쪽 그림과 같이 눈높이가 1.5 m인 학생이 나무로부터 10 m 떨어진 곳에서 나무 꼭대기를 올려다본 각의 크기가 25°이었다. 이때 나무의 높이를 구하시오.

(단, $\tan 25° = 0.47$로 계산한다.)

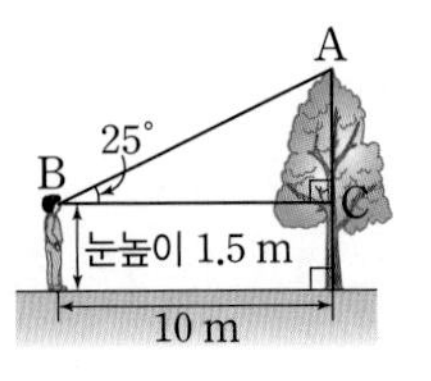

풀이 과정

$\overline{BC} = \square$ m이므로

직각삼각형 ABC에서

$\overline{AC} = 10 \times \square = 10 \times \square = \square$ (m)

따라서

(나무의 높이)$= \overline{AC} + \square$

$= \square + 1.5 = \square$ (m)

유제 1

오른쪽 그림과 같이 눈높이가 1.7 m인 학생이 어느 건물로부터 20 m 떨어진 위치에서 건물의 꼭대기를 올려다본 각의 크기가 62°이었다. 이 건물의 높이를 구하시오. (단, $\tan 62° = 1.88$)

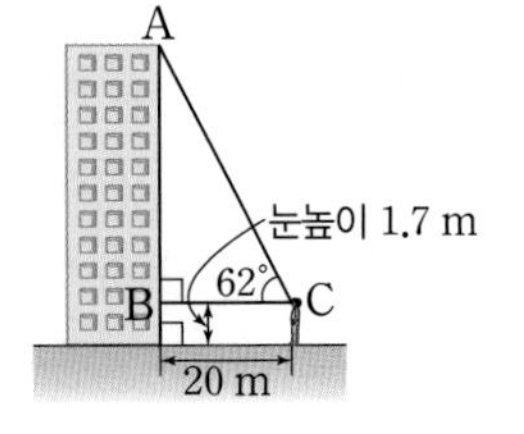

예제 2

오른쪽 그림과 같이 삼각형 ABC에서 ∠A의 이등분선이 $\overline{BC}$와 만나는 점을 D라고 하자. $\overline{AB} = 4$ cm, $\overline{AC} = 6$ cm일 때, $\overline{AD}$의 길이를 구하시오.

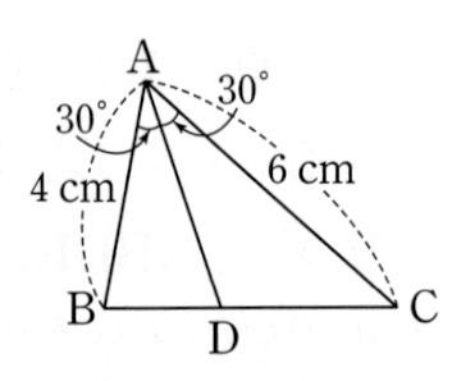

풀이 과정

$\triangle ABC = \frac{1}{2} \times \square \times \square \times \square = \square$ (cm^2)이고

$\triangle ABC$

$= \triangle ABD + \square$

$= \frac{1}{2} \times 4 \times \overline{AD} \times \square + \frac{1}{2} \times \square \times \overline{AD} \times \square$

$= \square \times \overline{AD}$

즉, $\square = \square \times \overline{AD}$

따라서 $\overline{AD} = \square$ (cm)

유제 2

오른쪽 그림과 같은 △ABC에서 $\overline{AB} = 10$ cm, $\overline{AC} = 4$ cm이고 ∠BAD = ∠CAD = 60°일 때, $\overline{AD}$의 길이를 구하시오.

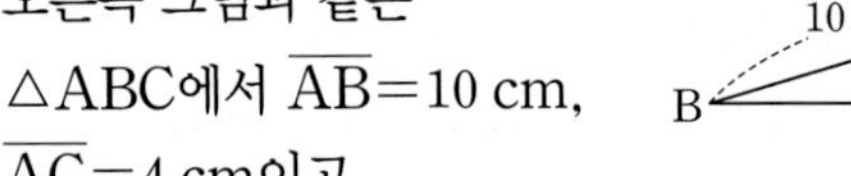

예제 3

오른쪽 그림과 같이 $\overline{AB}=8$, $\overline{AD}=12$인 평행사변형 ABCD에서 BC의 중점을 M이라 할 때, $\triangle BMD$의 넓이를 구하시오.

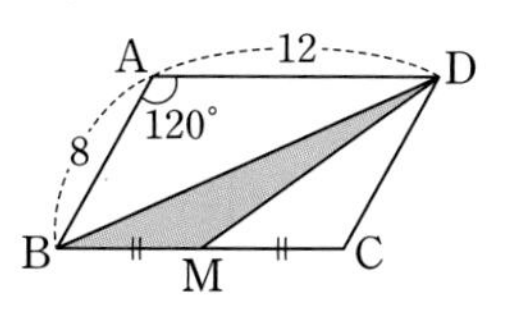

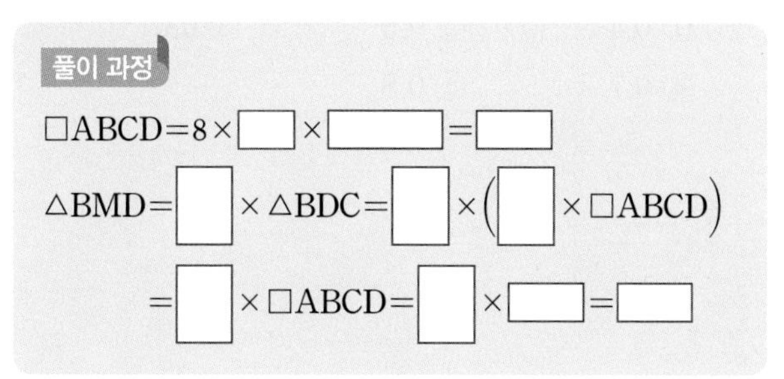
풀이 과정

$\square ABCD=8\times\square\times\square=\square$

$\triangle BMD=\square\times\triangle BDC=\square\times\left(\square\times\square ABCD\right)$

$=\square\times\square ABCD=\square\times\square=\square$

유제 3

오른쪽 그림과 같이 $\overline{AB}=15$, $\overline{AD}=8$인 평행사변형 ABCD에서 $\overline{CD}$의 삼등분점 중 점 C에 가까운 점을 P라고 할 때, $\triangle ACP$의 넓이를 구하시오.

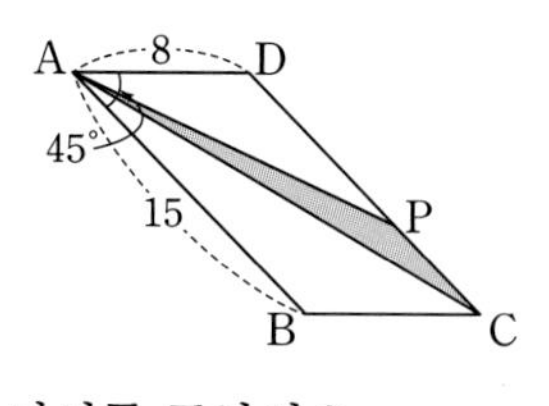

예제 4

오른쪽 그림과 같이 A지점에서 가로등 꼭대기를 올려다본 각의 크기가 60°이고 A지점과 5 m 떨어진 B지점에서 가로등 꼭대기를 올려다본 각의 크기가 45°일 때, 가로등의 높이를 구하시오.

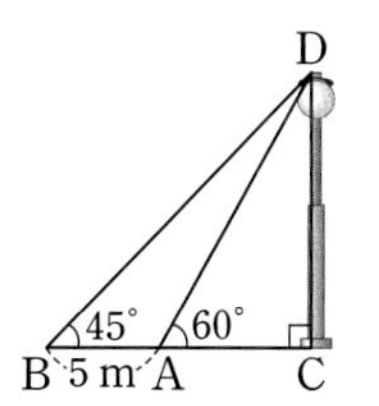

풀이 과정

가로등의 높이 $\overline{CD}$를 x m라고 하면

직각삼각형 ACD에서 $\overline{AC}=\square$ (m)

직각삼각형 BCD에서 $\overline{BC}=\overline{BA}+\square=\square$ (m)

즉, $\overline{BC}\tan\square=\overline{CD}$이므로 $\square=x$

정리하면 $x=\square$

따라서 가로등의 높이는 $\square$ (m)

유제 4

오른쪽 그림과 같이 A지점에서 학교 건물의 꼭대기를 올려다본 각의 크기가 30°이고 A지점과 12 m 떨어진 B지점에서 학교 건물의 꼭대기를 올려다본 각의 크기가 45°일 때, 학교 건물의 높이를 구하시오.

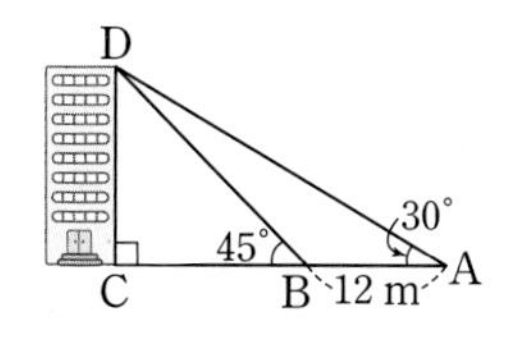

중단원 실전 테스트 1회

2 삼각비의 활용

01 오른쪽 그림과 같이 삼각형 ABC에서 $\angle B=24^\circ$이고 $\overline{BC}=10$일 때, $\triangle ABC$의 둘레의 길이는?
(단, $\sin 24^\circ=0.41$, $\cos 24^\circ=0.91$, $\tan 24^\circ=0.45$)

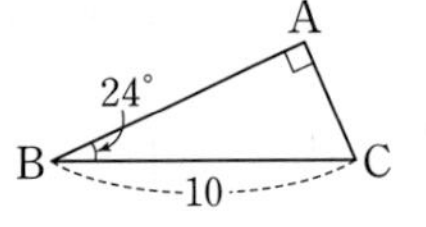

① 17.7　② 18.6　21.5
④ 23.2　⑤ 23.6

02 오른쪽 그림과 같은 삼각기둥의 부피가 $80\sqrt{3}\ \text{cm}^3$일 때, 삼각기둥의 높이는?

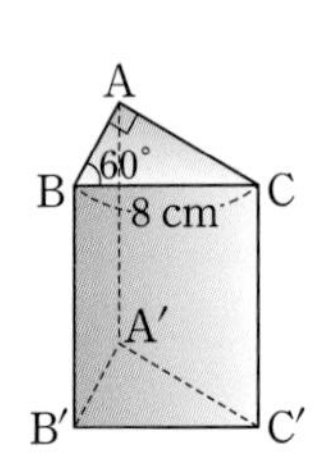

① 8 cm　② 9 cm　③ 10 cm
④ 11 cm　⑤ 12 cm

03 오른쪽 그림과 같이 첨탑과 30 m 떨어진 건물 옥상에서 첨탑을 올려다본 각의 크기가 20°, 내려다본 각의 크기가 32°일 때, 첨탑의 높이는?

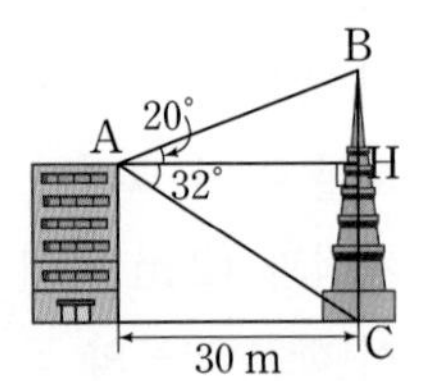

∠A	sin *A*	cos *A*	tan *A*
20°	0.34	0.94	0.36
32°	0.53	0.85	0.62

① 26.1 m　② 28.8 m　③ 29.4 m
④ 36.3m　⑤ 53.7m

04 오른쪽 그림과 같이 줄의 길이가 2 m인 실에 물건이 매달려 있다. B에서의 위치가 A에서의 위치보다 0.8 m 더 높이 있을 때, $\sin x$의 값은?
(단, 물건의 크기 및 두께는 무시한다.)

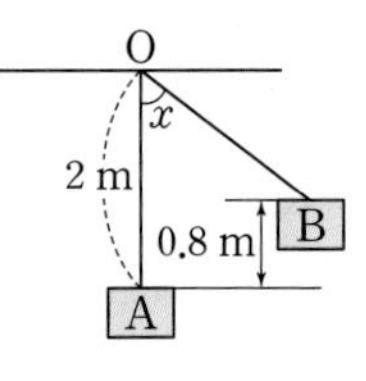

① 0.4　② 0.5　③ 0.6
④ 0.7　⑤ 0.8

05 오른쪽 그림과 같이 집에서 학교까지의 거리가 $\sqrt{2}$ km이고 집에서 도서관까지의 거리가 2 km일 때, 학교에서 도서관까지의 거리는?

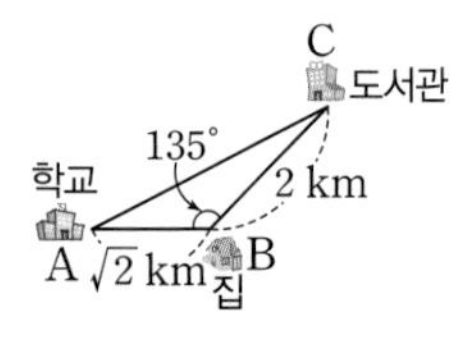

① $\sqrt{10}$ km　② $2\sqrt{3}$ km　③ $\sqrt{14}$ km
④ 4 km　⑤ $3\sqrt{2}$ km

06 오른쪽 그림과 같은 삼각형 ABC가 있다. 점 A에서 $\overline{BC}$에 내린 수선의 발을 H라 하자. $\overline{BC}=12$이고 $\angle BAH=45^\circ$, $\angle CAH=30^\circ$일 때, $\triangle ABC$의 넓이는?

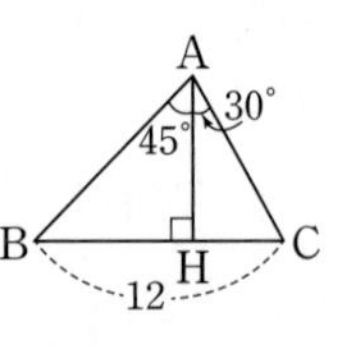

① $18(3-\sqrt{3})$　② $36(3-\sqrt{3})$
③ $36(3+\sqrt{3})$　④ $72(3-\sqrt{3})$
⑤ $72(3+\sqrt{3})$

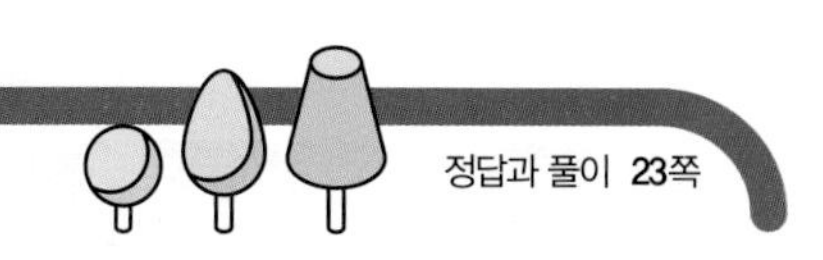

07 오른쪽 그림과 같은 삼각형 ABC에서 $\overline{AB}=6\text{ cm}$, $\angle B=30^\circ$이다. $\triangle ABC$의 넓이가 18 cm^2일 때, $\overline{BC}$의 길이는?

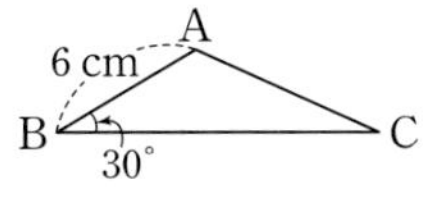

① 6 cm ② 10 cm ③ 12 cm
④ 15 cm ⑤ 18 cm

고난도

08 오른쪽 그림과 같은 정삼각형 ABC에서 $\angle ADB=75^\circ$, $\overline{AD}=10$일 때, $\triangle BDC$의 넓이는?

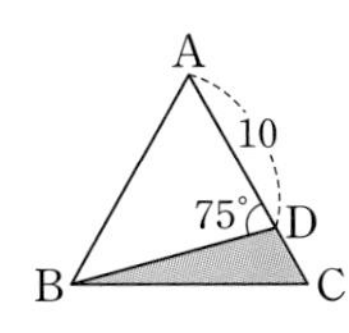

① $\dfrac{25\sqrt{3}}{2}$ ② $25\sqrt{3}$ ③ $\dfrac{75\sqrt{3}}{2}$
④ $50\sqrt{3}$ ⑤ $75\sqrt{3}$

09 오른쪽 그림과 같은 삼각형 ABC에서 $\overline{AB}$의 길이를 10 % 늘리고, $\overline{BC}$의 길이를 20 % 줄여서 삼각형 DBE를 만들었다. $\triangle ABC$의 넓이가 25 cm^2일 때, $\triangle DBE$의 넓이는? (단, $90^\circ<\angle B<\angle 180^\circ$)

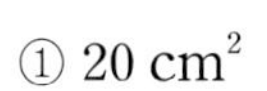

① 20 cm^2 ② 22 cm^2 ③ 24 cm^2
④ 26 cm^2 ⑤ 28 cm^2

10 오른쪽 그림과 같이 $\overline{BC}=16\text{ cm}$, $\angle B=60^\circ$이고 $\overline{AB}=\overline{AC}$, $\overline{AD}/\!/\overline{BC}$일 때, □ABCD의 넓이는?

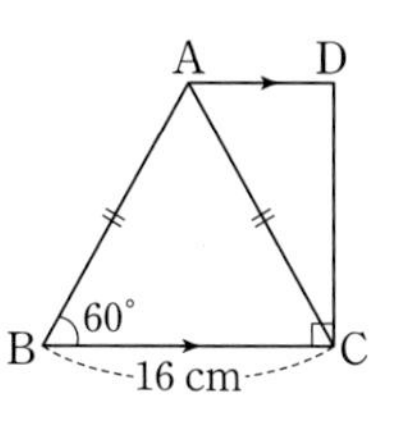

① $24\sqrt{3}\text{ cm}^2$ ② $32\sqrt{3}\text{ cm}^2$
③ $48\sqrt{3}\text{ cm}^2$ ④ $64\sqrt{3}\text{ cm}^2$
⑤ $96\sqrt{3}\text{ cm}^2$

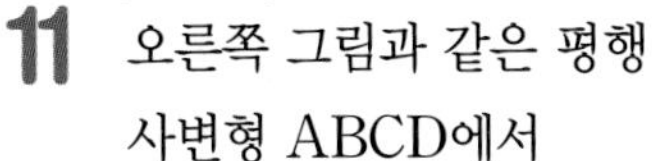
고난도

11 오른쪽 그림과 같은 평행사변형 ABCD에서 $\overline{AP}:\overline{BP}=3:1$, $\overline{AQ}:\overline{DQ}=2:5$이다. $\triangle APQ$의 넓이를 S_1, □PBDQ의 넓이를 S_2, $\triangle BDC$의 넓이를 S_3이라고 할 때, $S_1:S_2:S_3$를 가장 간단한 자연수의 비로 나타내면?

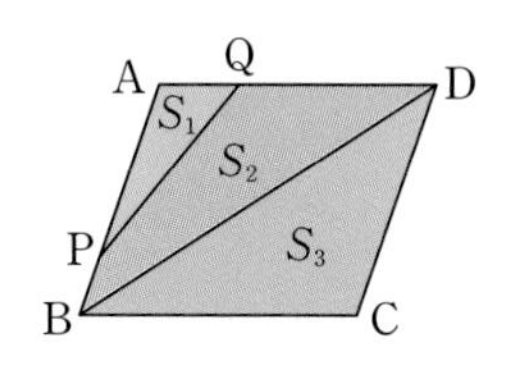

① 2 : 5 : 7 ② 3 : 10 : 12
③ 3 : 11 : 14 ④ 6 : 14 : 27
⑤ 6 : 13 : 28

12 오른쪽 그림과 같이 □ABCD에서 $\overline{AE}=8$, $\overline{CD}=\overline{BC}=\overline{AD}=3$이고 $\overline{BD}/\!/\overline{AE}$가 되도록 $\overline{BC}$의 연장선 위에 점 E를 잡을 때, $\overline{BE}=4$이다. 이때 □ABCD의 넓이는?

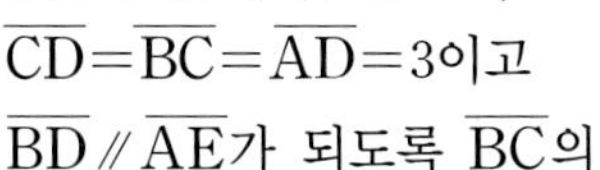
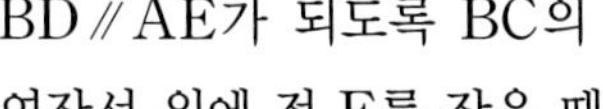
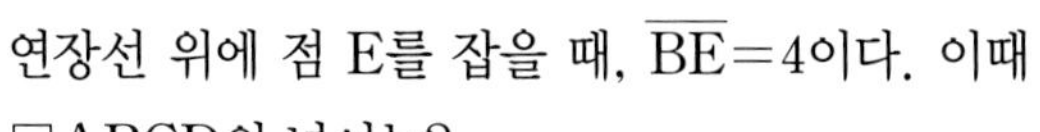
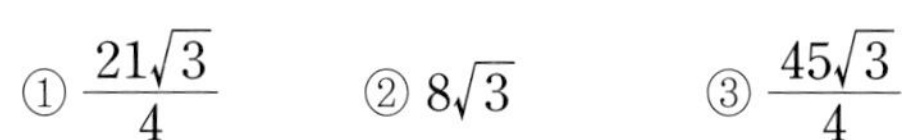

① $\dfrac{21\sqrt{3}}{4}$ ② $8\sqrt{3}$ ③ $\dfrac{45\sqrt{3}}{4}$
④ $\dfrac{27\sqrt{3}}{2}$ ⑤ $\dfrac{33\sqrt{3}}{2}$

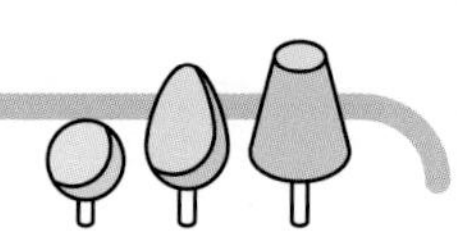

서술형

13 다음 그림과 같이 지면에서 20 km 떨어진 위치에 있는 별을 두 관측소 A, B에서 올려다본 각의 크기가 각각 30°, 45°일 때, 두 관측소 A, B 사이의 거리를 구하시오.

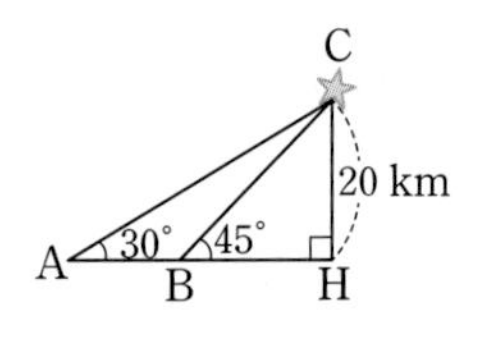

14 다음 그림과 같이 $\overline{AB}=6$ cm이고 $\angle A=75°$, $\angle B=60°$인 삼각형 ABC의 둘레의 길이를 구하시오.

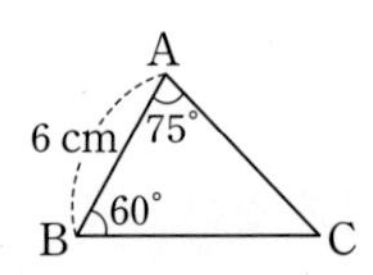

15 다음 그림에서 △ACD의 넓이가 90이고 $\overline{AB}=10$, $\overline{AD}=15$, $\angle BAC=\angle CAD$일 때, △ABC의 넓이를 구하시오.

(단, $0° < \angle CAD < 90°$)

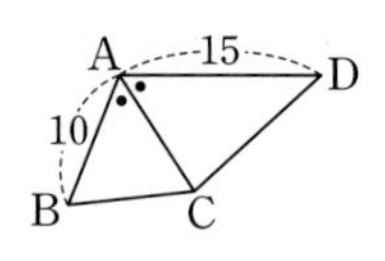

16 다음 그림에서 □ABCD의 넓이가 45 cm^2이고 두 대각선이 이루는 각의 크기는 150°이다. $\overline{AC} : \overline{BD}=4 : 5$일 때, $\overline{AC}$의 길이를 구하시오.

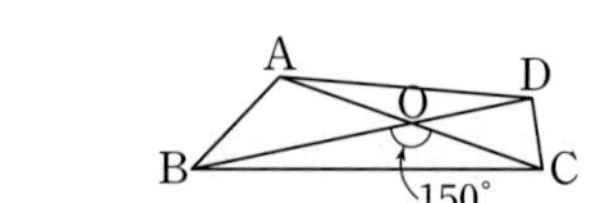

01 오른쪽 그림과 같이 길이가 50 m인 사다리를 건물의 꼭대기에 걸쳐 놓았다. $\angle A=53°$일 때, 건물의 높이는?

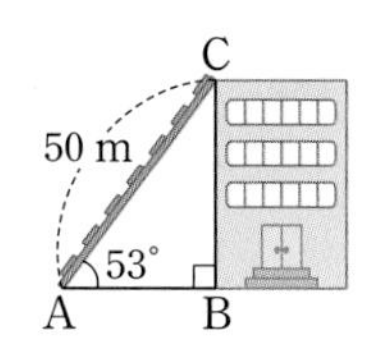

(단, $\sin 53°=0.8$, $\cos 53°=0.6$)

① 30 m ② 40 m ③ 45 m
④ 50 m ⑤ 65 m

02 오른쪽 그림과 같은 삼각형 ABC에서 $\overline{BD}=10$이고 $\angle BAC=x$, $\angle DAC=y$라 할 때, $\overline{AC}$의 길이는?

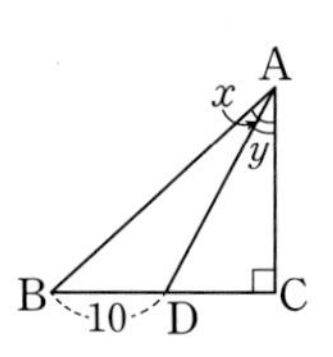

① $\dfrac{10}{\tan x-\tan y}$ ② $\dfrac{10}{\tan x+\tan y}$
③ $\dfrac{10}{\tan x\tan y}$ ④ $10(\tan x-\tan y)$
⑤ $10(\tan x+\tan y)$

03 오른쪽 그림과 같이 비행기가 초속 200 m의 속력으로 지면에서 17°의 각을 이루면서 이륙했다. 비행기가 직선 경로로 날고 있고, 지면을 이륙한지 5초가 지났을 때, 지면으로부터의 높이는? (단, $\sin 17°=0.29$)

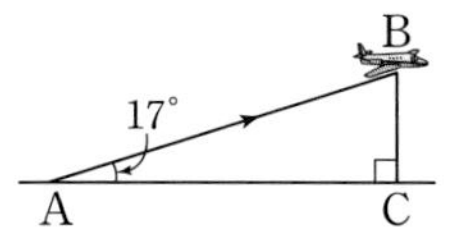

① 290 m ② 300 m ③ 580 m
④ 600 m ⑤ 960 m

04 오른쪽 그림과 같은 삼각형 ABC에서 $\overline{BC}=8$, $\overline{AC}=4\sqrt{3}$이고 $\angle C=150°$일 때, $\overline{AB}$의 길이는?

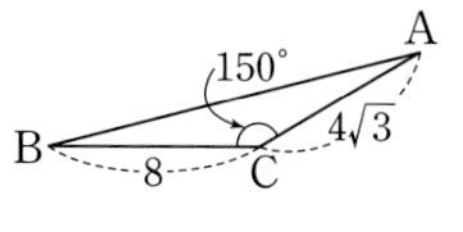

① $4\sqrt{13}$ ② $2\sqrt{58}$ ③ 16
④ $2\sqrt{67}$ ⑤ $2\sqrt{73}$

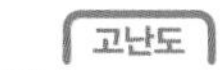

05 오른쪽 그림과 같은 $\triangle ABC$의 넓이가 $(6+2\sqrt{3})\text{ cm}^2$일 때, $\overline{BC}$의 길이는?

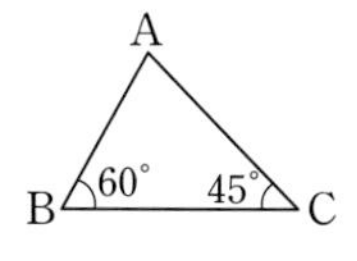

① $(1+\sqrt{3})$ cm ② $(1+2\sqrt{3})$ cm
③ $(2+\sqrt{3})$ cm ④ $(2+2\sqrt{3})$ cm
⑤ $(3+3\sqrt{3})$ cm

06 오른쪽 그림과 같이 $\triangle ABC$에서 $\overline{AB}=10$, $\overline{BC}=8$이고 $\sin B=\dfrac{4}{5}$일 때, $\overline{AC}$의 길이는? (단, $0°<\angle B<90°$)

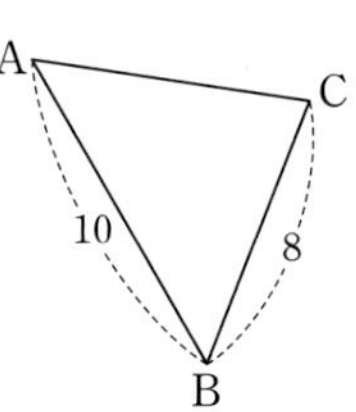

① $2\sqrt{10}$ ② $2\sqrt{13}$ ③ $2\sqrt{14}$
④ $2\sqrt{15}$ ⑤ $2\sqrt{17}$

07 오른쪽 그림과 같이 □BDEC는 한 변의 길이가 6 cm인 정사각형이고, △ABC에서 ∠A$=90^{\circ}$, ∠ABC$=60^{\circ}$일 때, △ABD의 넓이는?

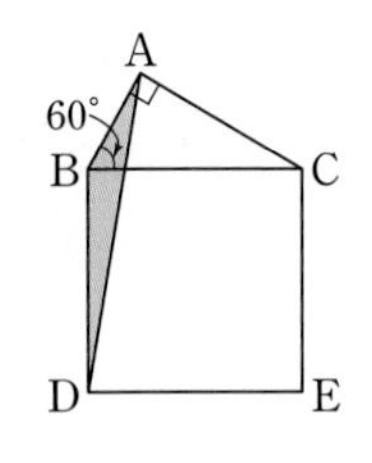

① $\frac{9}{2}$ cm^2 ② $\frac{9\sqrt{3}}{2}$ cm^2 ③ 9 cm^2
④ $9\sqrt{3}$ cm^2 ⑤ 18 cm^2

08 오른쪽 그림과 같이 △ABC의 무게중심을 점 G라 하고, $\overline{AC}=12\sqrt{2}$, $\overline{BC}=10$, ∠C$=45^{\circ}$일 때, △ABG의 넓이는?

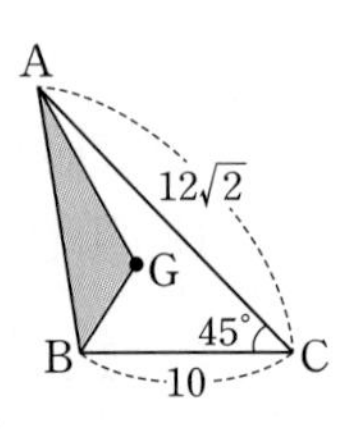

① 10 ② 20 ③ 30
④ 40 ⑤ 50

고난도

09 오른쪽 그림과 같이 직사각형 ABCD에서 $\overline{AE}:\overline{BE}=1:1$, $\overline{BF}:\overline{CF}=1:2$이고 ∠EDF$=x$라 할 때, $\sin x$의 값은?

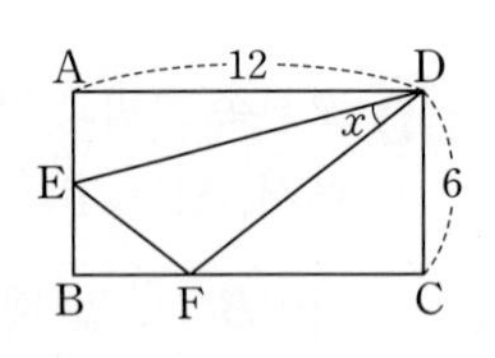

① $\frac{\sqrt{17}}{85}$ ② $\frac{2\sqrt{17}}{85}$ ③ $\frac{4\sqrt{17}}{85}$
④ $\frac{6\sqrt{17}}{85}$ ⑤ $\frac{8\sqrt{17}}{85}$

10 오른쪽 그림과 같은 $\overline{AB}=\overline{CD}$인 사다리꼴 ABCD의 넓이가 $8\sqrt{3}$이고, 두 대각선이 이루는 각의 크기가 120°일 때, $\overline{AC}$의 길이는?

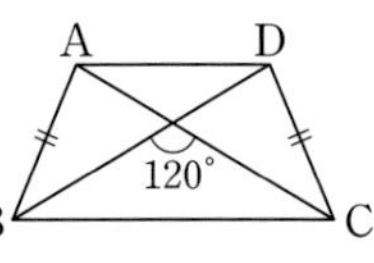

① 4 ② $4\sqrt{2}$ ③ 8
④ $8\sqrt{2}$ ⑤ 12

11 오른쪽 그림과 같은 □ABCD의 넓이는?

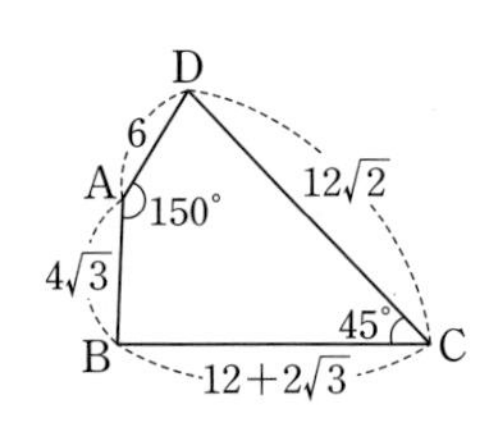

① $18+18\sqrt{3}$ ② $36+18\sqrt{3}$
③ $36+36\sqrt{3}$ ④ $72+18\sqrt{3}$
⑤ $72+36\sqrt{3}$

12 오른쪽 그림과 같이 □ABCD는 한 변의 길이가 10인 정사각형이다. □ABCD를 점 B를 중심으로 시계 반대 방향으로 30° 회전시킨 도형을 A′BC′D′이라 할 때, □ABC′E의 넓이는?

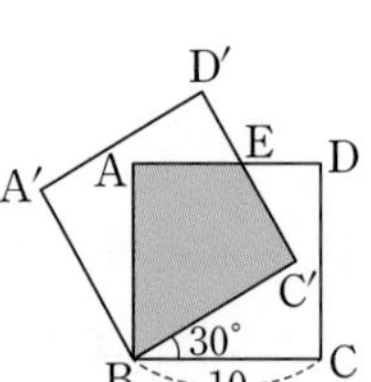

① $\frac{50\sqrt{3}}{3}$ ② $50\sqrt{3}$ ③ $\frac{100\sqrt{3}}{3}$
④ $100\sqrt{3}$ ⑤ $\frac{200\sqrt{3}}{3}$

서술형

13 다음 그림과 같이 사다리꼴 모양의 화단 위에 나무가 심겨 있다. 화단에서부터 20 m 떨어진 B지점에서 나무 꼭대기를 올려다본 각의 크기가 $50°$이고, $\angle E=90°$인 직각삼각형 DCE에 대하여 $\angle DCE=60°$일 때, 나무의 높이 $\overline{AD}$를 구하시오. (단, $\tan 50°=1.2$, $\sqrt{3}=1.7$로 계산한다.)

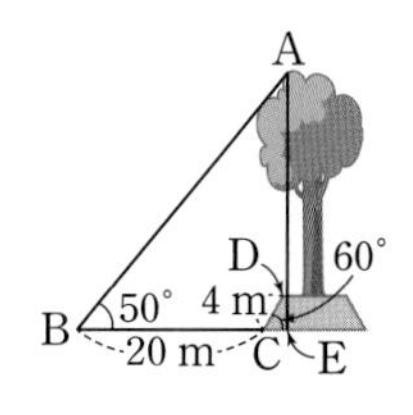

14 다음 그림과 같이 $\overline{AB}=6$ cm, $\overline{BC}=8$ cm인 삼각형 ABC에서 $\overline{AD}\perp\overline{BD}$, $\overline{CE}\perp\overline{BE}$이고 $\overline{AF}\perp\overline{CE}$일 때, $\overline{AF}$와 $\overline{CF}$의 길이의 합을 구하시오.

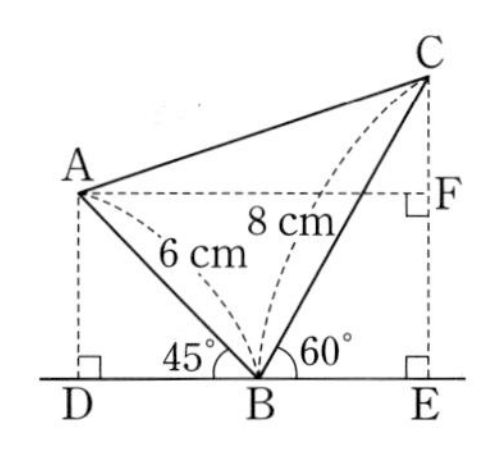

15 다음 그림과 같이 두 직각삼각형 ABC와 BDC에서 $\angle BAC=60°$, $\angle DBC=45°$이고 $\overline{CE}=12$ cm일 때, $\triangle BEC$의 넓이를 구하시오.

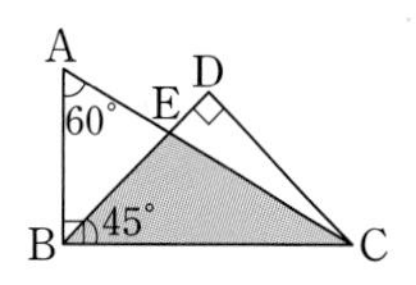

16 다음 그림과 같이 반지름의 길이가 4 cm인 반원 O에서 $\overline{AB}/\!/\overline{OC}$일 때, 색칠한 부분의 넓이를 구하시오.

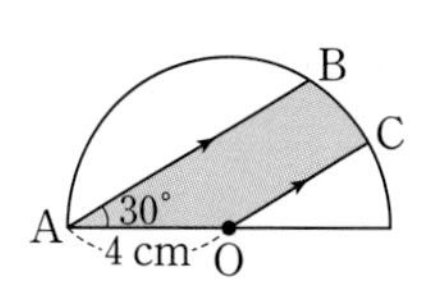

Ⅵ. 원의 성질

1
원과 직선

대표유형 1 원의 중심과 현의 수직이등분선

대표유형 2 원의 중심과 현의 길이

대표유형 3 원의 접선의 성질

대표유형 4 반원에서의 접선

대표유형 5 중심이 같은 두 원에서의 접선

대표유형 6 삼각형의 내접원과 접선

대표유형 7 직각삼각형의 내접원과 접선

대표유형 8 사각형의 내접원과 접선

핵심 개념

1 원과 직선

1 원의 중심과 현의 수직이등분선

(1) 원의 중심에서 현에 내린 수선은 그 현을 이등분한다.

➡ $\overline{OH}\perp\overline{AB}$이면 $\overline{AH}=\overline{BH}$

(2) 현의 수직이등분선은 그 원의 중심을 지난다.

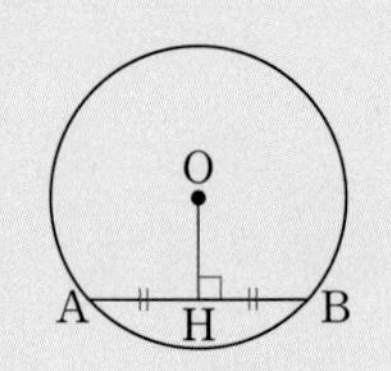

참고 (1) 오른쪽 그림의 $\triangle OAH$와 $\triangle OBH$에서

$\overline{OA}=\overline{OB}$ (반지름), $\overline{OH}$는 공통,

$\angle OHA=\angle OHB=90^\circ$이므로

$\triangle OAH\equiv\triangle OBH$ (RHS합동)

따라서 $\overline{AH}=\overline{BH}$

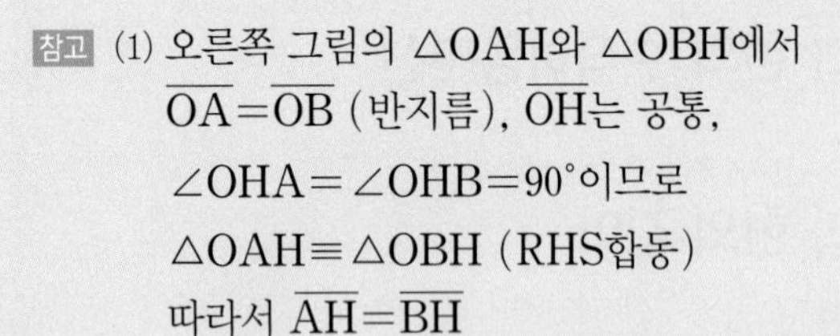

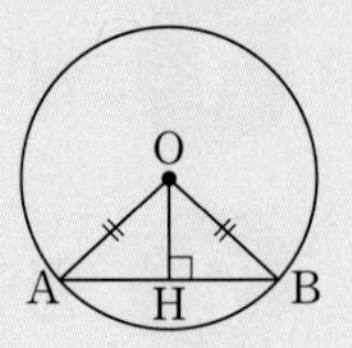

(2) 오른쪽 그림의 원 O 위에 점 C를 잡으면 원 O는 $\triangle ABC$의 외접원이므로 점 O는 $\triangle ABC$의 외심이다. 외심은 삼각형의 세 변의 수직이등분선의 교점이므로 $\overline{AB}$의 수직이등분선은 원의 중심 O를 지난다.

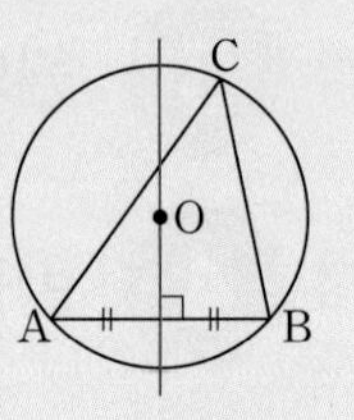

2 원의 중심과 현의 길이

한 원에서

(1) 중심으로부터 같은 거리에 있는 두 현의 길이는 서로 같다.

➡ $\overline{OM}=\overline{ON}$이면 $\overline{AB}=\overline{CD}$

(2) 길이가 같은 두 현은 원의 중심으로부터 같은 거리에 있다.

➡ $\overline{AB}=\overline{CD}$이면 $\overline{OM}=\overline{ON}$

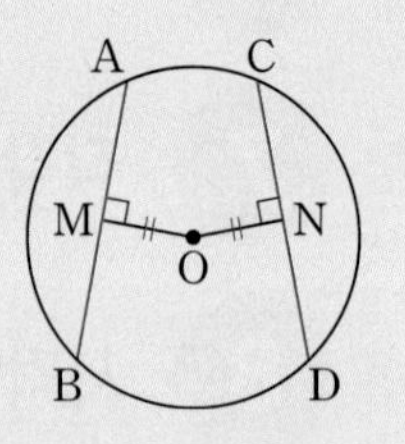

참고 (1) 오른쪽 그림의 $\triangle OAM$과 $\triangle OCN$에서

$\overline{OA}=\overline{OC}$ (반지름), $\overline{OM}=\overline{ON}$,

$\angle OMA=\angle ONC=90^\circ$이므로

$\triangle OAM\equiv\triangle OCN$ (RHS합동)

따라서 $\overline{AM}=\overline{CN}$이므로

$\overline{AB}=2\overline{AM}=2\overline{CN}=\overline{CD}$

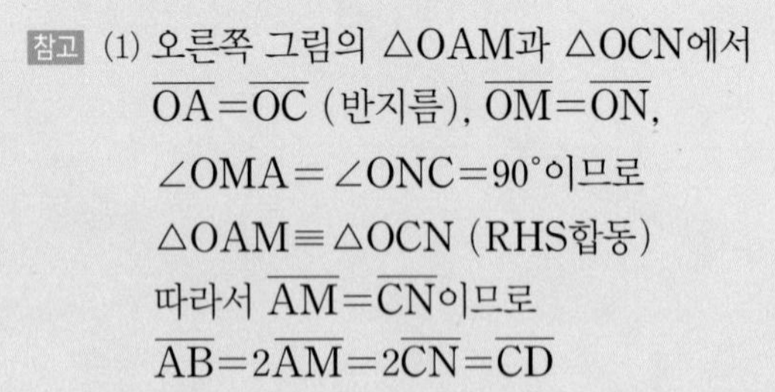

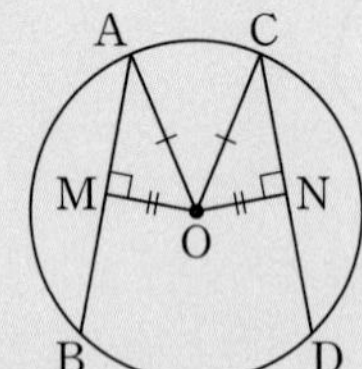

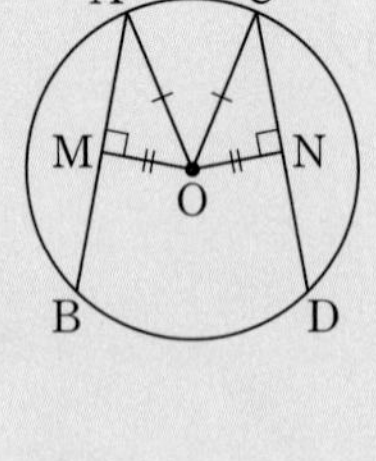

(2) 오른쪽 그림에서 $\overline{AM}=\frac{1}{2}\overline{AB}$, $\overline{CN}=\frac{1}{2}\overline{CD}$이고, $\overline{AB}=\overline{CD}$이므로 $\overline{AM}=\overline{CN}$

$\triangle OAM$과 $\triangle OCN$에서

$\overline{OA}=\overline{OC}$ (반지름), $\overline{AM}=\overline{CN}$,

$\angle OMA=\angle ONC=90^\circ$이므로

$\triangle OAM\equiv\triangle OCN$ (RHS합동)

따라서 $\overline{OM}=\overline{ON}$

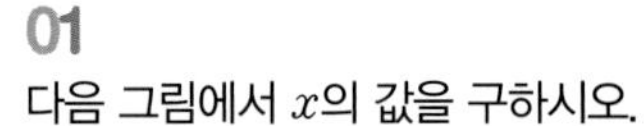

01

다음 그림에서 x의 값을 구하시오.

(1)

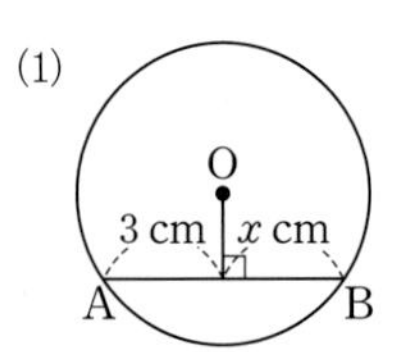

(2)

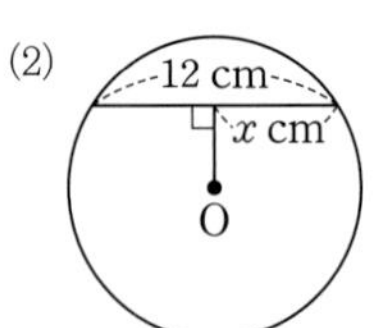

(3)

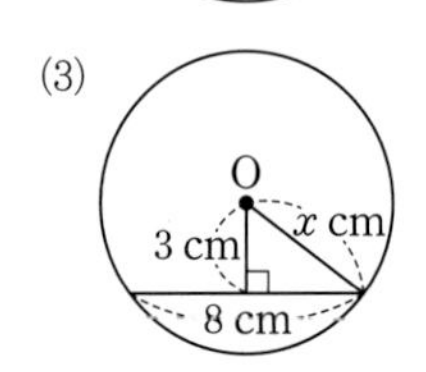

02

다음 그림에서 원의 반지름의 길이를 구하시오.

(1)

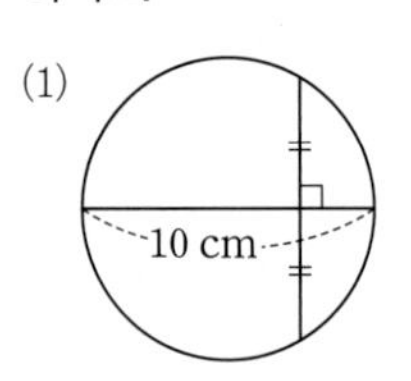

(2)

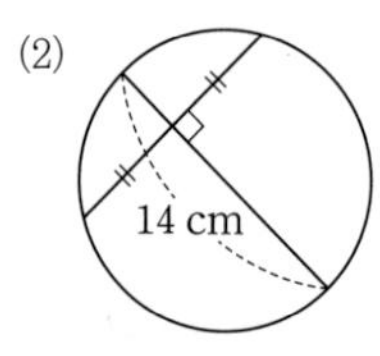

03

다음 그림에서 x의 값을 구하시오.

(1)

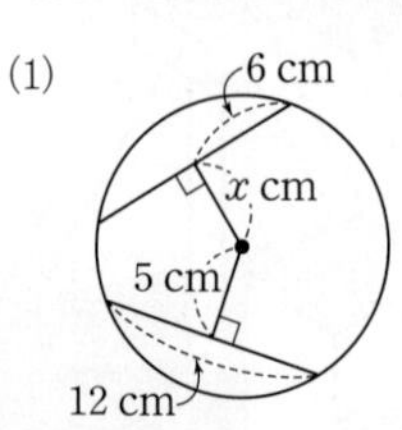

(2)

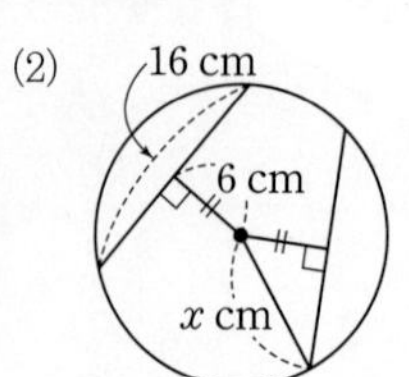

Ⅵ. 원의 성질

3 원의 접선의 성질

(1) 원과 한 점에서 만나는 직선을 접선이라 하고, 이때 만나는 점을 접점이라 한다.

(2) 원의 접선은 그 접점을 지나는 반지름에 수직이다.

(3) 원 O 밖의 한 점 P에서 그 원에 그을 수 있는 접선은 2개이며, 점 P에서 두 접점 A, B까지의 거리를 각각 점 P에서 원 O에 그은 **접선의 길이**라 한다.

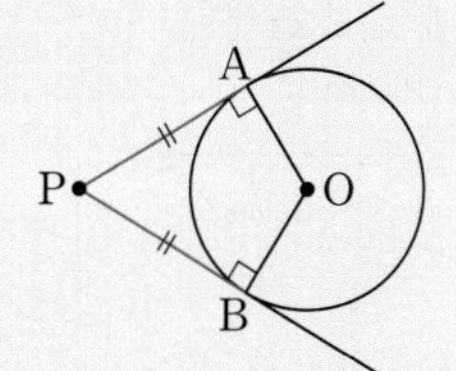

(4) **원의 접선의 성질**: 원 밖의 한 점에서 그 원에 그은 두 접선의 길이는 같다.

➡ $\overline{PA}=\overline{PB}$

4 삼각형의 내접원과 접선

(1) **삼각형의 내접원**

원 O가 △ABC의 내접원이고 세 점 D, E, F는 그 접점일 때

① $\overline{AF}=\overline{AD}$, $\overline{BD}=\overline{BE}$, $\overline{CE}=\overline{CF}$

② △ABC의 둘레의 길이: $a+b+c$
$=2(x+y+z)$

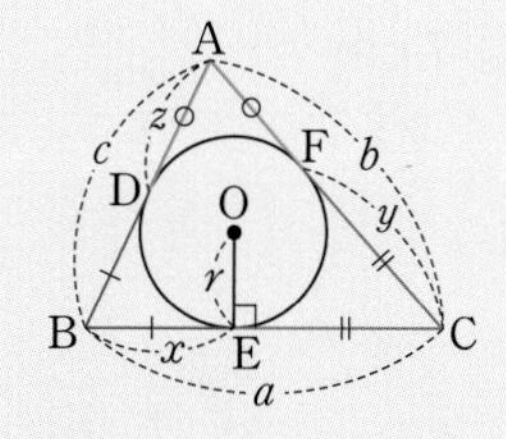

③ △ABC의 넓이: △OBC+△OCA+△OAB

$$=\frac{1}{2}ar+\frac{1}{2}br+\frac{1}{2}cr$$

$$=\frac{1}{2}r(a+b+c)$$

(2) **직각삼각형의 내접원**

∠C=90°인 직각삼각형 ABC의 내접원 O의 반지름의 길이가 r일 때

① □OECF는 한 변의 길이가 r인 정사각형이다.

② △ABC의 넓이: $\frac{1}{2}r(a+b+c)=\frac{1}{2}ab$

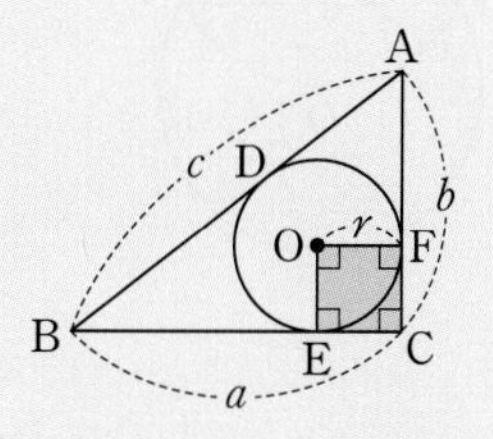

5 사각형의 내접원과 접선

(1) 원에 외접하는 사각형의 두 쌍의 대변의 길이의 합은 같다.

➡ $\overline{AB}+\overline{CD}=\overline{AD}+\overline{BC}$

(2) 대변의 길이의 합이 같은 사각형은 원에 외접한다.

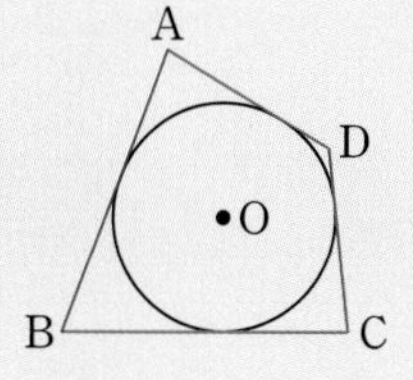

개념 체크

04
다음 그림에서 점 A는 점 P에서 원 O에 그은 접선의 접점일 때, $\angle x$의 크기를 구하시오.

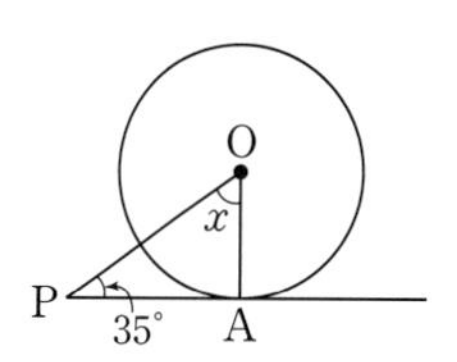

05
다음 그림에서 두 점 A, B는 점 P에서 원 O에 그은 두 접선의 접점일 때, $\angle x$의 크기를 구하시오.

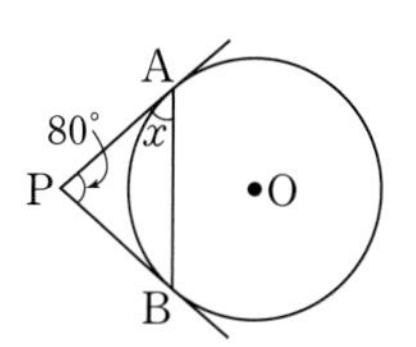

06
다음 그림에서 두 점 A, B는 점 P에서 원 O에 그은 두 접선의 접점일 때, x의 값을 구하시오.

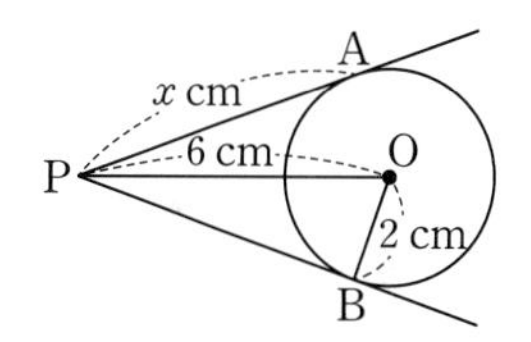

07
다음 그림에서 원 O는 △ABC의 내접원이고, 세 점 D, E, F는 접점일 때, x, y의 값을 각각 구하시오.

(1)

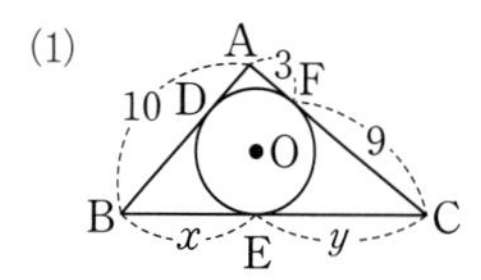

(2)

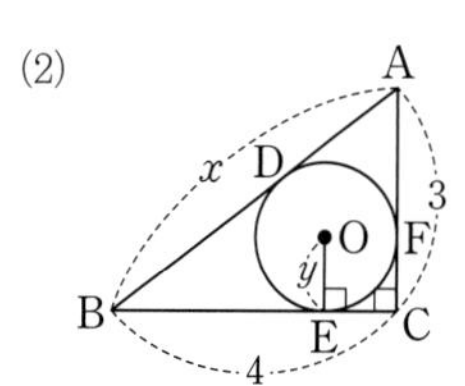

08
다음 그림에서 □ABCD가 원 O에 외접할 때, x의 값을 구하시오.

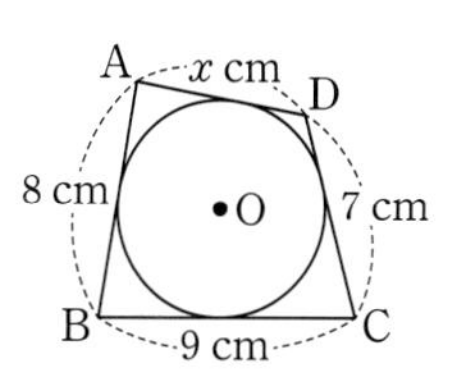

대표유형

유형 1 원의 중심과 현의 수직이등분선

01 오른쪽 그림의 원 O에서 $\overline{AB}\perp\overline{OC}$, $\overline{AB}=16$ cm, $\overline{HC}=4$ cm일 때, 원 O의 반지름의 길이를 구하시오.

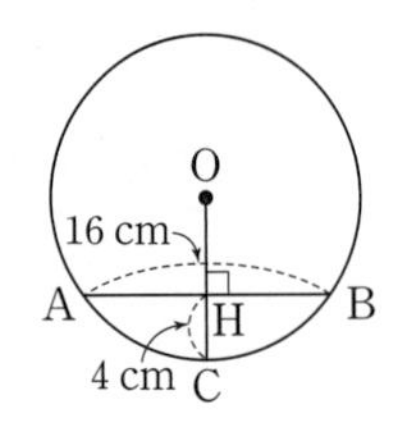

풀이전략 반지름의 길이를 r로 놓은 후, 피타고라스 정리를 이용하여 r에 대한 식을 세운다.

02 오른쪽 그림에서 호 AB는 원의 일부분이다. $\overline{AB}\perp\overline{CD}$이고, $\overline{AD}=6$ cm, $\overline{CD}=3$ cm일 때, 이 원의 반지름의 길이는?

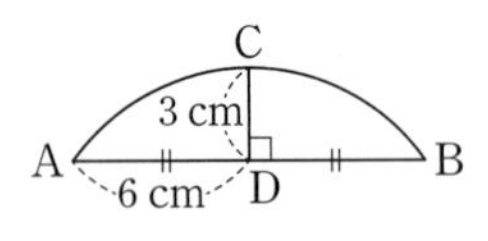

① 6 cm ② 6.5 cm ③ 7 cm
④ 7.5 cm ⑤ 8 cm

03 오른쪽 그림과 같이 원 모양의 종이가 있다. $\overline{AB}$를 접는 선으로 하여 원주 위의 한 점이 원의 중심 O에 겹쳐지도록 접었다. $\overline{AB}=6\sqrt{3}$일 때, 원의 반지름의 길이는?

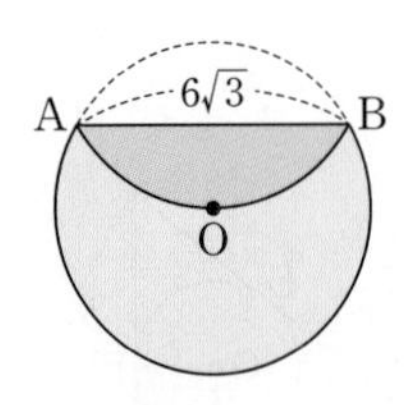

① 5 ② 6 ③ 7
④ 8 ⑤ 9

유형 2 원의 중심과 현의 길이

04 오른쪽 그림의 원 O에서 $\overline{AB}\perp\overline{OM}$, $\overline{CD}\perp\overline{ON}$이고, $\overline{OM}=\overline{ON}=3$, $\overline{OB}=5$일 때, $\overline{CD}$의 길이를 구하시오.

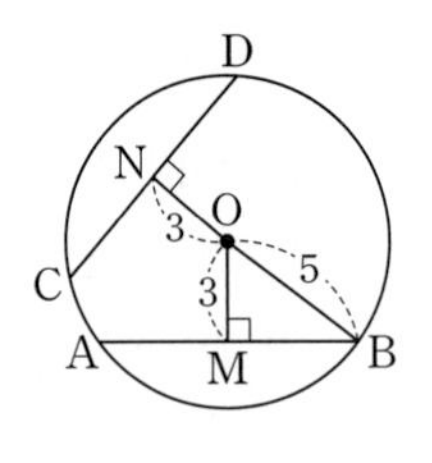

풀이전략 원의 현에 대한 성질을 이용한다.
(1) 중심으로부터 같은 거리에 있는 두 현의 길이는 서로 같다.
(2) 길이가 같은 두 현은 원의 중심으로부터 같은 거리에 있다.

05 오른쪽 그림의 원 O에서 $\overline{AB}\perp\overline{OH}$, $\overline{OH}=2$, $\overline{OC}=4$이고 $\overline{AB}=\overline{CD}$일 때, 삼각형 OCD의 넓이를 구하시오.

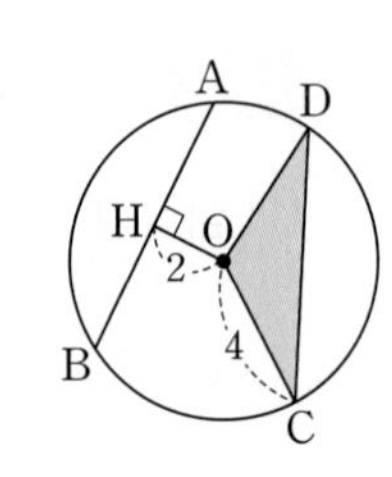

06 오른쪽 그림과 같이 원 O의 중심에서 두 선분 AB, AC에 내린 수선의 발을 각각 M, N이라 할 때, $\overline{OM}=\overline{ON}$이다. $\angle ABC=65°$일 때, $\angle x$의 크기를 구하시오.

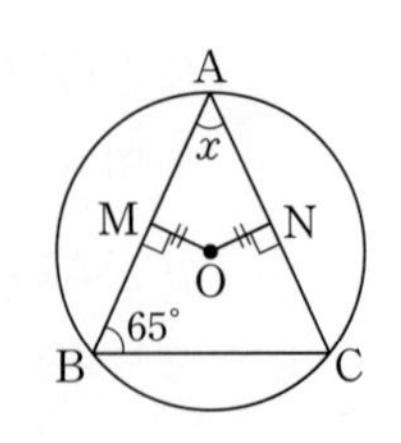

유형 3 원의 접선의 성질

07 오른쪽 그림과 같이 두 점 A, B는 점 P에서 원 O에 그은 두 접선의 접점이다. $\angle OAB=35°$일 때, $\angle x$의 크기는?

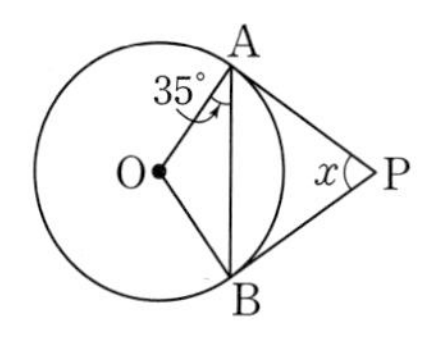

① 55° ② 60° ③ 65°
④ 70° ⑤ 75°

풀이전략 원 밖의 한 점에서 원에 그은 두 접선의 길이는 같다는 것을 이용한다.

08 오른쪽 그림과 같이 두 점 A, B는 점 P에서 원 O에 그은 두 접선의 접점이다. $\angle APB=60°$일 때, 원 O의 넓이를 구하시오.

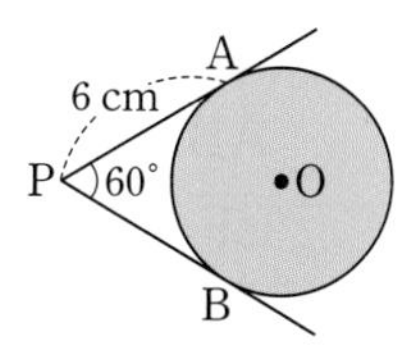

09 오른쪽 그림에서 $\overrightarrow{AP}$, $\overrightarrow{AQ}$, $\overline{BC}$는 원 O의 접선이고 세 점 P, Q, D는 접점이다. $\overline{OA}=13$, $\overline{OP}=5$일 때, 삼각형 ABC의 둘레의 길이를 구하시오.

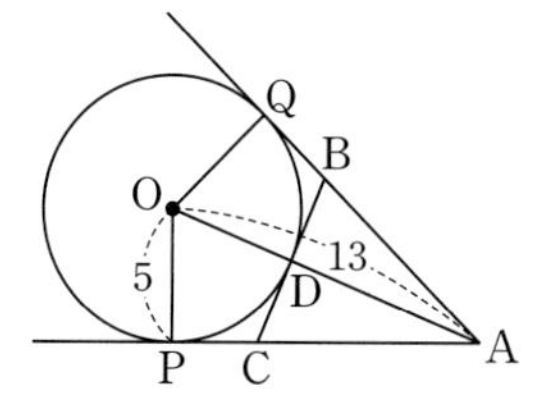

유형 4 반원에서의 접선

10 오른쪽 그림에서 $\overline{AB}$는 반원 O의 지름이고, $\overline{AD}$, $\overline{BC}$, $\overline{CD}$는 각각 점 A, B, E에서 반원 O에 접한다. $\overline{AD}=3$, $\overline{BC}=7$일 때, 반원 O의 반지름의 길이를 구하시오.

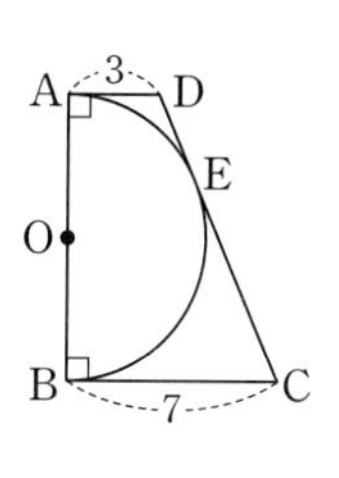

풀이전략 점 D에서 선분 BC에 내린 수선의 발을 H라 하면
① $\overline{CD}=\overline{AD}+\overline{BC}$
② $\triangle DHC$에서 $\overline{CD}^2=\overline{DH}^2+\overline{HC}^2$
임을 이용한다.

11 오른쪽 그림에서 $\overline{BC}$는 반원 O의 지름이고, $\overline{AB}$, $\overline{AD}$, $\overline{CD}$는 각각 점 B, E, C에서 반원 O에 접한다.
$\overline{AB}=2$ cm, $\overline{CD}=8$ cm일 때, 사각형 ABCD의 넓이는?

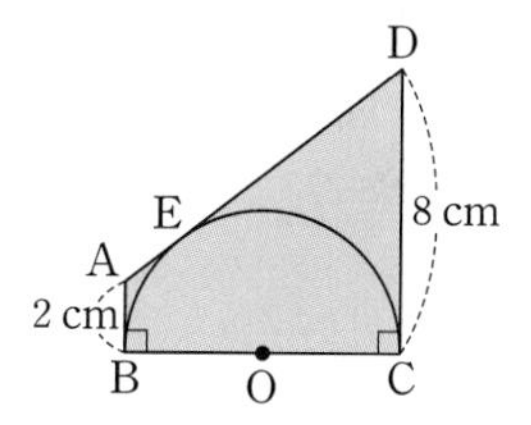

① 20 cm² ② 30 cm² ③ 40 cm²
④ 60 cm² ⑤ 80 cm²

12 오른쪽 그림과 같이 한 변의 길이가 12 cm인 정사각형 ABCD에서 $\overline{CD}$는 반원 O의 지름이고, $\overline{BC}$, $\overline{BF}$, $\overline{DF}$는 각각 점 C, E, D에서 반원 O에 접할 때, $\overline{BF}$의 길이를 구하시오.

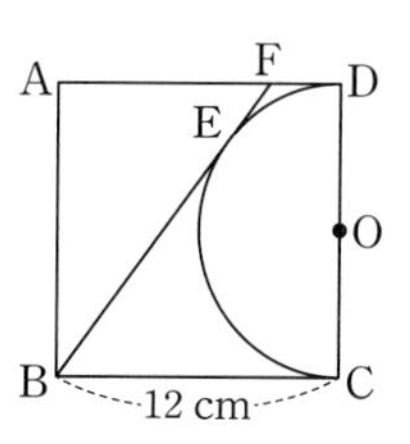

유형 5 중심이 같은 두 원에서의 접선

13 오른쪽 그림과 같이 반지름의 길이가 각각 2, 4이고 중심이 같은 두 원이 있다. $\overline{AB}$는 작은 원과 점 H에서 접할 때, $\overline{AB}$의 길이를 구하시오.

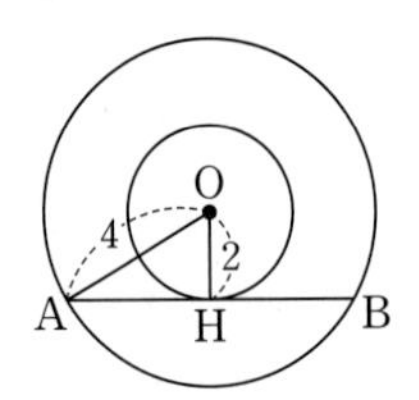

풀이전략 삼각형 OAH가 직각삼각형이고 $\overline{AH}=\overline{HB}$임을 이용한다.

14 오른쪽 그림과 같은 동심원에서 $\overline{OD}=1$, $\overline{CD}=2$이고 $\overline{AB}$는 작은 원과 점 D에서 접할 때, $\overline{AB}$의 길이는?

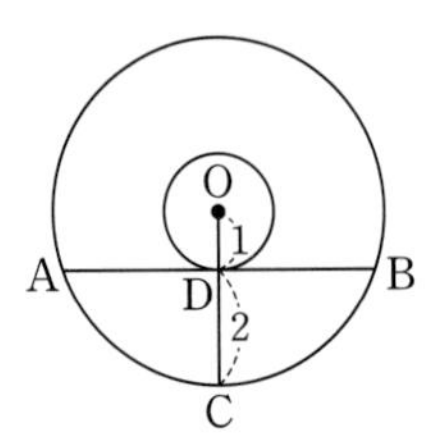
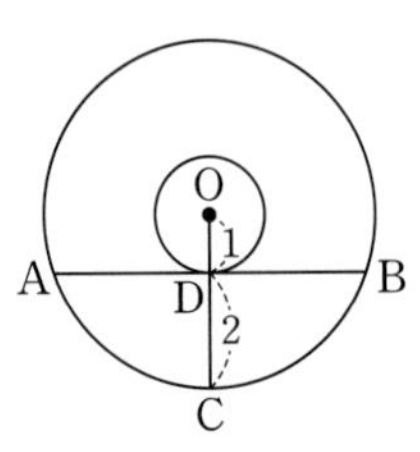

① $\sqrt{2}$　② $2\sqrt{2}$　③ $3\sqrt{2}$
④ $4\sqrt{2}$　⑤ $5\sqrt{2}$

15 오른쪽 그림과 같은 동심원에서 큰 원의 현 AB가 작은 원과 점 H에서 접하고, $\overline{AB}=12$일 때, 색칠한 부분의 넓이는?

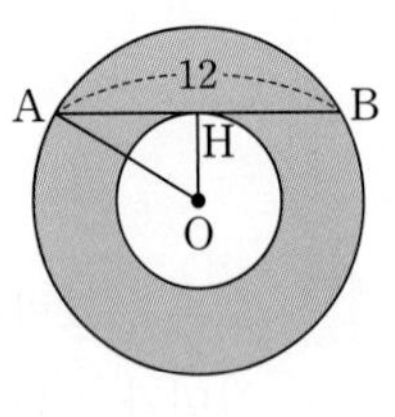

① 16π　② 25π　③ 36π
④ 49π　⑤ 64π

유형 6 삼각형의 내접원과 접선

16 오른쪽 그림에서 원 O는 $\triangle ABC$의 내접원이고 세 점 D, E, F는 접점이다.
$\overline{AB}=8$ cm, $\overline{BC}=12$ cm, $\overline{AC}=10$ cm일 때, $\overline{BD}$의 길이를 구하시오.

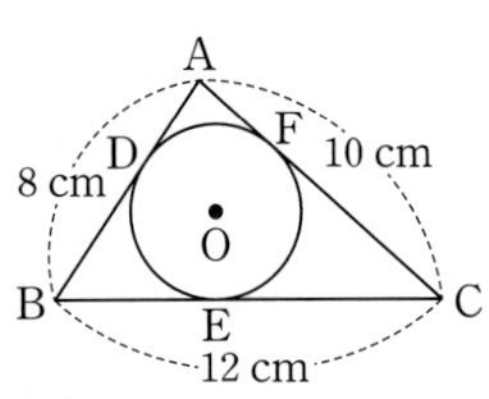

풀이전략 $\overline{BD}$의 길이를 미지수 x로 놓고, $\overline{AD}=\overline{AF}$, $\overline{BD}=\overline{BE}$, $\overline{CF}=\overline{CE}$임을 이용하여 x에 대한 식을 세운다.

17 오른쪽 그림에서 원 O는 $\triangle ABC$의 내접원이고 세 점 D, E, F는 접점이다.
$\overline{AB}=9$ cm, $\overline{AF}=3$ cm, $\overline{CF}=4$ cm일 때, $\overline{BC}$의 길이를 구하시오.

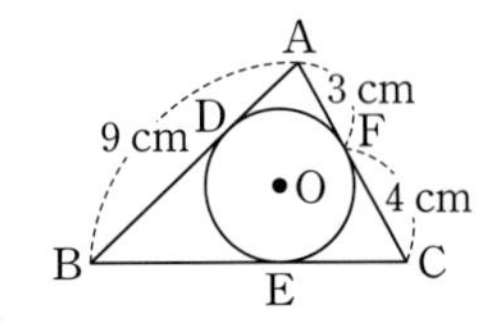

18 오른쪽 그림에서 원 O는 $\triangle ABC$의 내접원이고 세 점 D, E, F는 접점이다. $\overline{PQ}$는 원 O와 점 R에서 접하고, $\overline{AB}=7$, $\overline{BC}=12$, $\overline{AC}=9$일 때, $\triangle BQP$의 둘레의 길이를 구하시오.

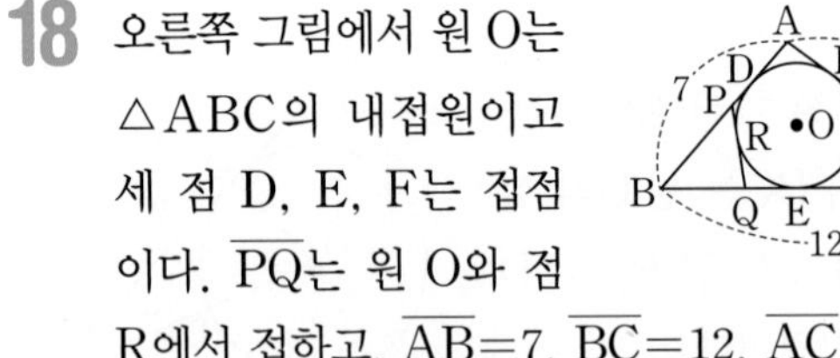

유형 7 직각삼각형의 내접원과 접선

19 오른쪽 그림에서 원 O는 $\angle A=90°$인 직각삼각형 ABC의 내접원이고 세 점 D, E, F는 접점이다. $\overline{AB}=4$ cm, $\overline{AC}=3$ cm일 때, 원 O의 반지름의 길이를 구하시오.

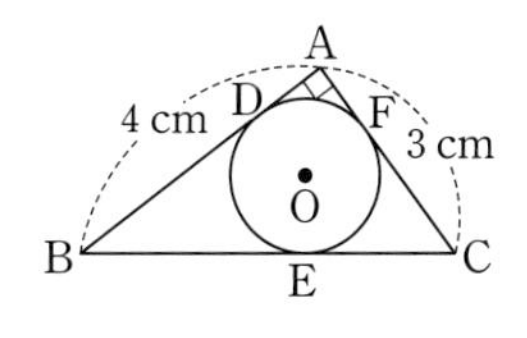

풀이전략 오른쪽 그림에서 원 O는 $\angle C=90°$인 직각삼각형 ABC의 내접원일 때,

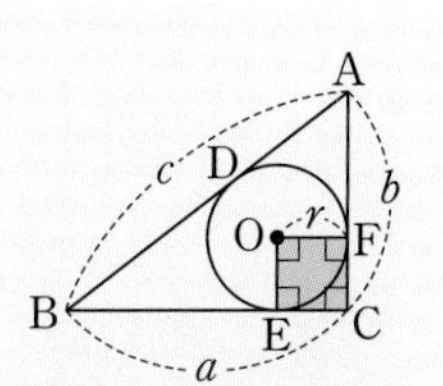

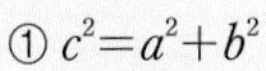
① $c^2=a^2+b^2$

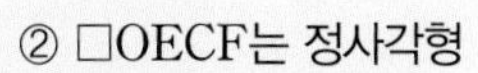
② □OECF는 정사각형

③ △ABC

$=\frac{1}{2}r(a+b+c)=\frac{1}{2}ab$

임을 이용한다.

20 오른쪽 그림에서 원 O는 $\angle B=90°$인 직각삼각형 ABC의 내접원이고 세 점 D, E, F는 접점이다. $\overline{AD}=4$ cm, $\overline{AC}=10$ cm일 때, 원 O의 넓이는?

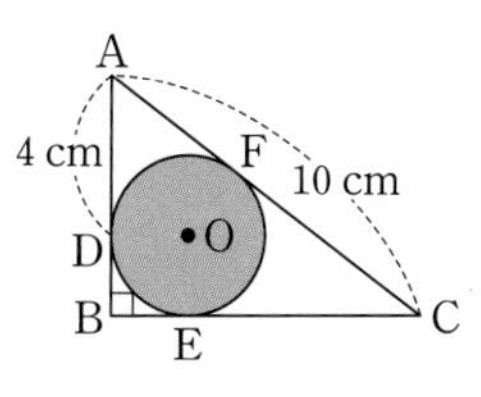

① π cm^2 ② 2π cm^2 ③ 3π cm^2
④ 4π cm^2 ⑤ 9π cm^2

21 오른쪽 그림에서 원 O는 $\angle B=90°$, $\overline{BC}=5$ cm인 직각삼각형 ABC의 내접원이고 세 점 D, E, F는 접점이다. 원 O의 반지름의 길이가 2 cm일 때, 직각삼각형 ABC의 넓이를 구하시오.

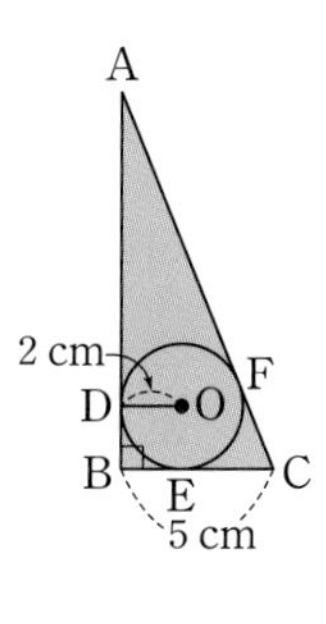

유형 8 사각형의 내접원과 접선

22 오른쪽 그림에서 원 O가 사각형 ABCD의 내접원일 때, $\overline{BC}$의 길이를 구하시오.

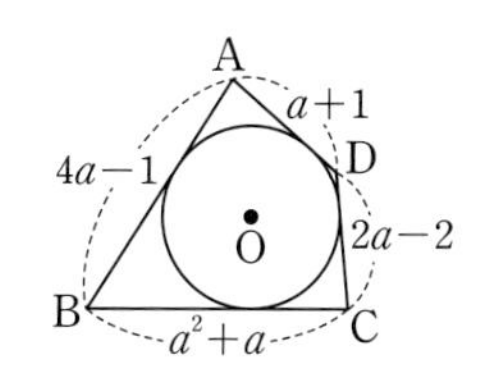

풀이전략 원에 외접하는 사각형의 두 쌍의 대변의 길이의 합이 같다는 것을 이용한다.

23 오른쪽 그림에서 원 O는 □ABCD의 내접원이다. $\angle A=\angle B=90°$이고 $\overline{AD}=10$ cm, $\overline{BC}=15$ cm일 때, $\overline{CD}$의 길이를 구하시오.

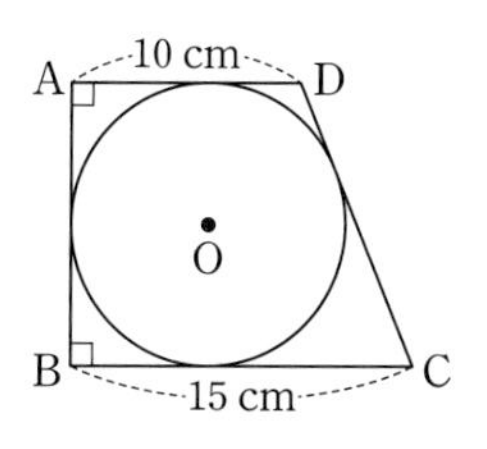

24 오른쪽 그림에서 원 O가 직사각형 ABCD의 세 변에 접하고 $\overline{CE}$는 원 O의 접선이다. $\overline{CD}=15$ cm, $\overline{DE}=8$ cm일 때, $\overline{BC}$의 길이를 구하시오.

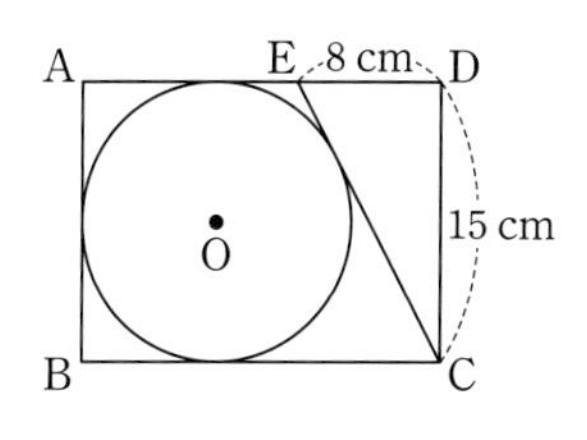

기출 예상 문제

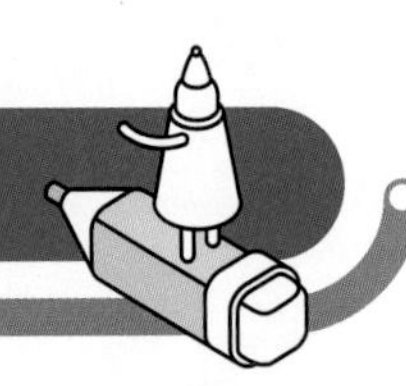

❶ 원의 중심과 현의 수직이등분선

01 오른쪽 그림에서 $\overline{AB}$는 원 O의 지름이고 점 H는 $\overline{AB}$, $\overline{CD}$의 교점이다. $\overline{AB} \perp \overline{CD}$이고, $\overline{AH}=10\text{ cm}$, $\overline{BH}=2\text{ cm}$일 때, $\overline{CD}$의 길이는?

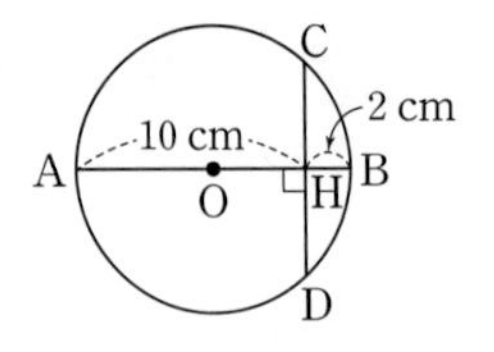

① 6 cm　② $2\sqrt{5}$ cm　③ $2\sqrt{10}$ cm
④ $4\sqrt{5}$ cm　⑤ $4\sqrt{6}$ cm

❶ 원의 중심과 현의 수직이등분선

02 오른쪽 그림과 같이 원 모양의 종이를 원 위의 한 점이 원의 중심 O와 겹치도록 $\overline{AB}$를 접는 선으로 하여 접었다. 이 원의 반지름의 길이가 8 cm일 때, $\overline{AB}$의 길이는?

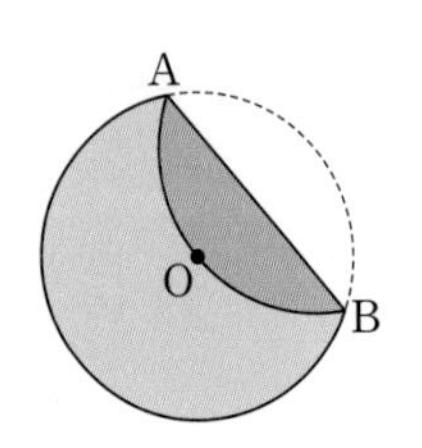

① $4\sqrt{3}$ cm　② $6\sqrt{3}$ cm　③ $8\sqrt{3}$ cm
④ $10\sqrt{3}$ cm　⑤ $12\sqrt{3}$ cm

❶ 원의 중심과 현의 수직이등분선

03 오른쪽 그림과 같이 $\overline{AB}=\overline{AC}$인 이등변삼각형 ABC가 반지름의 길이가 7 cm인 원 O에 내접한다. $\overline{BC}=4\sqrt{10}\text{ cm}$일 때, $\overline{AB}$의 길이를 구하시오.

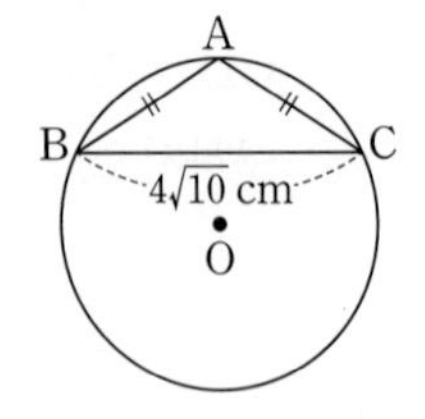

❷ 원의 중심과 현의 길이

04 오른쪽 그림과 같이 반지름의 길이가 $\sqrt{29}$ cm인 원 O에서 $\overline{AB} \perp \overline{OM}$, $\overline{CD} \perp \overline{ON}$이고 $\overline{OM}=\overline{ON}$이다. $\overline{CD}=10\text{ cm}$일 때, 삼각형 OAB의 넓이를 구하시오.

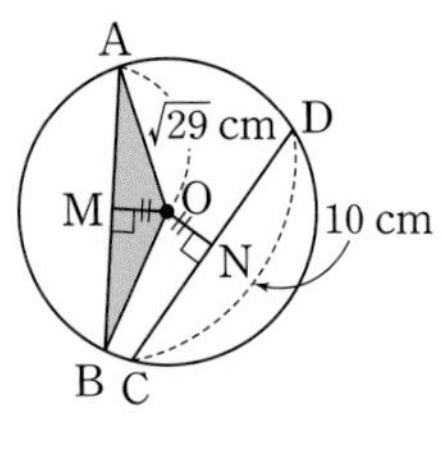

❷ 원의 중심과 현의 길이

05 오른쪽 그림과 같이 △ABC가 원 O에 내접하고, $\angle A=60°$, $\overline{OM}=\overline{ON}$이다. 원 O의 넓이가 48π일 때, △ABC의 둘레의 길이는?

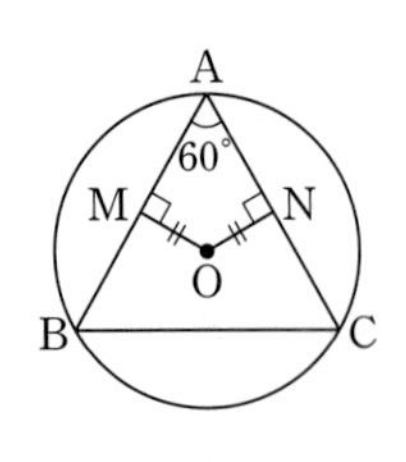

① 32　② 34　③ 36
④ 38　⑤ 40

❸ 원의 접선의 성질

06 오른쪽 그림에서 두 점 A, B는 점 P에서 원 O에 그은 두 접선의 접점이다. $\overline{AP}=12\text{ cm}$, $\angle APB=60°$일 때, 부채꼴 AOB의 넓이를 구하시오.

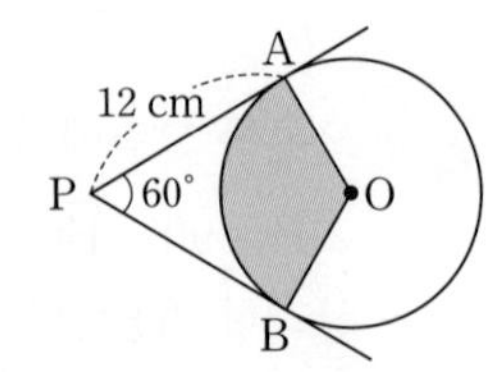

③ 원의 접선의 성질

07 오른쪽 그림에서 $\overrightarrow{PA}$, $\overrightarrow{PB}$, $\overline{CD}$는 원 O의 접선이고 세 점 A, B, E는 접점이다.

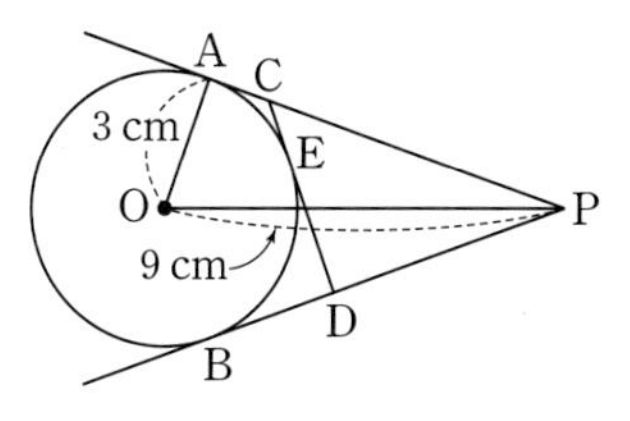

$\overline{OA}=3$ cm, $\overline{OP}=9$ cm일 때, 삼각형 CDP의 둘레의 길이는?

① $10\sqrt{2}$ cm ② $10\sqrt{3}$ cm ③ $12\sqrt{2}$ cm
④ $12\sqrt{3}$ cm ⑤ 20 cm

④ 반원에서의 접선

08 오른쪽 그림에서 $\overline{AB}$는 반원 O의 지름이고, $\overline{BC}$, $\overline{CD}$, $\overline{AD}$는 각각 점 B, E, A에서 반원 O에 접한다. $\overline{BC}=5$, $\overline{CD}=7$일 때, 반원 O의 넓이를 구하시오.

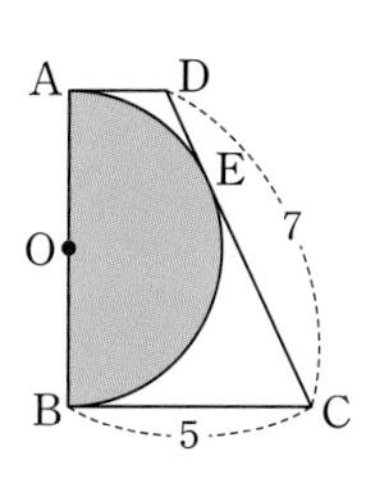

⑤ 중심이 같은 두 원에서의 접선

09 오른쪽 그림과 같이 중심이 같은 두 원에서 $\overline{AB}$는 점 H에서 작은 원에 접한다. 색칠한 부분의 넓이가 49π cm^2일 때, $\overline{AB}$의 길이를 구하시오.

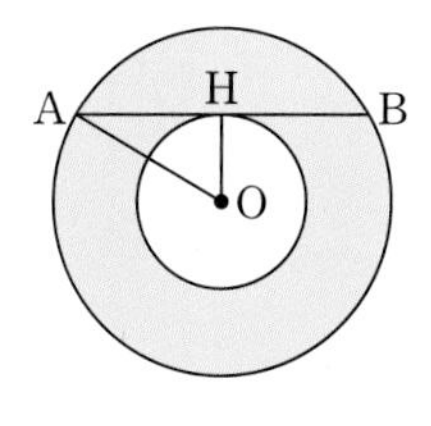

⑥ 삼각형의 내접원과 접선

10 오른쪽 그림에서 원 O는 △ABC의 내접원이고 세 점 D, E, F는 접점이다. △ABC의 둘레의 길이가 26 cm일 때, $\overline{AD}$의 길이는?

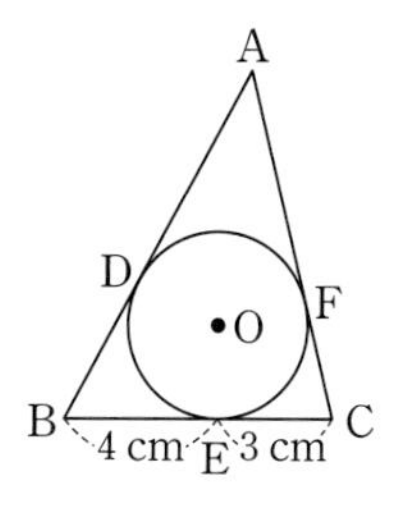

① 4 cm ② 5 cm ③ 6 cm
④ 7 cm ⑤ 8 cm

⑦ 직각삼각형의 내접원과 접선

11 오른쪽 그림에서 원 O는 ∠B=90°인 직각삼각형 ABC의 내접원이고 세 점 D, E, F는 접점이다. $\overline{AB}=6$ cm, $\overline{BE}=2$ cm일 때, 색칠한 부분의 넓이를 구하시오.

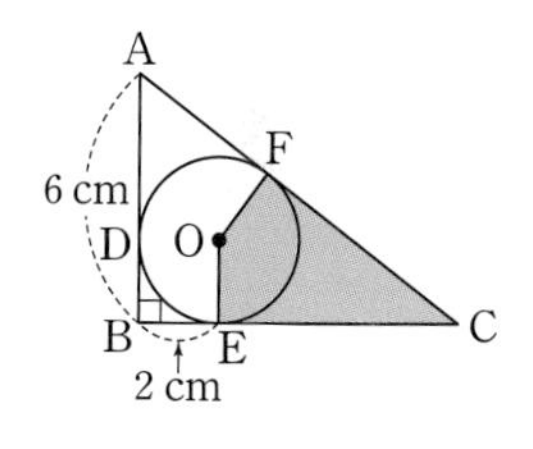

⑧ 사각형의 내접원과 접선

12 오른쪽 그림과 같이 직사각형 ABCD의 세 변에 접하는 원 O가 있다. $\overline{CE}$는 원 O의 접선이고 $\overline{CE}=15$ cm, $\overline{CD}=12$ cm일 때, $\overline{BC}$의 길이는?

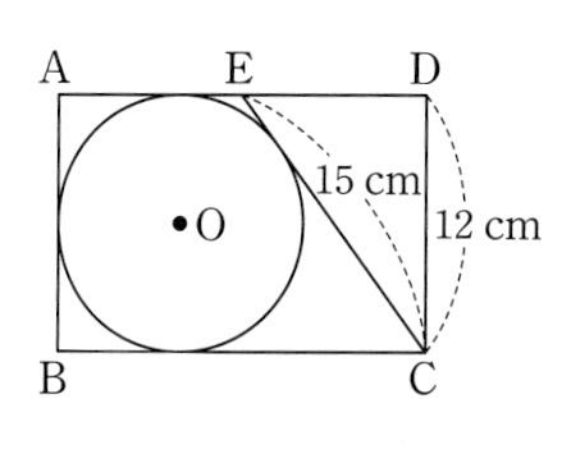

① 14 cm ② 15 cm ③ 16 cm
④ 17 cm ⑤ 18 cm

고난도 집중 연습

1

오른쪽 그림과 같이 중심이 A이고 반지름의 길이가 15인 사분원이 있다. $\angle A = \angle D = 90°$, $\overline{AB} = 17$이고 $\overline{BC}$는 사분원과 점 E에서 접할 때, $\overline{EC}$의 길이를 구하시오.

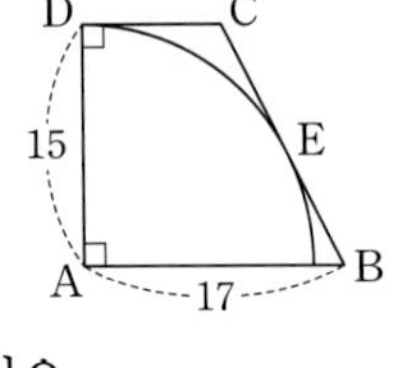

1-1

오른쪽 그림과 같이 $\overline{AB} = 4$, $\overline{AD} = 5$인 직사각형 ABCD와 중심이 A이고 반지름의 길이가 4인 사분원이 있다. $\overline{DE}$가 사분원과 점 F에서 접할 때, 삼각형 CDE의 넓이를 구하시오.

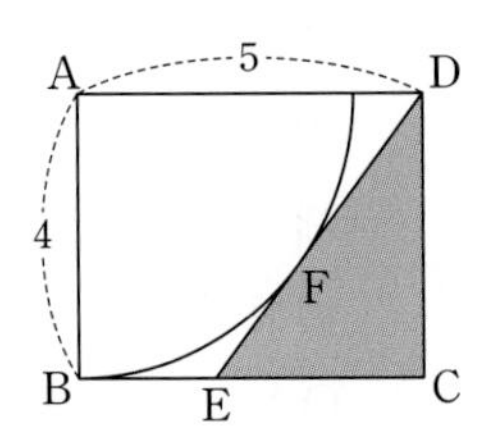

2

다음 그림과 같이 반지름의 길이가 6으로 같은 두 원 O_1, O_2가 있다. 원 O_1 위의 점 A에 대하여 직선 AB는 원 O_2의 접선이고 점 B는 접점이다. 직선 AB와 원 O_1의 교점을 P라 할 때, 선분 AP의 길이를 구하시오.

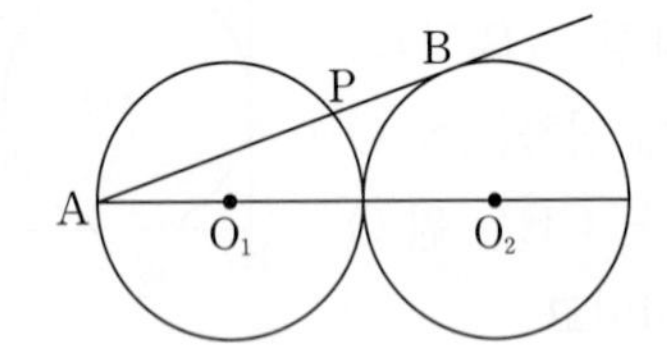

2-1

다음 그림과 같이 반지름의 길이가 1로 같은 세 원 O_1, O_2, O_3가 있다. 원 O_3 위의 점 A에 대하여 직선 AB는 원 O_1의 접선이고 점 B는 접점이다. 직선 AB와 원 O_2의 두 교점을 각각 P, Q라 할 때, 삼각형 PO_2Q의 넓이를 구하시오.

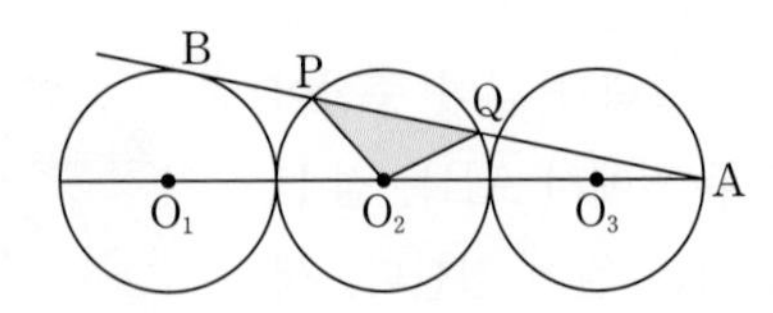

3

오른쪽 그림과 같이 두 원 O_1, O_2가 접하고 동시에 $\overline{AB}=16$, $\overline{AD}=18$인 직사각형 ABCD의 변에 접할 때, 작은 원 O_2의 반지름의 길이를 구하시오.

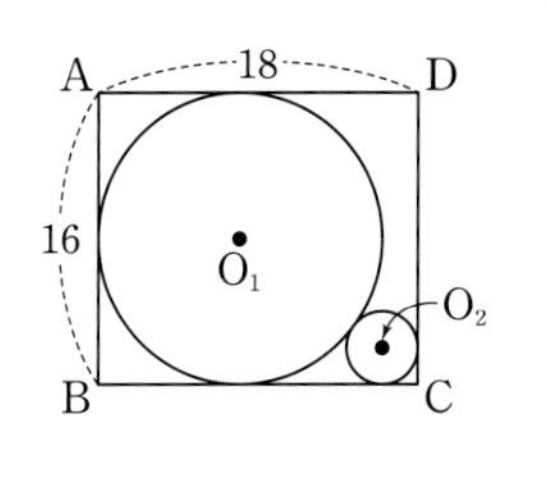

3-1

다음 그림과 같이 반지름의 길이가 각각 4, 9인 두 원 O_1, O_2가 접한다. 직선 AB가 두 원 O_1, O_2에 공통으로 접하고, 두 직선 AB와 O_1O_2의 교점을 P라 할 때, $\overline{AP}$의 길이를 구하시오.

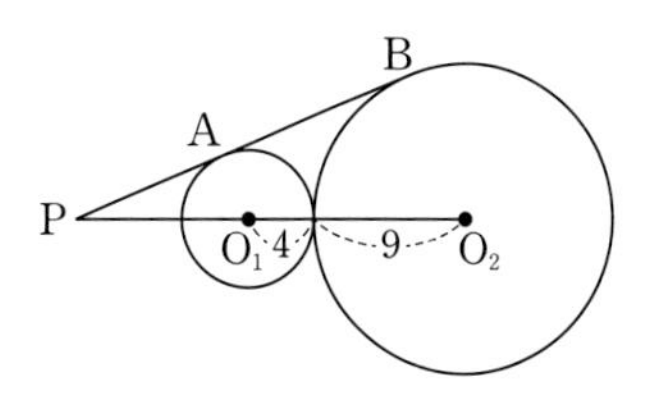

4

오른쪽 그림과 같이 원 O_1은 사다리꼴 ABCE에 접하고, 원 O_2는 삼각형 CDE에 접한다. $\overline{AE}=6$, $\overline{BC}=12$일 때, 두 원 O_1, O_2의 반지름의 길이의 합을 구하시오.

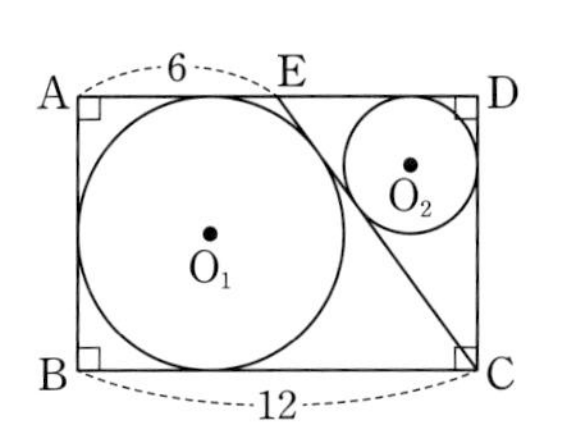

4-1

오른쪽 그림과 같이 원 O_1은 직각삼각형 ABC에 접하고, 원 O_2는 직각삼각형 ADE에 접한다. 원 O_1의 반지름의 길이가 3이고, $\overline{AB}=12$일 때, 원 O_2의 반지름의 길이를 구하시오.

(단, $\overline{BC}$는 두 원 O_1, O_2의 접선이다.)

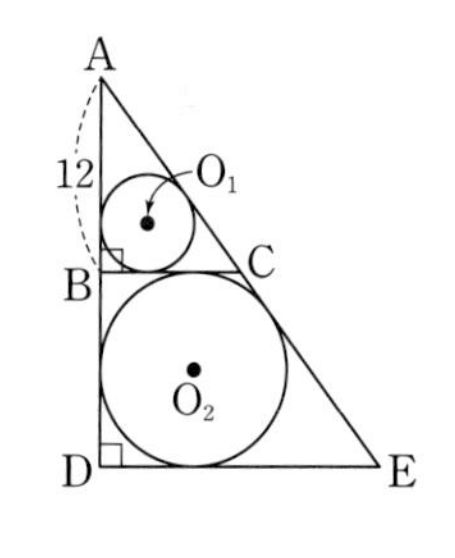

서술형 집중 연습

예제 1

오른쪽 그림에서 호 AB는 원의 일부분이다. $\overline{AB}\perp\overline{CD}$이고, $\overline{AD}=4\text{ cm}$, $\overline{CD}=2\text{ cm}$일 때, 이 원의 반지름의 길이를 구하시오.

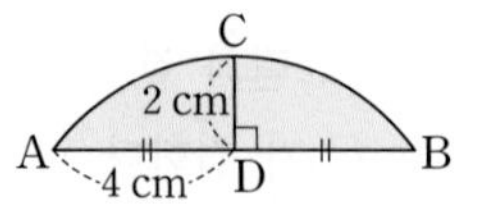

풀이 과정

현의 수직이등분선은 그 원의 ☐을 지나므로 원의 중심을 O, 반지름의 길이를 r cm라 하면
삼각형 OAD는 직각삼각형이다.
$\overline{OA}=r\text{ cm}$, $\overline{OD}=$☐ cm이므로
피타고라스 정리에 의하여
$(☐)^2=4^2+(☐)^2$
따라서 $r=$☐ cm이다.

유제 1

오른쪽 그림과 같은 활꼴에서 $\overline{AB}\perp\overline{CD}$이고, $\overline{AD}=2\sqrt{3}\text{ cm}$, $\overline{CD}=2\text{ cm}$ 일 때, 이 활꼴의 넓이를 구하시오.

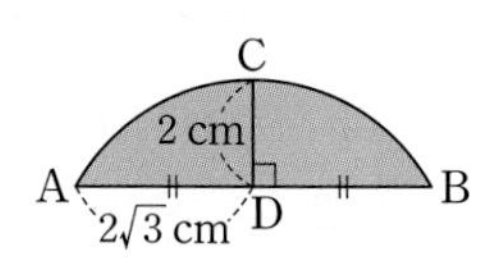

예제 2

오른쪽 그림에서 $\overrightarrow{AP}$, $\overrightarrow{AQ}$, $\overline{BC}$는 원 O의 접선이고 세 점 P, Q, D는 접점이다. $\angle BAC=60^\circ$, $\overline{OA}=4$일 때, $\triangle ABC$의 둘레의 길이를 구하시오.

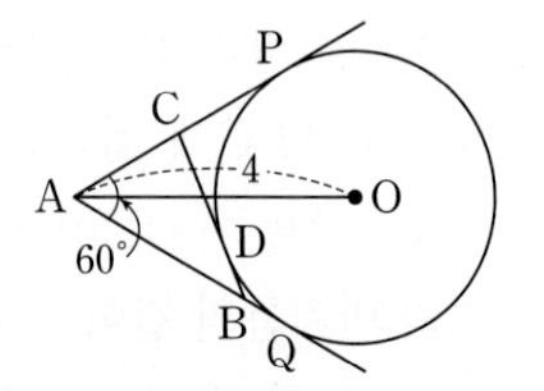

풀이 과정

점 Q는 접점이므로 $\angle OQA=$☐°
$\triangle OAQ$에서
$\overline{AQ}=4\cos$☐°$=$☐
원의 접선의 성질에 의하여 $\overline{AP}=$☐
이때 $\overline{BD}=\overline{BQ}$이고 $\overline{CD}=$☐이므로
$\overline{BC}=\overline{BD}+\overline{CD}=\overline{BQ}+$☐
따라서 $\triangle ABC$의 둘레의 길이는
$\overline{AB}+\overline{AC}+\overline{BC}=\overline{AB}+\overline{AC}+\overline{BQ}+$☐
$=\overline{AP}+\overline{AQ}$
$=2\overline{AQ}=$☐

유제 2

오른쪽 그림에서 $\overrightarrow{AP}$, $\overrightarrow{AQ}$, $\overline{BC}$는 원 O의 접선이고 세 점 P, Q, D는 접점이다. 원 O의 반지름의 길이가 5이고, $\tan(\angle AOP)=\dfrac{12}{5}$일 때, $\triangle ABC$의 둘레의 길이를 구하시오.

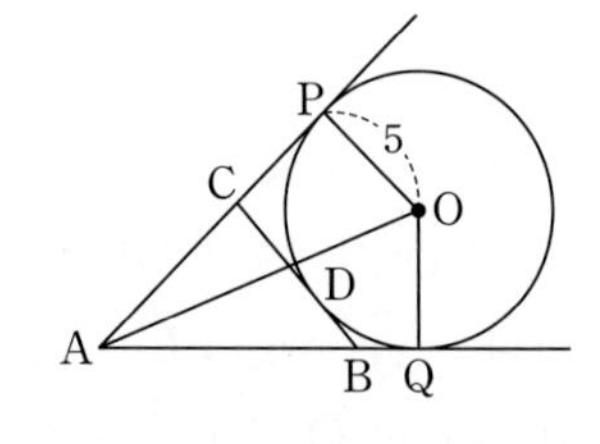

예제 3

오른쪽 그림에서 원 O는 직각삼각형 ABC의 내접원이고, 세 점 D, E, F는 접점이다. $\overline{BD}=6$ cm, $\overline{CD}=4$ cm일 때, 원 O의 넓이를 구하시오.

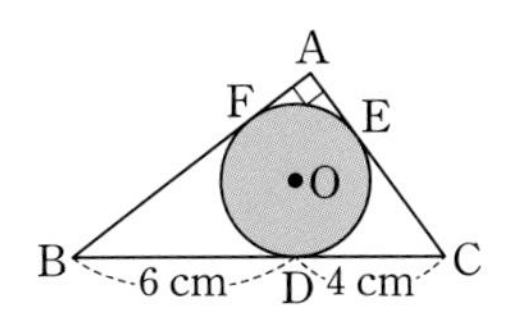

풀이 과정

원의 접선의 성질에 의하여

$\overline{BF}=\square$ cm, $\overline{CE}=\square$ cm

$\overline{AF}=\overline{AE}=x$ cm라 하면

$\overline{AB}=\square$ cm, $\overline{AC}=\square$ cm

삼각형 ABC에서 피타고라스 정리에 의하여

$10^2=(x+6)^2+(\square)^2$

$x^2+10x-\square=0$, $(x+12)(x-\square)=0$

$x=-12$ 또는 $x=\square$

이때 $x>0$이므로 $x=\square$

따라서 원 O의 넓이는 $x^2\pi=\square$ (cm^2)이다.

유제 3

오른쪽 그림에서 원 O는 직각삼각형 ABC의 내접원이고, 세 점 D, E, F는 접점이다. $\overline{AD}=3$, $\overline{CE}=2$일 때, 색칠한 부분의 넓이를 구하시오.

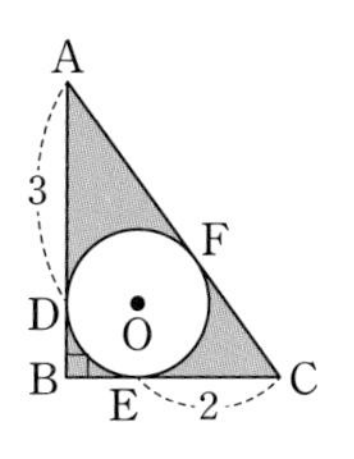

예제 4

오른쪽 그림과 같이 $\overline{AB}=12$, $\overline{AD}=9$인 직사각형 ABCD에서 $\overline{AB}$는 반원 O의 지름이고, $\overline{BC}$, $\overline{CE}$, $\overline{AE}$는 각각 점 B, F, A에서 반원 O에 접할 때, $\overline{EF}$의 길이를 구하시오.

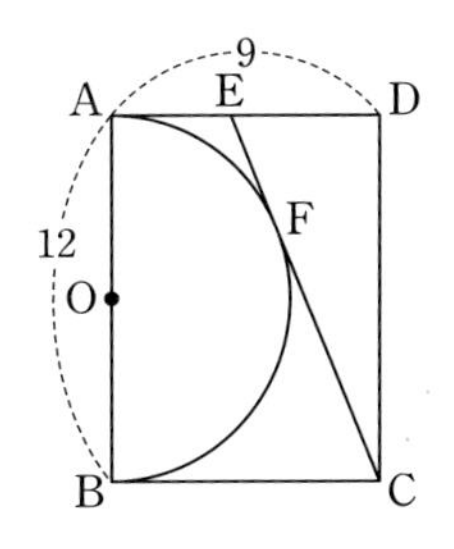

풀이 과정

$\overline{EF}=x$라 하면 원의 접선의 성질에 의하여

$\overline{AE}=\overline{EF}=\square$이므로 $\overline{ED}=\overline{AD}-\overline{AE}=\square$,

$\overline{CF}=\overline{BC}=\square$이므로 $\overline{EC}=\overline{EF}+\overline{CF}=\square$,

$\overline{CD}=\overline{AB}=\square$

직각삼각형 CDE에서 피타고라스 정리에 의하여

$(\square)^2=12^2+(\square)^2$

따라서 $x=\square$이므로 $\overline{EF}=\square$

유제 4

오른쪽 그림의 정사각형 ABCD에서 $\overline{BC}$는 반원 O의 지름이고, $\overline{AB}$, $\overline{AE}$, $\overline{CE}$는 각각 점 B, F, C에서 반원 O에 접할 때, 정사각형 ABCD의 한 변의 길이를 구하시오.

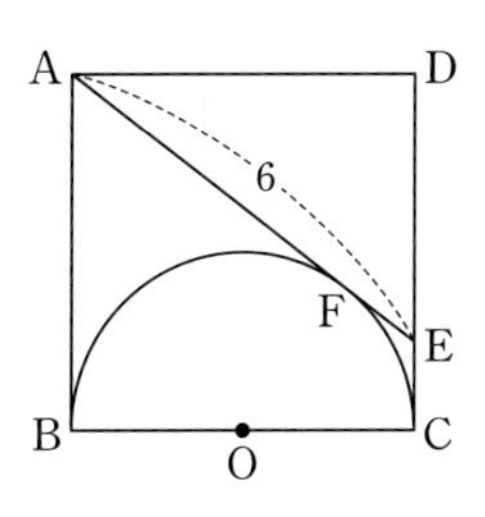

01 오른쪽 그림에서 호 AB는 원의 일부분이다. $\overline{AB}\perp\overline{CM}$이고 $\overline{AM}=\overline{BM}=12$, $\overline{CM}=8$일 때, 이 원의 반지름의 길이는?

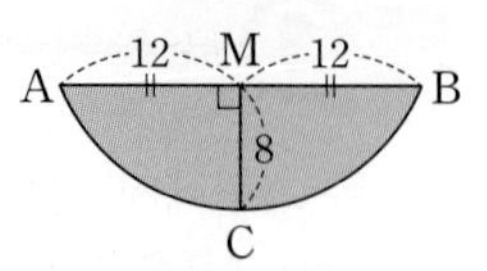

① 10 ② 11 ③ 12
④ 13 ⑤ 14

02 오른쪽 그림과 같이 원 O에서 현 AB를 접는 선으로 하여 접었더니 $\widehat{AB}$가 원 O의 중심을 지나게 되었다. 원 O의 반지름의 길이가 6 cm일 때, $\overline{AB}$의 길이는?

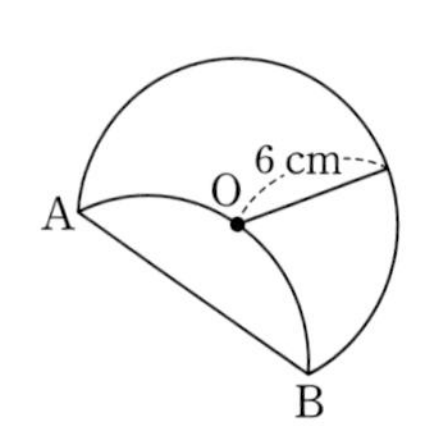

① $5\sqrt{2}$ cm ② $6\sqrt{2}$ cm ③ $5\sqrt{3}$ cm
④ $4\sqrt{6}$ cm ⑤ $6\sqrt{3}$ cm

03 오른쪽 그림과 같은 원 O에서 $\overline{OM}\perp\overline{AB}$, $\overline{ON}\perp\overline{CD}$이고 $\overline{OM}=\overline{ON}=5$ cm, $\overline{OA}=10$ cm일 때, $\overline{CD}$의 길이는?

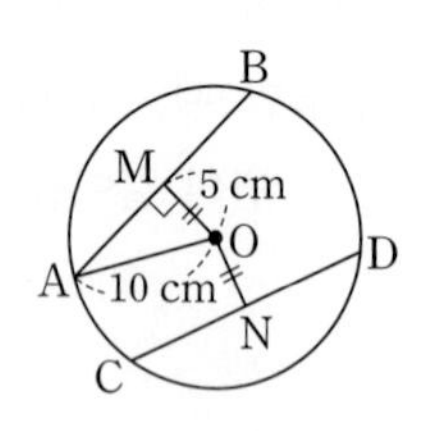

① $5\sqrt{2}$ cm ② $5\sqrt{3}$ cm ③ $10\sqrt{2}$ cm
④ 12 cm ⑤ $10\sqrt{3}$ cm

04 오른쪽 그림과 같이 점 P에서 원 O에 그은 접선의 접점을 각각 A, B라 하고 $\overline{PO}$와 원 O가 만나는 점을 C라 하자. $\overline{OA}=6$, $\overline{PC}=4$일 때, $\overline{AB}$의 길이는?

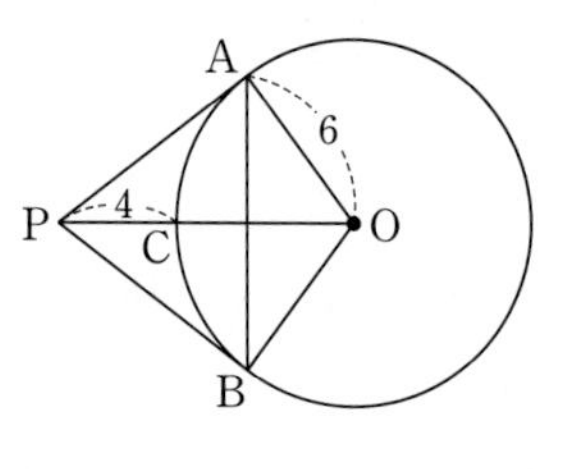

① $\frac{24}{5}$ ② $\frac{32}{5}$ ③ 8
④ $\frac{44}{5}$ ⑤ $\frac{48}{5}$

05 오른쪽 그림에서 원 O의 반지름의 길이가 6 cm이고 $\overline{HO}=2$ cm일 때, $\overline{CD}$의 길이는?

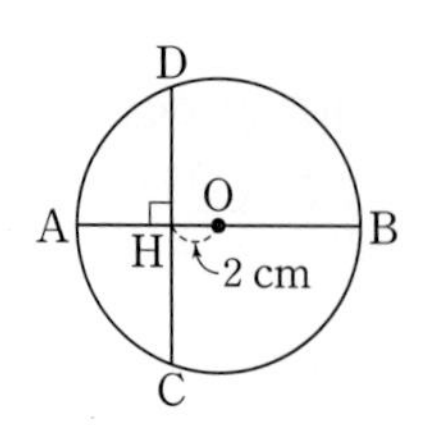

① $8\sqrt{3}$ cm ② $8\sqrt{2}$ cm ③ $4\sqrt{3}$ cm
④ $4\sqrt{2}$ cm ⑤ $2\sqrt{2}$ cm

고난도

06 오른쪽 그림과 같이 네 직선 PA, PB, CD, GH는 각각 점 A, B, E, F에서 원 O와 접한다. $\overline{PC}=14$, $\overline{PD}=12$, $\overline{CD}=10$일 때, △DGH의 둘레의 길이는?

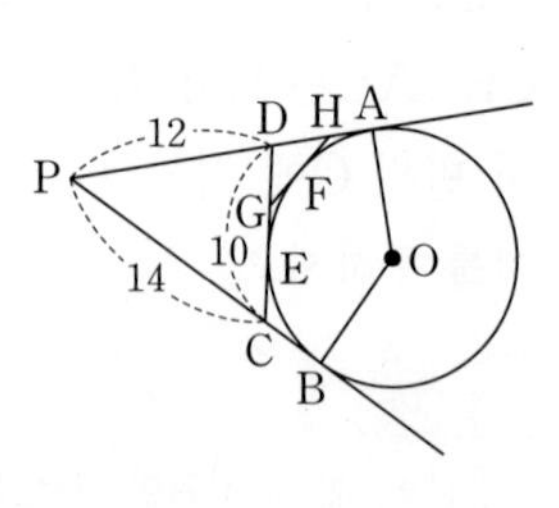

① 10 ② 11 ③ 12
④ 13 ⑤ 14

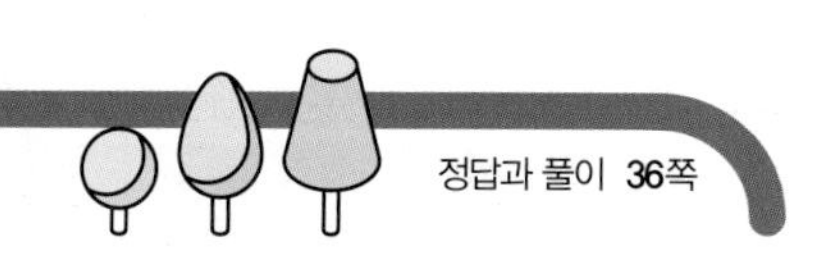

07 오른쪽 그림에서 원 O는 $\triangle ABC$의 내접원이고, 내접원의 반지름의 길이는 4 cm이다. $\triangle ABC$의 넓이가 24 cm^2일 때, $\triangle ABC$의 둘레의 길이는?

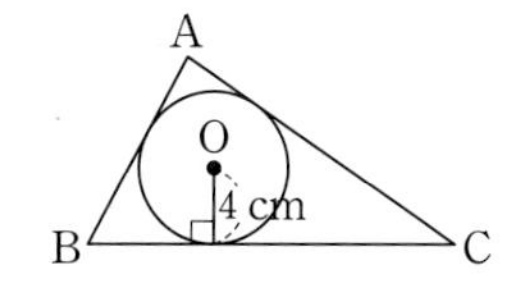

① 8 cm ② 10 cm ③ 12 cm
④ 14 cm ⑤ 16 cm

08 오른쪽 그림에서 $\overline{PA}$, $\overline{PB}$가 원 O의 접선이고 두 점 A, B가 그 접점이다. $\overline{AO}=6$ cm, $\angle P=30°$일 때, 색칠한 부분의 넓이는?

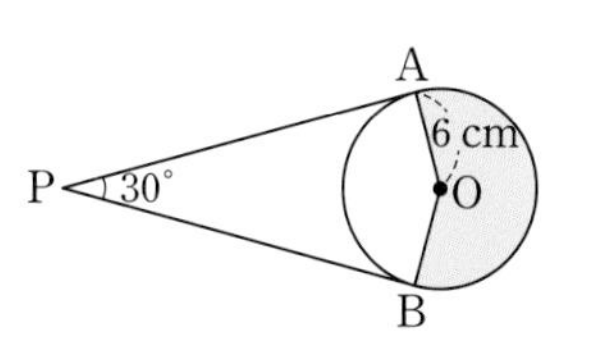

① 15π cm^2 ② 18π cm^2 ③ 21π cm^2
④ 24π cm^2 ⑤ 27π cm^2

09 오른쪽 그림과 같이 점 O를 중심으로 하는 두 원에서 작은 원의 접선과 큰 원의 교점을 각각 A, B라 하자. $\overline{AB}=10$ cm일 때, 색칠한 부분의 넓이는?

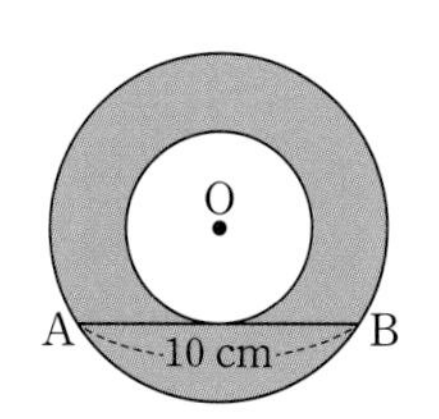

① 10π cm^2 ② 15π cm^2 ③ 20π cm^2
④ 25π cm^2 ⑤ 30π cm^2

10 오른쪽 그림에서 $\overline{AD}$, $\overline{BC}$, $\overline{DC}$는 $\overline{AB}$를 지름으로 하는 반원 O의 접선이고, 세 점 A, B, E는 접점이다. $\overline{AD}=4$ cm, $\overline{BC}=9$ cm일 때, □ABCD의 넓이는?

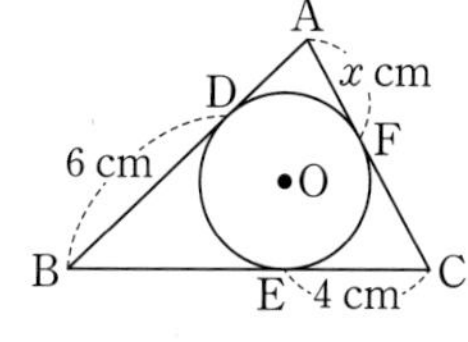

① 60 cm^2 ② 64 cm^2 ③ 68 cm^2
④ 74 cm^2 ⑤ 78 cm^2

고난도

11 오른쪽 그림과 같이 $\triangle ABC$가 원 O에 외접하고 세 점 D, E, F는 그 접점이다. $\overline{AF}=x$ cm, $\overline{BD}=6$ cm, $\overline{CE}=4$ cm이고 $\triangle ABC$의 둘레의 길이가 26 cm일 때, x의 값은?

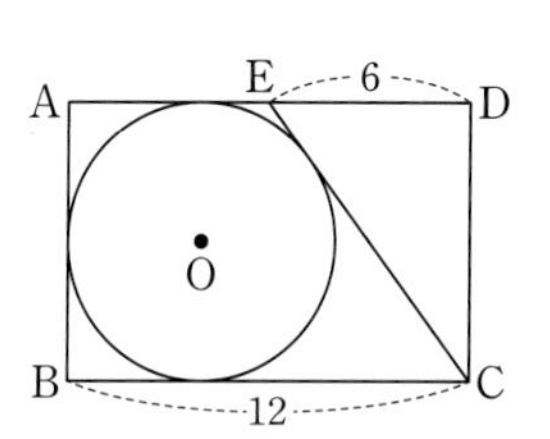

① 2 ② 3 ③ 4
④ 4.5 ⑤ 5

12 오른쪽 그림과 같이 직사각형 ABCD의 세 변 AB, BC, AD에 접하는 원 O가 있다. $\overline{CE}$는 원 O의 접선이고 $\overline{ED}=6$, $\overline{BC}=12$일 때, 원 O의 반지름의 길이는?

A E 6 D
O
B 12 C

① 1 ② 2 ③ 3
④ 4 ⑤ 5

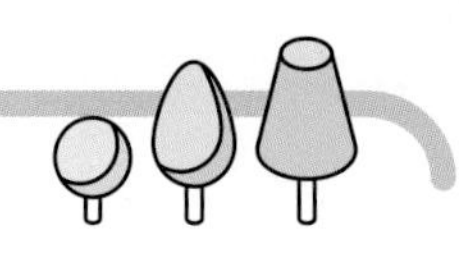

서술형

13 오른쪽 그림과 같이 중심이 O로 같은 두 원이 있다. $\overline{AB}$는 작은 원과 점 H에서 접하고, 삼각형 OAB의 넓이가 12, 색칠한 부분의 넓이가 36π일 때, 큰 원의 반지름의 길이를 구하시오.

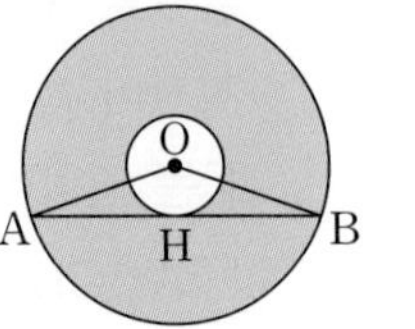

14 오른쪽 그림에서 원 O는 $\angle A=90°$인 직각삼각형 ABC의 내접원이고, 점 D, E, F는 그 접점이다. $\overline{AB}=8$ cm, $\overline{AC}=6$ cm일 때, 원 O의 넓이를 구하시오.

15 오른쪽 그림과 같이 $\overline{AB}=6$ cm, $\overline{AC}=2$ cm, $\overline{BC}=2\sqrt{10}$ cm인 △ABC에 내접하는 반원 O가 있다. 두 점 D, E는 접점일 때, 반원 O의 넓이를 구하시오.

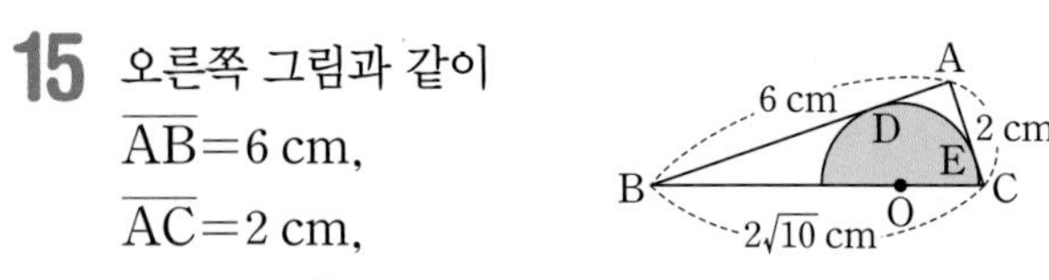

16 오른쪽 그림과 같이 반지름의 길이가 4 cm인 원 O가 $\angle A=\angle B=90°$인 사다리꼴 ABCD에 내접한다. $\overline{CD}=10$ cm일 때, □ABCD의 넓이를 구하시오.

01 다음 중 옳은 것은 모두 몇 개인가?

> ㉠ 원의 중심에서 현에 내린 수선은 그 현을 이등분한다.
> ㉡ 현의 이등분선은 그 원의 중심을 지난다.
> ㉢ 원 밖의 한 점에서 그 원에 그은 두 접선의 길이는 서로 같다.
> ㉣ 원의 접선은 그 접점을 한 끝점으로 하는 반지름에 수직이다.
> ㉤ 한 원에서 중심으로부터 같은 거리에 있는 두 현의 길이는 같다.

① 1개 ② 2개 ③ 3개
④ 4개 ⑤ 5개

02 오른쪽 그림의 원 O에서 $\overline{AB}\perp\overline{OH}$이고 $\overline{AB}=8\text{ cm}$, $\overline{OH}=4\text{ cm}$일 때, 원 O의 넓이는?

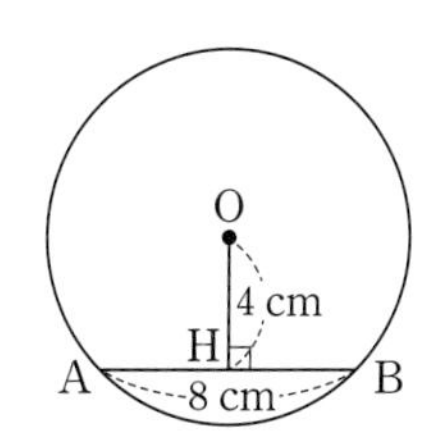

① $28\pi\text{ cm}^2$ ② $30\pi\text{ cm}^2$ ③ $32\pi\text{ cm}^2$
④ $34\pi\text{ cm}^2$ ⑤ $36\pi\text{ cm}^2$

03 오른쪽 그림과 같이 반지름의 길이가 10 cm인 원 O의 원주 위의 한 점이 원의 중심 O에 겹쳐지도록 $\overline{AB}$를 접는 선으로 하여 접었을 때, $\overline{AB}$의 길이는?

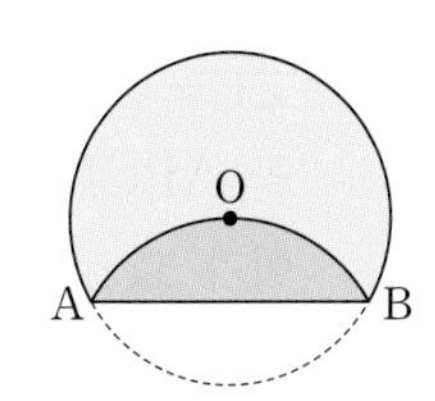

① $5\sqrt{5}\text{ cm}$ ② $5\sqrt{6}\text{ cm}$ ③ $6\sqrt{5}\text{ cm}$
④ $10\sqrt{2}\text{ cm}$ ⑤ $10\sqrt{3}\text{ cm}$

04 오른쪽 그림과 같이 원의 중심 O에서 $\overline{AB}$, $\overline{CD}$에 내린 수선의 발을 각각 M, N이라 하자. $\overline{OA}=6\text{ cm}$, $\overline{OM}=\overline{ON}=2\sqrt{3}\text{ cm}$일 때, $\overline{CD}$의 길이는?

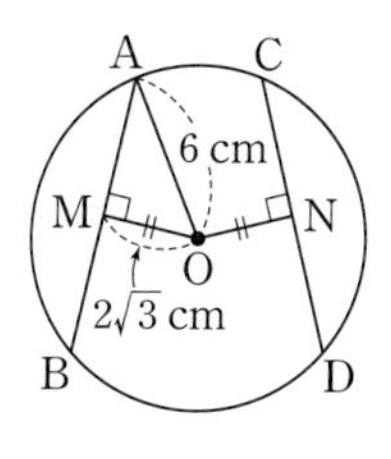

① $2\sqrt{3}\text{ cm}$ ② $2\sqrt{5}\text{ cm}$ ③ $2\sqrt{6}\text{ cm}$
④ $4\sqrt{3}\text{ cm}$ ⑤ $4\sqrt{6}\text{ cm}$

05 오른쪽 그림에서 $\overrightarrow{PA}$, $\overrightarrow{PB}$는 원 O의 접선이고 $\angle POB=60^\circ$이다. $\overline{PA}=5\sqrt{3}\text{ cm}$일 때, $\overline{OB}$의 길이는?

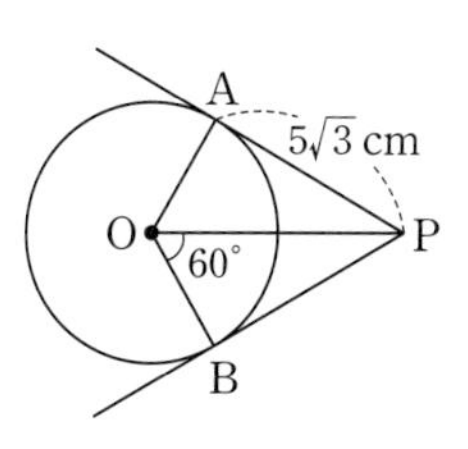

① 1 cm ② 2 cm ③ 3 cm
④ 4 cm ⑤ 5 cm

06 오른쪽 그림과 같이 원 O에 $\triangle ABC$가 내접하고 있다. $\overline{OM}=\overline{ON}$이고 $\angle ABC=65^\circ$일 때, $\angle BAC$의 크기는?

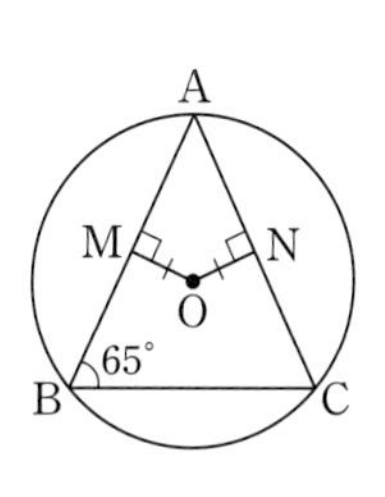

① 35° ② 40° ③ 45°
④ 50° ⑤ 55°

07 오른쪽 그림과 같이 반지름의 길이가 각각 4 cm, 6 cm이고 중심이 같은 두 원이 있다. 작은 원에 접하는 직선이 큰 원과 만나는 두 점을 각각 A, B, 접점을 H라 할 때, $\overline{AB}$의 길이는?

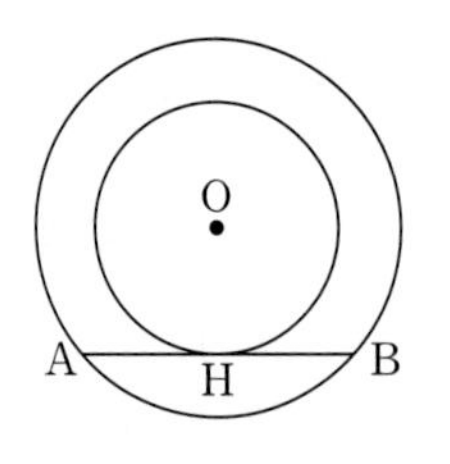

① $2\sqrt{5}$ cm ② $3\sqrt{5}$ cm ③ $2\sqrt{10}$ cm
④ $4\sqrt{5}$ cm ⑤ $4\sqrt{10}$ cm

08 오른쪽 그림에서 원 O는 △ABC의 내접원이고, 세 점 D, E, F는 접점이다. $\overline{PQ}$는 원 O의 접선일 때, △BQP의 둘레의 길이는?

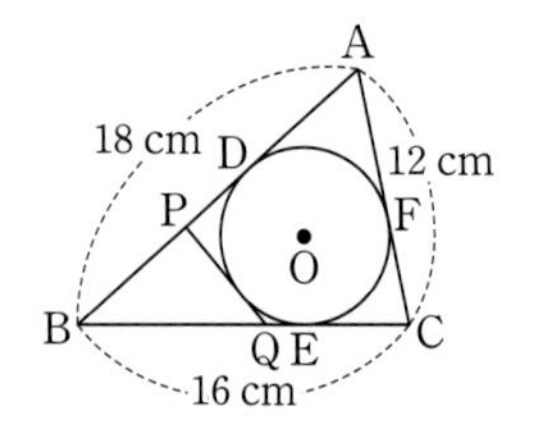

① 20 cm ② 21 cm ③ 22 cm
④ 23 cm ⑤ 24 cm

09 오른쪽 그림에서 $\overline{AB}$는 반원 O의 지름이고 $\overline{AD}$, $\overline{BC}$, $\overline{CD}$는 각각 세 점 A, B, E에서 반원에 접한다. $\overline{AD}=4$ cm, $\overline{BC}=8$ cm일 때, 반원 O의 반지름의 길이는?

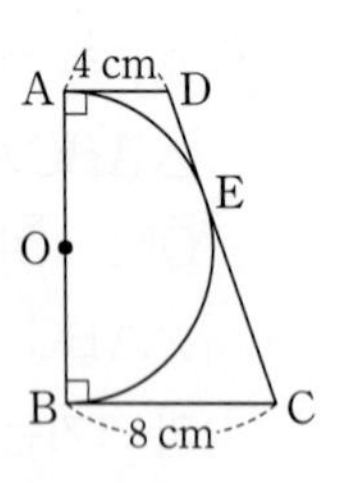

① 5 cm ② $4\sqrt{2}$ cm ③ 6 cm
④ $6\sqrt{3}$ cm ⑤ $8\sqrt{2}$ cm

고난도

10 오른쪽 그림과 같이 중심각의 크기가 60°, 반지름의 길이가 9인 부채꼴에 원 O가 내접하고, 세 점 D, E, F는 그 접점이다. 원 O의 넓이는?

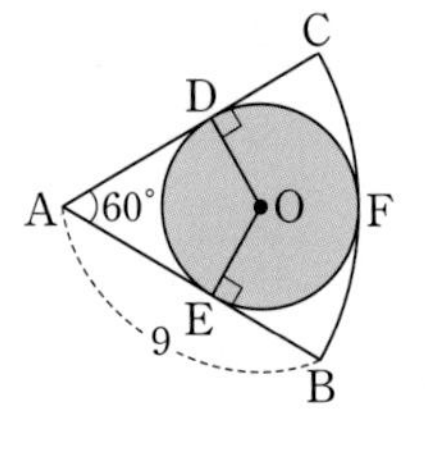

① 4π ② 9π ③ 16π
④ 25π ⑤ 36π

11 오른쪽 그림에서 원 O는 □ABCD에 내접하고 네 점 P, Q, R, S는 접점이다. $\overline{AD}=6$ cm, $\overline{BC}=14$ cm, $\overline{AP}=2$ cm, $\overline{CR}=6$ cm일 때, $\overline{BP}$, $\overline{DR}$의 길이의 합은?

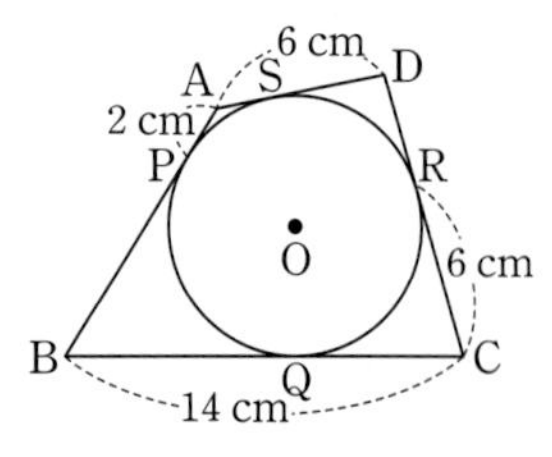

① 9 cm ② 10 cm ③ 11 cm
④ 12 cm ⑤ 13 cm

12 오른쪽 그림과 같이 ∠C=∠D=90°인 사다리꼴 ABCD가 반지름의 길이가 5 cm인 원 O에 외접한다. $\overline{AB}=12$ cm일 때, 사다리꼴 ABCD의 넓이는?

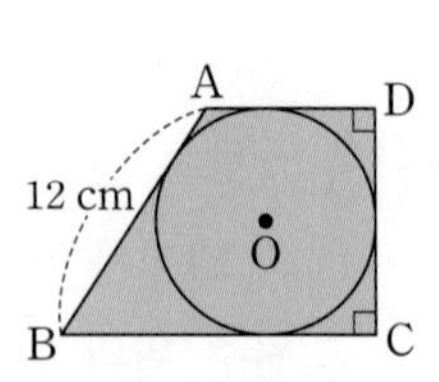

① 100 cm^2 ② 105 cm^2 ③ 110 cm^2
④ 115 cm^2 ⑤ 120 cm^2

서술형

13 오른쪽 그림의 원 O에서 $\overline{AB}\perp\overline{OC}$이고 $\overline{AH}=4$ cm, $\overline{CH}=2$ cm일 때, 원 O의 둘레의 길이를 구하시오.

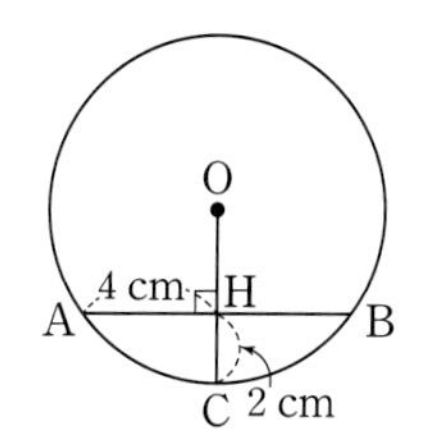

고난도

14 오른쪽 그림과 같이 점 O를 중심으로 하는 두 원이 있다. $\overline{AD}=12$ cm, $\overline{BC}=8$ cm일 때, 색칠한 부분의 넓이를 구하시오.

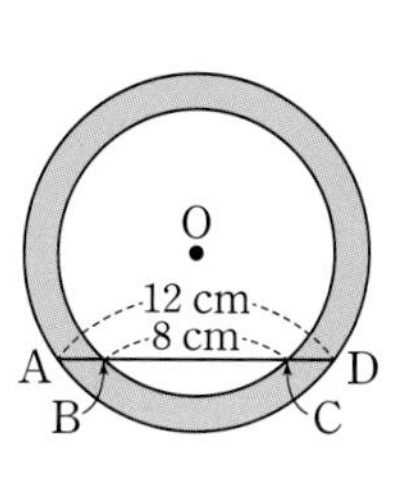

고난도

15 오른쪽 그림과 같이 원 O가 직사각형 ABCD의 세 변에 접하고 $\overline{AP}$는 원 O의 접선, 네 점 E, F, G, H는 접점이다. $\overline{AB}=12$ cm, $\overline{AD}=18$ cm일 때, 사각형 APCD의 넓이를 구하시오.

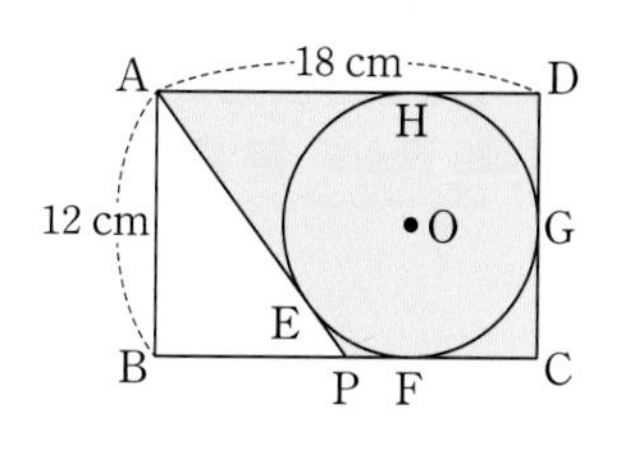

고난도

16 오른쪽 그림과 같이 두 원 O_1, O_2가 접하고 동시에 $\overline{AB}=8$ cm, $\overline{AD}=12$ cm인 직사각형 ABCD의 변에 접할 때, 원 O_1의 반지름의 길이를 구하시오.

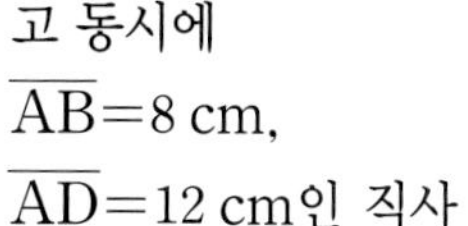

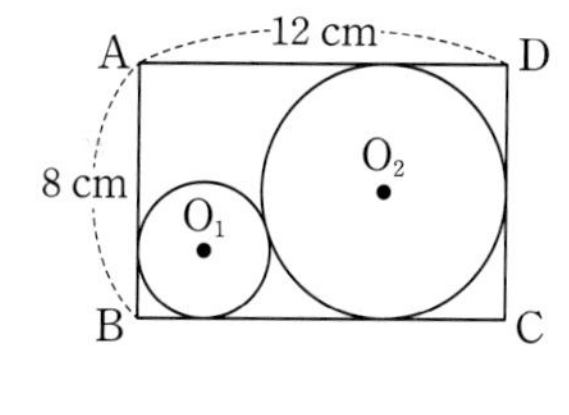

VI. 원의 성질

2

원주각

핵심 개념

2 원주각

1 원주각과 중심각의 크기

(1) **원주각:** 원 O에서 호 AB 위에 있지 않은 원 위의 한 점 P에 대하여 ∠APB를 호 AB에 대한 원주각이라 하고, 호 AB를 원주각 ∠APB에 대한 호라 한다.

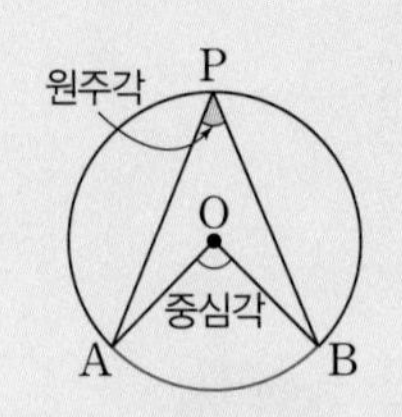

(2) 호 AB에 대한 원주각 ∠APB는 점 P의 위치에 따라 무수히 많다.

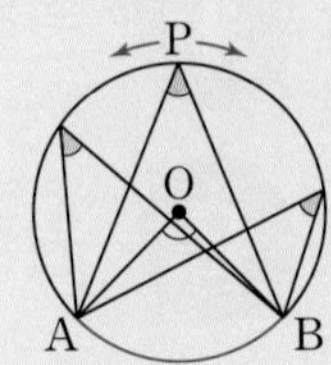

(3) 원에서 한 호에 대한 원주각의 크기는 그 호에 대한 중심각의 크기의 $\frac{1}{2}$이다.

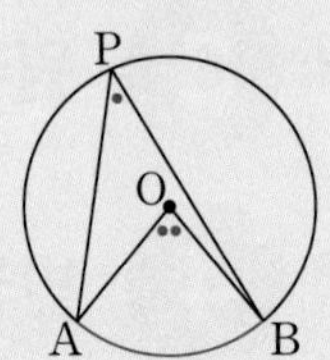

➡ $\angle APB=\frac{1}{2}\angle AOB$

예 원 O에서 한 호에 대한 원주각의 크기는 그 호에 대한 중심각의 크기의 $\frac{1}{2}$이므로

①

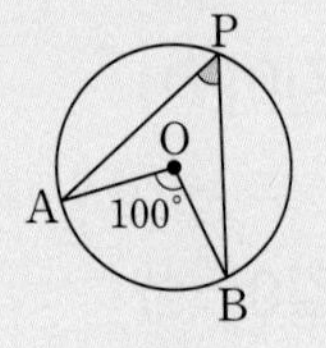

$\angle APB=100^\circ\times\frac{1}{2}=50^\circ$

②

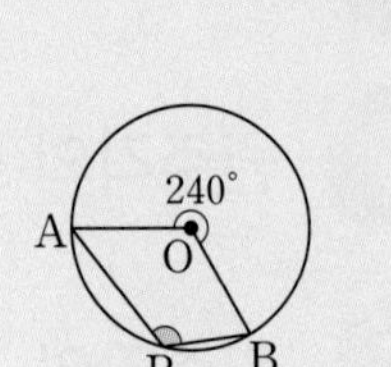

$\angle APB=240^\circ\times\frac{1}{2}=120^\circ$

2 원주각의 성질

(1) 원에서 한 호에 대한 원주각의 크기는 모두 같다.

➡ $\angle AP_1B=\angle AP_2B=\angle AP_3B$

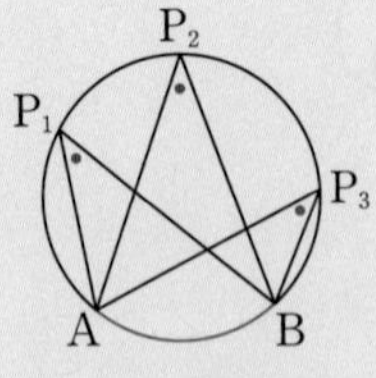

(2) 반원에 대한 원주각의 크기는 90°이다.

➡ $\angle APB=\angle AQB=\frac{1}{2}\angle AOB=90^\circ$

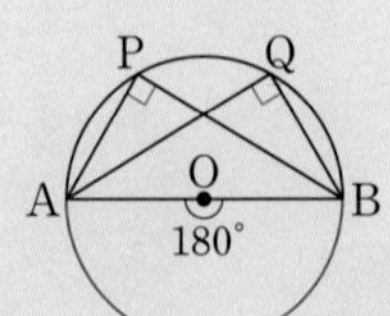

참고 (1) $\angle AP_1B$, $\angle AP_2B$, $\angle AP_3B$는 모두 호 AB에 대한 원주각이므로

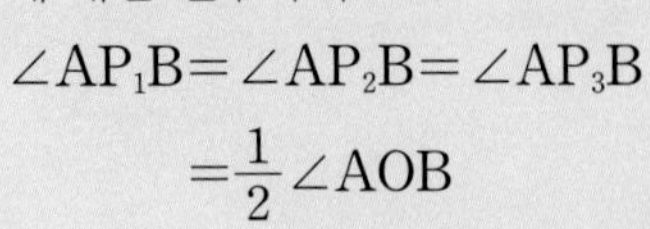
$\angle AP_1B=\angle AP_2B=\angle AP_3B$
$=\frac{1}{2}\angle AOB$

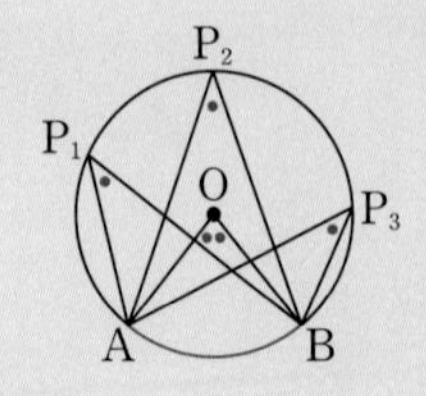

개념 체크

01
다음 그림의 원 O에서 $\angle x$의 크기를 구하시오.

(1)

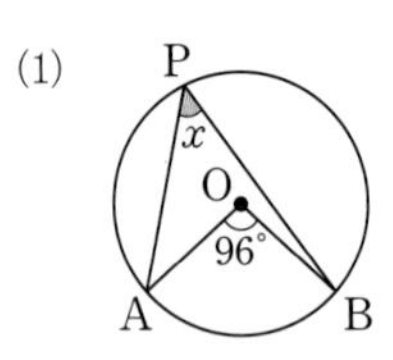

(2)

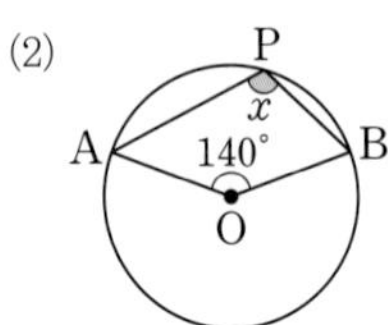

(3)

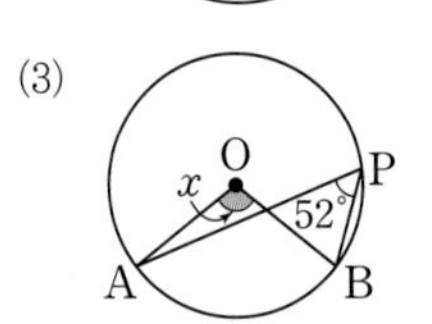

(4)

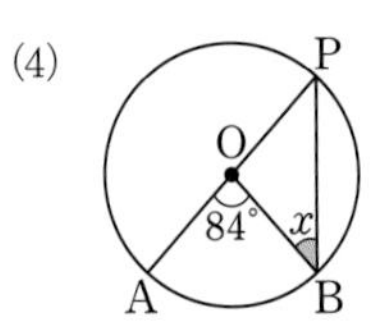

(5)

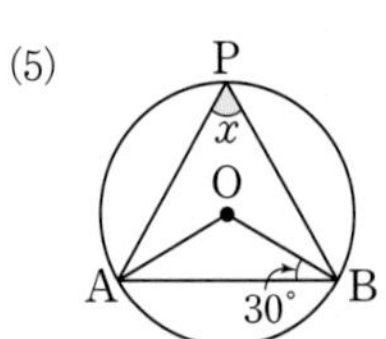

02
다음 그림의 원 O에서 $\angle x$, $\angle y$의 크기를 각각 구하시오.

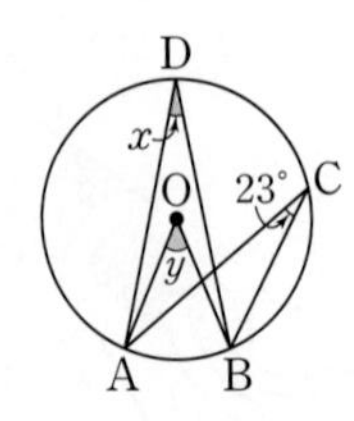

03
다음 그림에서 $\overline{AC}$가 원 O의 지름일 때, $\angle x$의 크기를 구하시오.

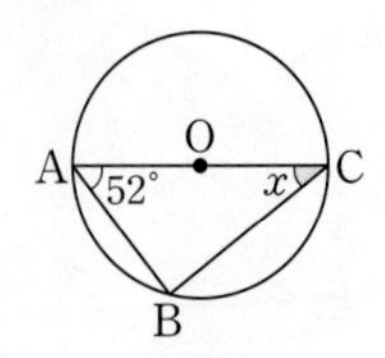

Ⅵ. 원의 성질

3 원주각의 크기와 호의 길이

한 원에서

(1) 같은 길이의 호에 대한 원주각의 크기는 서로 같다.

➡ $\widehat{AB}=\widehat{CD}$이면 $\angle APB=\angle CQD$

(2) 같은 크기의 원주각에 대한 호의 길이는 서로 같다.

➡ $\angle APB=\angle CQD$이면 $\widehat{AB}=\widehat{CD}$

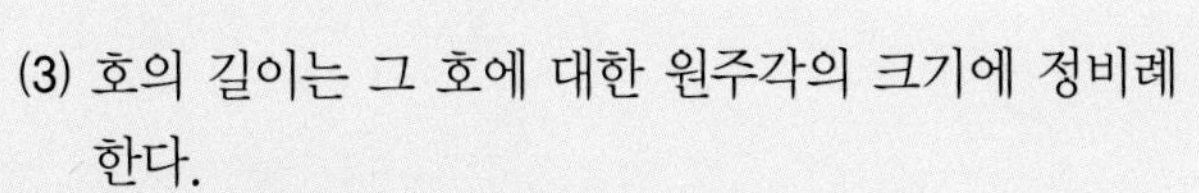

(3) 호의 길이는 그 호에 대한 원주각의 크기에 정비례한다.

➡ $\widehat{AB}:\widehat{CD}=\angle x:\angle y$

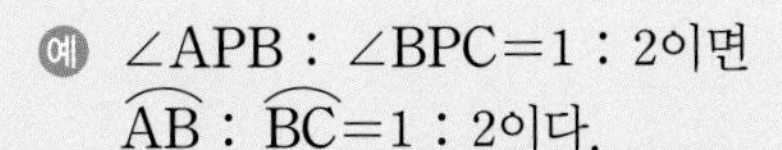

예 $\angle APB:\angle BPC=1:2$이면
$\widehat{AB}:\widehat{BC}=1:2$이다.

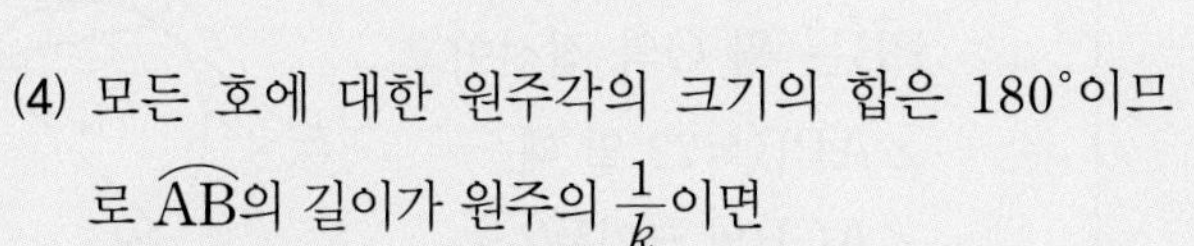

(4) 모든 호에 대한 원주각의 크기의 합은 180°이므로 $\widehat{AB}$의 길이가 원주의 $\frac{1}{k}$이면

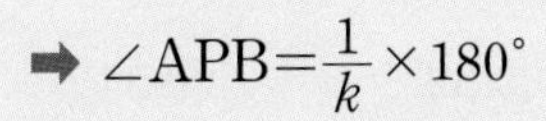

➡ $\angle APB=\frac{1}{k}\times180°$

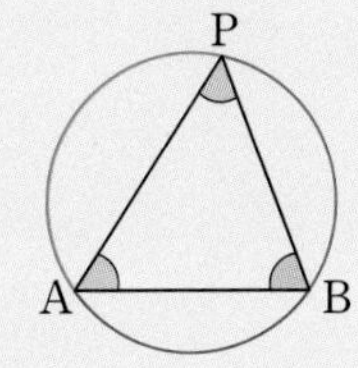

참고 원주각의 크기와 현의 길이는 정비례하지 않는다.

4 네 점이 한 원 위에 있을 조건

선분 AB에 대하여 두 점 C, D가 같은 쪽에 있을 때,

(1) $\angle ACB=\angle ADB$이면
네 점 A, B, C, D는 한 원 위에 있다.

(2) 네 점 A, B, C, D가 한 원 위에 있으면
$\angle ACB=\angle ADB$이다.

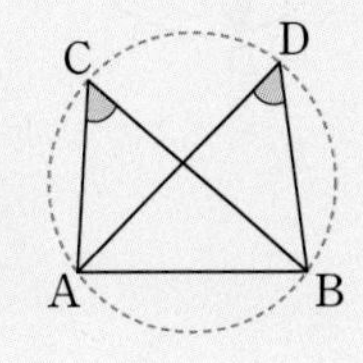

04

다음 그림에서 x의 값을 구하시오.

(1)

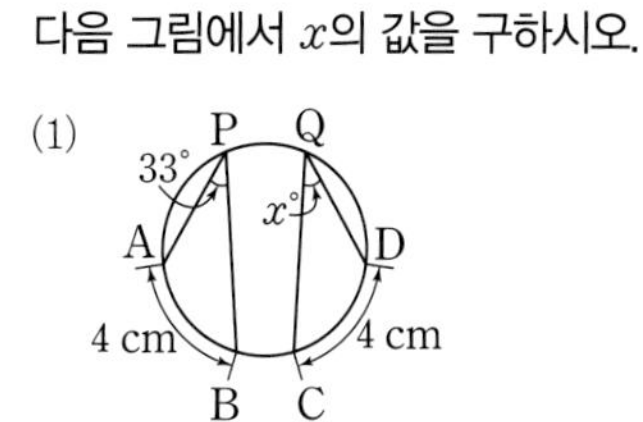

(2)

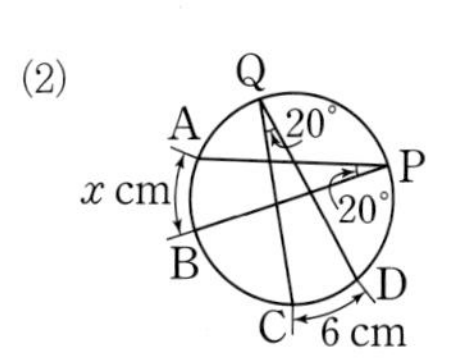

(3)

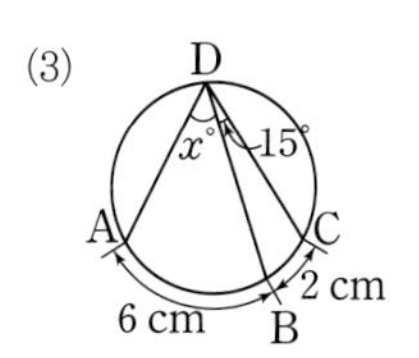

(4)

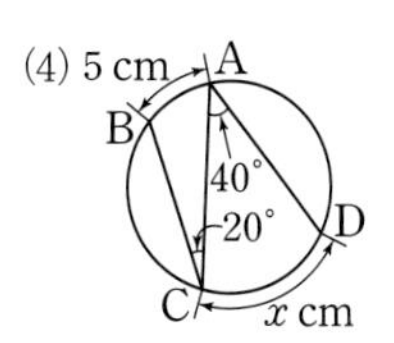

05

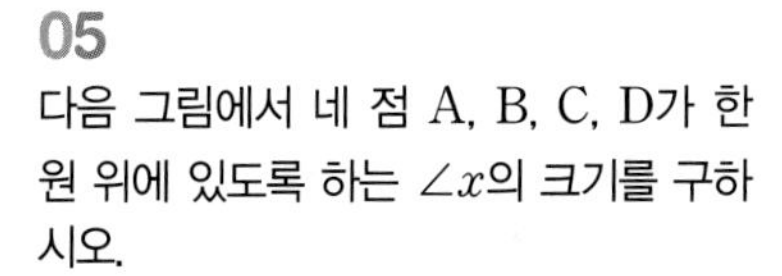

다음 그림에서 네 점 A, B, C, D가 한 원 위에 있도록 하는 $\angle x$의 크기를 구하시오.

(1)

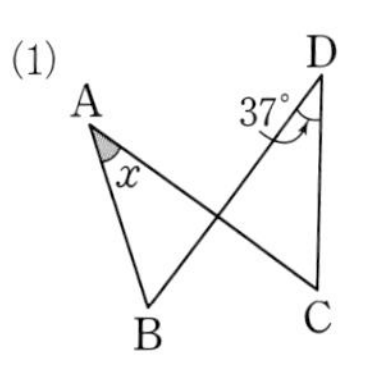

(2)

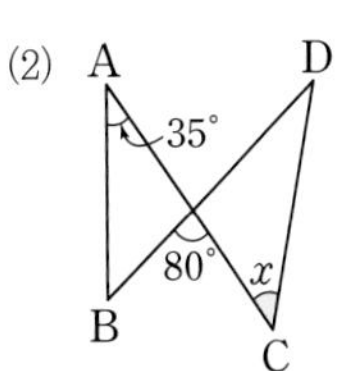

(3)

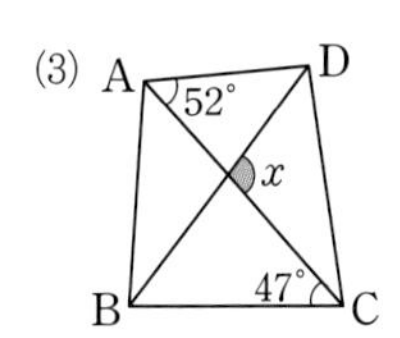

(4)

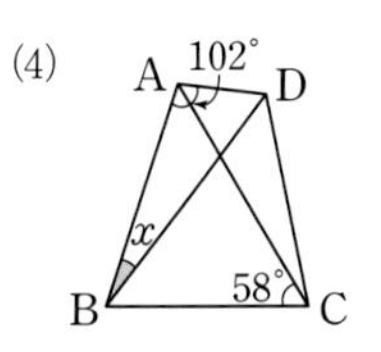

대표유형

유형 1 원주각과 중심각의 크기 (1)

01 오른쪽 그림의 원 O에서 $\angle AOC=96°$, $\angle BQC=34°$일 때, $\angle x$의 크기를 구하시오.

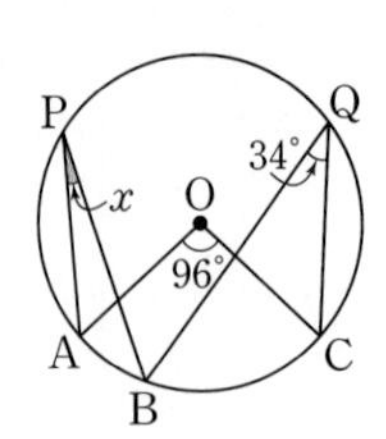

풀이전략 원에서 한 호에 대한 원주각의 크기는 그 호에 대한 중심각의 크기의 $\frac{1}{2}$임을 이용한다.

02 오른쪽 그림의 원 O에서 $\angle OAB=34°$일 때, $\angle x$의 크기는?

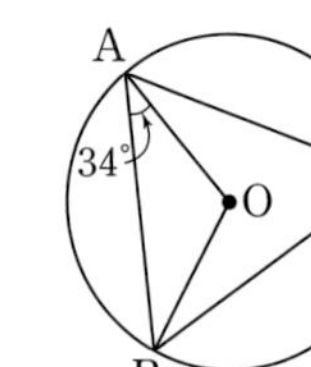

① 50° ② 52° ③ 54° ④ 56° ⑤ 58°

03 오른쪽 그림의 원 O에서 $\angle x+\angle y$의 크기를 구하시오.

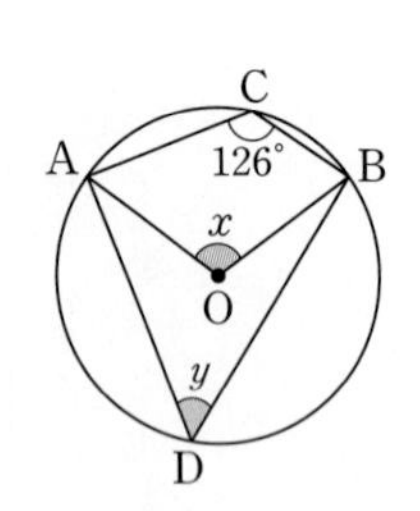

04 오른쪽 그림의 원 O에서 $\angle APB=56°$일 때, $\angle OAB$의 크기를 구하시오.

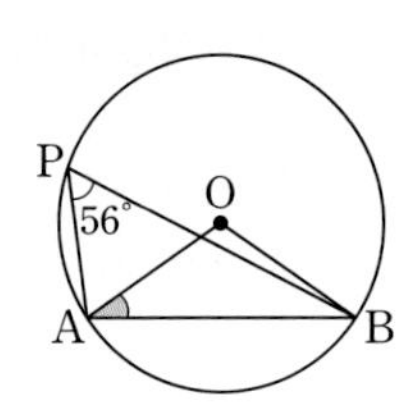

유형 2 원주각과 중심각의 크기 (2)

05 오른쪽 그림에서 $\overrightarrow{PA}$, $\overrightarrow{PB}$는 원 O의 접선이고 $\angle APB=72°$일 때, $\angle ACB$의 크기는?

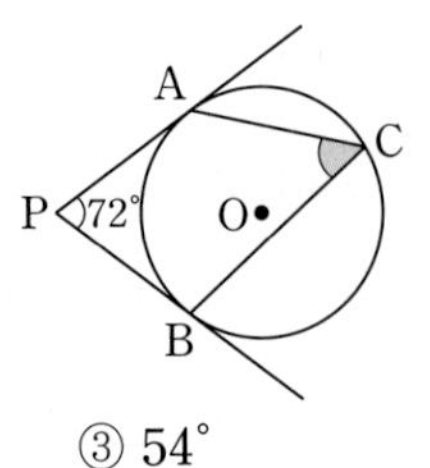

① 50° ② 52° ③ 54° ④ 56° ⑤ 58°

풀이전략 접선이 주어진 경우,
$\angle ACB=\frac{1}{2}\angle AOB=\frac{1}{2}(180°-\angle P)$임을 이용한다.

06 오른쪽 그림에서 $\overrightarrow{PA}$, $\overrightarrow{PB}$는 원 O의 접선이고 $\angle ACB=122°$일 때, $\angle APB$의 크기는?

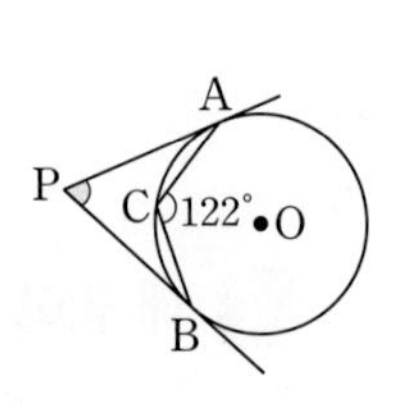

① 62° ② 64° ③ 66° ④ 68° ⑤ 70°

유형 3 원주각의 성질

07 오른쪽 그림에서 $\angle APB=85°$, $\angle DAC=22°$일 때, $\angle ACB$의 크기는?

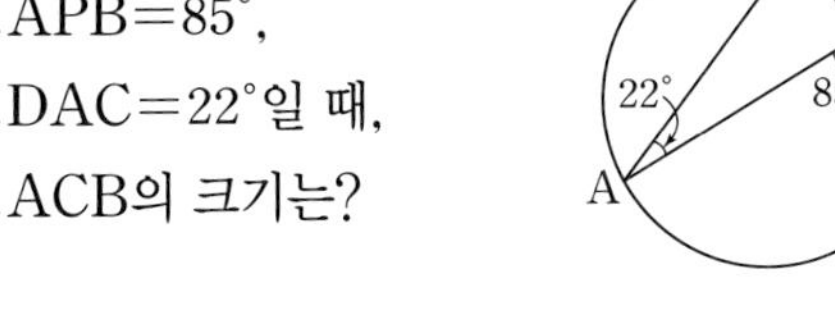

① 59° ② 61° ③ 63°
④ 65° ⑤ 67°

풀이전략 원에서 한 호에 대한 원주각의 크기는 모두 같음을 이용한다.

08 오른쪽 그림에서 $\angle BAC=54°$, $\angle ADB=40°$, $\angle ACD=31°$일 때, $\angle x$의 크기는?

① 51° ② 53° ③ 55°
④ 57° ⑤ 59°

09 오른쪽 그림에서 두 현 AB, CD의 연장선의 교점을 P라 하고, $\angle PAC=31°$, $\angle APD=42°$일 때, $\angle ABD$의 크기를 구하시오.

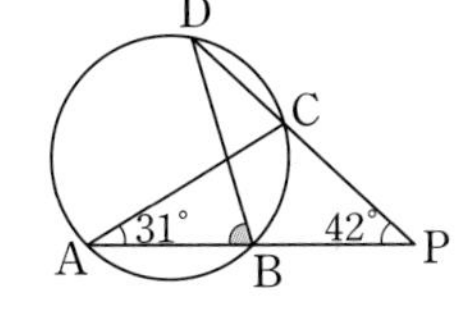

유형 4 반원에 대한 원주각의 성질

10 오른쪽 그림에서 $\overline{AB}$는 원 O의 지름이고 $\angle BAD=32°$일 때, $\angle x$의 크기는?

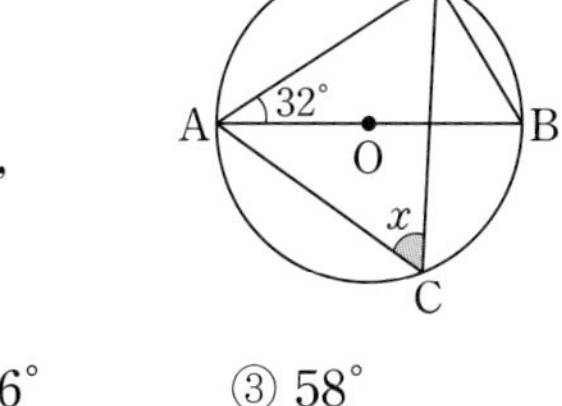

① 54° ② 56° ③ 58°
④ 60° ⑤ 62°

풀이전략 반원에 대한 원주각의 크기는 90°임을 이용한다.

11 오른쪽 그림에서 $\overline{AB}$가 원 O의 지름이고 $\angle BAC=23°$, $\angle ABD=32°$일 때, $\overset{\frown}{CD}$에 대한 중심각의 크기는?

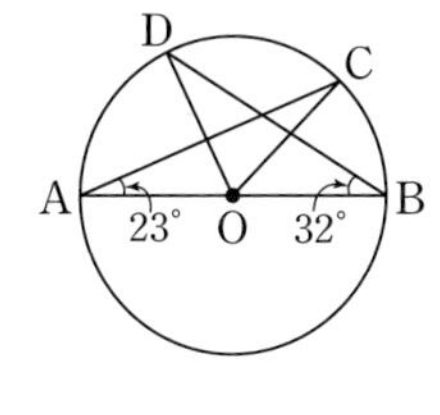

① 64° ② 66° ③ 68°
④ 70° ⑤ 72°

12 오른쪽 그림에서 $\overline{AB}$는 반원 O의 지름이고 $\angle APB=58°$일 때, $\angle COD$의 크기는?

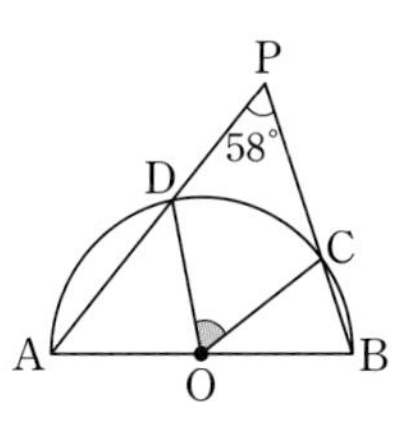

① 62° ② 64° ③ 66°
④ 68° ⑤ 70°

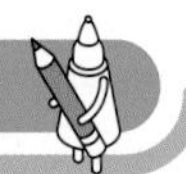

대표유형

유형 5 원주각과 삼각비의 값

13 오른쪽 그림과 같이 $\overline{AB}$가 원 O의 지름이고 $\overline{AO}=5$, $\overline{AC}=6$일 때, 삼각형 ABC에 대하여 $\sin A+\cos A$의 값을 구하시오.

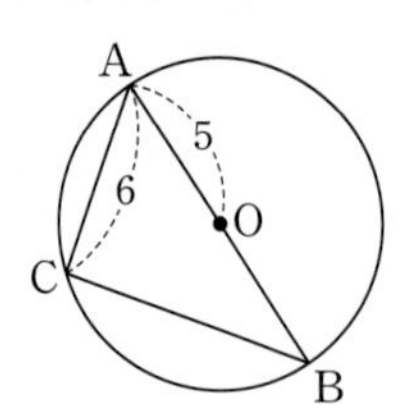

풀이전략 삼각형 ABC가 $\angle C=90^\circ$인 직각삼각형임을 이용한다.

14 오른쪽 그림과 같이 반지름의 길이가 3인 원 O에 내접하는 삼각형 ABC에서 $\overline{BC}=4$일 때, $\cos A$의 값을 구하시오.

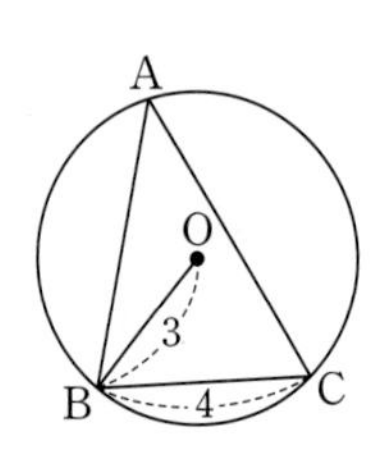

15 오른쪽 그림과 같이 원 O에 내접하는 삼각형 ABC에서 $\tan A=\sqrt{3}$, $\overline{BC}=2\sqrt{3}$일 때, 원 O의 넓이는?

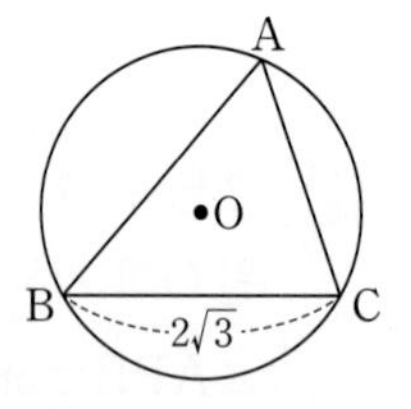

① π ② 4π ③ 9π
④ 16π ⑤ 25π

16 오른쪽 그림에서 $\triangle ABC$는 원 O에 내접하고 $\angle A=45^\circ$, $\overline{BC}=4$일 때, 원 O의 둘레의 길이를 구하시오.

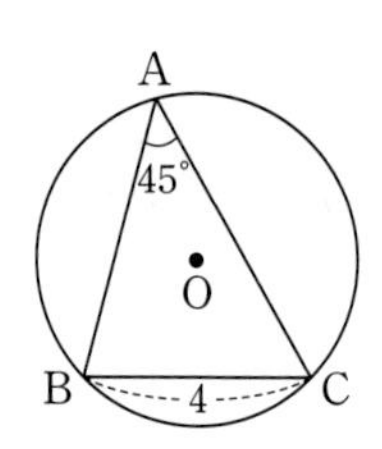

유형 6 원주각의 크기와 호의 길이 (1)

17 오른쪽 그림에서 $\widehat{AB}=\widehat{BC}$, $\angle AEB=34^\circ$일 때, $\angle x$의 크기는?

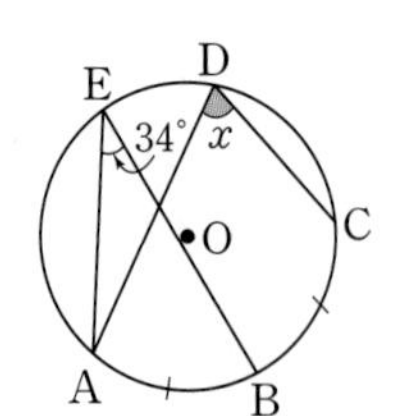

① 64° ② 66°
③ 68° ④ 70°
⑤ 72°

풀이전략 한 원에서
① 같은 길이의 호에 대한 원주각의 크기는 서로 같다.
② 같은 크기의 원주각에 대한 호의 길이는 서로 같다.

18 오른쪽 그림과 같이 $\overline{AB}$를 지름으로 하는 반원 O에서 $\widehat{BC}=\widehat{CD}$, $\angle CAB=31^\circ$일 때, $\angle APD$의 크기는?

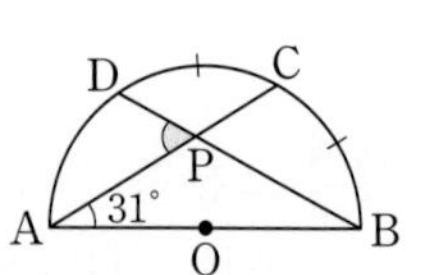

① 57° ② 59° ③ 61°
④ 63° ⑤ 65°

유형 7 원주각의 크기와 호의 길이 (2)

19 오른쪽 그림에서 두 현 AC, BD의 교점을 P라 하고, $\widehat{AB}=3\text{ cm}$, $\angle CAD=42°$, $\angle APB=66°$일 때, $\widehat{CD}$의 길이를 구하시오.

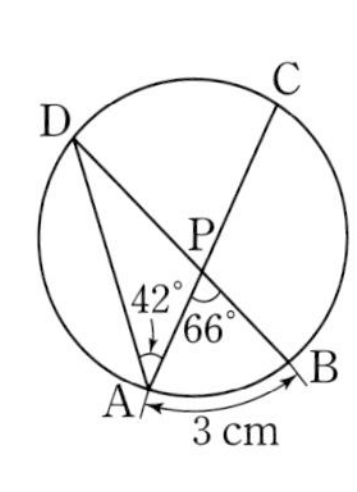

풀이전략 한 원에서 호의 길이는 그 호에 대한 원주각의 크기에 정비례함을 이용한다.

20 오른쪽 그림에서 두 현 AB, CD의 연장선의 교점을 P라 하고, $\angle ADC=31°$, $\widehat{AC}=2\text{ cm}$, $\widehat{BED}=6\text{ cm}$일 때, $\angle x$의 크기는?

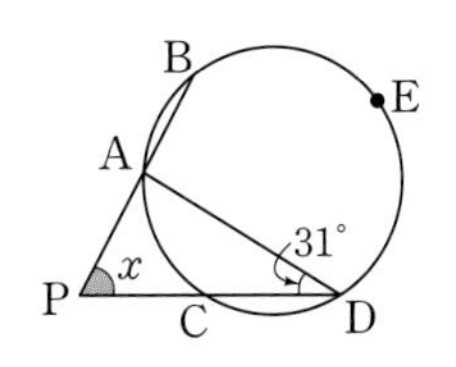

① 60° ② 61° ③ 62°
④ 63° ⑤ 64°

21 오른쪽 그림에서 원의 반지름의 길이가 30 cm일 때, $\widehat{AB}-\widehat{BC}+\widehat{CD}$의 길이를 구하시오.

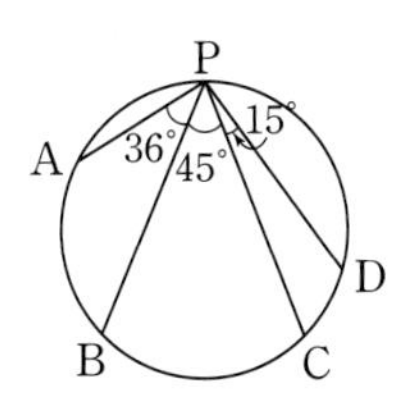

22 오른쪽 그림에서 점 P는 두 현 AB, CD의 교점이고, 원의 반지름의 길이가 18 cm, $\angle BPD=50°$일 때, $\widehat{AC}+\widehat{BD}$의 길이를 구하시오.

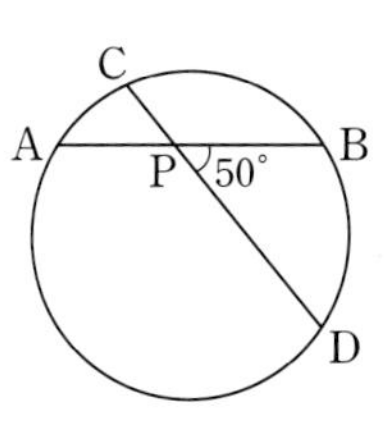

유형 8 네 점이 한 원 위에 있을 조건

23 오른쪽 그림에서 네 점 A, B, C, D는 한 원 위에 있고 $\angle ADC=110°$, $\angle ACB=46°$일 때, $\angle x$의 크기는?

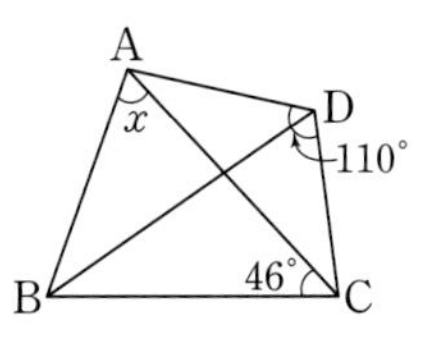

① 60° ② 62° ③ 64°
④ 66° ⑤ 68°

풀이전략 네 점 A, B, C, D가 한 원 위에 있으므로 $\angle BAC=\angle BDC$, $\angle ADB=\angle ACB$임을 이용한다.

24 오른쪽 그림에서 두 선분 AD, BC의 연장선의 교점을 P, 두 선분 AC, BD의 교점을 Q라 하자. 네 점 A, B, C, D가 한 원 위에 있고, $\angle APB=47°$, $\angle ACP=30°$일 때, $\angle x$의 크기를 구하시오.

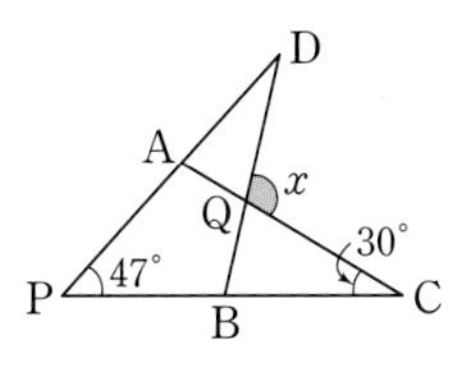

기출 예상 문제

1 원주각과 중심각의 크기 (1)

01 오른쪽 그림에서 $\angle AOB=156°$일 때, $x+y$의 값을 구하시오.

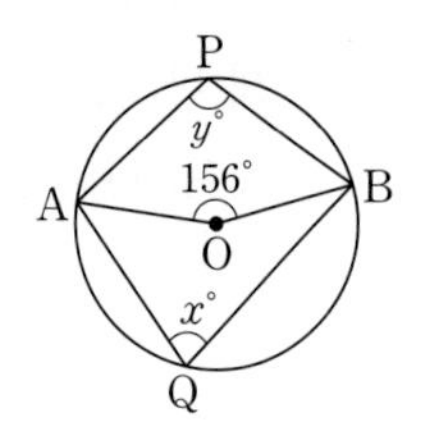

1 원주각과 중심각의 크기 (1)

02 오른쪽 그림에서 $\angle PAO=42°$, $\angle PBO=10°$일 때, $\angle x$의 크기는?

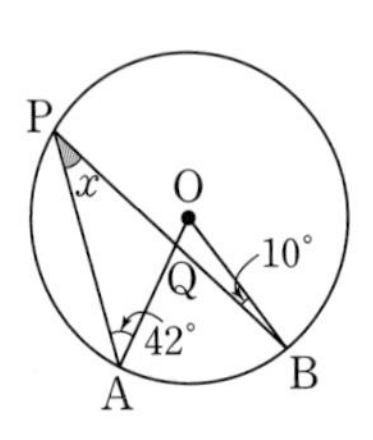

① 30° ② 32°
③ 34° ④ 36°
⑤ 38°

2 원주각과 중심각의 크기 (2)

03 오른쪽 그림에서 $\overline{PA}$, $\overline{PB}$는 원 O의 접선이고 두 점 A, B는 그 접점이다. $\angle APB=50°$일 때, $\angle ACB$의 크기는?

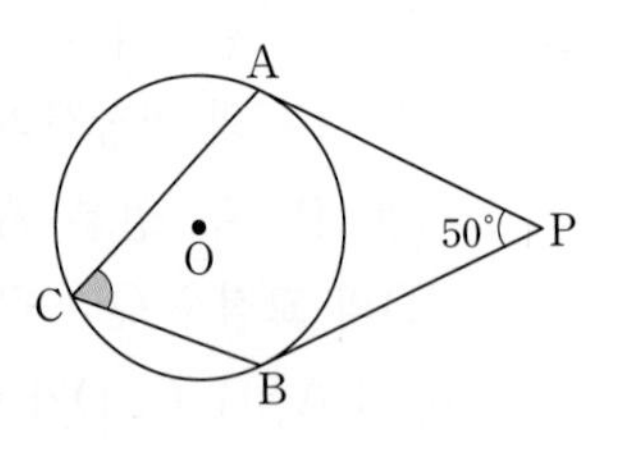

① 45° ② 50° ③ 55°
④ 60° ⑤ 65°

3 원주각의 성질

04 오른쪽 그림에서 $\angle ABP=50°$, $\angle PAB=85°$일 때, $\angle x$의 크기를 구하시오.

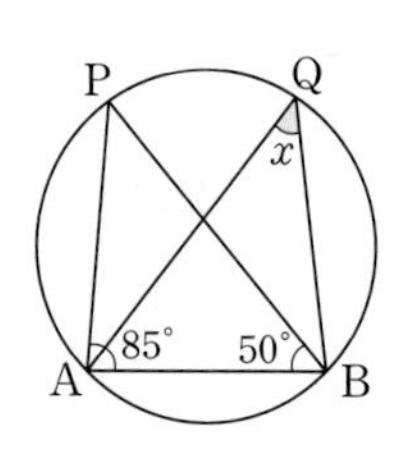

3 원주각의 성질

05 오른쪽 그림에서 $\angle AOB=76°$, $\angle APC=54°$일 때, $\angle BQC$의 크기를 구하시오.

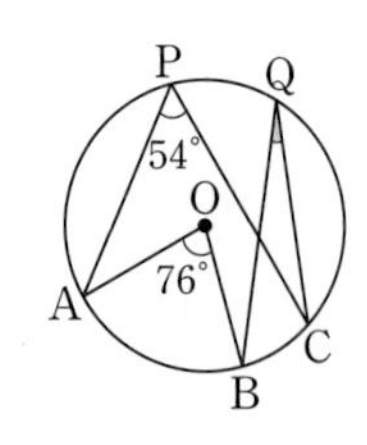

4 반원에 대한 원주각의 성질

06 오른쪽 그림에서 $\overline{AB}$는 원 O의 지름이고 $\angle BDE=47°$일 때, $\angle ACE$의 크기를 구하시오.

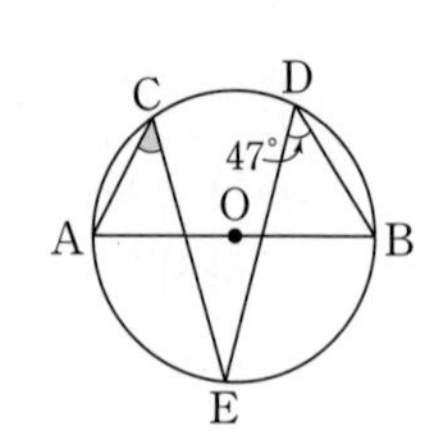

④ 반원에 대한 원주각의 성질

07 오른쪽 그림에서 $\overline{AB}$는 원 O의 지름이고 $\angle ACD=36^\circ$일 때, $\angle DAB$의 크기를 구하시오.

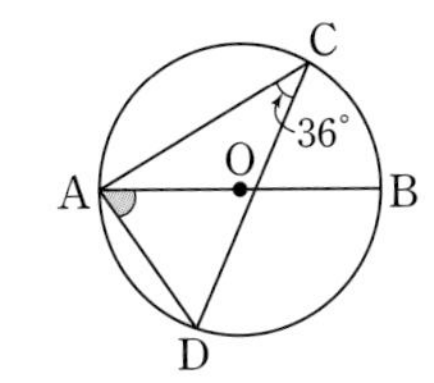

⑤ 원주각과 삼각비의 값

08 오른쪽 그림과 같이 원 O에 내접하는 삼각형 ABC가 있다. $\angle A=60^\circ$, $\overline{BC}=3\sqrt{3}$일 때, 원 O의 둘레의 길이를 구하시오.

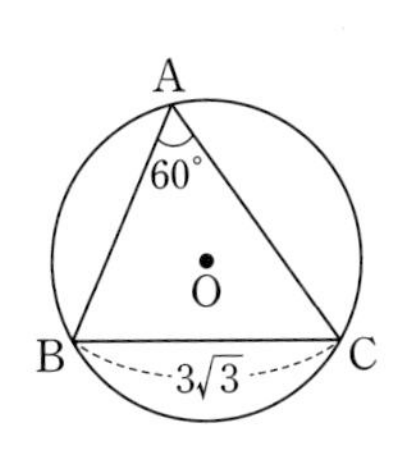

⑥ 원주각의 크기와 호의 길이 (1)

09 오른쪽 그림에서 $\overline{AB}$는 원 O의 지름이고 $\widehat{AC}=\widehat{CD}$, $\angle BAD=24^\circ$일 때, $\angle x$의 크기를 구하시오.

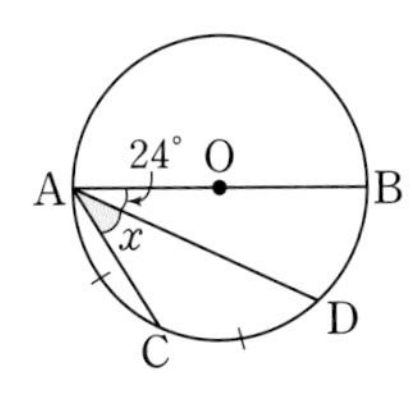

⑦ 원주각의 크기와 호의 길이 (2)

10 오른쪽 그림에서 두 현 AC, BD의 교점을 P라 하자. $\widehat{AD}$: $\widehat{BC}$=1 : 2이고 $\angle BPC=78^\circ$일 때, $\angle x$의 크기를 구하시오.

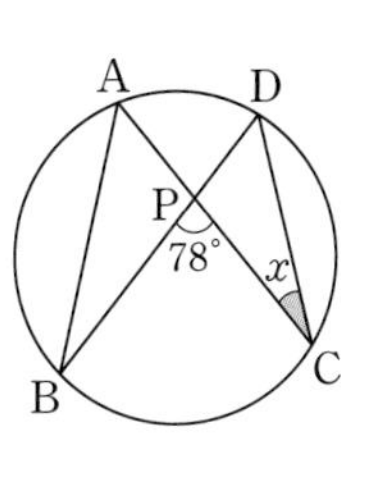

⑦ 원주각의 크기와 호의 길이 (2)

11 오른쪽 그림에서 $\widehat{AB}=13$ cm, $\widehat{CD}=5$ cm, $\angle CAD=25^\circ$일 때, $\angle x$의 크기를 구하시오.

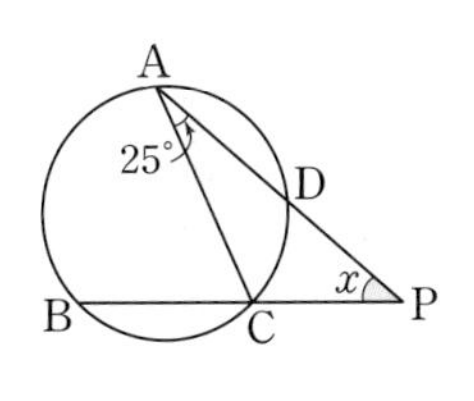

⑧ 네 점이 한 원 위에 있을 조건

12 오른쪽 그림에서 네 점 A, B, C, D가 한 원 위에 있고, $\angle DAP=20^\circ$, $\angle APC=48^\circ$일 때, $\angle x$의 크기를 구하시오.

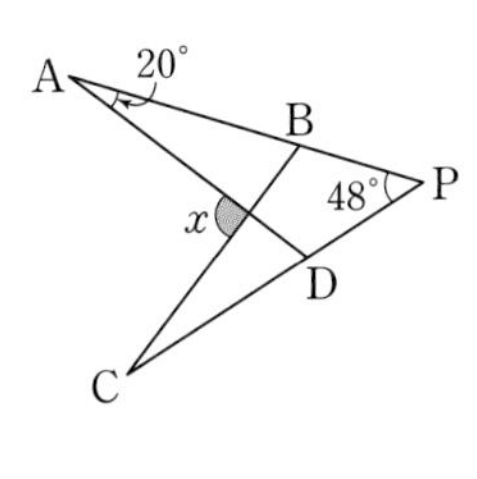

고난도 집중 연습

1

다음 그림과 같은 원 O에서 두 현 AB, CD의 연장선의 교점을 P라 하자. $\angle AOC=98°$, $\angle BOD=50°$일 때, $\angle APC$의 크기를 구하시오.

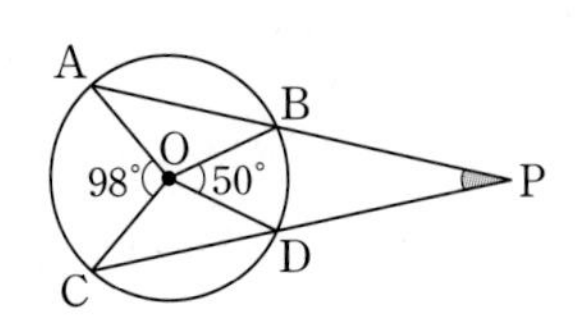

1-1

다음 그림과 같은 원 O에서 두 현 AB, CD의 연장선의 교점을 P라 하자. $\angle AOC=130°$, $\angle BOD=16°$일 때, $\angle APC$의 크기를 구하시오.

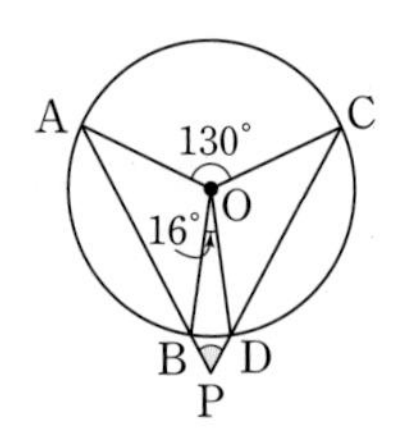

2

다음 그림과 같이 두 현 AB, CD의 연장선의 교점을 P, 두 현 AD, BC의 교점을 Q라 하자. $\angle AQC=96°$, $\angle APC=30°$일 때, $\angle x$의 크기를 구하시오.

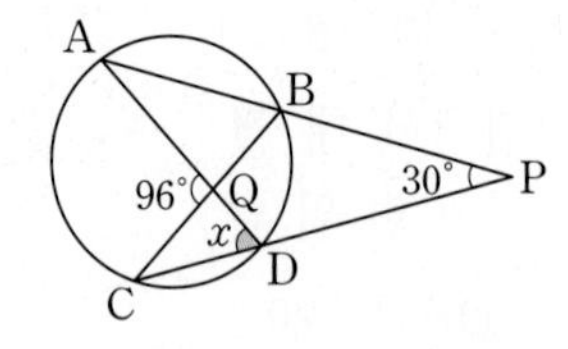

2-1

다음 그림과 같이 두 선분 AD, BC의 연장선의 교점을 P, 두 선분 AC, BD의 교점을 Q라 하자. 네 점 A, B, C, D가 한 원 위에 있고, $\angle CQD=120°$, $\angle P=50°$일 때, $\angle x$의 크기를 구하시오.

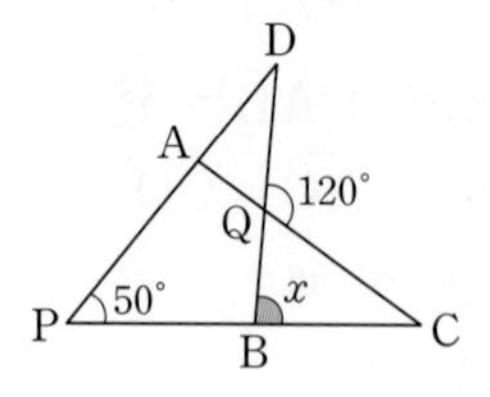

3

다음 그림과 같이 $\overline{AB}$를 지름으로 하는 반원이 있다. $\overline{BC}=2\sqrt{21}$, $\overline{OB}=5$일 때, $\sin x\times\cos x$의 값을 구하시오.

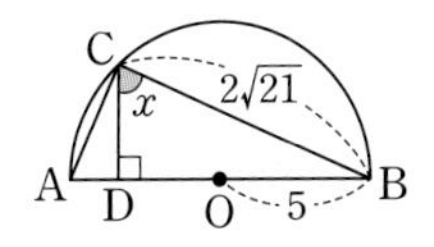

3-1

다음 그림과 같이 $\overline{AB}$를 지름으로 하는 원 O가 있다. $\overline{BD}=6\sqrt{2}$이고, $\sin x=\frac{1}{3}$일 때, 원 O의 둘레의 길이를 구하시오.

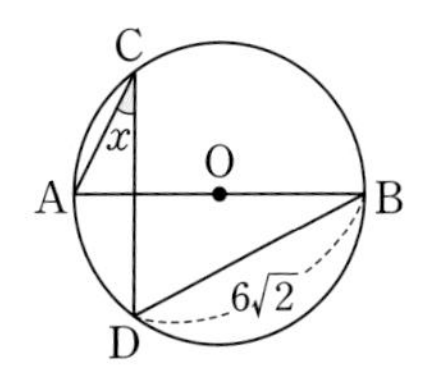

4

다음 그림에서 $\overrightarrow{PA}$, $\overrightarrow{PB}$는 원 O의 접선이고, 두 점 A, B는 그 접점이다. $\overline{AQ}=\overline{BQ}$, $\angle P=64°$일 때, $\angle ABQ$의 크기를 구하시오.

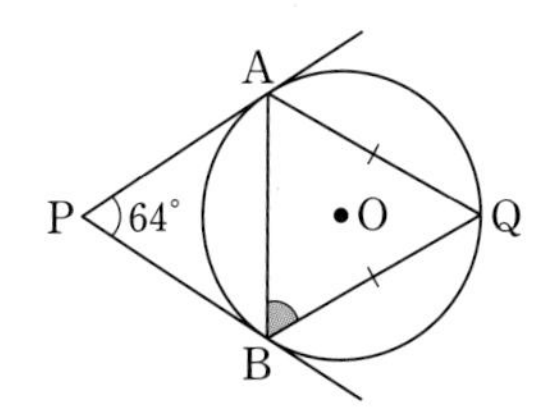

4-1

다음 그림에서 $\overline{PA}$, $\overline{PB}$는 원 O의 접선이고, 두 점 A, B는 그 접점이다. 두 점 M, N이 각각 원의 중심에서 두 현 AQ, BQ에 내린 수선의 발이고, $\overline{OM}=\overline{ON}$, $\angle P=70°$일 때, $\angle x$의 크기를 구하시오.

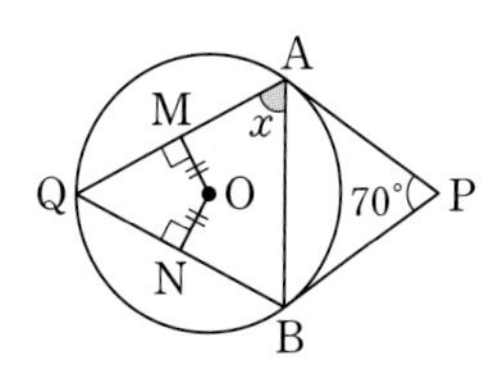

서술형 집중 연습

예제 1

오른쪽 그림과 같이 $\overline{AB}$를 지름으로 하는 원 O에서 $\angle CAB=52^\circ$, $\angle ACD=43^\circ$일 때, $\angle x$, $\angle y$의 크기를 각각 구하시오.

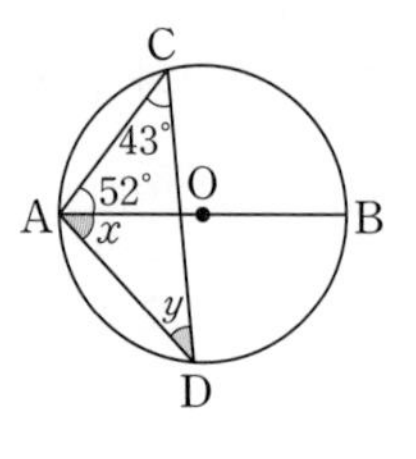

풀이 과정

반원에 대한 원주각의 크기는 $\square^\circ$이므로

$\angle ACB=\square^\circ$

원주각의 성질에 의하여 $\angle DCB=\angle x$이므로

$\angle x=\square^\circ$

원주각의 성질에 의하여 $\angle CBA=\angle y$

삼각형 ABC는 직각삼각형이므로

$\angle y=\square^\circ$

유제 1

오른쪽 그림과 같이 $\overline{AB}$를 지름으로 하는 원 O에서 $\angle ABD=36^\circ$, $\angle CAB=42^\circ$일 때, $\angle x$, $\angle y$의 크기를 각각 구하시오.

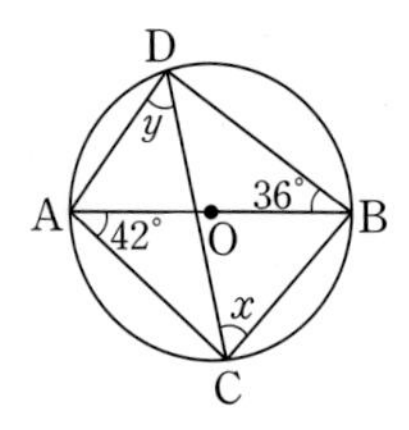

예제 2

오른쪽 그림과 같이 반지름의 길이가 6인 원 O가 있다. $\angle OAC=30^\circ$, $\angle OBC=10^\circ$일 때, 부채꼴 AOB의 넓이를 구하시오.

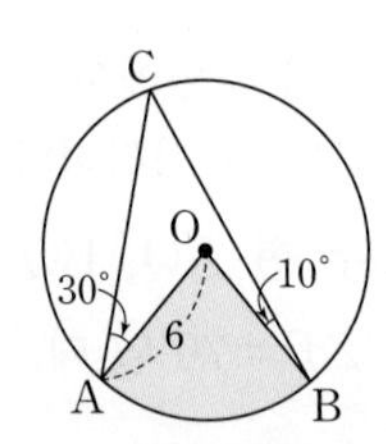

풀이 과정

$\overline{OC}$를 그리면

두 삼각형 OCA, OBC는 이등변삼각형이므로

$\angle OCA=\square^\circ$, $\angle OCB=\square^\circ$

따라서 $\angle ACB=\square^\circ$

원주각의 성질에 의하여 $\angle AOB=\square^\circ$

부채꼴 AOB의 넓이는

$6\times6\times\frac{\square}{360}\times\pi=\square$

유제 2

오른쪽 그림과 같이 반지름의 길이가 12인 원 O가 있다. $\angle AEB=12^\circ$, $\angle ADC=52^\circ$일 때, 부채꼴 BOC의 넓이를 구하시오.

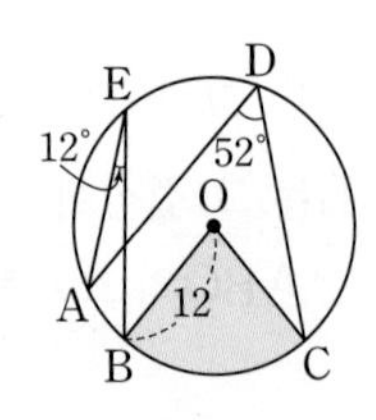

예제 3

오른쪽 그림과 같이 두 현 AC, BD의 교점을 P라 하자. $2\overset{\frown}{AD}=\overset{\frown}{BC}$, $\angle DPC=93°$일 때, $\angle x$의 크기를 구하시오.

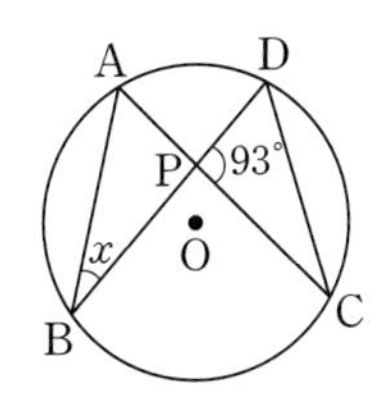

풀이 과정

$2\overset{\frown}{AD}=\overset{\frown}{BC}$이므로 $\overset{\frown}{AD}$와 $\overset{\frown}{BC}$의 길이의 비는

1 : □

호의 길이는 원주각의 크기에 정비례하므로

$\angle BAC$의 크기는 $\angle x$의 □배이다.

즉, $\angle BAC=$□

$\angle DPC=93°$이므로 $\angle BPC=$□°

$\angle x+\angle BAC=\angle BPC$이므로

$\angle x=$□°

유제 3

오른쪽 그림과 같이 두 현 AC, BD의 교점을 P라 하자.
$3\overset{\frown}{CD}=\overset{\frown}{AB}$, $\angle CPB=80°$일 때, $\angle x$의 크기를 구하시오.

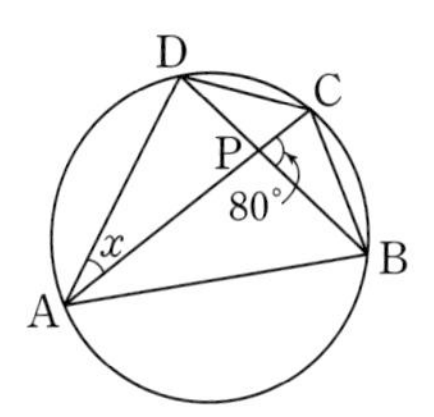

예제 4

오른쪽 그림과 같이 삼각형 ABC는 반지름의 길이가 8인 원 O에 내접한다. $\overline{AB}=12$일 때, $\sin C$의 값을 구하시오.

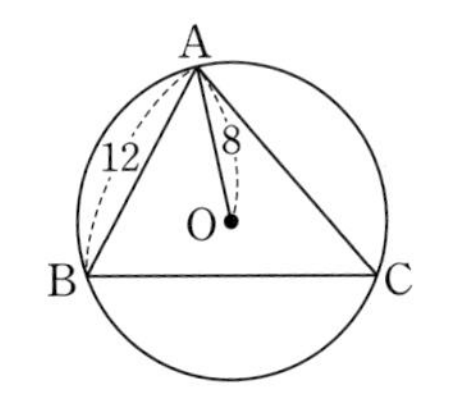

풀이 과정

선분 OA의 연장선을 그어 원 O와 만나는 점을 D라 하자.

반원에 대한 원주각의 크기는 □°이므로

$\angle ABD=$□°

삼각형 ABD는 직각삼각형이므로

$\sin D=\dfrac{□}{□}$

이때 원주각의 성질에 의하여

$\angle D=\angle C$이므로

$\sin C=\sin D=\dfrac{□}{□}$

유제 4

오른쪽 그림과 같이 삼각형 ABC는 반지름의 길이가 6인 원 O에 내접한다. 점 A에서 선분 BC에 내린 수선의 발을 H라 하고, $\overline{AB}=8$, $\overline{AC}=7$일 때, $\overline{AH}$의 길이를 구하시오.

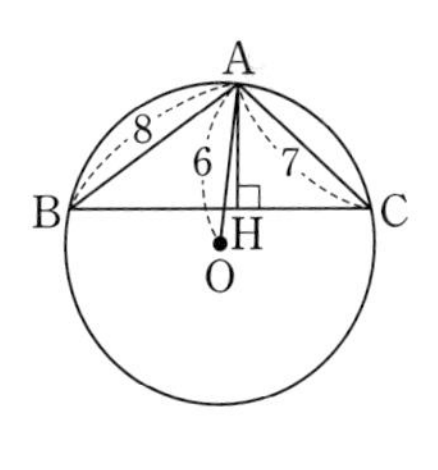

01 오른쪽 그림과 같은 원 O에서 $\angle BAC=36°$, $\angle BOD=110°$일 때, $\angle x$의 크기는?

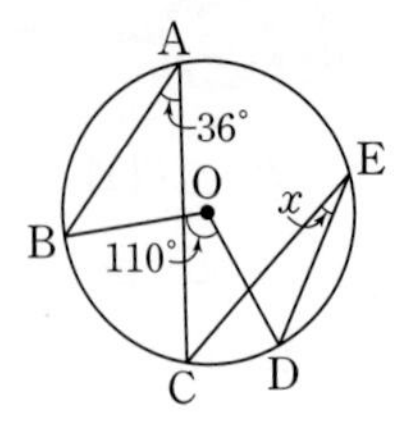

① 18°　② 19°　③ 20°
④ 21°　⑤ 22°

02 오른쪽 그림과 같은 원 O에서 $\angle ADC=65°$, $\angle AOB=78°$일 때, $\angle BEC$의 크기는?

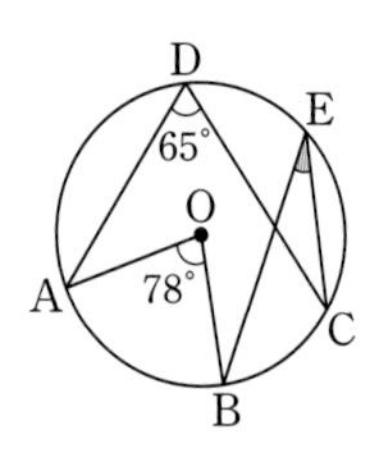

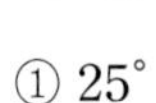

① 25°　② 26°
③ 27°　④ 28°
⑤ 29°

03 오른쪽 그림과 같은 원 O에서 $\angle OAB=53°$, $\angle ABC=110°$일 때, $\angle x$의 크기는?

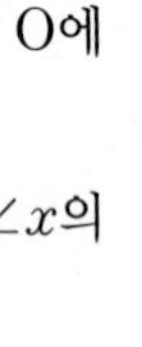

① 55°　② 57°　③ 59°
④ 61°　⑤ 63°

고난도

04 오른쪽 그림과 같은 원 O에서 $\overrightarrow{PA}$, $\overrightarrow{PB}$는 접선이고 두 점 A, B는 접점이다. $\angle APB=56°$일 때, $\angle x+\angle y$의 크기는?

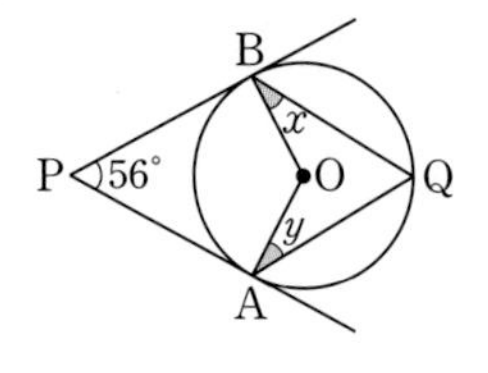

① 60°　② 61°　③ 62°
④ 63°　⑤ 64°

05 오른쪽 그림과 같은 원 O에서 두 현 AC, BD의 교점을 P라 하자. $\angle DAP=12°$, $\angle APB=84°$일 때, $\angle x$의 크기는?

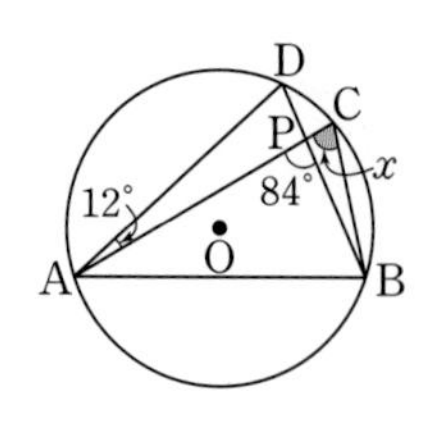

① 66°　② 68°　③ 70°
④ 72°　⑤ 74°

06 오른쪽 그림과 같이 $\overline{AC}$를 지름으로 하는 원 O에서 $\angle DBC=34°$, $\angle BDC=25°$일 때, $\angle y-\angle x$의 크기는?

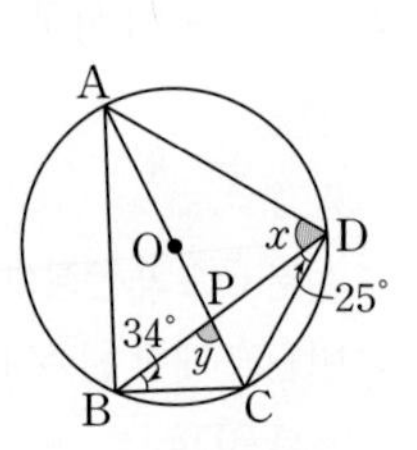

① 10°　② 12°　③ 14°
④ 16°　⑤ 18°

07 오른쪽 그림과 같이 원 O에 내접하는 $\triangle$ABC에서 $\overline{AC}=24$ cm, $\tan B=\frac{3}{2}$일 때, 원 O의 넓이는?

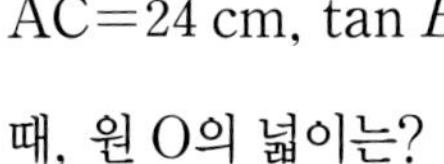

① 104π cm^2　② 130π cm^2
③ 156π cm^2　④ 208π cm^2
⑤ 234π cm^2

08 오른쪽 그림에서 $\widehat{AD}=\widehat{CD}$이고 $\angle BDC=64°$, $\angle DBC=29°$일 때, $\angle x$의 크기는?

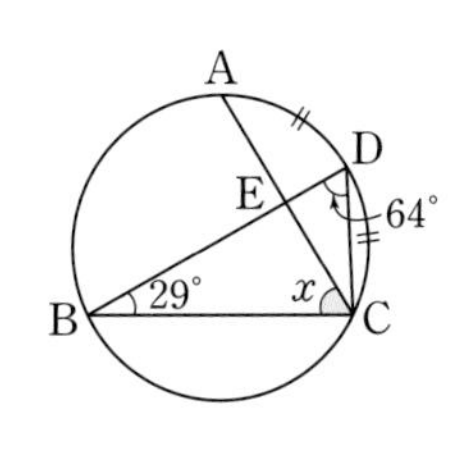

① 54°　② 55°　③ 56°
④ 57°　⑤ 58°

09 오른쪽 그림에서 두 현 AC, BD의 교점을 P라 하자. $\widehat{AB}=\widehat{CD}$, $\angle ACB=26°$일 때, $\angle x$의 크기는?

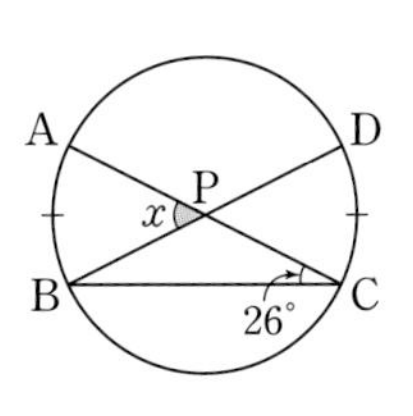

① 50°　② 52°　③ 54°
④ 56°　⑤ 58°

10 오른쪽 그림에서 두 현 AC, BD의 교점을 P라 하자. $\angle DPC=123°$이고 $\widehat{AB}:\widehat{CD}=2:1$일 때, $\angle ACB$의 크기는?

① 80°　② 82°　③ 86°
④ 88°　⑤ 90°

11 오른쪽 그림에서 $\angle ABC=81°$, $\angle BCA=52°$일 때, 네 점 A, B, C, D가 한 원 위에 있도록 하는 $\angle x$의 크기는?

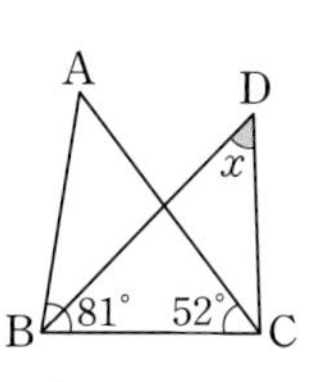

① 43°　② 44°　③ 45°
④ 46°　⑤ 47°

12 다음 〈보기〉에서 네 점 A, B, C, D가 한 원 위에 있는 것만을 있는 대로 고른 것은?

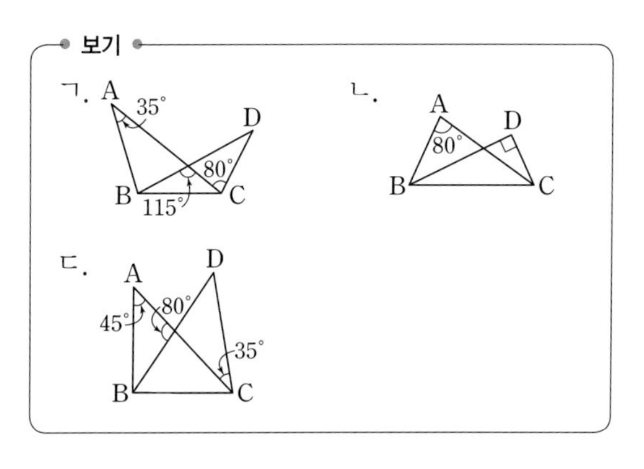

① ㄱ　② ㄴ　③ ㄷ
④ ㄱ, ㄷ　⑤ ㄴ, ㄷ

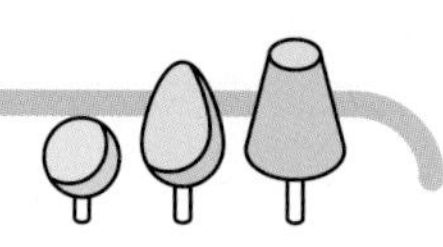

서술형

고난도

13 오른쪽 그림에서 $\widehat{AB}=\widehat{AD}$ 이고 $\angle ACD=50^\circ$일 때, $\angle BAD$의 크기를 구하시오.

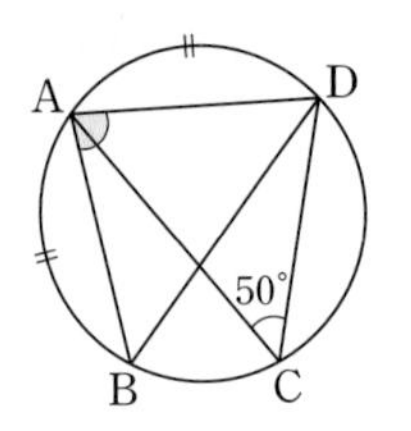

14 오른쪽 그림에서 $\overline{AD}$가 원 O의 지름이고 $\angle ADB=32^\circ$, $\angle CAD=20^\circ$일 때, $\widehat{BC}$에 대한 중심각의 크기를 구하시오.

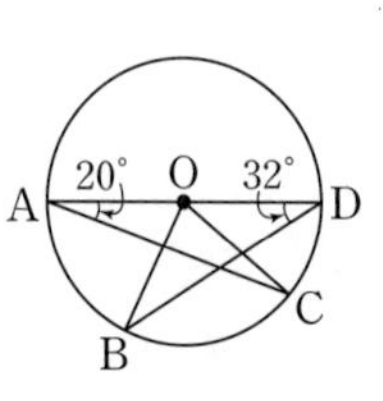

고난도

15 오른쪽 그림과 같은 원 O에서 두 현 AB, CD의 연장선의 교점을 P라 하자. $\widehat{AB}=\widehat{BD}=\widehat{CD}$, $\angle BPD=40^\circ$일 때, $\angle ADC$의 크기를 구하시오.

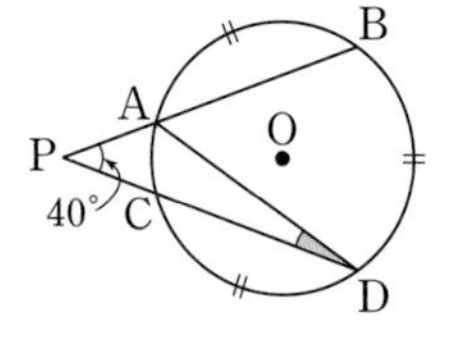

16 오른쪽 그림과 같이 두 현 AC, BD의 교점을 P라 하자. $\angle ABD=20^\circ$, $\angle BPC=70^\circ$, $\widehat{BC}=10\text{ cm}$일 때, $\widehat{AD}$의 길이를 구하시오.

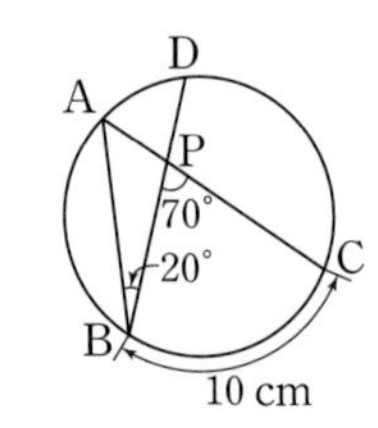

01 오른쪽 그림과 같은 원 O에서 항상 크기가 같은 각끼리 짝지은 것은?

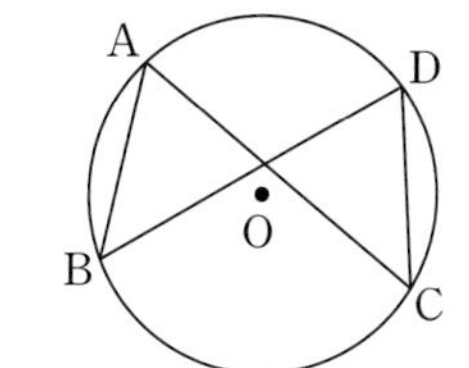

① ∠A와 ∠B
② ∠B와 ∠C
③ ∠A와 ∠C
④ ∠C와 ∠D
⑤ ∠B와 ∠D

02 오른쪽 그림과 같은 원 O에서 $\angle BCD=120^\circ$일 때, $\angle y-\angle x$의 크기는?

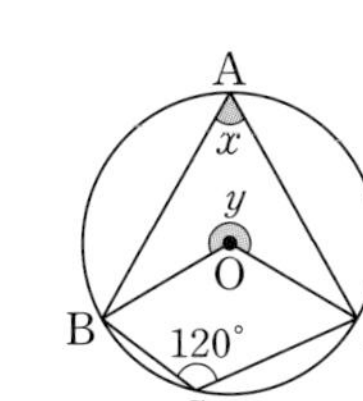

① 150° ② 160°
③ 170° ④ 180°
⑤ 190°

03 오른쪽 그림과 같이 $\overline{BD}$를 지름으로 하는 원 O가 있다. $\angle DBC=31^\circ$, $\angle ACB=43^\circ$일 때, $\angle x+\angle y$의 크기는?

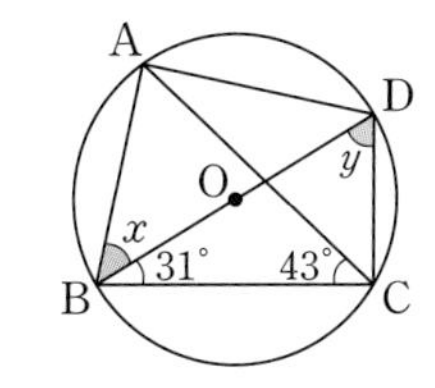

① 102° ② 104° ③ 106°
④ 108° ⑤ 110°

04 오른쪽 그림과 같이 $\overline{BD}$를 지름으로 하는 원 O가 있다. $\angle BAC=36^\circ$일 때, $\angle x$의 크기는?

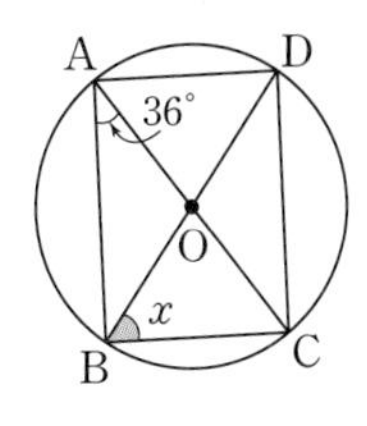

① 52° ② 54° ③ 56°
④ 58° ⑤ 60°

고난도

05 오른쪽 그림과 같이 두 현 AB, CD의 연장선의 교점을 P라 하자. $\angle AOC=70^\circ$, $\angle BOD=24^\circ$일 때, $\angle x$의 크기는?

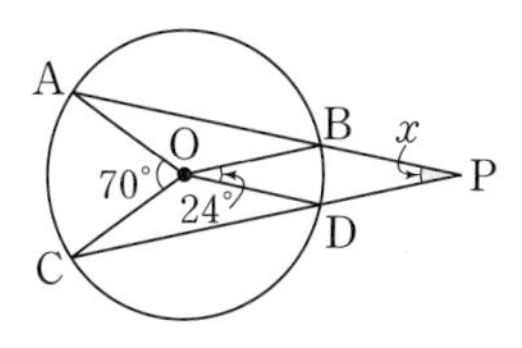

① 22° ② 23° ③ 24°
④ 25° ⑤ 26°

06 오른쪽 그림과 같이 $\overline{AC}$를 지름으로 하는 원 O가 있다. $\angle AEB=48^\circ$일 때, $\angle x$의 크기는?

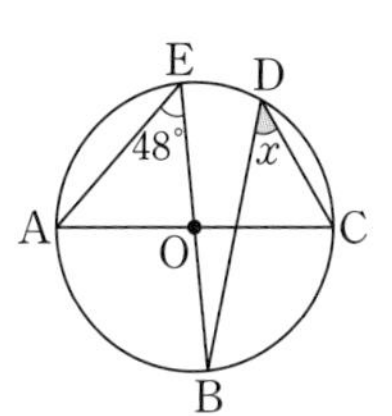

① 38° ② 40° ③ 42°
④ 44° ⑤ 46°

고난도

07 오른쪽 그림과 같이 $\overline{AB}$를 지름으로 하는 반원 O가 있다. $\overparen{AD}=\overparen{CD}$, $\angle CAB=42^\circ$일 때, $\angle CAD$의 크기는?

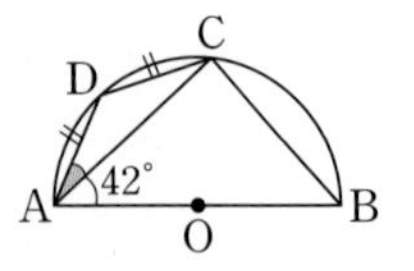

① 20° ② 22° ③ 24° ④ 26° ⑤ 28°

08 오른쪽 그림에서 $\overline{AD}\,/\!/\,\overline{BC}$이고 $\overparen{CD}=\overparen{DE}$, $\angle CBE=68^\circ$일 때, $\angle AEB$의 크기는?

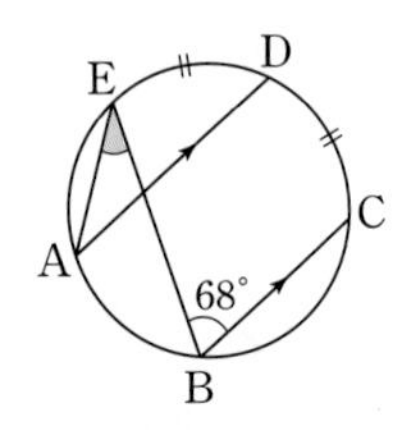

① 30° ② 32° ③ 34° ④ 36° ⑤ 38°

09 오른쪽 그림과 같이 $\overline{AB}$를 지름으로 하는 원 O가 있다. $\angle CAB=35^\circ$, $\overparen{AC}=22$ cm일 때, $\overparen{BC}$의 길이는?

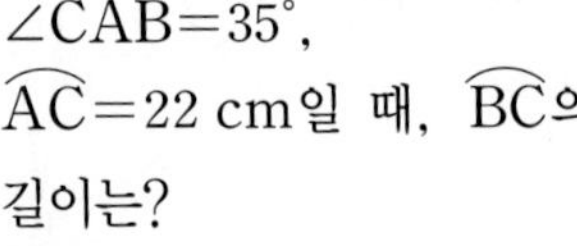

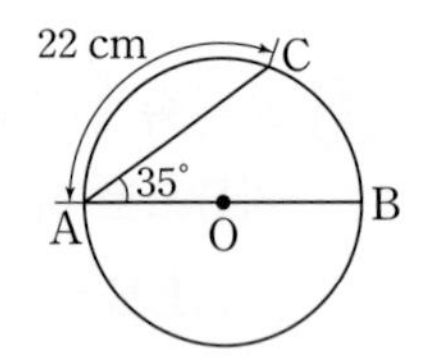

① 11 cm ② 12 cm ③ 13 cm ④ 14 cm ⑤ 15 cm

10 오른쪽 그림과 같이 □ABCD에 외접하는 원 O가 있다. $\overparen{AB}:\overparen{BC}:\overparen{CD}:\overparen{DA}=3:4:1:2$일 때, $\angle BCD$의 크기는?

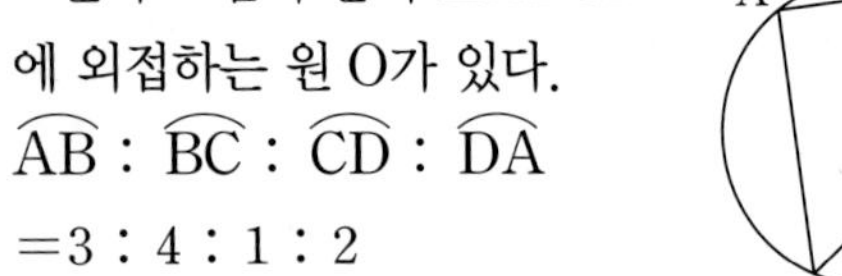

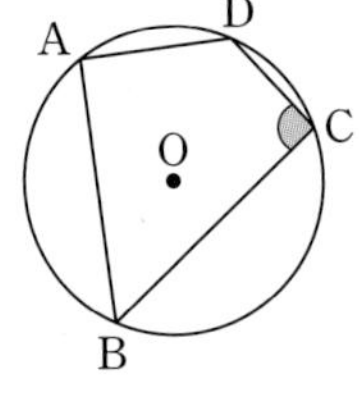

① 80° ② 82° ③ 86° ④ 88° ⑤ 90°

11 오른쪽 그림에서 $\overparen{AB}$, $\overparen{CD}$의 길이가 각각 원주의 $\frac{1}{9}$, $\frac{1}{4}$일 때, $\angle x$의 크기는?

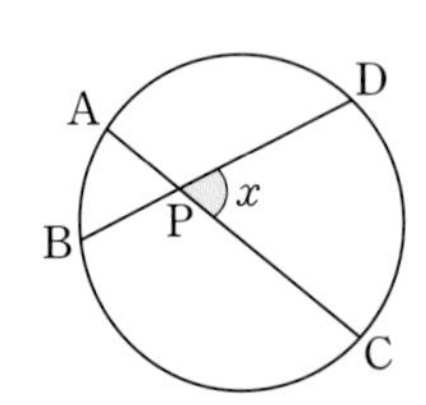

① 55° ② 60° ③ 65° ④ 70° ⑤ 75°

12 다음 중 네 점 A, B, C, D가 한 원 위에 있는 것을 모두 고르면? (정답 2개)

①
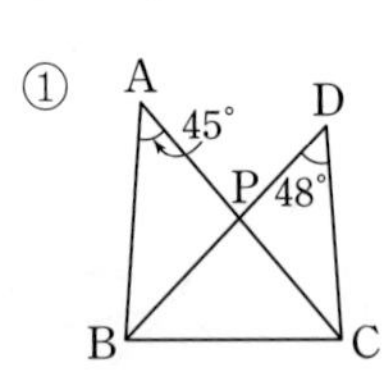

②
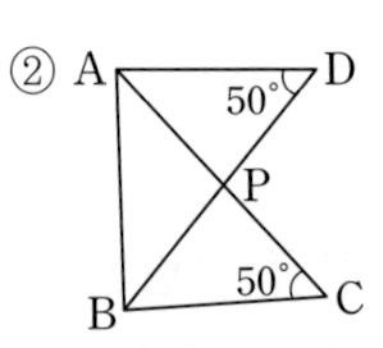

③
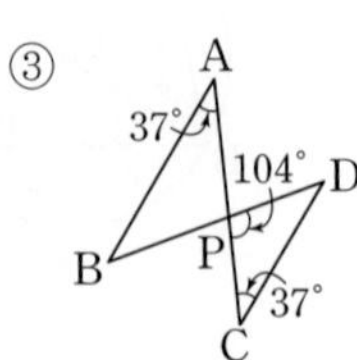

④
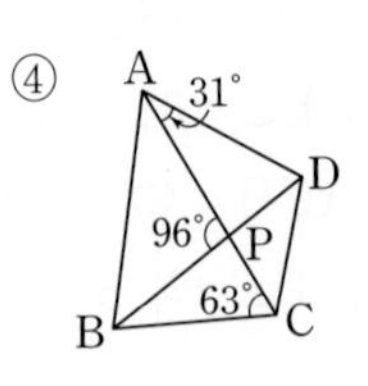

⑤
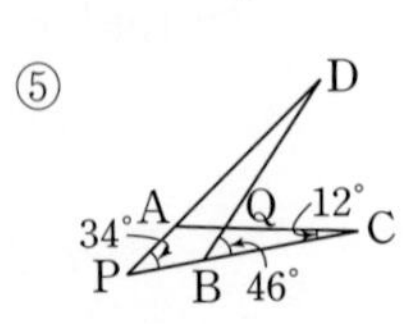

서술형

13 오른쪽 그림과 같은 원 O에서 $\angle AEB=12^\circ$, $\angle BDC=20^\circ$일 때, $\overset{\frown}{AC}$에 대한 중심각의 크기를 구하시오.

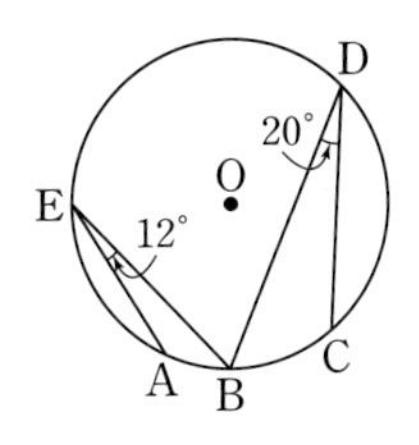

고난도

14 오른쪽 그림과 같이 $\overline{AB}$를 지름으로 하는 반원 O 위의 점 C에서 $\overline{AB}$에 내린 수선의 발을 D라 하자. $\overline{AC}=3$, $\overline{BC}=2\sqrt{10}$일 때, $\cos x\times\tan x$의 값을 구하시오.

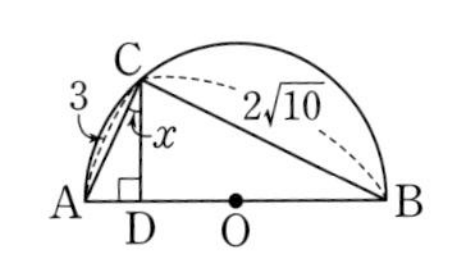

고난도

15 오른쪽 그림과 같이 $\overline{BC}$를 지름으로 하는 원 O에서 두 현 AB, CD의 연장선의 교점을 P라 하고, $\angle AOD=42^\circ$일 때, $\angle APD$의 크기를 구하시오.

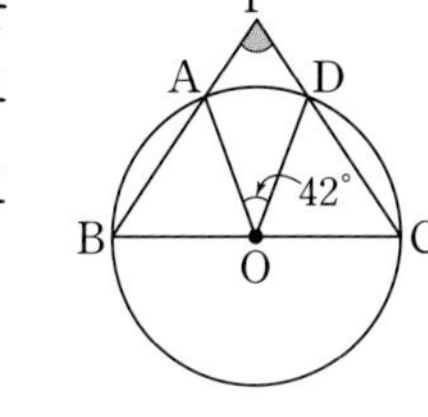

16 오른쪽 그림과 같이 사각형 ABCD의 두 대각선 AC, BD의 교점을 P라 하자.
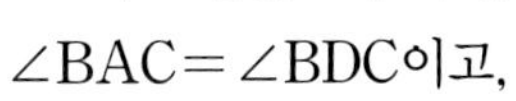
$\angle BAC=\angle BDC$이고,
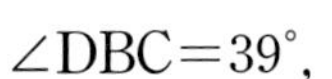
$\angle DBC=39^\circ$,
$\angle DPC=98^\circ$일 때, $\angle ADB$의 크기를 구하시오.

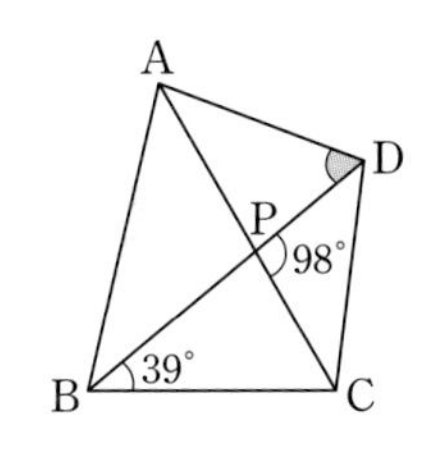

부록

실전 모의고사 1회

점수	점	이름	

1. 선택형 20문항, 서술형 5문항으로 되어 있습니다.
2. 주어진 문제를 잘 읽고, 알맞은 답을 답안지에 정확하게 표기하시오.

01 오른쪽 그림과 같이 $\angle B=90°$인 직각삼각형 ABC에 대하여 다음 중 옳은 것은? [4점]

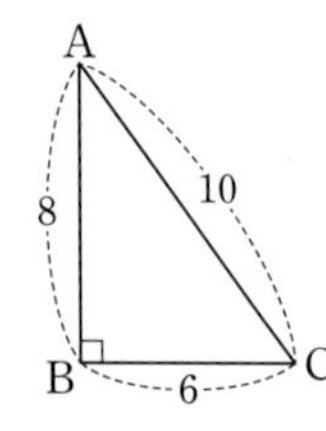

① $\sin A=\frac{4}{5}$　② $\sin C=\frac{5}{4}$　③ $\cos A=\frac{5}{3}$　④ $\cos C=\frac{3}{5}$　⑤ $\tan A=\frac{4}{3}$

02 $\angle B=90°$인 직각삼각형 ABC에서 $\cos A=\frac{3}{4}$일 때, $\frac{\tan A}{\sin A}$의 값은? [4점]

① $\frac{\sqrt{7}}{4}$　② $\frac{3}{4}$　③ $\frac{4}{3}$　④ 1　⑤ $\frac{\sqrt{7}}{3}$

03 오른쪽 그림과 같이 일차함수의 그래프가 x축의 양의 방향과 이루는 각의 크기를 α라 할 때, $\tan\alpha$의 값은? [4점]

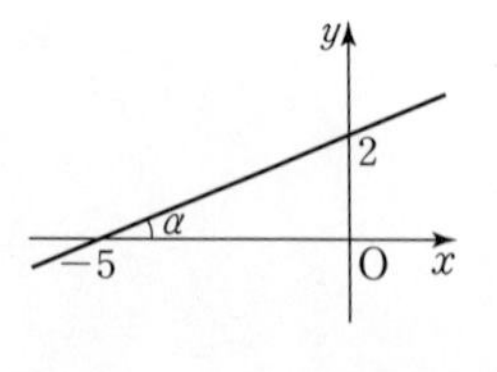

① $\frac{2}{5}$　② $\frac{5\sqrt{21}}{21}$　③ $\frac{5}{2}$　④ $\frac{\sqrt{21}}{5}$　⑤ $\frac{\sqrt{21}}{2}$

04 $A=\sin 30°-\sin 45°$, $B=\cos 45°+\cos 60°$일 때, AB의 값은? [4점]

① $-\frac{1}{2}$　② $-\frac{1}{4}$　③ $\frac{1}{4}$　④ $\frac{1}{2}$　⑤ $\frac{3}{4}$

05 $0°<x<45°$일 때, $\sqrt{(\sin x-\cos x)^2}+\sqrt{(\cos x-1)^2}$을 간단히 하면? [4점]

① $-\sin x+1$　② $\sin x-1$　③ $\sin x+1$　④ $\sin x-2\cos x+1$　⑤ $-\sin x+2\cos x-1$

06 오른쪽 그림과 같이 $\angle A=24°$인 직각삼각형 ABC에서 $\overline{AC}=5$일 때, $\overline{AB}+\overline{BC}$의 길이는? [3점]

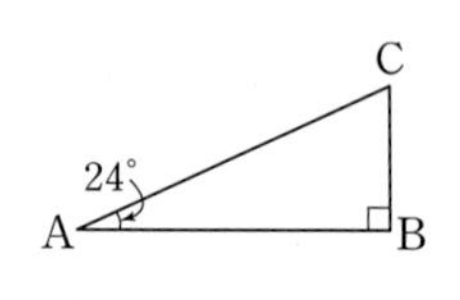

삼각비 / x	$\sin x$	$\cos x$	$\tan x$
24°	0.41	0.91	0.45

① 4.1　② 4.3　③ 5.5　④ 6.6　⑤ 6.8

07 다음 그림과 같이 직각삼각형 ABC, ACD, ADE에서 $\angle BAC=\angle CAD=\angle DAE=45°$이고 $\overline{AB}=10$ cm일 때, $\overline{AE}$의 길이는? [4점]

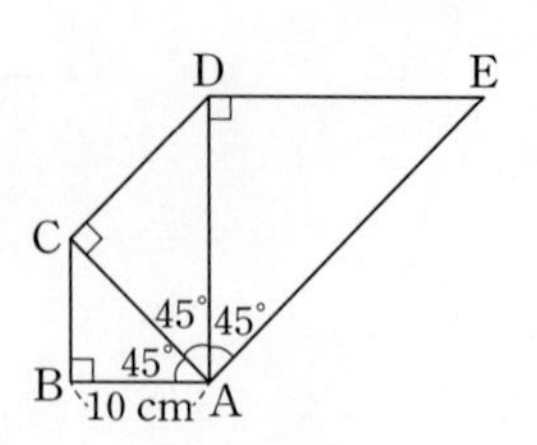

① $10\sqrt{2}$ cm　② $10\sqrt{3}$ cm　③ 20 cm　④ $20\sqrt{2}$ cm　⑤ $20\sqrt{3}$ cm

08 오른쪽 그림과 같이 한 모서리의 길이가 8인 정육면체를 세 꼭짓점 B, C, D를 지나는 평면으로 잘라서 만든 삼각뿔의 꼭짓점 A에서 면 BCD에 내린 수선의 발을 H라고 하자. $\angle BAH = x°$라 할 때, (가)~(다)에 들어갈 알맞은 것을 고르면? [4점]

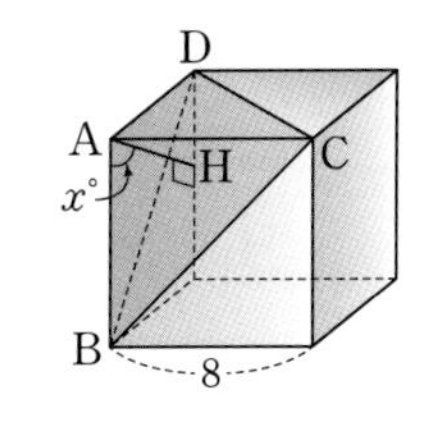

> (1) 밑면 BCD의 넓이 = (가)
> (2) 삼각뿔의 높이 $\overline{AH}$ = (나)
> (3) 삼각뿔의 부피 = (다)

	(가)	(나)	(다)
①	$32\sqrt{3}$	$8\cos x°$	$\frac{256\sqrt{3}}{3}\cos x°$
②	$32\sqrt{3}$	$8\cos x°$	$256\sqrt{3}\cos x°$
③	$32\sqrt{3}$	$8\sin x°$	$\frac{256\sqrt{3}}{3}\cos x°$
④	$16\sqrt{3}$	$8\cos x°$	$\frac{128\sqrt{3}}{3}\cos x°$
⑤	$16\sqrt{3}$	$8\sin x°$	$128\sqrt{3}\sin x°$

09 오른쪽 그림과 같은 삼각형 ABC에서 $\overline{AB}=8$, $\overline{AC}=7$이고 $\triangle ABC$의 넓이가 $14\sqrt{3}$일 때, $\tan A$의 값은? (단, $0° < A < 90°$) [4점]

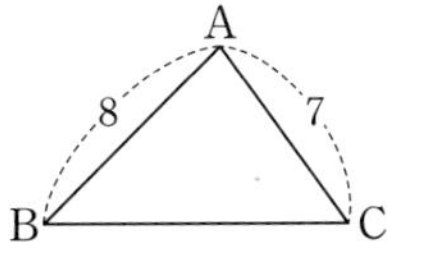

① $\frac{\sqrt{3}}{3}$ ② $\frac{\sqrt{2}}{2}$ ③ $\frac{\sqrt{3}}{2}$
④ 1 ⑤ $\sqrt{3}$

10 오른쪽 그림과 같이 $\angle A=150°$, $\overline{AD}=6$인 평행사변형 ABCD가 있다. □ABCD의 넓이가 30일 때, 사각형 ABCD의 둘레의 길이는? [4점]

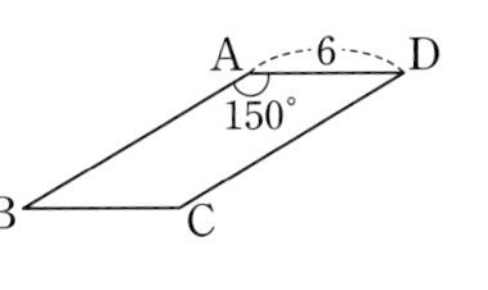

① 16 ② 20 ③ 32
④ 40 ⑤ 48

11 다음 그림과 같이 눈높이가 1.5 m인 학생이 나무로부터 6 m 떨어진 곳에서 나무 꼭대기를 올려다본 각의 크기가 32°이었다. 이때 나무의 높이는? (단, $\tan 32° = 0.62$로 계산한다.) [4점]

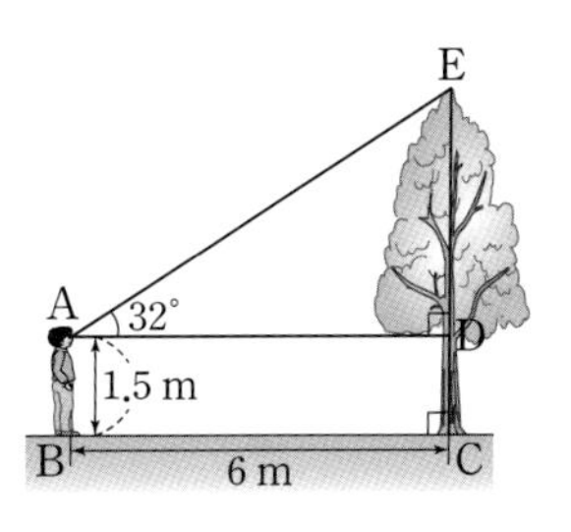

① 5.12 m ② 5.22 m ③ 5.36 m
④ 5.44 m ⑤ 5.48 m

12 다음 그림과 같은 원 O에서 x의 값은? [3점]

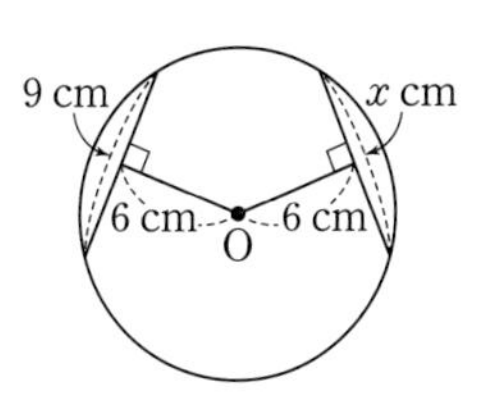

① 6 ② 7 ③ 8
④ 9 ⑤ 10

13 다음 그림과 같이 원 O에서 $\overline{AB} \perp \overline{OM}$, $\overline{CD} \perp \overline{ON}$이고 $\overline{BM}=15$, $\overline{CD}=30$, $\overline{AO}=17$일 때, $\overline{ON}$의 길이는? [4점]

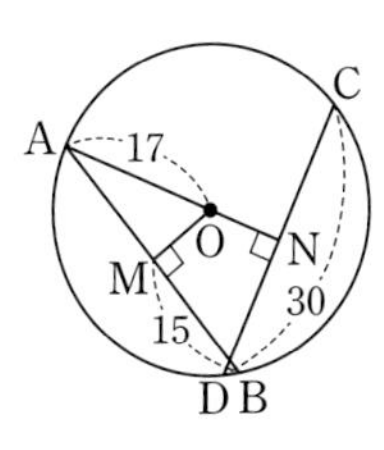

① 6 ② 7 ③ 8
④ 9 ⑤ 10

14 다음 그림과 같은 활꼴이 원 O의 일부라고 할 때, 원 O의 반지름의 길이는? [4점]

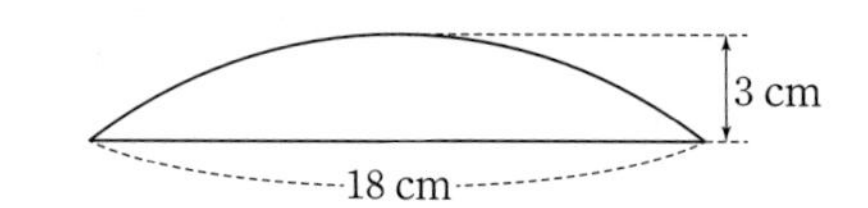

① 9 cm ② 11 cm ③ 12 cm
④ 14 cm ⑤ 15 cm

15 다음 그림과 같이 원 O는 사각형 ABCD에 내접하고 점 E는 접점이다. $\overline{OE}=3$ cm, $\overline{CD}=10$ cm일 때, $\overline{BC}$의 길이는? [4점]

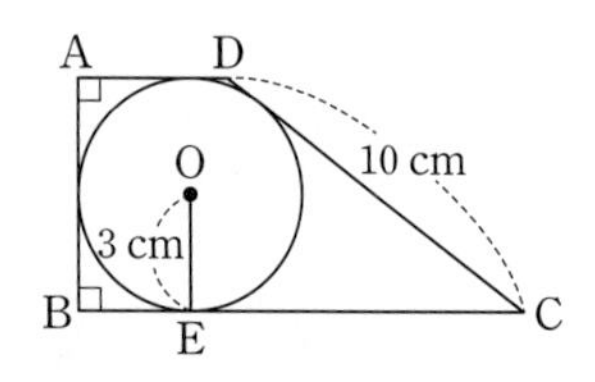

① 6 cm ② 8 cm ③ 10 cm
④ 12 cm ⑤ 14 cm

16 다음 그림과 같이 두 점 A, B는 점 P에서 원 O에 그은 두 접선의 접점이고 점 C는 $\overline{OP}$와 원 O의 교점이다. $\overline{OB}=5$ cm, $\overline{CP}=8$ cm일 때, $\overline{AP}$의 길이는? [4점]

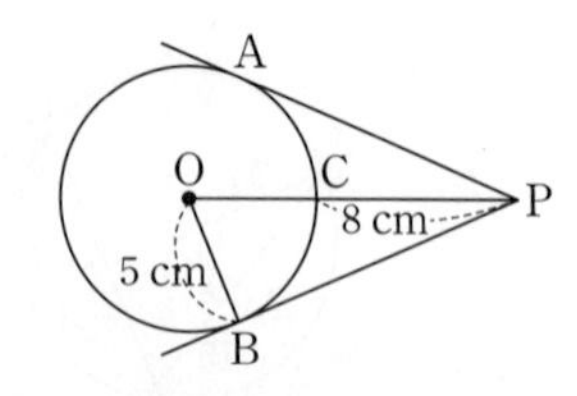

① 10 cm ② 11 cm ③ 12 cm
④ 13 cm ⑤ 14 cm

17 다음은 원에서 한 호에 대한 원주각의 크기와 중심각의 크기의 관계에 대하여 설명하는 과정이다. (가)~(다)에 알맞은 것을 고르면? [3점]

원 O에서 호 AB에 대한 원주각 ∠APB의 한 변 위에 원의 중심 O가 있을 때, 삼각형 OPA에서 $\overline{OP}=\overline{OA}$이므로

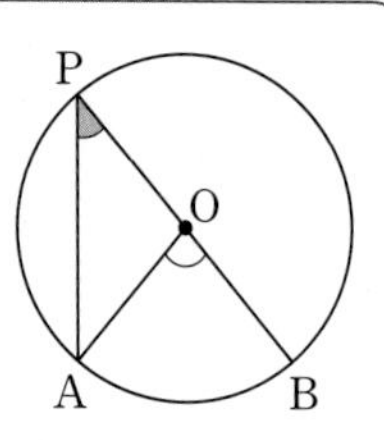

∠OPA= (가) 이다.

한편 ∠AOB는 삼각형 OPA의 한 (나) 이므로

∠AOB=∠OPA+ (가)
=2× (다)

따라서 (다) $=\frac{1}{2}$∠AOB이다.

	(가)	(나)	(다)
①	∠POA	외각	∠APB
②	∠POA	내각	∠AOP
③	∠OAP	외각	∠APB
④	∠OAP	내각	∠AOP
⑤	∠OAP	내각	∠APB

18 다음 그림과 같은 원 O에서 $x-y$의 값은? [3점]

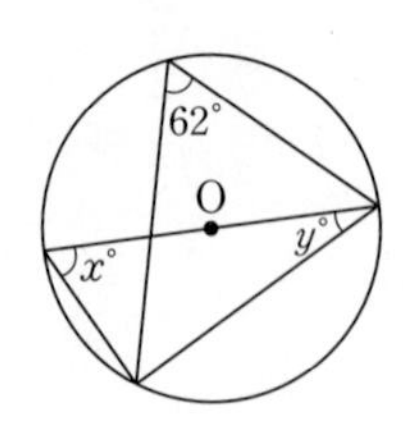

① 24 ② 28 ③ 34
④ 38 ⑤ 44

19 다음 그림과 같은 원 O에서 $\widehat{AB}=\widehat{BC}$일 때, $\angle a+\angle b$의 크기는? [4점]

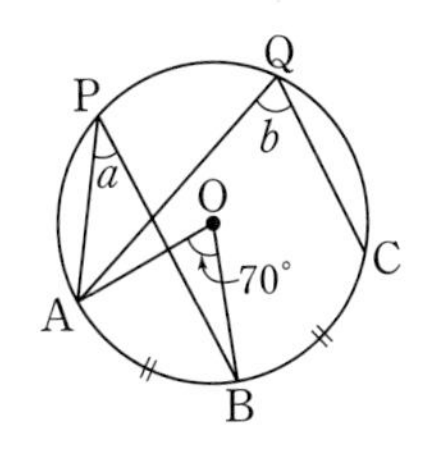

① 100° ② 105° ③ 110°
④ 115° ⑤ 120°

20 다음 그림에서 점 P는 두 현 AC와 BD의 교점이다. $\angle ABD=20°$, $\angle BPC=60°$, $\widehat{BC}=5$ cm일 때, 호 AD의 길이는? [4점]

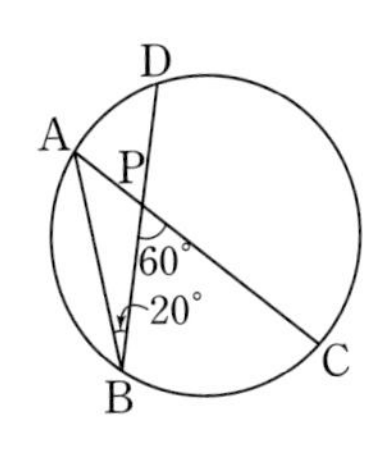

① $\frac{5}{3}$ cm ② 2 cm ③ $\frac{5}{2}$ cm
④ 3 cm ⑤ $\frac{10}{3}$ cm

서·술·형

21 다음 그림과 같은 직각삼각형 ABC에서 $\angle ADE=\angle ACB$일 때, $\sin B+\sin C$의 값을 구하시오. [5점]

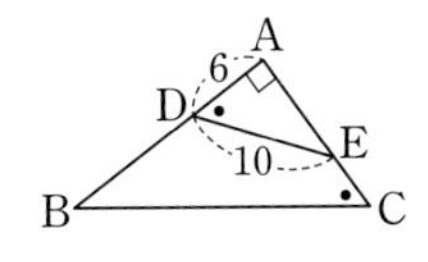

22 다음 그림과 같이 $\angle ABC=\angle DAC=90°$, $\angle DCA=30°$, $\angle CAB=45°$이고, $\overline{AB}=6$일 때, $\overline{CD}$의 길이를 구하시오. [5점]

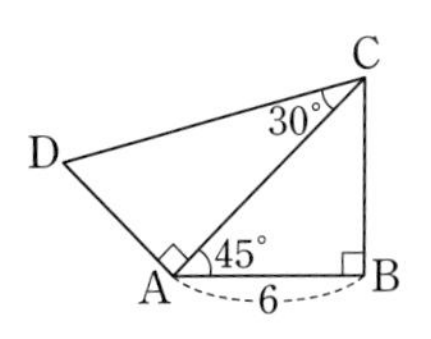

23 다음 그림과 같이 부채꼴 AOB의 반지름의 길이가 8 cm이고 중심각의 크기가 30°일 때, 색칠한 부분의 넓이를 구하시오. [5점]

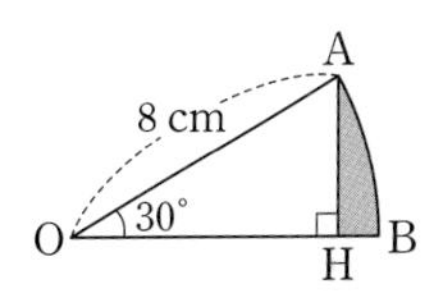

24 다음 그림과 같이 $\overline{CD}$는 원 O의 지름이고 점 E는 $\overline{AB}$와 $\overline{CD}$의 교점이다. $\overline{AB}\perp\overline{CD}$일 때, $\overline{AB}$의 길이를 구하시오. [5점]

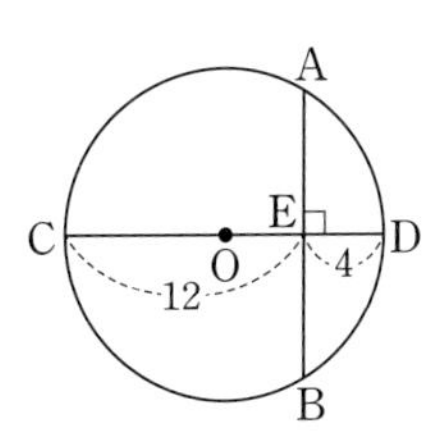

25 다음 그림과 같이 $\overline{AB}$가 지름인 반원 O에서 $\angle APB=72°$일 때, $\angle COD$의 크기를 구하시오. [5점]

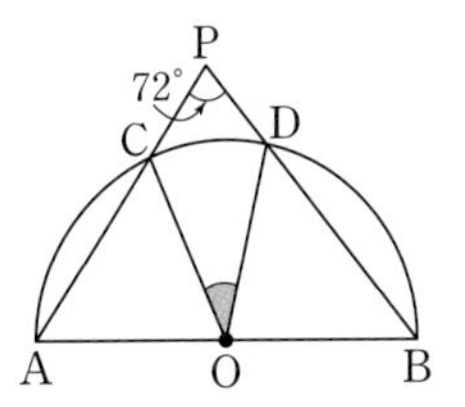

실전 모의고사 2회

점수	점	이름	

1. 선택형 20문항, 서술형 5문항으로 되어 있습니다.
2. 주어진 문제를 잘 읽고, 알맞은 답을 답안지에 정확하게 표기하시오.

01 오른쪽 그림과 같이 $\angle C=90^\circ$인 직각삼각형 ABC에서 다음 중 옳은 것은? [3점]

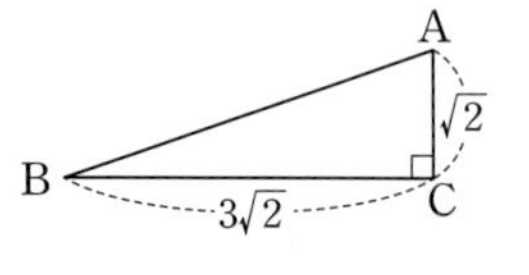

① $\overline{AB}=4\sqrt{2}$　② $\sin A=\cos C$
③ $\cos A=\frac{3\sqrt{10}}{10}$　④ $\tan B=3$
⑤ $\sin C=1$

02 오른쪽 그림과 같이 $\angle C=90^\circ$인 직각삼각형 ABC에서 $\overline{AC}=6$, $\tan A=\frac{4}{3}$일 때, $\cos B$의 값은? [4점]

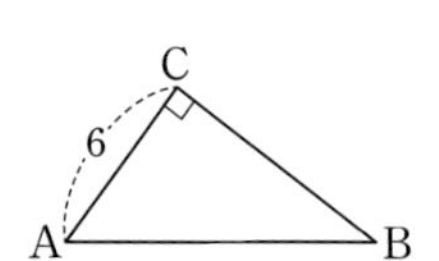

① $\frac{3}{5}$　② $\frac{7}{10}$　③ $\frac{4}{5}$
④ $\frac{3\sqrt{7}}{7}$　⑤ $\frac{4\sqrt{7}}{7}$

03 오른쪽 그림과 같이 직사각형 ABCD에서 $\overline{DF}$를 접는 선으로 하여 꼭짓점 C가 $\overline{AB}$ 위의 점 E에 오도록 접었다. $\angle EFB=x$라고 할 때, $\cos x-\sin x$의 값은? [4점]

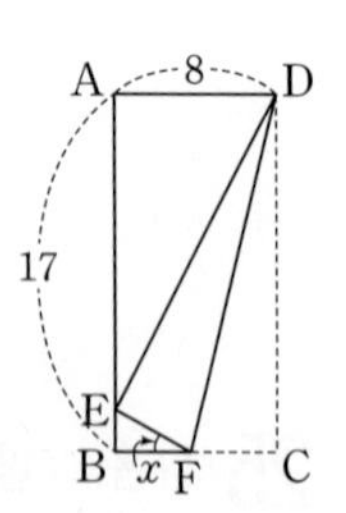

① $\frac{7}{17}$　② $\frac{8}{17}$　③ $\frac{9}{17}$
④ $\frac{10}{17}$　⑤ $\frac{11}{17}$

04 다음 중 옳은 것은? [3점]

① $\sin 60^\circ+\cos 90^\circ=\frac{1}{2}$
② $\sin 30^\circ-\tan 45^\circ=\frac{1}{2}$
③ $\sin 90^\circ\times\tan 30^\circ=0$
④ $\tan 45^\circ\div\sin 45^\circ=\sqrt{2}$
⑤ $\cos 45^\circ\times\sin 0^\circ+\sin 30^\circ\times\cos 0^\circ=0$

05 다음 그림은 반지름의 길이가 1인 사분원을 좌표평면 위에 나타낸 것이다. 다음 중 $\sin x$를 나타내는 선분은? [4점]

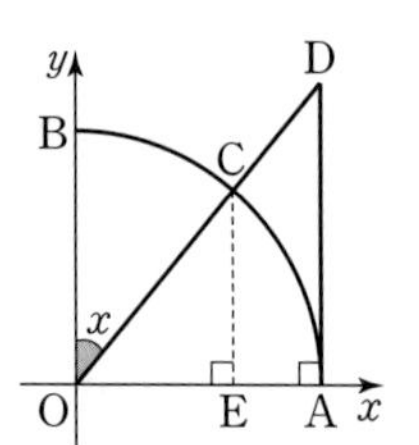

① $\overline{CE}$　② $\overline{AD}$　③ $\overline{CD}$
④ $\overline{OE}$　⑤ $\overline{AE}$

06 $0^\circ<A<90^\circ$일 때, 다음 중 옳지 않은 것은? [3점]

① A의 크기가 커지면 $\sin A$의 값도 커진다.
② A의 크기가 커지면 $\cos A$의 값은 작아진다.
③ A의 크기가 커지면 $\tan A$의 값도 커진다.
④ A의 크기가 45°보다 작으면 $\sin A$의 값이 $\cos A$의 값보다 크다.
⑤ A의 크기가 45°보다 크면 $\tan A$의 값은 1보다 크다.

07 다음 그림과 같이 수면에서부터 100 m 위에 있는 구조 헬기 A에서 물에 빠진 사람 B를 내려다본 각의 크기가 41°일 때, 수면 위의 지점 H와 사람 B 사이의 거리는? (단, $\sin 49° = 0.75$, $\cos 49° = 0.65$, $\tan 49° = 1.15$) [4점]

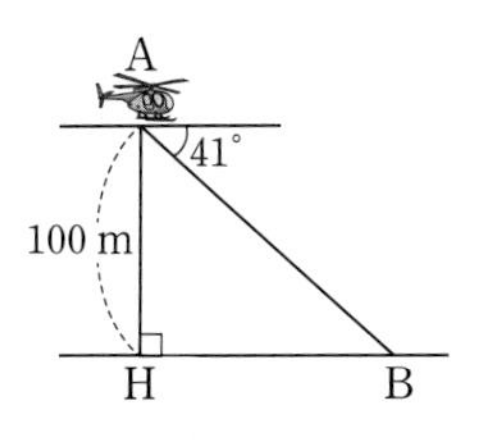

① 65 m ② 75 m ③ 85 m
④ 105 m ⑤ 115 m

08 다음 그림과 같이 두 텐트 A, B 사이의 거리는 120 m이고 $\angle A = 45°$, $\angle B = 75°$일 때, 텐트 B에서 텐트 C까지의 거리는? [4점]

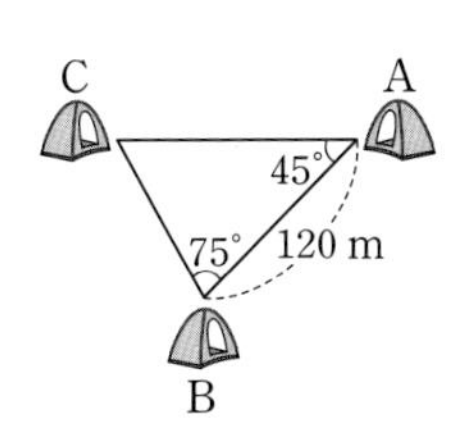

① $40\sqrt{2}$ m ② $40\sqrt{3}$ m ③ 80 m
④ $40\sqrt{5}$ m ⑤ $40\sqrt{6}$ m

09 다음 그림과 같이 점 O는 삼각형 ABC의 외심이다. $\angle A = 60°$이고 $\overline{OB} = 4$ cm일 때, $\triangle OBC$의 넓이는? [4점]

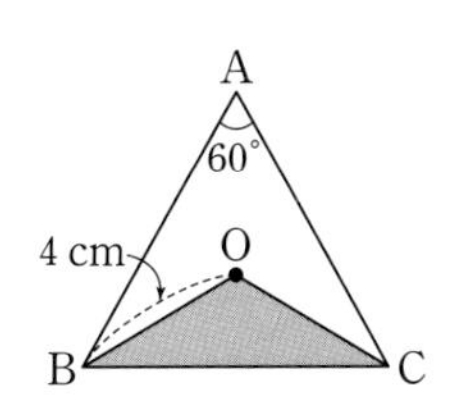

① 4 cm^2 ② $4\sqrt{2}$ cm^2 ③ $4\sqrt{3}$ cm^2
④ $8\sqrt{2}$ cm^2 ⑤ $8\sqrt{3}$ cm^2

10 넓이가 $18\sqrt{3}$ cm^2인 정육각형의 한 변의 길이는? [4점]

① $\sqrt{3}$ cm ② 2 cm ③ $2\sqrt{3}$ cm
④ 3 cm ⑤ $3\sqrt{3}$ cm

11 다음 그림과 같은 □ABCD의 넓이는? [4점]

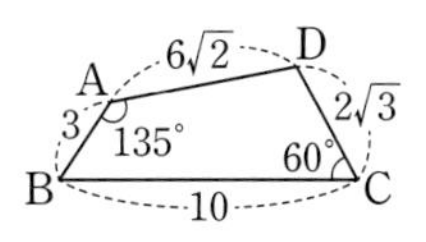

① $12\sqrt{3}$ ② 24 ③ $24\sqrt{3}$
④ 48 ⑤ $48\sqrt{3}$

12 다음 그림과 같이 원 모양의 색종이를 원 위의 한 점이 원의 중심 O에 겹쳐지도록 $\overline{AB}$를 접는 선으로 하여 접었다. $\overline{AB}$의 길이가 18 cm일 때, 접기 전의 색종이의 넓이는? [4점]

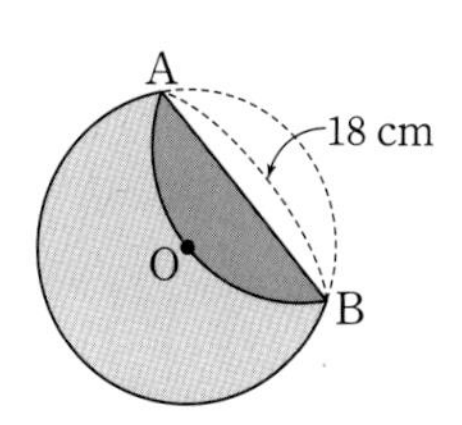

① 27π cm^2 ② 54π cm^2 ③ 60π cm^2
④ 81π cm^2 ⑤ 108π cm^2

13 다음 그림과 같이 원 O에서 $\overline{AB} \perp \overline{OC}$이고 $\overline{OM} = \overline{CM}$, $\overline{OB} = 10$ cm일 때, $\overline{AB}$의 길이는? [3점]

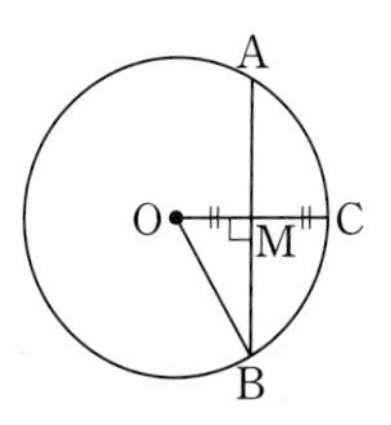

① 10 cm ② $10\sqrt{3}$ cm ③ 15 cm
④ $15\sqrt{3}$ cm ⑤ 20 cm

14 다음 그림과 같이 원 O에 내접하는 삼각형 ABC에서 $\angle A=58^{\circ}$일 때, $\angle x$의 크기는? [4점]

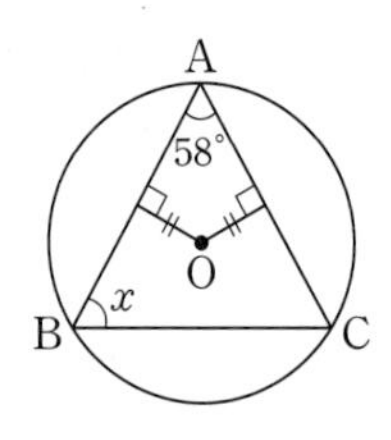

① 58° ② 59° ③ 60°
④ 61° ⑤ 62°

15 다음 그림과 같이 원 O는 $\triangle ABC$에 내접하고, 세 점 P, Q, R는 접점이다. $\overline{AB}=12$ cm, $\overline{BC}=13$ cm, $\overline{AC}=7$ cm일 때, $\overline{BP}$의 길이는? [4점]

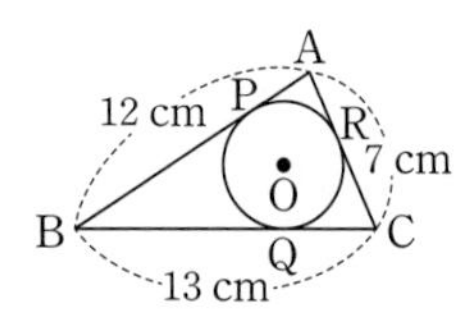

① 9 cm ② 9.5 cm ③ 10 cm
④ 10.5 cm ⑤ 11 cm

16 다음 그림과 같이 원 O는 $\triangle ABC$의 내접원이고 세 점 D, E, F는 접점이다. $\angle B=20^{\circ}$, $\angle C=120^{\circ}$일 때, $\angle ADF$의 크기는? [4점]

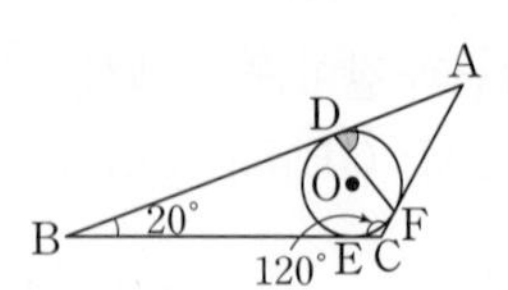

① 60° ② 65° ③ 70°
④ 75° ⑤ 80°

17 다음 그림과 같이 스크린의 양 끝을 지나는 원이 있다. 원 위의 점 R에 대하여 $\angle PRQ=30^{\circ}$이고, 스크린의 길이가 14 m일 때, 이 원의 반지름의 길이는? [3점]

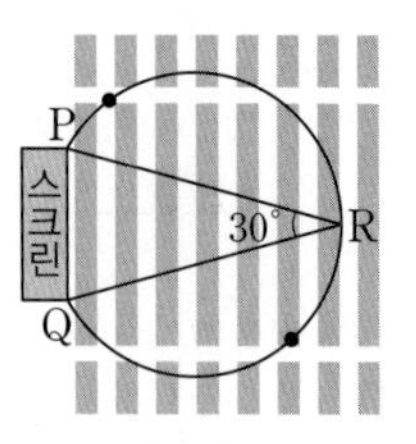

① 14 m ② $14\sqrt{2}$ m ③ $14\sqrt{3}$ m
④ 28 m ⑤ $14\sqrt{5}$ m

18 다음 그림과 같이 $\overline{AB}$는 원 O의 지름이고 $\angle BAD=65^{\circ}$, $\angle ABC=25^{\circ}$이다. $\angle ACD=x^{\circ}$, $\angle CPB=y^{\circ}$라 할 때, $x+y$의 값은? [4점]

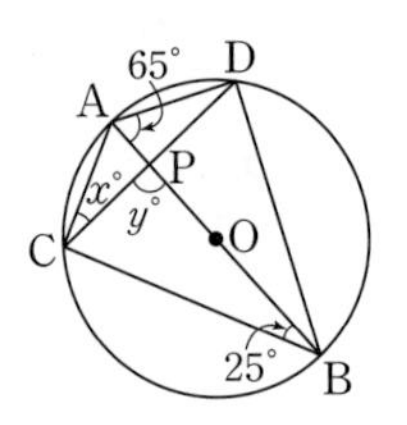

① 110 ② 115 ③ 120
④ 125 ⑤ 130

19 다음 그림과 같이 원 밖의 한 점 P에서 원에 그은 두 접선 $\overrightarrow{PA}$, $\overrightarrow{PB}$에 대하여 두 점 A, B는 접점이고 $\angle AQB=124^{\circ}$일 때, $\angle APB$의 크기는? [4점]

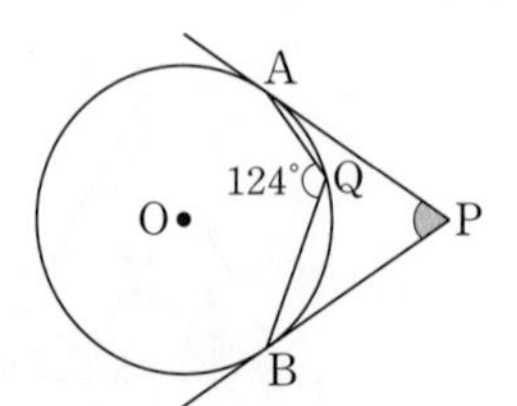

① 66° ② 68° ③ 70°
④ 72° ⑤ 74°

20 다음 그림에서 네 점 A, B, C, D가 한 원 위에 있고 $\angle A=40^\circ$, $\angle ADB=95^\circ$일 때, $\angle AEC$의 크기는? [4점]

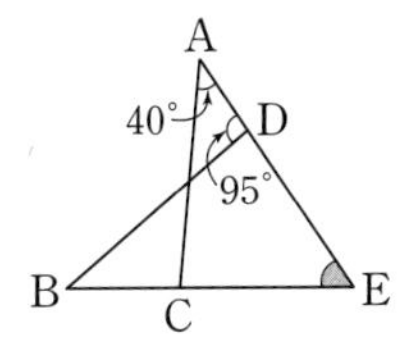

① 40° ② 45° ③ 50°
④ 55° ⑤ 60°

서·술·형

21 다음 그림과 같이 $\angle B=90^\circ$인 직각삼각형 ABC에서 $\overline{CD}=13$, $\overline{BC}=5$이고 $\overline{AD} : \overline{BD}=1 : 3$이다. $\angle CAB=x$라 할 때, $\cos x$의 값을 구하시오. [5점]

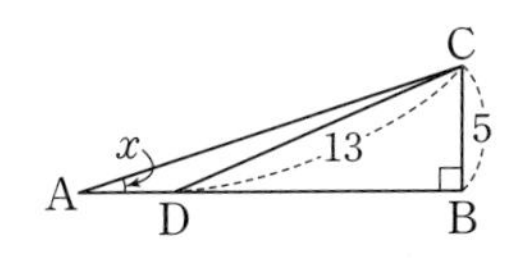

22 다음 그림과 같이 A지점에서 빌딩 꼭대기를 올려다본 각의 크기가 30°이고 A지점과 80 m 떨어진 B지점에서 빌딩 꼭대기를 올려다본 각의 크기가 45°일 때, 빌딩의 높이를 구하시오. [5점]

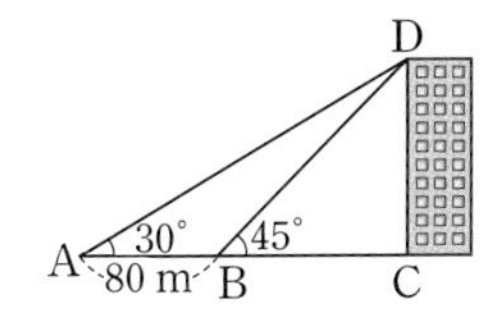

23 다음 그림과 같이 직사각형 ABCD에서 $\overline{AB}$와 $\overline{AD}$의 중점을 각각 M, N이라고 하자. $\overline{AB}=8$, $\overline{AD}=12$이고 $\angle MCN=x$라 할 때, $\sin x$의 값을 구하시오. [5점]

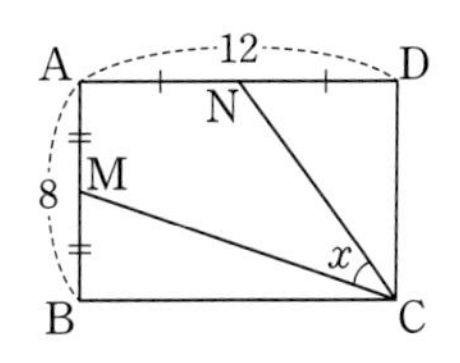

24 다음 그림과 같이 사각형 ABCD는 $\angle A=\angle B=90^\circ$인 사다리꼴이고, $\overline{AB}$는 반원 O의 지름이다. $\overline{CD}$가 점 E에서 반원 O에 접하고, $\overline{AD}=6$ cm, 반원 O의 반지름의 길이가 4 cm일 때, $\overline{BC}$의 길이를 구하시오. [5점]

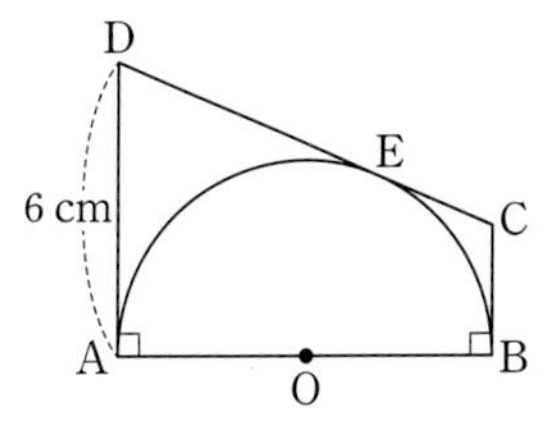

25 다음 그림과 같이 $\overline{AB}$는 원 O의 지름이고 $\widehat{BD}$의 길이는 원주의 $\frac{1}{5}$이다. $\widehat{AC} : \widehat{BD}=3 : 2$일 때, $\angle APD$의 크기를 구하시오. [5점]

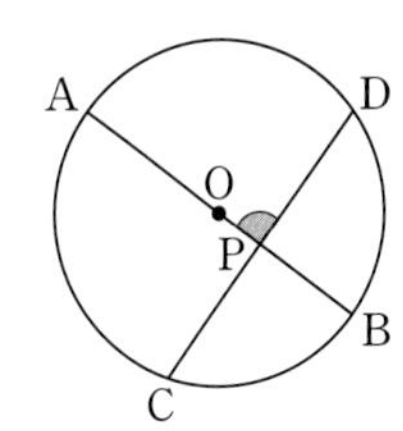

실전 모의고사 3회

점수	점	이름	

1. 선택형 20문항, 서술형 5문항으로 되어 있습니다.
2. 주어진 문제를 잘 읽고, 알맞은 답을 답안지에 정확하게 표기하시오.

01 다음 그림과 같이 $\angle B=90°$인 직각삼각형 ABC에서 $\overline{AB}:\overline{BC}=1:3$일 때, $\sin A+\cos C$의 값은? [4점]

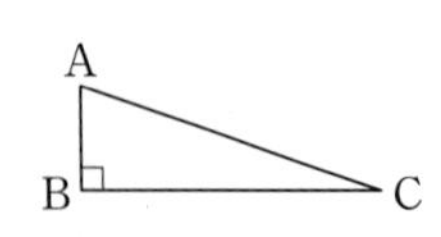

① $\frac{\sqrt{10}}{5}$ ② $\frac{2\sqrt{10}}{5}$ ③ $\frac{3\sqrt{10}}{5}$
④ $\frac{4\sqrt{10}}{5}$ ⑤ $\sqrt{10}$

02 다음 그림과 같은 정사각뿔에서 밑면은 한 변의 길이가 4 cm인 정사각형이고 옆면은 모두 합동인 이등변삼각형이다. $\overline{BC}$와 $\overline{AD}$의 중점이 각각 M, N이고 $\overline{BE}=6$ cm, $\angle EMN=x$라 할 때, $\sin x$의 값은? [4점]

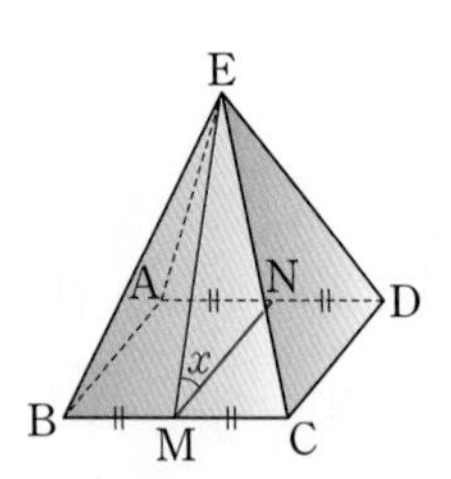

① $\frac{\sqrt{2}}{4}$ ② $\frac{\sqrt{3}}{4}$ ③ $\frac{\sqrt{6}}{4}$
④ $\frac{\sqrt{7}}{4}$ ⑤ $\frac{\sqrt{14}}{4}$

03 $\tan A=\sqrt{5}$일 때, $\sin A\times\cos A$의 값은? (단, $0°<A<90°$) [4점]

① $\frac{1}{6}$ ② $\frac{\sqrt{2}}{6}$ ③ $\frac{\sqrt{3}}{6}$
④ $\frac{1}{3}$ ⑤ $\frac{\sqrt{5}}{6}$

04 $\sin 45°\times\tan x=2\times\sin 60°\times\cos 45°$일 때, x의 크기는? (단, $0°\leq x\leq 90°$) [4점]

① $0°$ ② $30°$ ③ $45°$
④ $60°$ ⑤ $90°$

05 다음 그림은 반지름의 길이가 1인 사분원을 좌표평면 위에 나타낸 것이다. $\cos 47°+\tan 47°$의 값은? [3점]

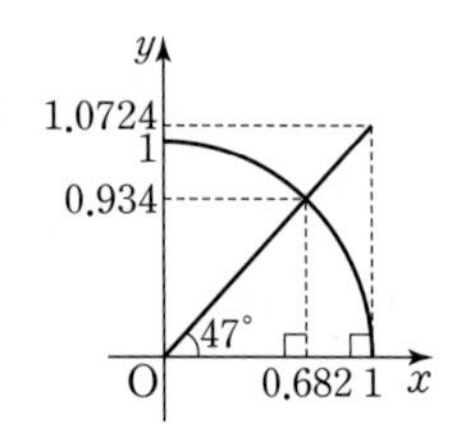

① 1.4134 ② 1.4628 ③ 1.7544
④ 1.8038 ⑤ 2.4364

06 다음 그림과 같은 직사각형 ABCD에서 $\angle ABE=45°$, $\angle BEF=90°$, $\angle EFB=60°$일 때, $\sin 75°$의 값은? [4점]

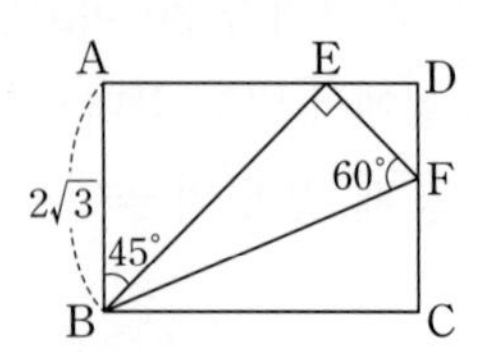

① $\frac{\sqrt{2}+\sqrt{3}}{4}$ ② $\frac{\sqrt{2}+\sqrt{6}}{4}$ ③ $\frac{\sqrt{3}+\sqrt{6}}{4}$
④ $\frac{\sqrt{2}+\sqrt{3}}{2}$ ⑤ $\frac{\sqrt{2}+\sqrt{6}}{2}$

07 다음 그림과 같이 $\angle B=90^\circ$인 직각삼각형 ABC에서 $\angle C=50^\circ$이고 $\overline{AC}=12\text{ cm}$일 때, $x-y$의 값은? (단, $\sin 50^\circ=0.76$, $\cos 50^\circ=0.64$로 계산한다.) [3점]

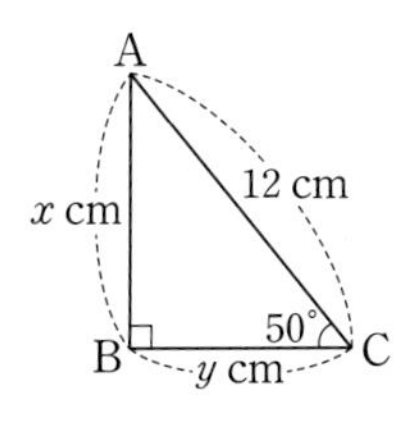

① 1.44 ② 1.48 ③ 1.52
④ 1.56 ⑤ 1.60

08 다음 그림과 같이 $\overline{AB}=14$이고 $\angle ABC=30^\circ$, $\angle ACH=45^\circ$일 때, $\overline{AC}$의 길이는? [4점]

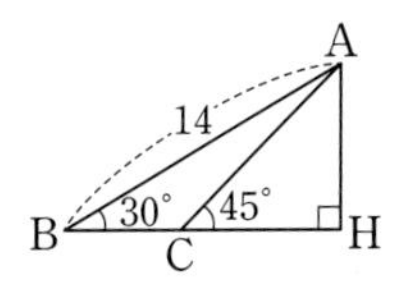

① 7 ② $7\sqrt{2}$ ③ $7\sqrt{3}$
④ 10 ⑤ $10\sqrt{2}$

09 다음 그림과 같이 $\overline{AB}=3\text{ cm}$, $\overline{BC}=8\text{ cm}$이고 $\angle B=120^\circ$일 때 $\triangle ABC$의 넓이는? [3점]

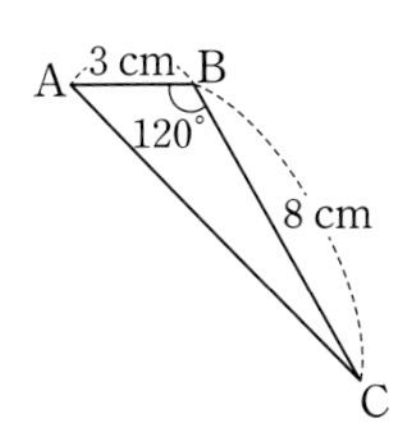

① 6 cm^2 ② $6\sqrt{2}\text{ cm}^2$ ③ $6\sqrt{3}\text{ cm}^2$
④ 12 cm^2 ⑤ $12\sqrt{3}\text{ cm}^2$

10 다음 그림과 같은 등변사다리꼴 ABCD의 넓이는? [4점]

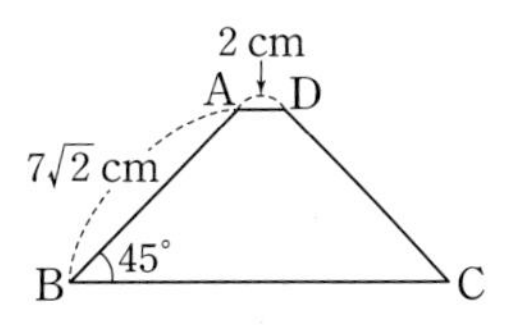

① 63 cm^2 ② 64 cm^2 ③ 65 cm^2
④ 66 cm^2 ⑤ 67 cm^2

11 다음 그림은 원 모양의 색종이를 현 AB를 따라 자르고 남은 색종이의 일부이다. 원 위의 한 점 P에서 $\overline{AB}$에 내린 수선의 발을 Q라고 하면 $\overline{AQ}=\overline{BQ}=3\text{ cm}$, $\overline{PQ}=9\text{ cm}$일 때, 원의 반지름의 길이는? [4점]

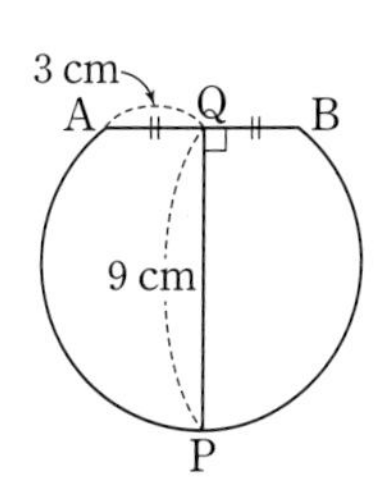

① 2 cm ② 3 cm ③ 4 cm
④ 5 cm ⑤ 6 cm

12 다음 그림과 같이 반지름의 길이가 10인 원 O에서 현 AB의 길이는 16이다. 원 O 위를 움직이는 점 P에 대하여 삼각형 ABP의 넓이가 최대일 때, 삼각형 ABP의 넓이는? [4점]

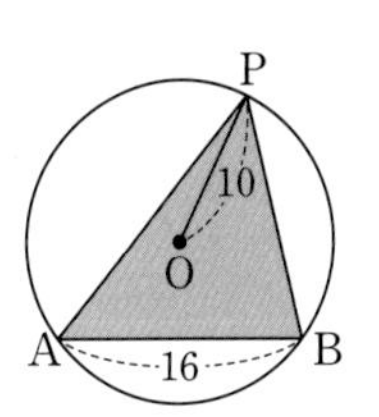

① 64 ② 128 ③ 160
④ 180 ⑤ 320

13 다음 그림과 같이 원 O의 중심에서 현 CD에 내린 수선의 발을 M이라고 하자. $\overline{OM}=5$ cm이고 $\overline{AB}=\overline{CD}$일 때, $\triangle AOB$의 넓이는? [4점]

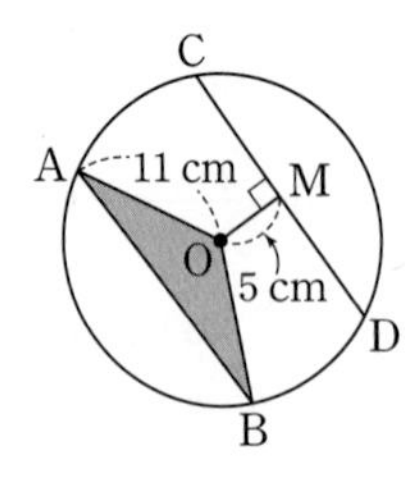

① $20\sqrt{2}$ cm^2 ② $20\sqrt{3}$ cm^2 ③ 40 cm^2
④ $20\sqrt{5}$ cm^2 ⑤ $20\sqrt{6}$ cm^2

14 다음 그림과 같이 두 점 A, B는 원 O의 접점이고 $\angle PAB=80°$일 때, $\angle APB$의 크기는? [3점]

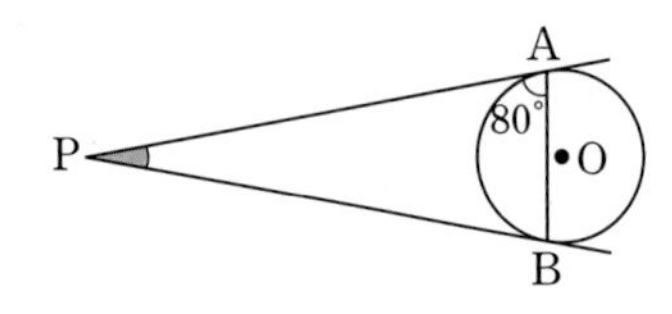

① 20° ② 25° ③ 30°
④ 35° ⑤ 40°

15 다음 그림과 같이 사각형 ABCD는 $\angle A=\angle B=90°$인 사다리꼴이고, $\overline{AB}$는 반원 O의 지름이다. $\overline{CD}$가 점 E에서 반원 O에 접하고, $\overline{AD}=5$, $\overline{BC}=2$일 때, 반원 O의 반지름의 길이는? [4점]

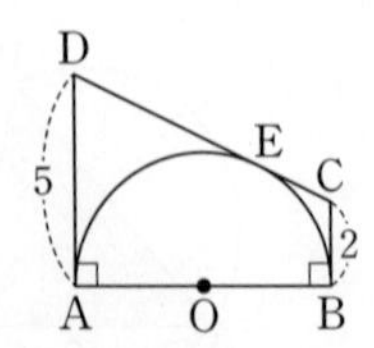

① $\sqrt{5}$ ② $2\sqrt{2}$ ③ $\sqrt{10}$
④ $2\sqrt{5}$ ⑤ $2\sqrt{10}$

16 다음 그림과 같은 원 O에서 $\widehat{AB}=\widehat{BC}=\widehat{CD}=\widehat{DE}=\widehat{EA}$일 때, $\angle DBE$의 크기는? [3점]

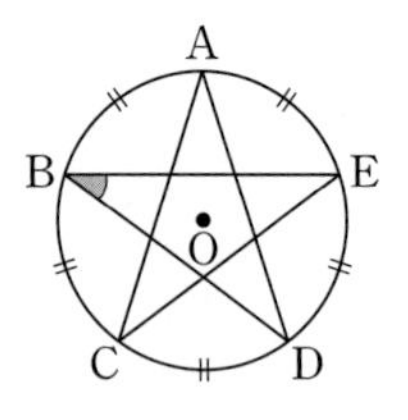

① 18° ② 24° ③ 32°
④ 36° ⑤ 48°

17 다음 그림과 같은 원 O에서 $\angle AOB=100°$이고 $\angle AEC=74°$일 때, $\angle BDC$의 크기는? [4점]

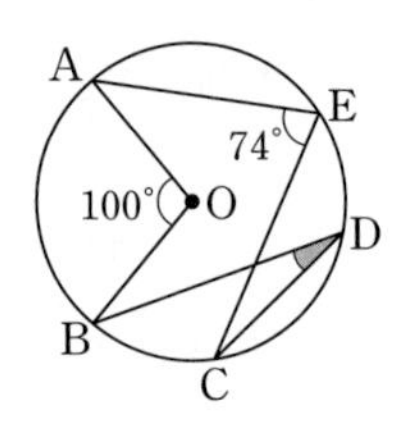

① 22° ② 24° ③ 26°
④ 28° ⑤ 30°

18 다음 그림과 같이 원 O에 내접하는 삼각형 ABC에서 $\overline{AB}=8$ cm이고 $\tan C=4$일 때, 원 O의 넓이는? [4점]

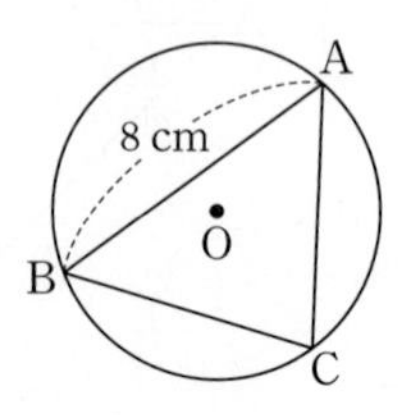

① 16π cm^2 ② 17π cm^2 ③ 18π cm^2
④ 19π cm^2 ⑤ 20π cm^2

19 다음 그림과 같이 지름의 길이가 6 cm인 원의 두 현 AB와 CD의 교점을 P라고 하자. $\widehat{AC}+\widehat{BD}=\pi$일 때, $\angle$APC의 크기는? [4점]

① 10° ② 20° ③ 30°
④ 40° ⑤ 50°

20 다음 그림과 같이 네 점 A, B, C, D가 한 원 위에 있고 $\angle A=125°$, $\angle DBC=52°$일 때, $\angle$BDC의 크기는? [3점]

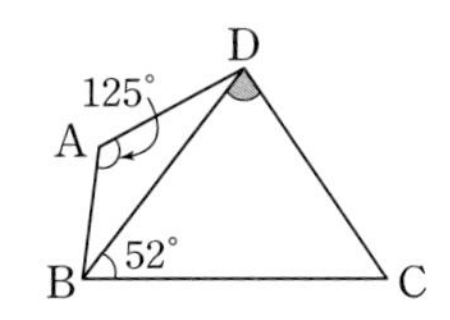

① 52° ② 58° ③ 64°
④ 70° ⑤ 73°

서·술·형

21 다음 그림과 같이 반지름의 길이가 2인 사분원에서 $\angle COD=60°$일 때, □CDBE의 넓이를 구하시오. [5점]

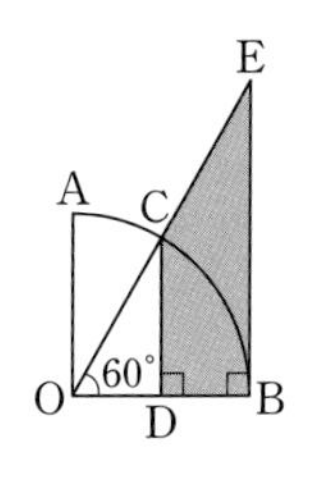

22 다음 그림과 같이 삼각형 ABC에서 $\overline{AB}=10$ cm, $\overline{BC}=14$ cm이고 $\tan B=\sqrt{3}$일 때, △ABC의 넓이를 구하시오.

(단, $0°<\angle B<90°$) [5점]

23 다음 그림과 같이 한 변의 길이가 8 cm인 정삼각형 ABC에서 $\overline{AD}:\overline{DB}=\overline{BE}:\overline{EC}=\overline{CF}:\overline{FA}=3:1$일 때, $\overline{DE}$의 길이를 구하시오. [5점]

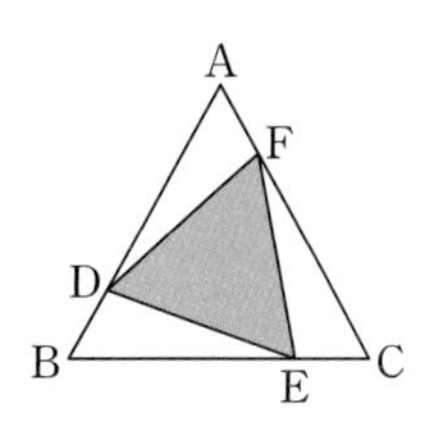

24 다음 그림과 같이 원 O의 지름 AB의 양 끝점에서 그은 접선과 원 O 위의 한 점 P에서 그은 접선이 만나는 점을 각각 C, D라고 하자. $\overline{AD}=5$ cm, $\overline{BC}=1$ cm일 때, $\overline{AC}$의 길이를 구하시오. [5점]

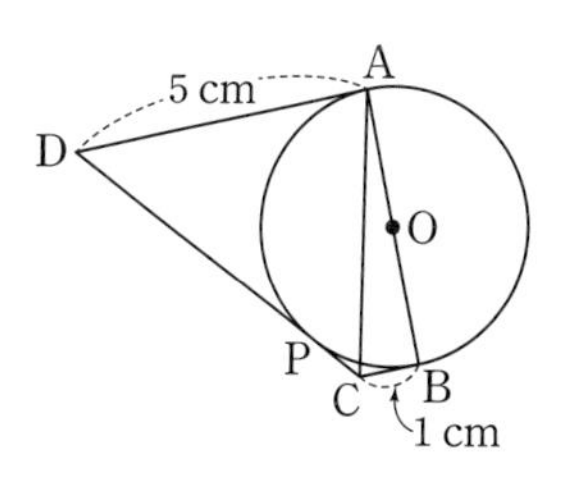

25 다음 그림과 같이 두 점 A, B는 점 P에서 원 O에 그은 두 접선의 접점이다. $\widehat{AC}:\widehat{BC}=2:3$일 때, $\angle$BAC의 크기를 구하시오. [5점]

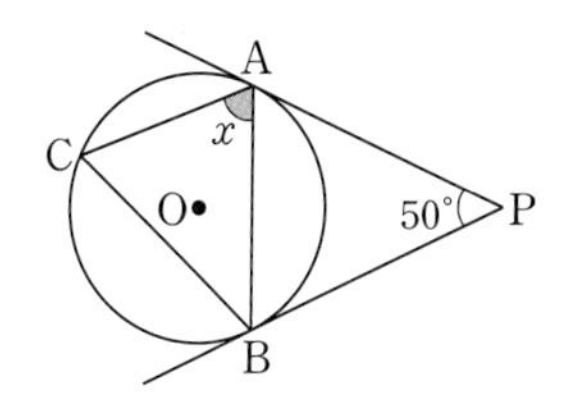

최종 마무리 50제

삼각비의 뜻

01 다음 그림과 같이 $\angle B=90^\circ$인 직각삼각형 ABC에서 $\overline{AB}=15$, $\overline{AC}=17$일 때, $\cos A\times\tan A\div\sin A$의 값은?

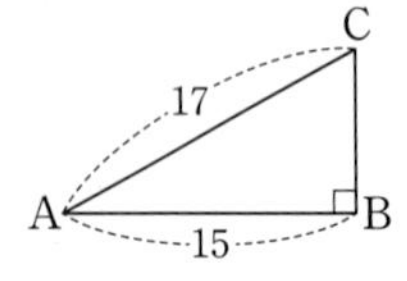

① 0　② $\frac{8}{17}$　③ $\frac{16}{17}$
④ 1　⑤ $\frac{15}{8}$

삼각비의 뜻

02 직선 $x-2y+8=0$이 x축의 양의 방향과 이루는 예각의 크기를 α라고 할 때, $\tan\alpha\times\sin\alpha$의 값은?

① $\frac{\sqrt{5}}{10}$　② $\frac{\sqrt{5}}{5}$　③ 1
④ $\sqrt{5}$　⑤ $2\sqrt{5}$

삼각비를 이용하여 삼각형의 변의 길이 구하기

03 다음 그림과 같이 $\angle B=90^\circ$인 직각삼각형 ABC에서 $\overline{BC}=10$ cm이고 $\sin A=\frac{\sqrt{6}}{3}$일 때, $\triangle ABC$의 넓이는?

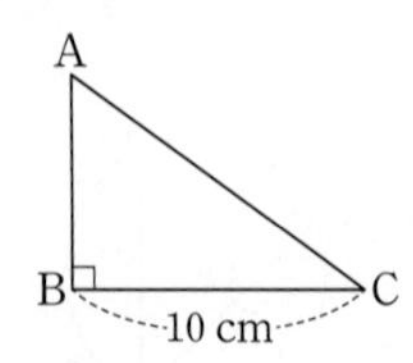

① $25\ \text{cm}^2$　② $25\sqrt{2}\ \text{cm}^2$　③ $25\sqrt{3}\ \text{cm}^2$
④ $50\ \text{cm}^2$　⑤ $25\sqrt{6}\ \text{cm}^2$

삼각비를 이용하여 삼각형의 변의 길이 구하기

04 다음 그림과 같이 $\angle B=\angle E=90^\circ$이고 $\overline{BD}=\overline{CD}$, $\overline{AB}=4\sqrt{3}$이다. $\angle BAD=x$, $\angle CAD=y$라 하고 $\tan x=\frac{\sqrt{3}}{3}$일 때, $\tan y$의 값은?

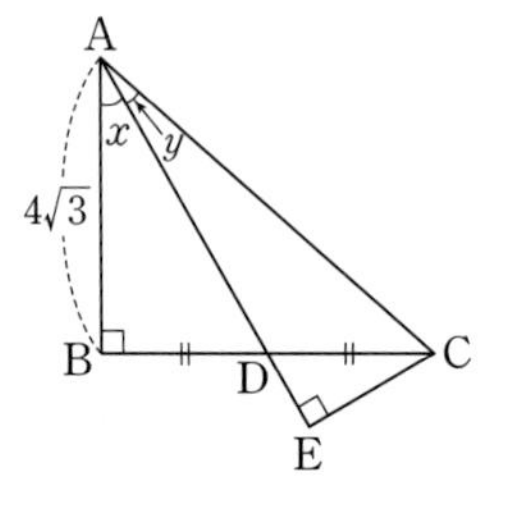

① $\frac{\sqrt{3}}{6}$　② $\frac{\sqrt{3}}{5}$　③ $\frac{\sqrt{3}}{4}$
④ $\frac{\sqrt{3}}{3}$　⑤ $\frac{\sqrt{3}}{2}$

한 삼각비의 값을 알 때 다른 삼각비의 값 구하기

05 $\angle B=90^\circ$인 직각삼각형 ABC에서 $\tan A=\frac{\sqrt{7}}{3}$일 때, $\sin C$의 값은?

① $\frac{\sqrt{7}}{4}$　② $\frac{3}{4}$　③ $\frac{\sqrt{5}}{5}$
④ $\frac{\sqrt{10}}{5}$　⑤ $\frac{3\sqrt{10}}{10}$

삼각형의 닮음과 삼각비의 값

06 다음 그림과 같이 $\angle B=90^\circ$인 직각삼각형 ABC에서 $\overline{BD}\perp\overline{AC}$, $\overline{DE}\perp\overline{BC}$일 때, $\sin C$가 아닌 것은?

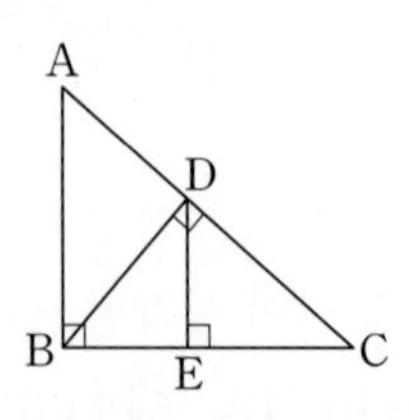

① $\frac{\overline{DE}}{\overline{CD}}$　② $\frac{\overline{BD}}{\overline{BC}}$　③ $\frac{\overline{AB}}{\overline{AC}}$
④ $\frac{\overline{DE}}{\overline{BD}}$　⑤ $\frac{\overline{AD}}{\overline{AB}}$

삼각형의 닮음과 삼각비의 값

07 다음 그림과 같이 $\angle B=90^{\circ}$인 직각삼각형 ABC에서 $\angle A=\angle BED$일 때, $\cos A\times\sin A$의 값은?

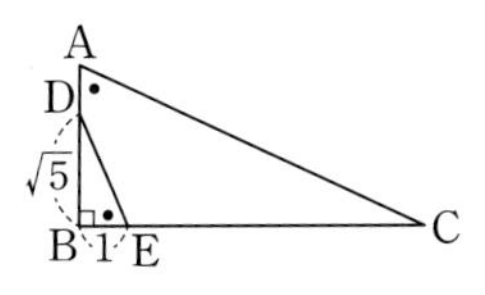

① $\frac{1}{6}$　② $\frac{\sqrt{3}}{6}$　③ $\frac{\sqrt{5}}{6}$
④ $\frac{\sqrt{7}}{6}$　⑤ $\frac{1}{2}$

0°, 30°, 45°, 60°, 90°의 삼각비의 값

08 $\triangle$ABC의 세 내각의 크기의 비가 $1:2:3$이고, 세 각 중 가장 작은 각의 크기를 A, 두 번째로 큰 각의 크기를 B라고 할 때, $\sin A+\cos B$의 값은?

① 1　② $\frac{1+\sqrt{2}}{2}$　③ $\frac{1+\sqrt{3}}{2}$
④ $\sqrt{2}$　⑤ $\frac{\sqrt{2}+\sqrt{3}}{2}$

0°, 30°, 45°, 60°, 90°의 삼각비의 값

09 다음을 계산하면?

$$(\cos 0^{\circ}+\sin 30^{\circ})(\sin 90^{\circ}-\cos 60^{\circ})$$

① $-\frac{1}{4}$　② 0　③ $\frac{1}{4}$
④ $\frac{1}{2}$　⑤ $\frac{3}{4}$

30°, 45°, 60°의 삼각비의 값을 이용하여 변의 길이 구하기

10 다음 그림과 같은 직각삼각형 ABD, ACD에서 $\angle ABD=30^{\circ}$, $\angle ACD=45^{\circ}$이고 $\overline{CD}=4\sqrt{3}$일 때, $\overline{AB}$의 길이는?

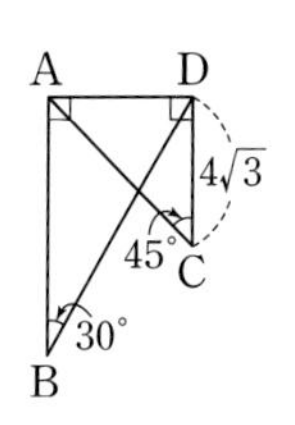

① 8　② $4\sqrt{6}$　③ 10
④ $8\sqrt{2}$　⑤ 12

30°, 45°, 60°의 삼각비의 값을 이용하여 변의 길이 구하기

11 다음 그림과 같이 원 O 위의 점 C에서 지름 $\overline{AB}$에 내린 수선의 발을 H라 하자. 반지름의 길이가 6 cm이고 $\angle AOC=120^{\circ}$일 때, $\overline{BH}$의 길이는?

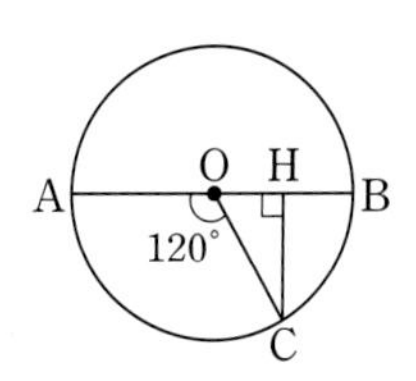

① 1 cm　② 2 cm　③ 3 cm
④ 4 cm　⑤ 5 cm

사분원에서의 예각의 삼각비의 값

12 다음 그림과 같이 반지름의 길이가 1인 사분원에서 $\overline{BD}$의 길이는?

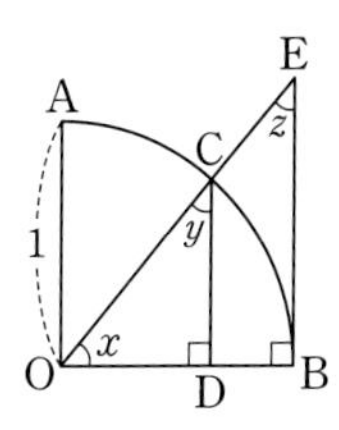

① $\cos x$　② $\sin z$　③ $1-\sin x$
④ $1-\sin y$　⑤ $\tan z-\tan y$

삼각비의 값의 대소 관계

13 다음 삼각비의 값 중에서 두 번째로 작은 값은?

① $\cos 18°$　② $\sin 32°$　③ $\tan 45°$
④ $\tan 52°$　⑤ $\cos 90°$

삼각비의 값의 대소 관계

14 $45° < A < 90°$일 때,
$\sqrt{(1-\cos A)^2}-\sqrt{(\sin 45°-\cos A)^2}$를 간단히 하면?

① $-1+\frac{\sqrt{2}}{2}$　② $1-\frac{\sqrt{2}}{2}$　③ $1+\frac{\sqrt{2}}{2}$
④ $1-2\cos A$　⑤ $1+\frac{\sqrt{2}}{2}+2\cos A$

삼각비의 표를 이용하여 삼각비의 값 구하기

15 오른쪽 그림과 같이 직각 삼각형 ABC에서 $\overline{AC}=100$ cm, $\overline{BC}=81.92$ cm일 때, $y-x$의 값은?

(단, 주어진 삼각비의 표를 이용한다.)

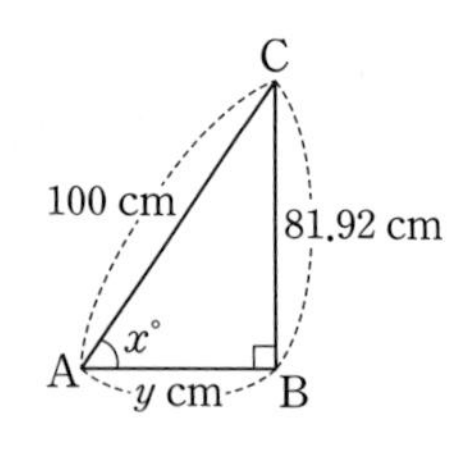

각도	sin	cos	tan
54°	0.8090	0.5878	1.3764
55°	0.8192	0.5736	1.4281
56°	0.8290	0.5592	1.4826

① 1.92　② 2.36　③ 3.78
④ 27.92　⑤ 82.64

직각삼각형의 변의 길이

16 다음 그림과 같이 지면에 서 있던 나무가 부러져 쓰러져 있다. 이 나무가 쓰러지기 전의 높이는?

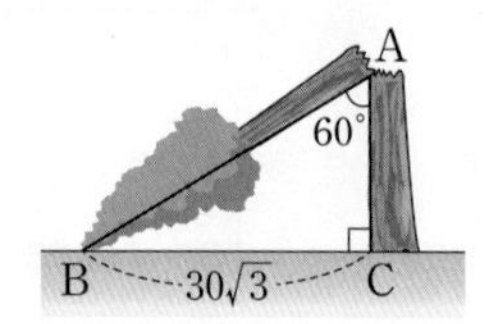

① 60　② 70　③ 80
④ 90　⑤ 100

직각삼각형의 변의 길이

17 다음 그림과 같이 비행기가 초속 50 m의 속력으로 이륙하고 있다. 비행기가 직선 경로로 날고 있을 때, 지면을 이륙한 지 3초 후 비행기의 지면으로부터의 높이를 구하시오.

(단, $\sin 25°=0.42$, $\sin 65°=0.90$)

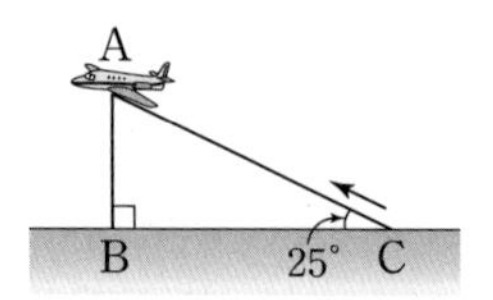

일반삼각형의 변의 길이

18 다음 그림과 같이 호수의 가장자리의 두 지점 A, B 사이의 거리를 구하기 위해 측량한 결과가 다음과 같다. 두 지점 A, B 사이의 거리를 구하시오.

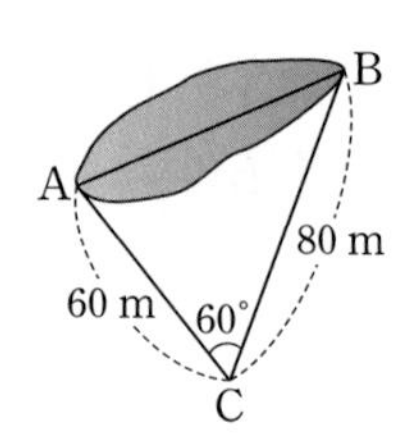

일반삼각형의 변의 길이

19 다음 그림과 같이 △ABC에서 ∠ABC=45°, ∠ACB=105°, $\overline{BC}=10$ cm이다. $\overline{AB}$의 길이를 x cm, $\overline{AC}$의 길이를 y cm라고 할 때, xy의 값은?

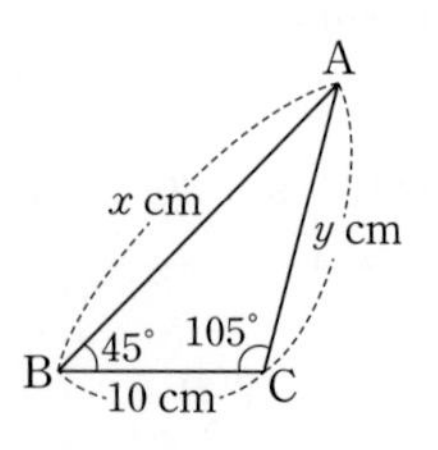

① $50(1+\sqrt{3})$　② $50(\sqrt{2}+\sqrt{3})$
③ $100(1+\sqrt{3})$　④ $100(\sqrt{2}+\sqrt{3})$
⑤ $100(1+\sqrt{6})$

삼각형의 높이

20 다음 그림과 같이 분속 120 m의 속력으로 움직이는 자동차가 A지점에서 건물 위 P지점을 올려다본 각의 크기가 60°이고, 3분 후 B지점에서 P지점을 올려다본 각의 크기가 30°일 때, 건물의 높이는?

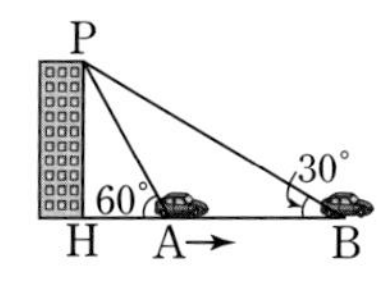

① 180 m ② $180\sqrt{3}$ m ③ 240 m
④ $240\sqrt{3}$ m ⑤ 360 m

삼각형의 넓이

21 다음 그림과 같은 △ABC에서 $\overline{AB}=14$, $\overline{AC}=12$이고 $\cos A=\frac{3}{4}$일 때, △ABC의 넓이는?

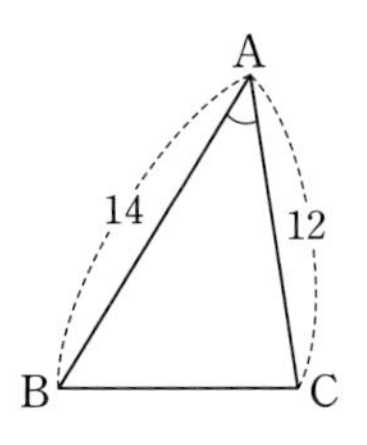

① 14 ② $15\sqrt{7}$ ③ 18
④ $18\sqrt{7}$ ⑤ $21\sqrt{7}$

삼각형의 넓이

22 다음 그림과 같은 △ABC에서 ∠A의 이등분선이 $\overline{BC}$와 만나는 점을 D라고 하자. $\overline{AB}=8$ cm, $\overline{AD}=5\sqrt{3}$ cm, ∠A=60°일 때, $\overline{AC}$의 길이는?

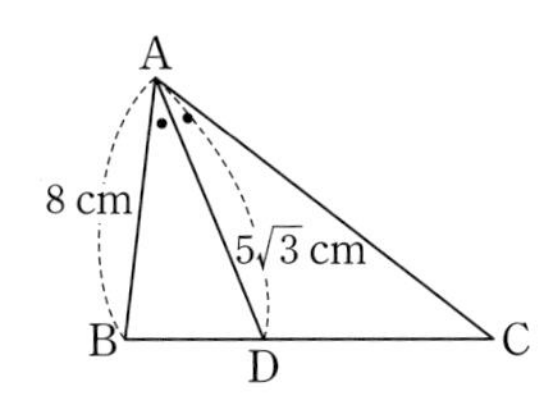

① $\frac{25}{3}$ cm ② $\frac{35}{3}$ cm ③ 10 cm
④ $\frac{40}{3}$ cm ⑤ 15 cm

사각형의 넓이

23 다음 그림과 같은 사각형 ABCD에서 $\overline{AC}:\overline{BD}=3:4$이고 □ABCD의 넓이가 $81\sqrt{2}$ cm²일 때, $\overline{AC}+\overline{BD}$의 길이는?

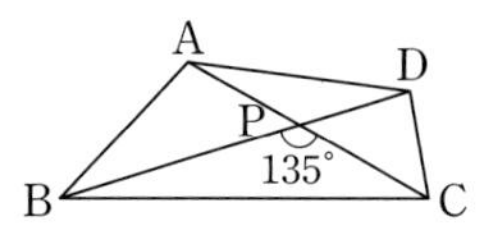

① 21 cm ② $21\sqrt{3}$ cm ③ 42 cm
④ $42\sqrt{2}$ cm ⑤ $42\sqrt{3}$ cm

사각형의 넓이

24 다음 그림과 같은 평행사변형 ABCD에서 $\overline{BP}:\overline{CP}=3:1$이고 $\overline{AB}=10$ cm, $\overline{AD}=16$ cm이다. △APC=10 cm²일 때, ∠B의 크기를 구하시오. (단, 90°<∠B<180°)

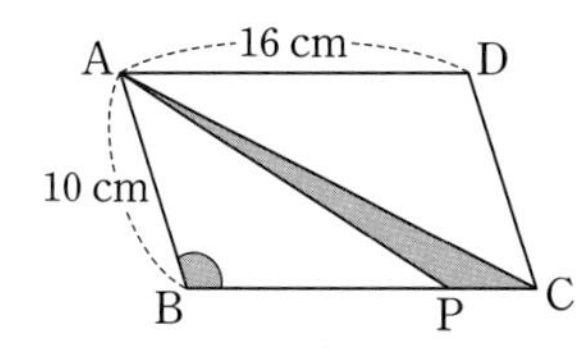

다각형의 넓이

25 다음 그림과 같은 □ABCD에서 $\overline{BD}\,/\!/\,\overline{CE}$이고 $\overline{AD}=2$, $\overline{AB}=4$, $\overline{BC}=3$이다. □ABCD의 넓이가 $6\sqrt{2}$일 때, $\overline{DE}$의 길이는?

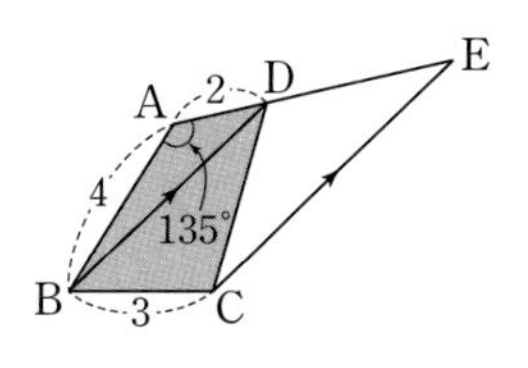

① 3 ② 4 ③ 5
④ 6 ⑤ 7

원의 중심과 현의 수직이등분선

26 다음 그림과 같이 반지름의 길이가 20 cm인 원 O에서 $\overline{AB}\perp\overline{OC}$이고 $\overline{OP}=\overline{CP}$일 때, $\overline{AB}$의 길이는?

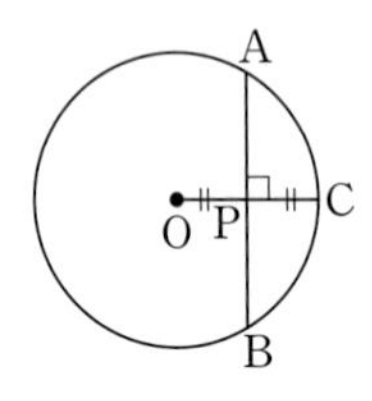

① 20 cm ② $20\sqrt{2}$ cm ③ $20\sqrt{3}$ cm
④ 40 cm ⑤ $20\sqrt{6}$ cm

원의 중심과 현의 수직이등분선

27 다음 그림과 같이 $\widehat{AB}$는 반지름의 길이가 5 cm인 원 O의 일부분이다. $\overline{AB}\perp\overline{CM}$이고 $\overline{AB}=8$ cm, $\overline{AM}=\overline{BM}$일 때, $\overline{CM}$의 길이는?

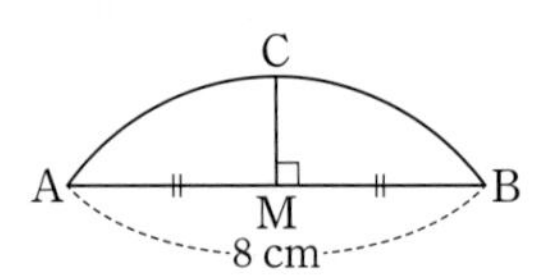

① $\frac{1}{2}$ cm ② 1 cm ③ $\frac{3}{2}$ cm
④ 2 cm ⑤ $\frac{5}{2}$ cm

중심이 같은 두 원에서의 접선

28 다음 그림과 같이 중심이 같은 두 원에서 $\overline{AB}=10$ cm, $\overline{CD}=4$ cm이고 $\overline{OM}\perp\overline{AB}$일 때, 색칠한 부분의 넓이는?

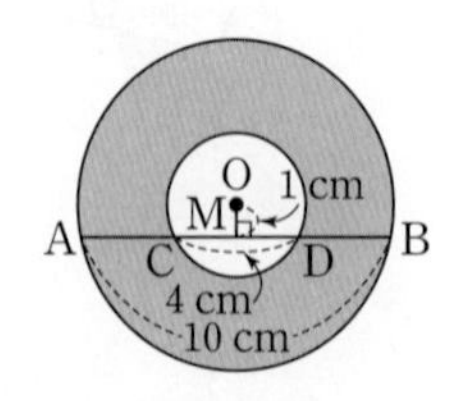

① 21π cm^2 ② 22π cm^2 ③ 23π cm^2
④ 24π cm^2 ⑤ 25π cm^2

원의 중심과 현의 길이

29 다음 그림과 같이 원 O에서 $\overline{OM}\perp\overline{CD}$이고 $\overline{AB}=\overline{CD}$일 때, $\triangle AOB$의 넓이를 구하시오.

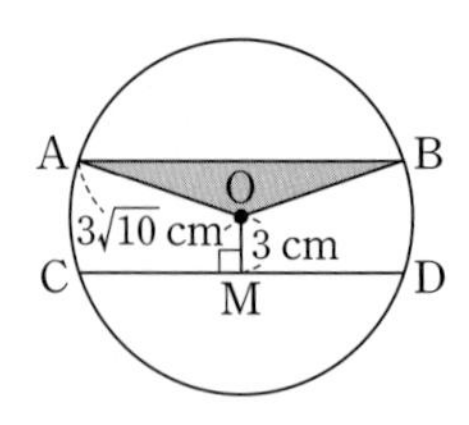

원의 중심과 현의 길이

30 다음 그림과 같이 원 O에서 $\overline{OM}=\overline{ON}=2\sqrt{3}$이고 $\angle A=60°$일 때, $\triangle ABC$의 넓이는?

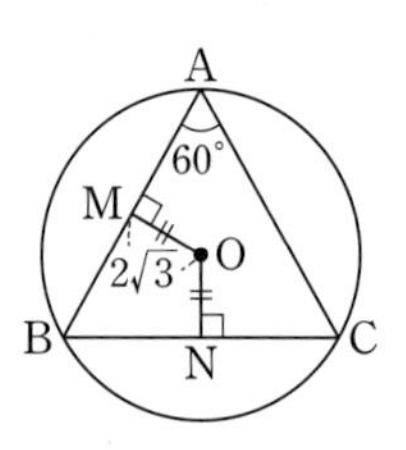

① $9\sqrt{3}$ ② 18 ③ $18\sqrt{3}$
④ 36 ⑤ $36\sqrt{3}$

원의 중심과 현의 길이

31 다음 그림과 같이 원 O에서 $\overline{OM}\perp\overline{AB}$, $\overline{ON}\perp\overline{AC}$이고 $\overline{OM}=\overline{ON}$이다. $\angle MON=122°$일 때, $\angle ACB$의 크기는?

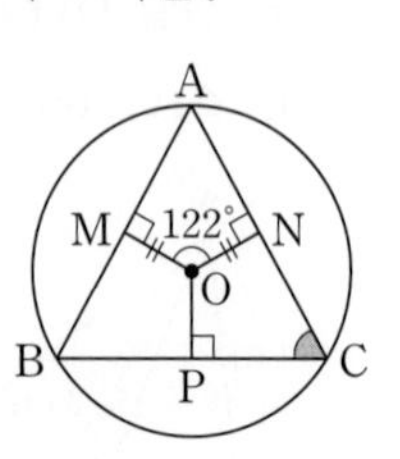

① 60° ② 61° ③ 62°
④ 63° ⑤ 64°

원의 접선의 성질

32 다음 그림과 같이 두 점 A, B는 원 O 밖의 한 점 P에서 그은 두 접선의 접점이고 $\overline{AP}=12$ cm일 때, 부채꼴 AOB의 넓이는?

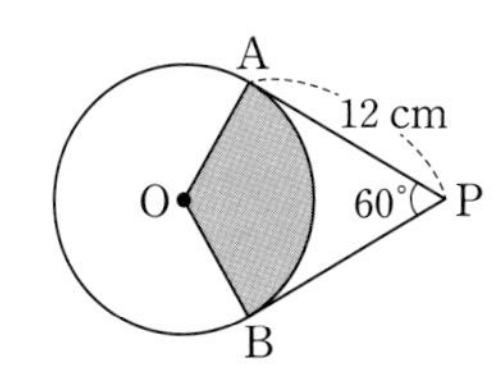

① 10π cm^2 ② 12π cm^2 ③ 14π cm^2
④ 16π cm^2 ⑤ 18π cm^2

원의 접선의 성질

33 다음 그림과 같이 $\overline{PA}$, $\overline{PB}$, $\overline{CD}$는 원 O의 접선이고, 세 점 A, B, E는 접점이다. $\overline{PC}=6$ cm, $\overline{PD}=8$ cm, $\overline{CD}=6$ cm일 때, $\overline{PA}$의 길이는?

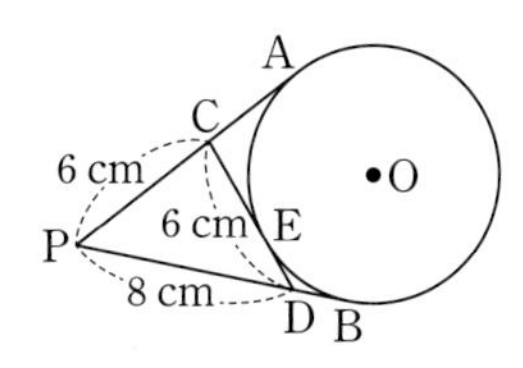

① 7 cm ② 8 cm ③ 9 cm
④ 10 cm ⑤ 11 cm

반원에서의 접선

34 다음 그림과 같이 $\overline{AB}$는 반원 O의 지름이고 $\overline{AD}$, $\overline{CD}$, $\overline{BC}$는 반원 O의 접선이다.
$\overline{AD}=4$ cm, $\overline{BC}=9$ cm일 때, 반원 O의 넓이는?

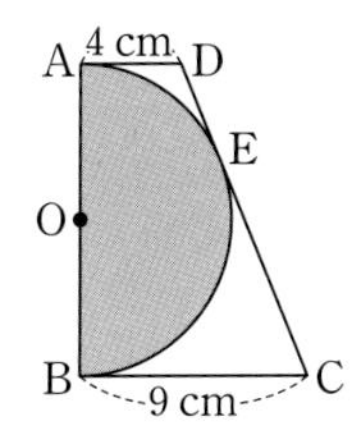

① 18π cm^2 ② 20π cm^2 ③ 22π cm^2
④ 24π cm^2 ⑤ 26π cm^2

삼각형의 내접원과 접선

35 다음 그림과 같이 원 O는 $\angle C$가 90°인 직각삼각형 ABC의 내접원이고 세 점 D, E, F는 접점이다. 내접원 O의 반지름의 길이가 2 cm이고 $\overline{BC}=6$ cm일 때, $\overline{AB}$의 길이는?

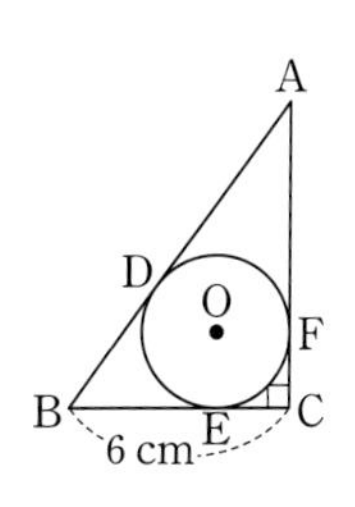

① 8 cm ② 9 cm ③ 10 cm
④ 11 cm ⑤ 12 cm

사각형의 내접원과 접선

36 다음 그림과 같이 원 O는 직사각형 ABCD의 세 변과 접하고 $\overline{DE}$는 원 O의 접선이다.
$\overline{CD}=12$ cm, $\overline{CE}=5$ cm일 때, $\overline{BE}$의 길이는?

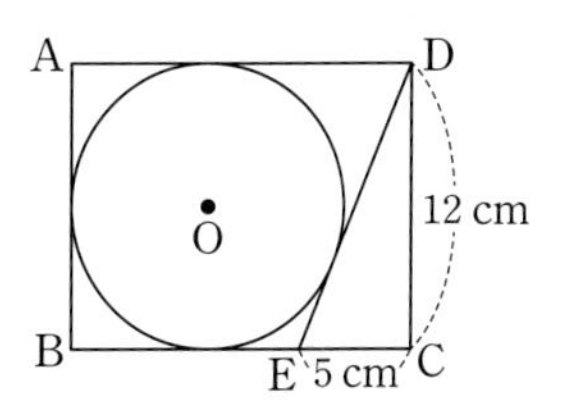

① 7 cm ② 8 cm ③ 9 cm
④ 10 cm ⑤ 11 cm

삼각형의 내접원과 접선

37 다음 그림과 같이 원 O_1, O_2, O_3, O_4는 각각 $\triangle ABC$, $\triangle ACD$, $\triangle ADE$, $\triangle AEF$의 내접원이고, 원 O_1과 O_2, O_2와 O_3, O_3과 O_4는 각각 한 점에서 만난다. 이때 $\overline{AF}$의 길이를 구하시오.

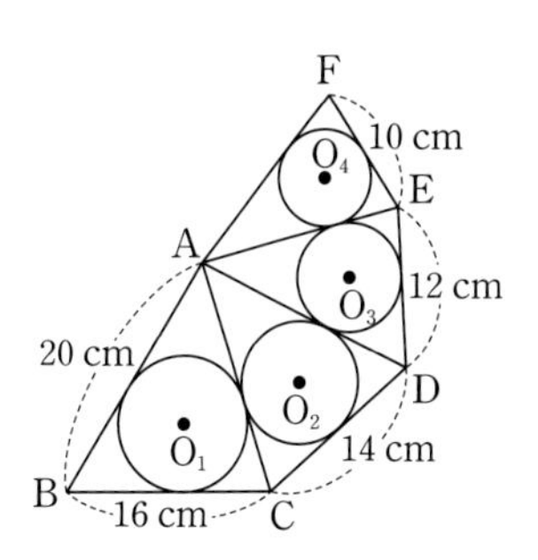

삼각형의 내접원과 접선

38 다음 그림과 같이 원 O는 삼각형 ABC의 내접원이고, 세 점 D, E, F는 접점이다. $\overline{AB}=15$ cm, $\overline{BC}=10$ cm, $\overline{AC}=13$ cm일 때, $\overline{BE}$의 길이는?

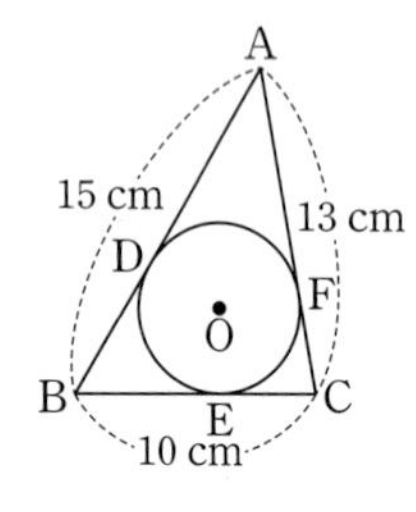

① 4 cm ② 5 cm ③ 6 cm
④ 7 cm ⑤ 8 cm

원주각과 중심각의 크기

39 다음 그림과 같은 원 O에서 ∠BAC의 크기는?

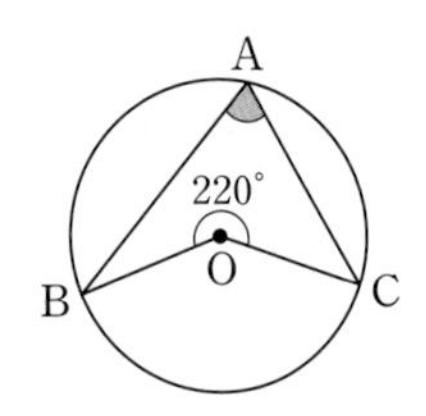

① 70° ② 75° ③ 80°
④ 85° ⑤ 90°

원주각과 중심각의 크기

40 다음 그림과 같이 원 밖의 한 점 P에서 그은 두 접선의 접점이 각각 A, B이고 ∠AQB=65°일 때, ∠APB의 크기는?

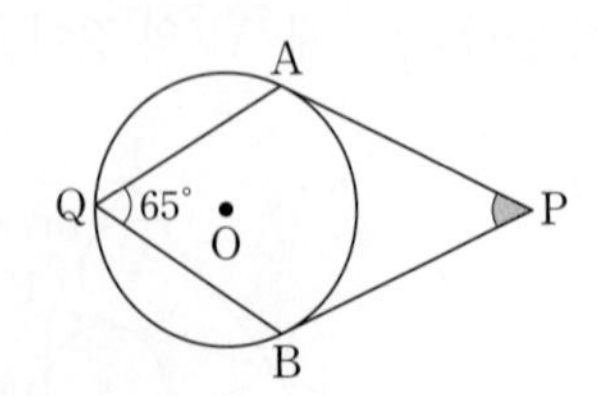

① 50° ② 55° ③ 60°
④ 65° ⑤ 70°

원주각의 성질

41 다음 그림과 같은 원에서 ∠DPC=35°, ∠ACB=22°일 때, ∠DEC의 크기는?

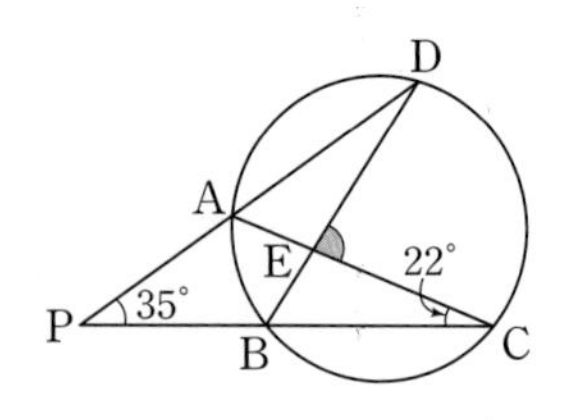

① 76° ② 77° ③ 78°
④ 79° ⑤ 80°

원주각과 삼각비의 값

42 다음 그림과 같이 반지름의 길이가 5 cm인 원 O에 내접하는 삼각형 ABC에서 $\overline{BC}=6$ cm일 때, $\cos A$의 값을 구하시오.

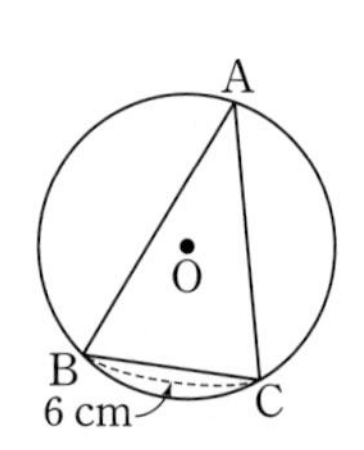

반원에 대한 원주각의 성질

43 다음 그림과 같이 $\overline{AB}$는 원 O의 지름이고 ∠COD=42°일 때, ∠APB의 크기는?

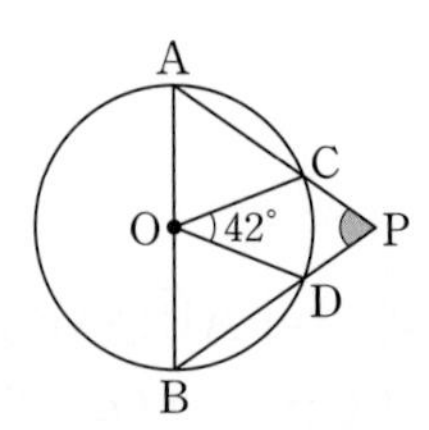

① 69° ② 74° ③ 79°
④ 84° ⑤ 89°

반원에 대한 원주각의 성질

44 다음 그림과 같이 $\overline{AB}$가 지름인 반원 O와 $\overline{AO}$를 지름으로 하는 반원 O′이 있다. $\overline{BP}$는 점 B에서 반원 O′에 그은 접선이고 점 P는 접점이다. ∠PBA=20°일 때, ∠PAO의 크기를 구하시오.

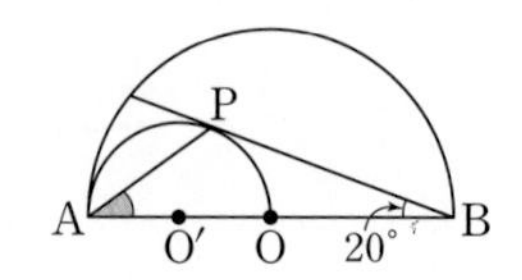

원주각과 중심각의 크기

45 다음 그림과 같이 원 O에서 $\angle AOC=84^\circ$이고 $\angle CQB=18^\circ$일 때, $\angle APB$의 크기는?

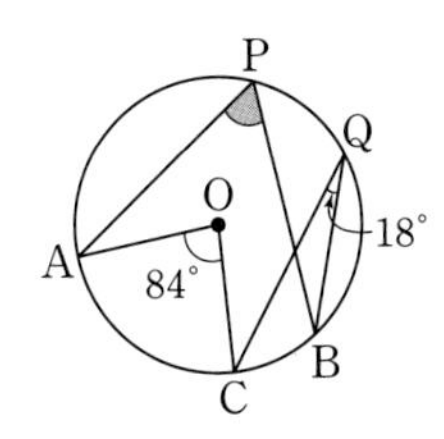

① 36° ② 42° ③ 60°
④ 66° ⑤ 78°

원주각의 크기와 호의 길이

46 다음 그림과 같은 반원 O에서 $\widehat{BC}=\widehat{CD}$이고 $\angle APD=53^\circ$일 때, $\angle CAB$의 크기는?

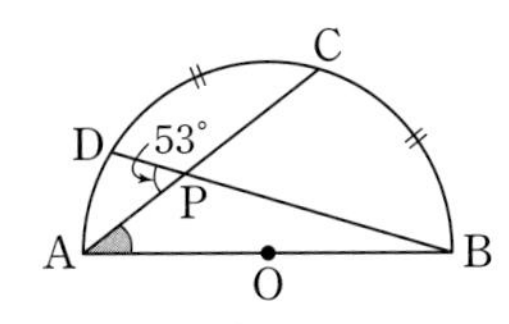

① 35° ② 37° ③ 39°
④ 41° ⑤ 43°

원주각의 크기와 호의 길이

47 다음 그림과 같은 원에서 $\angle ADC=30^\circ$, $\angle DPB=80^\circ$이고 $\widehat{AC}=6$ cm일 때, $\widehat{DB}$의 길이는?

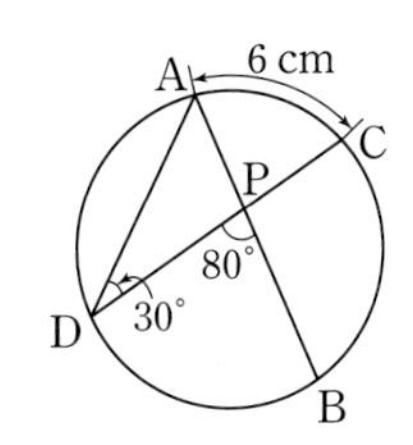

① 8 cm ② 10 cm ③ 12 cm
④ 14 cm ⑤ 16 cm

원주각의 크기와 호의 길이

48 다음 그림과 같이 반지름의 길이가 10 cm인 원에 내접하는 삼각형 ABC에서 $\angle ACB=36^\circ$이다. 점 I가 $\triangle ABC$의 내심일 때, $\widehat{PQ}$의 길이는?

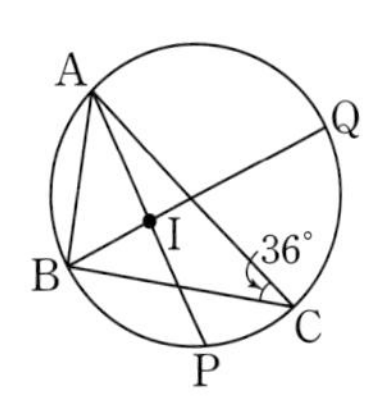

① 6π cm ② 8π cm ③ 10π cm
④ 12π cm ⑤ 14π cm

네 점이 한 원 위에 있을 조건

49 다음 중 네 점 A, B, C, D가 한 원 위에 있는 것은?

①
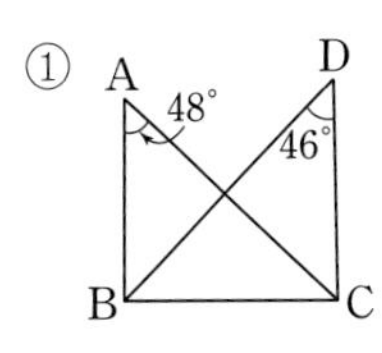

②
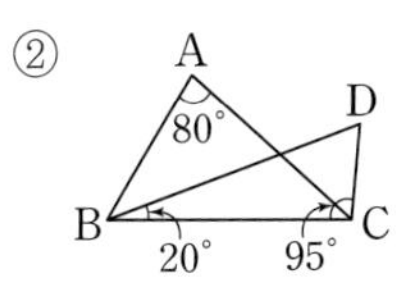

③
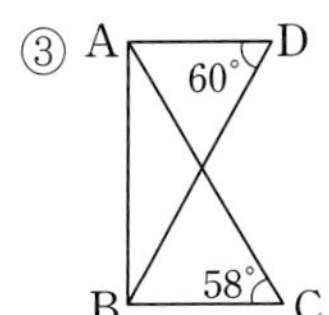

④
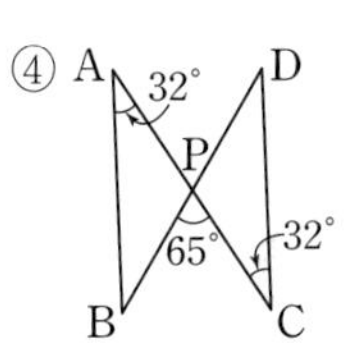

⑤
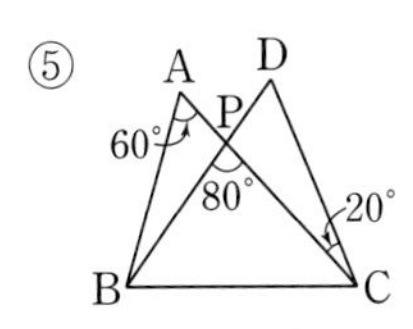

네 점이 한 원 위에 있을 조건

50 다음 그림과 같이 $\overline{AD}=\overline{BC}$이고 $\angle BAC=40^\circ$이다. 네 점 A, B, C, D가 한 원 위에 있을 때, $\angle APD$의 크기를 구하시오.

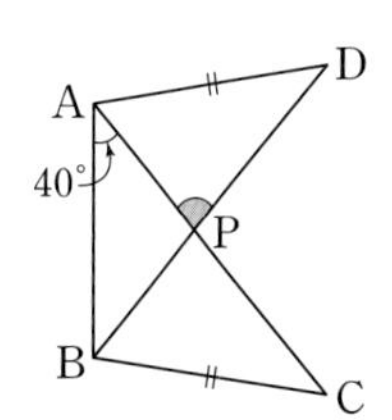

MEMO

효과가 상상 이상입니다.

예전에는 아이들의 어휘 학습을 위해 학습지를 만들어 주기도 했는데,
이제는 이 교재가 있으니 어휘 학습 고민은 해결되었습니다.
아이들에게 아침 자율 활동으로 할 것을 제안하였는데,
“선생님, 더 풀어도 되나요?”라는 모습을 보면,
아이들의 기초 학습 습관 형성에도 큰 도움이 되고 있다고 생각합니다.

ㄷ초등학교 안00 선생님

어휘 공부의 힘을 느꼈습니다.

학습에 자신감이 없던 학생도 이미 배운 어휘가 수업에 나왔을 때 반가워합니다.
어휘를 먼저 학습하면서 흥미도가 높아지고
동기 부여가 되는 것을 보면서 어휘 공부의 힘을 느꼈습니다.

ㅂ학교 김00 선생님

학생들 스스로 뿌듯해해요.

처음에는 어휘 학습을 따로 한다는 것 자체가 부담스러워했지만,
공부하는 내용에 대해 이해도가 높아지는 경험을 하면서
스스로 뿌듯해하는 모습을 볼 수 있었습니다.

ㅅ초등학교 손00 선생님

앞으로도 활용할 계획입니다.

학생들에게 확인 문제의 수준이 너무 어렵지 않으면서도
교과서에 나오는 낱말의 뜻을 확실하게 배울 수 있었고,
주요 학습 내용과 관련 있는 낱말의 뜻과 용례를
정확하게 공부할 수 있어서 효과적이었습니다.

ㅅ초등학교 지00 선생님

학교 선생님들이 확인한
어휘가 문해력이다의 학습 효과!
직접 경험해 보세요

학기별 교과서 어휘 완전 학습
<어휘가 문해력이다>
— 예비 초등 ~ 중학 3학년 —

중학도 역시 EBS

정답과 풀이

전국 중학교
기출문제
완벽 분석

시험 대비
적중 문항
수록

중학 수학 내신 대비 기출문제집

3-2 중간고사

실전 모의고사
+
최종 마무리 50제

중학 수학 내신 대비 기출문제집

3-2 중간고사

정답과 풀이

V 삼각비

1 | 삼각비

개념 체크

본문 8~9쪽

01 $\sin A=\frac{4}{5}$, $\cos A=\frac{3}{5}$, $\tan A=\frac{4}{3}$

$\sin B=\frac{3}{5}$, $\cos B=\frac{4}{5}$, $\tan B=\frac{3}{4}$

02 (1) 15 (2) $2\sqrt{5}$

03 (1) $\frac{3\sqrt{3}}{2}$ (2) $-\frac{3}{4}$

04 $x=6$, $y=3\sqrt{3}$

05 (1) 0.77 (2) 0.64 (3) 1.19

06 (1) 0 (2) 0

07 (1) $<$ (2) $>$ (3) $<$ (4) $=$

08 (1) 0.3420 (2) 0.9511 (3) 0.3057

09 (1) 17 (2) 20 (3) 18

대표유형

본문 10~13쪽

01 ③	02 ②	03 ②	04 ⑤	05 ④
06 ①	07 ②	08 ①	09 ⑤	10 ③
11 ④	12 ④	13 ③	14 ⑤	15 $\frac{1}{4}$
16 ⑤	17 $\frac{10\sqrt{6}}{3}$ cm		18 ①	19 ③
20 ④	21 ③	22 ②	23 ③	
24 131.12				

01 피타고라스 정리에 의하여

$\overline{AB}=\sqrt{\overline{AC}^2+\overline{BC}^2}=\sqrt{52}=2\sqrt{13}$

① $\sin A=\frac{\overline{BC}}{\overline{AB}}=\frac{6}{2\sqrt{13}}=\frac{3\sqrt{13}}{13}$

② $\sin B=\frac{\overline{AC}}{\overline{AB}}=\frac{4}{2\sqrt{13}}=\frac{2\sqrt{13}}{13}$

③ $\cos A=\frac{\overline{AC}}{\overline{AB}}=\frac{4}{2\sqrt{13}}=\frac{2\sqrt{13}}{13}$

④ $\tan B=\frac{\overline{AC}}{\overline{BC}}=\frac{4}{6}=\frac{2}{3}$

⑤ $\tan C=\tan 90°$이므로 그 값을 정할 수 없다.

따라서 정답은 ③이다.

02 피타고라스 정리에 의하여

$\overline{AB}=\sqrt{\overline{BC}^2-\overline{AC}^2}=\sqrt{9}=3$이므로

$\sin B=\frac{\overline{AC}}{\overline{BC}}=\frac{\sqrt{7}}{4}$, $\tan C=\frac{\overline{AB}}{\overline{AC}}=\frac{3}{\sqrt{7}}$

따라서 $\sin B\times\tan C=\frac{\sqrt{7}}{4}\times\frac{3}{\sqrt{7}}=\frac{3}{4}$

03 $\triangle$ABD는 직각삼각형이므로 피타고라스 정리에 의하여

$\overline{BD}=\sqrt{\overline{AD}^2-\overline{AB}^2}=\sqrt{36}=6$

$\overline{BD}=\overline{CD}$이므로 $\overline{BC}=2\overline{BD}=12$

$\triangle$ABC에서 피타고라스 정리에 의하여

$\overline{AC}=\sqrt{\overline{AB}^2+\overline{BC}^2}=\sqrt{208}=4\sqrt{13}$

따라서 $\sin x=\frac{\overline{AB}}{\overline{AC}}=\frac{8}{4\sqrt{13}}=\frac{2\sqrt{13}}{13}$

04 $\sin A=\frac{\overline{BC}}{\overline{AC}}$이므로

$\frac{\sqrt{10}}{10}=\frac{\overline{BC}}{2\sqrt{10}}$에서 $\overline{BC}=2$ (cm)

피타고라스 정리에 의하여

$\overline{AB}=\sqrt{\overline{AC}^2-\overline{BC}^2}=\sqrt{40-4}=\sqrt{36}=6$ (cm)

05 $\tan A=\frac{\overline{BC}}{\overline{AC}}=\frac{\overline{BC}}{3}=\sqrt{2}$이므로

$\overline{BC}=3\sqrt{2}$ (cm)

피타고라스 정리에 의하여

$\overline{AB}=\sqrt{\overline{AC}^2+\overline{BC}^2}=\sqrt{3^2+(3\sqrt{2})^2}$

$=\sqrt{27}=3\sqrt{3}$ (cm)

$\cos B=\frac{\overline{BC}}{\overline{AB}}=\frac{3\sqrt{2}}{3\sqrt{3}}=\frac{\sqrt{6}}{3}$

06 $\cos B=\frac{\overline{BC}}{\overline{AB}}=\frac{6}{\overline{AB}}=\frac{2\sqrt{5}}{5}$이므로

$\overline{AB}=3\sqrt{5}$ (cm)

피타고라스 정리에 의하여

$\overline{AC}=\sqrt{\overline{AB}^2-\overline{BC}^2}=\sqrt{(3\sqrt{5})^2-6^2}$

$=\sqrt{9}=3$ (cm)

따라서 ($\triangle$ABC의 넓이)$=\frac{1}{2}\times6\times3=9$ (cm^2)

07 $\sin A=\frac{\sqrt{6}}{3}$인 한 $\triangle$ABC를 그리면 오른쪽 그림과 같다.

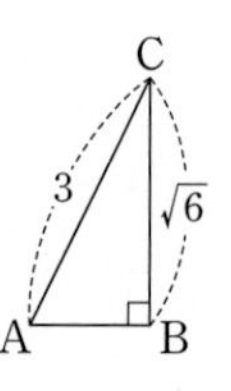

피타고라스 정리에 의하여

$\overline{AB}=\sqrt{3^2-(\sqrt{6})^2}=\sqrt{3}$

따라서 $\tan A=\frac{\overline{BC}}{\overline{AB}}=\frac{\sqrt{6}}{\sqrt{3}}=\sqrt{2}$

08

$\tan A=2$인 한 $\triangle ABC$를 그리면 오른쪽 그림과 같다.

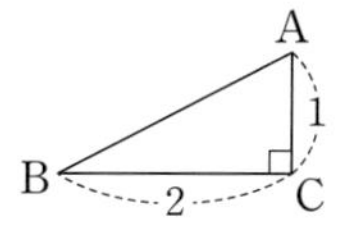

피타고라스 정리에 의하여

$\overline{AB}=\sqrt{2^2+1^2}=\sqrt{5}$이므로

$\sin A=\dfrac{\overline{BC}}{\overline{AB}}=\dfrac{2}{\sqrt{5}}=\dfrac{2\sqrt{5}}{5}$

09

$\cos A=\dfrac{5}{7}$인 한 $\triangle ABC$를 그리면 오른쪽 그림과 같다.

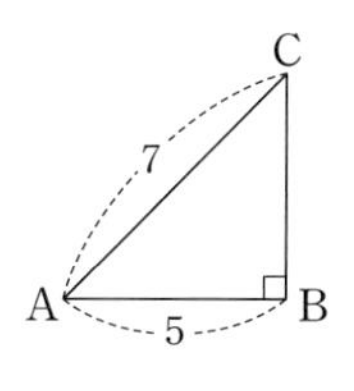

피타고라스 정리에 의하여

$\overline{BC}=\sqrt{7^2-5^2}=\sqrt{24}=2\sqrt{6}$

이므로

$\sin A=\dfrac{\overline{BC}}{\overline{AC}}=\dfrac{2\sqrt{6}}{7}$, $\tan A=\dfrac{\overline{BC}}{\overline{AB}}=\dfrac{2\sqrt{6}}{5}$

따라서 $\sin A\times\tan A=\dfrac{2\sqrt{6}}{7}\times\dfrac{2\sqrt{6}}{5}=\dfrac{24}{35}$

10

$\triangle ABC$와 $\triangle DBA$에서

$\angle BAC=\angle BDA=90^\circ$이고 $\angle B$는 공통이므로

$\triangle ABC\backsim\triangle DBA$ (AA닮음)

즉, $\angle BAD=\angle BCA=x$

$\triangle ABC$에서 피타고라스 정리에 의하여

$\overline{BC}=\sqrt{8^2+6^2}=10$이므로

$\cos x=\cos(\angle BCA)=\dfrac{\overline{AC}}{\overline{BC}}=\dfrac{6}{10}=\dfrac{3}{5}$

11

$\triangle ABC$와 $\triangle HAC$에서

$\angle BAC=\angle AHC=90^\circ$이고 $\angle C$는 공통이므로

$\triangle ABC\backsim\triangle HAC$ (AA닮음)

즉, $\angle ABC=\angle HAC=x$

ㄱ. $\triangle ABC$에서 $\sin x=\dfrac{\overline{AC}}{\overline{BC}}$ (거짓)

ㄴ. $\triangle ABH$에서 $\cos x=\dfrac{\overline{BH}}{\overline{AB}}$ (참)

ㄷ. $\triangle AHC$에서 $\tan x=\dfrac{\overline{CH}}{\overline{AH}}$ (거짓)

ㄹ. $\triangle ABH$에서 $\sin x=\dfrac{\overline{AH}}{\overline{AB}}$이므로

$\overline{AB}\sin x=\overline{AH}$ (참)

따라서 옳은 것은 ㄴ, ㄹ이다.

12

$\triangle ABC$와 $\triangle HBD$에서

$\angle BAC=\angle BHD=90^\circ$이고 $\angle B$는 공통이므로

$\triangle ABC\backsim\triangle HBD$ (AA닮음)

따라서 $\angle BDH=\angle BCA=x$

$\cos x=\dfrac{5}{8}$이므로 $\cos(\angle BCA)=\dfrac{\overline{AC}}{\overline{BC}}=\dfrac{10}{\overline{BC}}=\dfrac{5}{8}$

즉, $\overline{BC}=16$

따라서 $\triangle ABC$에서 피타고라스 정리에 의하여

$\overline{AB}=\sqrt{16^2-10^2}=\sqrt{156}=2\sqrt{39}$

13

③ $\tan 60^\circ\times(\tan 30^\circ-\cos 30^\circ)$

$=\sqrt{3}\left(\dfrac{\sqrt{3}}{3}-\dfrac{\sqrt{3}}{2}\right)$

$=1-\dfrac{3}{2}=-\dfrac{1}{2}$

14

① $\dfrac{\cos 45^\circ}{\sin 45^\circ}\times\cos 0^\circ=\dfrac{\sqrt{2}}{2}\div\dfrac{\sqrt{2}}{2}\times 1=1$

② $\dfrac{\sin 0^\circ+\tan 45^\circ}{\sin 30^\circ+\cos 60^\circ}=\dfrac{0+1}{\frac{1}{2}+\frac{1}{2}}=1$

③ $\dfrac{\sin 0^\circ+\cos 0^\circ}{\cos 90^\circ+\sin 90^\circ}=\dfrac{0+1}{0+1}=1$

④ $(\tan 0^\circ+\cos 0^\circ)\times\sin 90^\circ=(0+1)\times 1=1$

⑤ $\sin 90^\circ\times\tan 60^\circ-(\cos 30^\circ+\sin 60^\circ)$

$=1\times\sqrt{3}-\left(\dfrac{\sqrt{3}}{2}+\dfrac{\sqrt{3}}{2}\right)=0$

따라서 계산 결과가 나머지 넷과 다른 것은 ⑤이다.

15

$\tan x=\sqrt{3}$ $(0^\circ<x<90^\circ)$이므로 $x=60^\circ$

따라서

$\sin(90^\circ-x)\times\cos x$

$=\sin(90^\circ-60^\circ)\times\cos 60^\circ$

$=\dfrac{1}{2}\times\dfrac{1}{2}=\dfrac{1}{4}$

16

$\triangle ABD$에서 $\tan 30^\circ=\dfrac{\overline{BD}}{\overline{AD}}=\dfrac{3}{\overline{AD}}=\dfrac{\sqrt{3}}{3}$

즉, $\overline{AD}=\dfrac{9}{\sqrt{3}}=3\sqrt{3}$

$\triangle ADC$에서 $\sin 45^\circ=\dfrac{\overline{AD}}{\overline{AC}}=\dfrac{3\sqrt{3}}{\overline{AC}}=\dfrac{\sqrt{2}}{2}$이므로

$\overline{AC}=6\sqrt{3}\div\sqrt{2}=3\sqrt{6}$

17

$\triangle ABC$에서 $\cos 45^\circ=\dfrac{\overline{AB}}{\overline{BC}}=\dfrac{5}{\overline{BC}}=\dfrac{\sqrt{2}}{2}$

즉, $\overline{BC}=5\sqrt{2}$ (cm)

$\triangle DBC$에서 $\sin 60^\circ=\dfrac{\overline{BC}}{\overline{BD}}=\dfrac{5\sqrt{2}}{\overline{BD}}=\dfrac{\sqrt{3}}{2}$

따라서 $\overline{BD}=10\sqrt{2}\div\sqrt{3}=\dfrac{10\sqrt{6}}{3}$ (cm)

18

$\overline{CD}=x$라고 하면 $\triangle ABC$는 직각이등변삼각형이므로

$\overline{AC}=\overline{BC}=\overline{BD}+\overline{DC}=2+x$

$\triangle$ADC에서 $\tan 60^\circ=\frac{\overline{AC}}{\overline{DC}}=\frac{2+x}{x}=\sqrt{3}$

$\sqrt{3}x=2+x$, $(\sqrt{3}-1)x=2$,

$x=\frac{2}{\sqrt{3}-1}=\sqrt{3}+1$

따라서 $\overline{CD}=\sqrt{3}+1$

19 ㄱ. $\triangle$OAC에서 $\cos x=\frac{\overline{OC}}{\overline{OA}}=\frac{\overline{OC}}{1}=\overline{OC}$

ㄴ. $\triangle$OAC에서 $\sin y=\frac{\overline{OC}}{\overline{OA}}=\frac{\overline{OC}}{1}=\overline{OC}$

ㄷ. $\triangle OAC \backsim \triangle ODB$ (AA닮음)이므로 $\angle y=\angle z$

$\triangle$ODB에서 $\tan y=\tan z=\frac{\overline{OB}}{\overline{BD}}=\frac{1}{\overline{BD}}$

ㄹ. $\triangle OAC \backsim \triangle ODB$ (AA닮음)이므로 $\angle y=\angle z$

$\triangle$OAC에서 $\cos z=\cos y=\frac{\overline{AC}}{\overline{OA}}=\frac{\overline{AC}}{1}=\overline{AC}$

따라서 옳은 것은 ㄱ, ㄹ이다.

20 $\cos 52^\circ=0.62$, $\tan 52^\circ=1.28$이므로

$\cos 52^\circ+\tan 52^\circ=0.62+1.28=1.90$

21 $\overline{AB}=\overline{AE}=1$이므로

$\overline{BD}=\sin 60^\circ=\frac{\sqrt{3}}{2}$, $\overline{CE}=\tan 60^\circ=\sqrt{3}$

$\overline{CF}=\overline{CE}-\overline{FE}=\overline{CE}-\overline{BD}=\sqrt{3}-\frac{\sqrt{3}}{2}=\frac{\sqrt{3}}{2}$

22 $0^\circ<x<90^\circ$일 때 x의 크기가 증가하면 $\cos x$의 값은 1에서 0까지 감소하고, $\sin 45^\circ=\cos 45^\circ$이므로

$\cos 70^\circ<\sin 45^\circ<\cos 20^\circ$

$\sin 90^\circ=1$이고 $\tan 50^\circ>\tan 45^\circ=1$

따라서

$\cos 70^\circ<\sin 45^\circ<\cos 20^\circ<\sin 90^\circ<\tan 50^\circ$이므로 ㄹ－ㄴ－ㄱ－ㅁ－ㄷ이다.

23 $0^\circ\le x\le 90^\circ$에서 삼각비의 값의 변화는 다음 표와 같다.

삼각비 \ x	0°	→	45°	→	90°
$\sin x$	0	→	$\frac{\sqrt{2}}{2}$	→	1(증가)
$\cos x$	1	→	$\frac{\sqrt{2}}{2}$	→	0(감소)
$\tan x$	0	→	1	→	정할 수 없다.(증가)

따라서 $45^\circ<x<90^\circ$일 때, $\cos x<\sin x<\tan x$

24 $\triangle$ABC에서 $\angle A=67^\circ$이므로 $\angle C=23^\circ$

$\sin 23^\circ=\frac{\overline{AB}}{\overline{AC}}=\frac{x}{100}$이고 삼각비의 표에서

$\sin 23^\circ=0.3907$이므로

$x=100\times0.3907=39.07$

또, $\cos 23^\circ=\frac{\overline{BC}}{\overline{AC}}=\frac{y}{100}$이고 삼각비의 표에서

$\cos 23^\circ=0.9205$이므로

$y=100\times0.9205=92.05$

따라서 $x+y=39.07+92.05=131.12$

기출 예상 문제

본문 14~17쪽

01 ④	02 ①	03 ③	04 ④	05 ③
06 ⑤	07 ⑤	08 ④	09 ⑤	10 ①
11 ③	12 50°	13 $\frac{1}{4}$	14 ②	15 ③
16 ③	17 ⑤	18 ②	19 ⑤	20 ①
21 ④	22 ③	23 ⑤	24 ④	

01 ① $\sin A=\frac{\overline{BC}}{\overline{AB}}=\frac{20}{25}=\frac{4}{5}$

② $\sin B=\frac{\overline{AC}}{\overline{AB}}=\frac{15}{25}=\frac{3}{5}$

③ $\cos A=\frac{\overline{AC}}{\overline{AB}}=\frac{15}{25}=\frac{3}{5}$

④ $\cos B=\frac{\overline{BC}}{\overline{AB}}=\frac{20}{25}=\frac{4}{5}$

⑤ $\tan B=\frac{\overline{AC}}{\overline{BC}}=\frac{15}{20}=\frac{3}{4}$

따라서 옳은 것은 ④이다.

02 피타고라스 정리에 의하여

$\overline{AB}=\sqrt{\overline{AC}^2+\overline{BC}^2}=13$이므로

$\sin A=\frac{\overline{BC}}{\overline{AB}}=\frac{5}{13}$, $\cos B=\frac{\overline{BC}}{\overline{AB}}=\frac{5}{13}$

따라서 $\sin A+\cos B=\frac{5}{13}+\frac{5}{13}=\frac{10}{13}$

03 직선 $3x-2y+12=0$이 x축과 만나는 점의 좌표는 A$(-4, 0)$, y축과 만나는 점의 좌표는 B$(0, 6)$이므로 다음 그림과 같이 나타낼 수 있다.

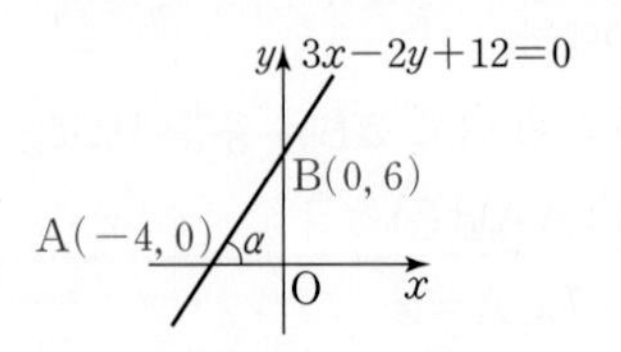

직각삼각형 AOB에서 $\overline{AO}=4$, $\overline{BO}=6$,

$\overline{AB}=\sqrt{4^2+6^2}=2\sqrt{13}$이므로

$\cos a=\frac{4}{2\sqrt{13}}=\frac{2\sqrt{13}}{13}$, $\tan a=\frac{6}{4}=\frac{3}{2}$

따라서 $\cos a\times\tan a=\frac{2\sqrt{13}}{13}\times\frac{3}{2}=\frac{3\sqrt{13}}{13}$

04 $\angle EFG=90^\circ$이므로 직각삼각형 EFG에서

$\overline{EG}=\sqrt{2^2+2^2}=2\sqrt{2}$

또한 $\angle AEG=90^\circ$이므로 직각삼각형 AEG에서

$\overline{AE}=2$,

$\overline{AG}=\sqrt{\overline{AE}^2+\overline{EG}^2}=\sqrt{2^2+(2\sqrt{2})^2}=2\sqrt{3}$

따라서 $\cos x=\frac{\overline{EG}}{\overline{AG}}=\frac{2\sqrt{2}}{2\sqrt{3}}=\frac{\sqrt{6}}{3}$

05 $\sin B=\frac{\overline{AC}}{\overline{AB}}=\frac{2\sqrt{5}}{\overline{AB}}=\frac{\sqrt{5}}{3}$이므로 $\overline{AB}=6$ (cm)

피타고라스 정리에 의하여

$\overline{BC}=\sqrt{\overline{AB}^2-\overline{AC}^2}=\sqrt{6^2-(2\sqrt{5})^2}=4$ (cm)

06 $\cos A=\frac{\sqrt{11}}{6}$인 한 △ABC를 그리면

오른쪽 그림과 같다.

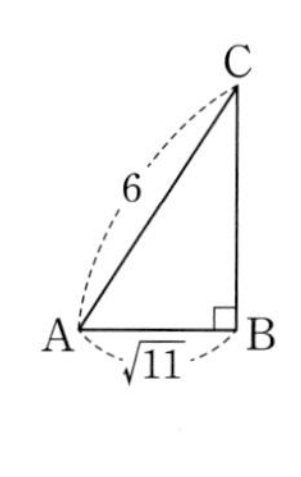

피타고라스 정리에 의하여

$\overline{BC}=\sqrt{6^2-(\sqrt{11})^2}=\sqrt{25}=5$이므로

$\tan A=\frac{\overline{BC}}{\overline{AB}}=\frac{5}{\sqrt{11}}=\frac{5\sqrt{11}}{11}$

07 △DBC에서 $\sin(\angle DBC)=\frac{1}{3}$이므로

$\overline{BD}=3k$, $\overline{DC}=k$ $(k>0)$라 하면

$\overline{BC}=\sqrt{(3k)^2-k^2}=2\sqrt{2}k$

$\overline{AD}=2\overline{CD}$이므로 $\overline{AD}=2\times k=2k$

직각삼각형 ABC에서

$\tan A=\frac{\overline{BC}}{\overline{AC}}=\frac{\overline{BC}}{\overline{AD}+\overline{DC}}=\frac{2\sqrt{2}k}{2k+k}=\frac{2\sqrt{2}}{3}$

08 △ABH∽△DAH∽△BDC (AA닮음)이므로

$\angle BAH=\angle DBC=x$이고 $\angle DAH=\angle BDC=y$

즉, △BDC에서 $\overline{BD}=\sqrt{12^2+9^2}=15$ (cm)이고

$\sin x=\frac{\overline{CD}}{\overline{BD}}=\frac{9}{15}=\frac{3}{5}$, $\tan y=\frac{\overline{BC}}{\overline{CD}}=\frac{12}{9}=\frac{4}{3}$

따라서 $\sin x\times\tan y=\frac{3}{5}\times\frac{4}{3}=\frac{4}{5}$

09 직각삼각형 ABC에서

$\overline{AB}=\sqrt{7^2-3^2}=2\sqrt{10}$ (cm)

△ADE∽△ACB (AA닮음)이므로

$\angle ADE=\angle ACB=x$

따라서 $\sin x=\frac{\overline{AB}}{\overline{AC}}=\frac{2\sqrt{10}}{7}$

10 ① $\sin 0^\circ+\frac{\sin 60^\circ}{\tan 30^\circ}=0+\frac{\sqrt{3}}{2}\div\frac{\sqrt{3}}{3}=\frac{3}{2}$

② $(1+\tan 60^\circ)(1-\tan 60^\circ)$

$=(1+\sqrt{3})(1-\sqrt{3})$

$=1-3=-2$

③ $\tan 30^\circ\times\sin 45^\circ\div\cos 60^\circ$

$=\frac{\sqrt{3}}{3}\times\frac{\sqrt{2}}{2}\div\frac{1}{2}$

$=\frac{\sqrt{3}}{3}\times\frac{\sqrt{2}}{2}\times 2=\frac{\sqrt{6}}{3}$

④ $\sin 90^\circ\times\tan 45^\circ-\cos 0^\circ\times\tan 0^\circ$

$=1\times1-1\times0=1$

⑤ $(\sin 45^\circ+\cos 30^\circ)(\sin 60^\circ-\cos 45^\circ)$

$=\left(\frac{\sqrt{2}}{2}+\frac{\sqrt{3}}{2}\right)\left(\frac{\sqrt{3}}{2}-\frac{\sqrt{2}}{2}\right)$

$=\frac{3}{4}-\frac{2}{4}=\frac{1}{4}$

따라서 가장 큰 값은 ①이다.

11 $\sin 60^\circ\times(\cos 45^\circ)^2\times\tan x$

$=\frac{\sqrt{3}}{2}\times\left(\frac{\sqrt{2}}{2}\right)^2\times\tan x$

$=\frac{\sqrt{3}}{2}\times\frac{2}{4}\times\tan x$

$=\frac{\sqrt{3}}{4}\times\tan x$

이때 $\frac{\sqrt{3}}{4}\times\tan x=\frac{\sqrt{3}}{4}$이므로 $\tan x=1$

$0^\circ\le x\le 90^\circ$이므로 $x=45^\circ$

12 $\cos 30^\circ=\frac{\sqrt{3}}{2}$이므로

$\sin(2x-40^\circ)=\frac{\sqrt{3}}{2}$

$20^\circ<x<65^\circ$이므로 $0^\circ<2x-40^\circ<90^\circ$

즉, $2x-40^\circ=60^\circ$, $2x=100^\circ$

따라서 $x=50^\circ$

13 삼각형의 세 내각의 크기의 비가 1 : 2 : 3이므로 내각의 크기는 각각 $180^\circ\times\frac{1}{1+2+3}=30^\circ$,

$180^\circ\times\frac{2}{1+2+3}=60^\circ$, $180^\circ\times\frac{3}{1+2+3}=90^\circ$

즉, 가장 작은 각의 크기 $A=30^\circ$

따라서

$\sin A\times\cos A\times\tan A=\frac{1}{2}\times\frac{\sqrt{3}}{2}\times\frac{\sqrt{3}}{3}=\frac{1}{4}$

14 $\triangle$ABH에서 $\sin 60^\circ=\frac{\overline{AH}}{6}=\frac{\sqrt{3}}{2}$,

$\overline{AH}=3\sqrt{3}$ (cm)

$\triangle$AHC에서 $\cos 45^\circ=\frac{\overline{AH}}{\overline{AC}}=\frac{3\sqrt{3}}{\overline{AC}}=\frac{\sqrt{2}}{2}$

따라서 $\overline{AC}=\frac{3\sqrt{3}\times 2}{\sqrt{2}}=3\sqrt{6}$ (cm)

15 $\triangle$ABD에서 $\sin 45^\circ=\frac{\overline{AB}}{\overline{BD}}=\frac{4}{\overline{BD}}=\frac{\sqrt{2}}{2}$,

$\overline{BD}=4\sqrt{2}$ (cm)

$\triangle$DBC에서 $\sin 30^\circ=\frac{\overline{DC}}{\overline{BD}}=\frac{\overline{DC}}{4\sqrt{2}}=\frac{1}{2}$

따라서 $\overline{DC}=2\sqrt{2}$ (cm)

16 $\triangle$ABD에서 $\angle BAD=\angle ADC-\angle ABD=22.5^\circ$이므로

$\triangle$ABD는 $\overline{AD}=\overline{BD}=2$ cm인 이등변삼각형이다.

$\triangle$ADC에서 $\sin 45^\circ=\frac{\overline{AC}}{\overline{AD}}=\frac{\overline{AC}}{2}=\frac{\sqrt{2}}{2}$,

$\overline{AC}=\sqrt{2}$ (cm)

마찬가지 방법으로 $\overline{CD}=\sqrt{2}$ (cm)

따라서

$\tan 22.5^\circ=\frac{\overline{AC}}{\overline{BC}}=\frac{\overline{AC}}{\overline{BD}+\overline{DC}}$

$=\frac{\sqrt{2}}{2+\sqrt{2}}=\frac{\sqrt{2}(2-\sqrt{2})}{2}$

$=\sqrt{2}-1$

17 $\triangle OCD \backsim \triangle OEB$ (AA닮음)이므로 $y=z$

⑤ $\cos z=\cos y=\overline{CD}$

18 $\cos 48^\circ=\overline{OB}=0.67$

$\angle OAB=42^\circ$이므로 $\cos 42^\circ=\frac{\overline{AB}}{\overline{OA}}=\overline{AB}=0.74$

따라서 $\cos 48^\circ+\cos 42^\circ=0.67+0.74=1.41$

19 $\overline{OC}=\cos(\angle BOA)$이므로 삼각비의 표에 의하여 $\angle BOA=57^\circ$

따라서 $\overline{AD}=\tan(\angle BOA)=\tan 57^\circ=1.5399$

20 ① $0^\circ<A<45^\circ$일 때, $\cos A>\sin A$

21 $0^\circ\le x<90^\circ$에서 x의 크기가 증가하면

① $\sin x$의 값은 증가하므로 $\sin 35^\circ<\sin 65^\circ$

② $\cos x$의 값은 감소하므로 $\cos 40^\circ>\cos 80^\circ$

③ $\tan x$의 값은 증가하므로 $\tan 70^\circ>\tan 45^\circ$

④ $0^\circ\le x<45^\circ$에서 $\sin x<\cos x$이므로 $\sin 20^\circ<\cos 20^\circ$

⑤ $\tan 50^\circ>\tan 45^\circ=1$이고 $\cos 15^\circ<1$이므로 $\cos 15^\circ<\tan 50^\circ$

따라서 옳은 것은 ④이다.

22 $45^\circ<x<90^\circ$일 때, $\cos x<\sin x<\tan x$이므로

$\sin x-\cos x>0$, $\cos x-\tan x<0$

$\sqrt{(\sin x-\cos x)^2}-\sqrt{(\cos x-\tan x)^2}$

$=|\sin x-\cos x|-|\cos x-\tan x|$

$=(\sin x-\cos x)-\{-(\cos x-\tan x)\}$

$=\sin x-\cos x+\cos x-\tan x$

$=\sin x-\tan x$

23 ⑤ $\tan y=0.6009$이면 $y=31^\circ$이다.

24 주어진 삼각비의 표를 이용하기 위하여 $\angle C$의 크기를 구하면 $\angle C=90^\circ-24^\circ=66^\circ$

$\sin C=\sin 66^\circ=0.9135=\frac{\overline{AB}}{10}$

따라서 $\overline{AB}=9.135$

고난도 집중 연습

본문 18~19쪽

1 $\frac{15}{4}$	**1-1** 10
2 $\frac{\sqrt{6}-\sqrt{2}}{4}$	**2-1** $\frac{\sqrt{6}+\sqrt{2}}{4}$
3 $\frac{5\sqrt{3}}{9}$	**3-1** $\frac{2\sqrt{5}}{13}$
4 $\frac{1}{2}$	**4-1** $\frac{3}{2}$

1

풀이 전략 닮은 두 직각삼각형에서 대응각에 대한 삼각비의 값이 일정함을 이용한다.

직각삼각형 BHO에서

$\tan a=\frac{\overline{OH}}{\overline{BH}}=\frac{4}{\overline{BH}}$, $\frac{4}{3}=\frac{4}{\overline{BH}}$, $\overline{BH}=3$

피타고라스 정리에 의하여 $\overline{BO}=\sqrt{3^2+4^2}=5$

직각삼각형 BAO에서

$\tan\alpha=\frac{\overline{AO}}{\overline{OB}}=\frac{\overline{AO}}{5}$이므로 $\frac{4}{3}=\frac{\overline{AO}}{5}$, $\overline{AO}=\frac{20}{3}$

$y=mx+n$에 $A\left(-\frac{20}{3},\ 0\right)$, $B(0,\ 5)$를 각각 대입하여 m, n의 값을 구하면 $n=5$이고

$0=-\frac{20}{3}m+5$에서 $\frac{20}{3}m=5$, $m=\frac{3}{4}$

따라서 $mn=\frac{3}{4}\times5=\frac{15}{4}$

다른 풀이 기울기의 정의를 이용하면

$m=\frac{5-0}{0-\left(-\frac{20}{3}\right)}=\frac{15}{20}=\frac{3}{4}$

1-1

풀이 전략 닮은 두 직각삼각형에서 대응각에 대한 삼각비의 값이 일정함을 이용한다.

직각삼각형 AHO에서

$\tan\alpha=\frac{\overline{OH}}{\overline{AH}}=\frac{6}{\overline{AH}}$, $\frac{3}{4}=\frac{6}{\overline{AH}}$, $\overline{AH}=8$

피타고라스 정리에 의하여 $\overline{AO}=\sqrt{6^2+8^2}=10$

직각삼각형 AOB에서

$\tan\alpha=\frac{\overline{BO}}{\overline{AO}}=\frac{\overline{BO}}{10}$이므로 $\frac{3}{4}=\frac{\overline{BO}}{10}$, $\overline{BO}=\frac{15}{2}$

$y=mx+n$에 $A(-10,\ 0)$, $B\left(0,\ \frac{15}{2}\right)$를 각각 대입하여 m, n의 값을 구하면 $m=\frac{3}{4}$, $n=\frac{15}{2}$

따라서 $n\div m=\frac{15}{2}\div\frac{3}{4}=\frac{15}{2}\times\frac{4}{3}=10$

다른 풀이 기울기의 뜻에 의하여

$m=\tan\alpha=\frac{3}{4}$

2

풀이 전략 한 내각의 크기가 15°인 직각삼각형을 찾는다.

직각삼각형 ABE에서

$\cos45^\circ=\frac{\sqrt{6}}{\overline{BE}}$이므로 $\frac{\sqrt{2}}{2}=\frac{\sqrt{6}}{\overline{BE}}$, $\overline{BE}=2\sqrt{3}$ (cm)

직각삼각형 EBF에서

$\sin60^\circ=\frac{2\sqrt{3}}{\overline{BF}}$이므로 $\frac{\sqrt{3}}{2}=\frac{2\sqrt{3}}{\overline{BF}}$, $\overline{BF}=4$ (cm)

$\tan60^\circ=\frac{2\sqrt{3}}{\overline{EF}}$이므로 $\sqrt{3}=\frac{2\sqrt{3}}{\overline{EF}}$, $\overline{EF}=2$ (cm)

직각삼각형 EDF에서 $\angle DEF=45^\circ$이므로

$\sin45^\circ=\frac{\overline{DF}}{2}$, $\frac{\sqrt{2}}{2}=\frac{\overline{DF}}{2}$, $\overline{DF}=\sqrt{2}$ (cm)

직각삼각형 FBC에서

$\angle FBC=90^\circ-\angle ABE-\angle EBF=15^\circ$이므로

$\sin15^\circ=\frac{\overline{CF}}{\overline{BF}}=\frac{\sqrt{6}-\overline{DF}}{\overline{BF}}=\frac{\sqrt{6}-\sqrt{2}}{4}$

2-1

풀이 전략 한 내각의 크기가 15°인 직각삼각형을 찾는다.

직각삼각형 ABE에서

$\cos45^\circ=\frac{\overline{BE}}{8\sqrt{3}}$이므로 $\frac{\sqrt{2}}{2}=\frac{\overline{BE}}{8\sqrt{3}}$, $\overline{BE}=4\sqrt{6}$ (cm)

또, $\overline{AB}=\overline{BE}=4\sqrt{6}$ (cm)

직각삼각형 AEF에서

$\cos30^\circ=\frac{8\sqrt{3}}{\overline{AF}}$이므로 $\frac{\sqrt{3}}{2}=\frac{8\sqrt{3}}{\overline{AF}}$, $\overline{AF}=16$ (cm)

$\tan30^\circ=\frac{\overline{EF}}{8\sqrt{3}}$이므로 $\frac{\sqrt{3}}{3}=\frac{\overline{EF}}{8\sqrt{3}}$, $\overline{EF}=8$ (cm)

직각삼각형 ECF에서 $\angle FEC=45^\circ$이므로

$\cos45^\circ=\frac{\overline{EC}}{8}$, $\frac{\sqrt{2}}{2}=\frac{\overline{EC}}{8}$, $\overline{EC}=4\sqrt{2}$ (cm)

$\overline{EC}=\overline{CF}=4\sqrt{2}$ (cm)

직각삼각형 AFD에서

$\angle DAF=90^\circ-\angle BAE-\angle EAF=15^\circ$이므로

$\cos15^\circ=\frac{\overline{AD}}{\overline{AF}}=\frac{\overline{BE}+\overline{EC}}{\overline{AF}}$

$=\frac{4\sqrt{6}+4\sqrt{2}}{16}=\frac{\sqrt{6}+\sqrt{2}}{4}$

3

풀이 전략 닮은 두 직각삼각형에서 대응각에 대한 삼각비의 값이 일정함을 이용한다.

직각삼각형 ABD에서 $\sin x=\frac{\overline{BD}}{\overline{AD}}=\frac{3}{\overline{AD}}=\frac{1}{3}$이므로

$\overline{AD}=9$ (cm)

$\triangle ABD\backsim\triangle CED$ (AA닮음)이므로

$\overline{AD}:\overline{CD}=\overline{BD}:\overline{ED}$에서 $9:3=3:\overline{ED}$

$\overline{ED}=1$ (cm)

직각삼각형 CDE에서 피타고라스 정리에 의하여

$\overline{CE}=\sqrt{3^2-1^2}=2\sqrt{2}$ (cm)

직각삼각형 AEC에서 피타고라스 정리에 의하여

$\overline{AC}=\sqrt{10^2+(2\sqrt{2})^2}=6\sqrt{3}$ (cm)

$\cos y=\frac{\overline{AE}}{\overline{AC}}=\frac{10}{6\sqrt{3}}=\frac{5\sqrt{3}}{9}$

3-1

풀이 전략 닮은 두 직각삼각형에서 대응각에 대한 삼각비의 값이 일정함을 이용한다.

직각삼각형 ADC에서

$\sin y=\dfrac{\overline{DC}}{\overline{AD}}=\dfrac{12}{\overline{AD}}=\dfrac{2}{3}$이므로 $\overline{AD}=18$ (cm)

$\triangle ADC \backsim \triangle BDE$ (AA닮음)이므로

$\overline{AD}:\overline{BD}=\overline{CD}:\overline{ED}$에서 $18:12=12:\overline{ED}$

$\overline{ED}=8$ (cm)

직각삼각형 BDE에서 피타고라스 정리에 의하여

$\overline{BE}=\sqrt{12^2-8^2}=4\sqrt{5}$ (cm)

따라서 $\tan x=\dfrac{\overline{BE}}{\overline{AE}}=\dfrac{4\sqrt{5}}{26}=\dfrac{2\sqrt{5}}{13}$

4

풀이 전략 $0° < x < 45°$ 범위에서의 삼각비의 값의 대소 관계를 이용하여 주어진 식을 간단히 한다.

$0° < x < 45°$에서

$0 < \sin x < \dfrac{\sqrt{2}}{2}$, $\dfrac{\sqrt{2}}{2} < \cos x < 1$이고

$\sin x < \cos x$이므로

$\sqrt{(\sin x+\cos x)^2}+\sqrt{(\sin x-\cos x)^2}$

$=|\sin x+\cos x|+|\sin x-\cos x|$

$=(\sin x+\cos x)+\{-(\sin x-\cos x)\}$

$=\sin x+\cos x-\sin x+\cos x$

$=2\cos x$

$2\cos x=\sqrt{3}$에서 $\cos x=\dfrac{\sqrt{3}}{2}$이므로 $x=30°$

따라서

$\sin(90°-x)\times\tan x=\sin 60°\times\tan 30°$

$=\dfrac{\sqrt{3}}{2}\times\dfrac{1}{\sqrt{3}}=\dfrac{1}{2}$

4-1

풀이 전략 $45° < x < 90°$ 범위에서의 삼각비의 값의 대소 관계를 이용하여 주어진 식을 간단히 한다.

$45° < x < 90°$에서 $\dfrac{\sqrt{2}}{2} < \sin x < 1$, $\tan x > 1$이므로

$\sin x-\tan x < 0$

$\sqrt{(\sin x-\tan x)^2}-\sqrt{(\sin x+\tan x)^2}$

$=|\sin x-\tan x|-|\sin x+\tan x|$

$=-(\sin x-\tan x)-(\sin x+\tan x)$

$=-\sin x+\tan x-\sin x-\tan x$

$=-2\sin x$

$-2\sin x=-\sqrt{3}$이므로 $\sin x=\dfrac{\sqrt{3}}{2}$, $x=60°$

따라서

$\tan x\times\cos(90°-x)=\tan 60°\times\cos 30°$

$=\sqrt{3}\times\dfrac{\sqrt{3}}{2}=\dfrac{3}{2}$

서술형 집중 연습

본문 20~21쪽

예제 1 $\dfrac{5\sqrt{13}}{13}$

유제 1 $\cos A=\dfrac{\sqrt{6}}{3}$, $\tan A=\dfrac{\sqrt{2}}{2}$

예제 2 $\dfrac{2\sqrt{6}}{7}$　　**유제 2** $\dfrac{3\sqrt{5}}{5}$

예제 3 $\dfrac{\sqrt{6}}{3}$　　**유제 3** $\dfrac{3\sqrt{10}}{10}$

예제 4 $4(\sqrt{3}+1)$ cm　　**유제 4** $2(\sqrt{3}+1)$ cm

예제 1

$\tan A=\dfrac{3}{2}$이므로 오른쪽 그림과 같이 $\overline{AB}=\boxed{2}$, $\overline{BC}=\boxed{3}$인 직각삼각형 ABC를 생각할 수 있다. 

피타고라스 정리에 의하여

$\overline{AC}=\sqrt{\boxed{2^2+3^2}}=\boxed{\sqrt{13}}$ ••• 2단계

즉, $\sin A=\dfrac{\boxed{\overline{BC}}}{\boxed{\overline{AC}}}=\dfrac{3}{\sqrt{13}}=\boxed{\dfrac{3\sqrt{13}}{13}}$

$\cos A=\dfrac{\boxed{\overline{AB}}}{\boxed{\overline{AC}}}=\dfrac{2}{\sqrt{13}}=\boxed{\dfrac{2\sqrt{13}}{13}}$ ••• 3단계

따라서 $\sin A+\cos A=\boxed{\dfrac{5\sqrt{13}}{13}}$ ••• 4단계

채점 기준표

단계	채점 기준	비율
1단계	조건을 만족시키는 직각삼각형을 표현한 경우	20 %
2단계	$\overline{AC}$의 길이를 구한 경우	20 %
3단계	$\sin A$와 $\cos A$의 값을 구한 경우	40 %
4단계	$\sin A+\cos A$의 값을 구한 경우	20 %

유제 1

$\sin A=\dfrac{\sqrt{3}}{3}$이므로 오른쪽 그림과 같이 $\overline{AC}=3$, $\overline{BC}=\sqrt{3}$인 직각삼각형 ABC를 생각할 수 있다. 

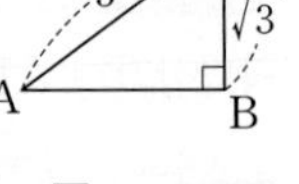

피타고라스 정리에 의하여 $\overline{AB}=\sqrt{3^2-(\sqrt{3})^2}=\sqrt{6}$ ••• 2단계

따라서 $\cos A=\dfrac{\overline{AB}}{\overline{AC}}=\dfrac{\sqrt{6}}{3}$

$\tan A=\dfrac{\overline{BC}}{\overline{AB}}=\dfrac{\sqrt{3}}{\sqrt{6}}=\dfrac{1}{\sqrt{2}}=\dfrac{\sqrt{2}}{2}$ ••• 3단계

채점 기준표

단계	채점 기준	비율
1단계	조건을 만족시키는 직각삼각형을 표현한 경우	30 %
2단계	$\overline{AB}$의 길이를 구한 경우	30 %
3단계	$\cos A$, $\tan A$의 값을 각각 구한 경우	40 %

예제 2

직각삼각형 ADE에서 피타고라스 정리에 의하여

$\overline{DE}=\sqrt{\boxed{7^2-5^2}}=\boxed{2\sqrt{6}}$(cm) ··· 1단계

$\triangle ABC \backsim \boxed{\triangle AED}$ (AA닮음)이므로

$\angle ABC=\boxed{\angle AED}$ ··· 2단계

즉, $\sin B=\sin(\angle AED)=\dfrac{\boxed{\overline{AD}}}{\boxed{\overline{AE}}}=\boxed{\dfrac{5}{7}}$

$\tan B=\tan(\angle AED)=\dfrac{\boxed{\overline{AD}}}{\boxed{\overline{DE}}}=\boxed{\dfrac{5}{2\sqrt{6}}}$ ··· 3단계

따라서 $\sin B\div\tan B=\dfrac{5}{7}\div\dfrac{5}{2\sqrt{6}}=\dfrac{5}{7}\times\dfrac{2\sqrt{6}}{5}=\boxed{\dfrac{2\sqrt{6}}{7}}$

··· 4단계

채점 기준표

단계	채점 기준	비율
1단계	$\overline{DE}$의 길이를 구한 경우	20 %
2단계	∠B와 크기가 같은 각을 구한 경우	20 %
3단계	$\sin B$와 $\tan B$의 값을 구한 경우	40 %
4단계	$\sin B\div\tan B$의 값을 구한 경우	20 %

유제 2

직각삼각형 ADE에서 피타고라스 정리에 의하여

$\overline{DE}=\sqrt{(\sqrt{2})^2+(2\sqrt{2})^2}=\sqrt{10}$ (cm) ··· 1단계

$\triangle ADE \backsim \triangle ACB$ (AA닮음)이므로

$\angle ABC=\angle AED$ ··· 2단계

즉, $\sin B=\sin(\angle AED)=\dfrac{\overline{AD}}{\overline{DE}}=\dfrac{2\sqrt{2}}{\sqrt{10}}=\dfrac{2}{\sqrt{5}}=\dfrac{2\sqrt{5}}{5}$

$\sin C=\sin(\angle ADE)=\dfrac{\overline{AE}}{\overline{DE}}=\dfrac{\sqrt{2}}{\sqrt{10}}=\dfrac{1}{\sqrt{5}}=\dfrac{\sqrt{5}}{5}$

··· 3단계

따라서 $\sin B+\sin C=\dfrac{2\sqrt{5}}{5}+\dfrac{\sqrt{5}}{5}=\dfrac{3\sqrt{5}}{5}$ ··· 4단계

채점 기준표

단계	채점 기준	비율
1단계	$\overline{DE}$의 길이를 구한 경우	20 %
2단계	∠B와 크기가 같은 각을 구한 경우	20 %
3단계	$\sin B$와 $\sin C$의 값을 구한 경우	40 %
4단계	$\sin B+\sin C$의 값을 구한 경우	20 %

예제 3

직각삼각형 VAM에서 피타고라스 정리에 의하여

$\overline{VM}=\sqrt{\boxed{8^2-4^2}}=\boxed{4\sqrt{3}}$ ··· 1단계

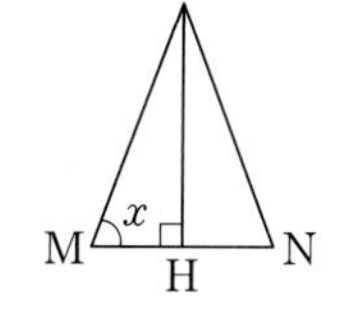

오른쪽 그림과 같이 $\triangle VMN$은 $\overline{VM}=\boxed{\overline{VN}}$인 $\boxed{이등변}$삼각형이다. 즉, 꼭짓점 V에서 $\overline{MN}$에 내린 수선의 발을 H라고 하면

$\overline{MH}=\boxed{\overline{NH}}=\dfrac{1}{2}\times\boxed{8}=\boxed{4}$

직각삼각형 VMH에서 피타고라스 정리에 의하여

$\overline{VH}=\sqrt{\boxed{(4\sqrt{3})^2-4^2}}=\boxed{4\sqrt{2}}$ ··· 2단계

따라서 $\sin x=\dfrac{\boxed{4\sqrt{2}}}{\boxed{4\sqrt{3}}}=\boxed{\dfrac{\sqrt{6}}{3}}$ ··· 3단계

채점 기준표

단계	채점 기준	비율
1단계	$\overline{VM}$의 길이를 구한 경우	30 %
2단계	$\overline{VH}$의 길이를 구한 경우	40 %
3단계	$\sin x$의 값을 구한 경우	30 %

유제 3

직각삼각형 CMG에서 피타고라스 정리에 의하여

$\overline{CM}=\sqrt{4^2+2^2}=2\sqrt{5}$ ··· 1단계

또 직각삼각형 MGN에서 피타고라스 정리에 의하여

$\overline{MN}=\sqrt{2^2+2^2}=2\sqrt{2}$

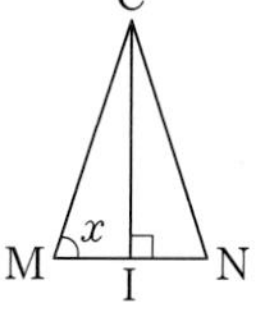

오른쪽 그림과 같이 $\triangle CMN$은 $\overline{CM}=\overline{CN}$인 이등변삼각형이다. 즉, 꼭짓점 C에서 $\overline{MN}$에 내린 수선의 발을 I라고 하면

$\overline{MI}=\overline{NI}=\dfrac{1}{2}\times2\sqrt{2}=\sqrt{2}$

직각삼각형 CMI에서 피타고라스 정리에 의하여

$\overline{CI}=\sqrt{(2\sqrt{5})^2-(\sqrt{2})^2}=3\sqrt{2}$ ··· 2단계

따라서 $\sin x=\dfrac{3\sqrt{2}}{2\sqrt{5}}=\dfrac{3\sqrt{10}}{10}$ ··· 3단계

채점 기준표

단계	채점 기준	비율
1단계	$\overline{CM}$의 길이를 구한 경우	30 %
2단계	$\overline{CI}$의 길이를 구한 경우	40 %
3단계	$\sin x$의 값을 구한 경우	30 %

예제 4

$\overline{CD}=x$ cm라고 하면

$\triangle ADC$에서 $\tan\boxed{45°}=\dfrac{\boxed{\overline{AC}}}{\overline{CD}}$이므로 $\overline{AC}=\boxed{x}$ (cm)

$\triangle ABC$에서 $\boxed{\tan 30°}=\dfrac{\overline{AC}}{\overline{BC}}=\dfrac{\boxed{x}}{\boxed{4+x}}$

$\dfrac{1}{\sqrt{3}}=\dfrac{x}{4+x}$에서 $\boxed{(\sqrt{3}-1)}x=4$

$x=\boxed{\dfrac{4}{\sqrt{3}-1}}=\boxed{2(\sqrt{3}+1)}$

따라서 $\overline{CD}=\boxed{2(\sqrt{3}+1)}$ (cm) … 1단계

$\boxed{\sin 30^\circ}=\dfrac{\boxed{\overline{AC}}}{\overline{AB}}=\dfrac{\boxed{2(\sqrt{3}+1)}}{\overline{AB}}=\dfrac{1}{2}$이므로

$\overline{AB}=\boxed{4(\sqrt{3}+1)}$ (cm) … 2단계

채점 기준표

단계	채점 기준	비율
1단계	$\overline{CD}$의 길이를 구한 경우	60 %
2단계	$\overline{AB}$의 길이를 구한 경우	40 %

유제 4

$\overline{CD}=x$ cm라고 하면

$\triangle$ADC에서 $\tan 60^\circ=\dfrac{\overline{AC}}{\overline{DC}}=\sqrt{3}$이므로 $\overline{AC}=\sqrt{3}x$ (cm)

$\triangle$ABC에서 $\angle DAC=30^\circ$이므로 $\angle ABC=45^\circ$

$\tan 45^\circ=\dfrac{\overline{AC}}{\overline{BC}}=\dfrac{\sqrt{3}x}{2+x}$

$\sqrt{3}x=2+x$, $(\sqrt{3}-1)x=2$에서 $x=\sqrt{3}+1$

따라서 $\overline{CD}=\sqrt{3}+1$ (cm) … 1단계

$\cos 60^\circ=\dfrac{\overline{DC}}{\overline{AD}}=\dfrac{\sqrt{3}+1}{\overline{AD}}=\dfrac{1}{2}$이므로

$\overline{AD}=2(\sqrt{3}+1)$ (cm) … 2단계

채점 기준표

단계	채점 기준	비율
1단계	$\overline{CD}$의 길이를 구한 경우	60 %
2단계	$\overline{AD}$의 길이를 구한 경우	40 %

중단원 실전 테스트 1회

본문 22~24쪽

01 ③ **02** ⑤ **03** ① **04** ② **05** ②
06 ⑤ **07** ③ **08** ② **09** ① **10** ④
11 ⑤ **12** ① **13** $\dfrac{\sqrt{5}}{5}$ **14** $\sqrt{3}$
15 $\dfrac{\sqrt{3}}{24}$ **16** $\cos x-1$

01 $\sin A=\dfrac{\overline{BC}}{\overline{AC}}=\dfrac{2}{\sqrt{13}}=\dfrac{2\sqrt{13}}{13}$

$\cos C=\dfrac{\overline{BC}}{\overline{AC}}=\dfrac{2}{\sqrt{13}}=\dfrac{2\sqrt{13}}{13}$이므로

$\sin A+\cos C=\dfrac{2\sqrt{13}}{13}+\dfrac{2\sqrt{13}}{13}=\dfrac{4\sqrt{13}}{13}$

02 직각삼각형 ABC에서

$\overline{AC}=\sqrt{(3\sqrt{6})^2-(3\sqrt{2})^2}=6$이므로

$\overline{CD}=\dfrac{1}{3}\overline{AC}=2$

직각삼각형 BCD에서

$\overline{BD}=\sqrt{(3\sqrt{2})^2+2^2}=\sqrt{22}$

따라서 $\cos x=\dfrac{\overline{BC}}{\overline{BD}}=\dfrac{3\sqrt{2}}{\sqrt{22}}=\dfrac{3\sqrt{11}}{11}$

03 $\sin A=\dfrac{\overline{BC}}{\overline{AB}}$이므로

$\dfrac{\sqrt{10}}{10}=\dfrac{\overline{BC}}{2\sqrt{5}}$, $\overline{BC}=\sqrt{2}$ (cm)

피타고라스 정리에 의하여

$\overline{AC}=\sqrt{(2\sqrt{5})^2-(\sqrt{2})^2}=3\sqrt{2}$ (cm)

따라서

$\triangle ABC=\dfrac{1}{2}\times\overline{BC}\times\overline{AC}$

$=\dfrac{1}{2}\times\sqrt{2}\times3\sqrt{2}=3$ (cm^2)

04 $\cos A=\dfrac{1}{3}$인 한 직각삼각형 ABC를 그리면 오른쪽 그림과 같다.

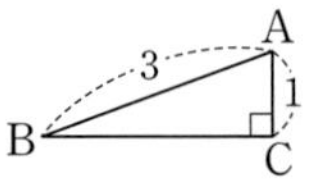

직각삼각형 ABC에서

$\overline{BC}=\sqrt{3^2-1^2}=2\sqrt{2}$이므로

$\sin A=\dfrac{\overline{BC}}{\overline{AB}}=\dfrac{2\sqrt{2}}{3}$

$\tan(90^\circ-A)=\tan B=\dfrac{\overline{AC}}{\overline{BC}}=\dfrac{1}{2\sqrt{2}}=\dfrac{\sqrt{2}}{4}$

따라서

$\sin A+\tan(90^\circ-A)=\dfrac{2\sqrt{2}}{3}+\dfrac{\sqrt{2}}{4}=\dfrac{11\sqrt{2}}{12}$

05 $\overline{AD}=\overline{BD}$이므로 $\angle ABD=\angle BAD$이고,

$\angle ABD+\angle BAD=30^\circ$이므로 $\angle ABD=15^\circ$

$\overline{AC}=a$ $(a>0)$라고 하면

직각삼각형 ADC에서

$\sin 30^\circ=\dfrac{\overline{AC}}{\overline{AD}}=\dfrac{1}{2}$이므로 $\overline{AD}=2a$

$\tan 30^\circ=\dfrac{\overline{AC}}{\overline{DC}}=\dfrac{1}{\sqrt{3}}$이므로 $\overline{DC}=\sqrt{3}a$

따라서 직각삼각형 ABC에서

$\tan 15^\circ=\dfrac{\overline{AC}}{\overline{BC}}=\dfrac{\overline{AC}}{\overline{BD}+\overline{DC}}$

$=\dfrac{a}{(2+\sqrt{3})a}=2-\sqrt{3}$

06 직선 $x-2y+4=0$이 x축, y축과 만나는 점의 좌표를 각각 구하면 $(-4,\ 0)$, $(0,\ 2)$이고, 직선을 좌표평면 위에 나타내면 오른쪽 그림과 같다.

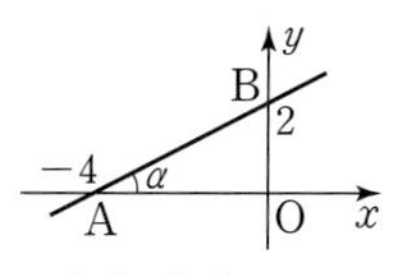

$\overline{AB}=\sqrt{4^2+2^2}=2\sqrt{5}$이므로

$\cos\alpha=\dfrac{\overline{AO}}{\overline{AB}}=\dfrac{4}{2\sqrt{5}}=\dfrac{2\sqrt{5}}{5}$

07 이차방정식 $2x^2+x-1=0$을 풀면

$(2x-1)(x+1)=0$에서 $x=\dfrac{1}{2}$ 또는 $x=-1$

$0^\circ<A<90^\circ$이므로 $\cos A=\dfrac{1}{2}$, 즉 $A=60^\circ$

$\sin A+\tan A=\sin 60^\circ+\tan 60^\circ$

$=\dfrac{\sqrt{3}}{2}+\sqrt{3}=\dfrac{3\sqrt{3}}{2}$

08 $(\sin 45^\circ-\cos 30^\circ)\div(\tan 30^\circ-\cos 90^\circ)$

$=\left(\dfrac{\sqrt{2}}{2}-\dfrac{\sqrt{3}}{2}\right)\div\left(\dfrac{\sqrt{3}}{3}-0\right)$

$=\dfrac{\sqrt{2}-\sqrt{3}}{2}\times\sqrt{3}=\dfrac{\sqrt{6}-3}{2}$

09 직각삼각형 ABC에서

$\cos 30^\circ=\dfrac{\overline{AB}}{\overline{AC}}=\dfrac{3}{\overline{AC}}=\dfrac{\sqrt{3}}{2}$이므로 $\overline{AC}=2\sqrt{3}$

직각삼각형 ACD에서

$\cos 30^\circ=\dfrac{\overline{AC}}{\overline{AD}}=\dfrac{2\sqrt{3}}{\overline{AD}}=\dfrac{\sqrt{3}}{2}$이므로 $\overline{AD}=4$

직각삼각형 ADE에서

$\cos 45^\circ=\dfrac{\overline{AD}}{\overline{AE}}=\dfrac{4}{\overline{AE}}=\dfrac{\sqrt{2}}{2}$이므로 $\overline{AE}=4\sqrt{2}$

10 직각삼각형 EFG에서

$\overline{EG}=\sqrt{4^2+3^2}=5$

$\triangle$EGC는 $\angle$EGC$=90^\circ$인 직각삼각형이므로

$\overline{CE}=\sqrt{5^2+10^2}=5\sqrt{5}$

따라서 $\sin x=\dfrac{\overline{CG}}{\overline{CE}}=\dfrac{10}{5\sqrt{5}}=\dfrac{2\sqrt{5}}{5}$

11 $\overline{AC}=\cos 32^\circ$이므로 $\angle$OAC$=32^\circ$

즉, $\angle$AOC$=90^\circ-\angle$OAC$=58^\circ$

따라서 $\overline{BC}=\overline{OB}-\overline{OC}=1-\overline{OC}=1-\cos 58^\circ$

12 $45^\circ<x<90^\circ$에서 $\cos x<\sin x<1<\tan x$이므로

$\cos 90^\circ<\cos 57^\circ<\sin 57^\circ<\sin 60^\circ<\sin 80^\circ$
$<\tan 70^\circ$

따라서 두 번째로 작은 값은 ① $\cos 57^\circ$이다.

13 $\triangle$ADE$\backsim\triangle$BAD (AA닮음)이므로

$\angle$ADE$=\angle$BAD$=x$ ··· 1단계

$\triangle$ABD$\backsim\triangle$CBA (AA닮음)이므로

$12:\overline{AB}=\overline{AB}:15$,

$\overline{AB}^2=12\times15$, $\overline{AB}=6\sqrt{5}$ ··· 2단계

직각삼각형 ABD에서 $\overline{AD}=\sqrt{(6\sqrt{5})^2-12^2}=6$

따라서 $\cos x=\dfrac{\overline{AD}}{\overline{AB}}=\dfrac{6}{6\sqrt{5}}=\dfrac{\sqrt{5}}{5}$ ··· 3단계

채점 기준표

단계	채점 기준	비율
1단계	$\angle$ADE와 크기가 같은 각을 찾은 경우	20 %
2단계	$\overline{AB}$의 길이를 구한 경우	40 %
3단계	$\cos x$의 값을 구한 경우	40 %

14 직각삼각형 BDE에서

$\tan 60^\circ=\dfrac{\overline{BE}}{\overline{DE}}$이므로

$\sqrt{3}=\dfrac{\overline{BE}}{4}$, $\overline{BE}=4\sqrt{3}$ ··· 1단계

직각삼각형 ABC에서

$\cos 45^\circ=\dfrac{\overline{BC}}{\overline{AC}}$이므로

$\dfrac{\sqrt{2}}{2}=\dfrac{\overline{BC}}{3\sqrt{6}}$, $\overline{BC}=3\sqrt{3}$ ··· 2단계

따라서 $\overline{CE}=\overline{BE}-\overline{BC}=4\sqrt{3}-3\sqrt{3}=\sqrt{3}$ ··· 3단계

채점 기준표

단계	채점 기준	비율
1단계	$\overline{BE}$의 길이를 구한 경우	30 %
2단계	$\overline{BC}$의 길이를 구한 경우	30 %
3단계	$\overline{CE}$의 길이를 구한 경우	40 %

15 직각삼각형 AOC에서

$\overline{AC}=\sin 30^\circ=\dfrac{1}{2}$, $\overline{OC}=\cos 30^\circ=\dfrac{\sqrt{3}}{2}$

직각삼각형 DOB에서

$\overline{DB}=\tan 30^\circ=\dfrac{\sqrt{3}}{3}$ ··· 1단계

따라서

$\square$ACBD

$=\triangle$DOB$-\triangle$AOC

$=\dfrac{1}{2}\times\overline{OB}\times\overline{DB}-\dfrac{1}{2}\times\overline{OC}\times\overline{AC}$

$=\dfrac{1}{2}\times1\times\dfrac{\sqrt{3}}{3}-\dfrac{1}{2}\times\dfrac{\sqrt{3}}{2}\times\dfrac{1}{2}=\dfrac{\sqrt{3}}{24}$ ··· 2단계

채점 기준표

단계	채점 기준	비율
1단계	$\overline{AC}$, $\overline{OC}$, $\overline{BD}$의 길이를 각각 구한 경우	50 %
2단계	□ACBD의 넓이를 구한 경우	50 %

16 $0^\circ < x < 45^\circ$일 때, $0 < \sin x < \cos x < 1$이므로

$\sin x - \cos x < 0$, $\sin x - 1 < 0$ ··· 1단계

$\sqrt{(\sin x - \cos x)^2} - \sqrt{(\sin x - 1)^2}$

$= |\sin x - \cos x| - |\sin x - 1|$

$= -(\sin x - \cos x) - \{-(\sin x - 1)\}$

$= -\sin x + \cos x + \sin x - 1$

$= \cos x - 1$ ··· 2단계

채점 기준표

단계	채점 기준	비율
1단계	$\sin x - \cos x$, $\sin x - 1$의 부호를 옳게 제시한 경우	40 %
2단계	식을 바르게 간단히 한 경우	60 %

중단원 실전 테스트 2회

본문 25~27쪽

01 ⑤	02 ⑤	03 ⑤	04 ②	05 ③
06 ②	07 ④	08 ④	09 ⑤	10 ①
11 ⑤	12 ⑤	13 $\frac{\sqrt{2}}{5}$	14 $\sqrt{3}$	15 $\frac{\sqrt{5}}{6}$
16 $\frac{9\sqrt{19}}{19}$				

01 ① $\overline{BC} = \sqrt{4^2 + (2\sqrt{2})^2} = 2\sqrt{6}$

② $\tan A = \tan 90^\circ$이므로 그 값을 정할 수 없다.

③ $\cos B = \frac{\overline{AB}}{\overline{BC}} = \frac{4}{2\sqrt{6}} = \frac{\sqrt{6}}{3}$

④ $\sin C = \frac{\overline{AB}}{\overline{BC}} = \frac{4}{2\sqrt{6}} = \frac{\sqrt{6}}{3}$

⑤ $\sin B = \cos C = \frac{\overline{AC}}{\overline{BC}} = \frac{2\sqrt{2}}{2\sqrt{6}} = \frac{\sqrt{3}}{3}$

따라서 옳은 것은 ⑤이다.

02 오른쪽 그림과 같이 삼각형 ABC의 점 A에서 $\overline{BC}$에 내린 수선의 발을 H라 하자.

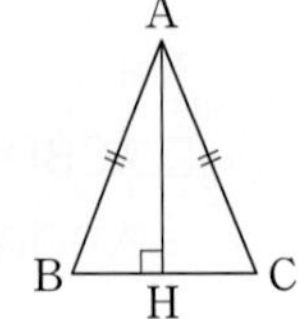

$\cos B = \frac{5}{13}$이므로

$\overline{AB} = 13k$, $\overline{BH} = 5k$ $(k > 0)$라 하면

피타고라스 정리에 의하여

$\overline{AH} = \sqrt{(13k)^2 - (5k)^2} = 12k$

따라서 $\tan C = \frac{\overline{AH}}{\overline{CH}} = \frac{12}{5}$

03 직각삼각형에서 $\sin A = \frac{(\text{높이})}{(\text{빗변의 길이})}$,

$\cos A = \frac{(\text{밑변의 길이})}{(\text{빗변의 길이})}$이고 (빗변의 길이)$\neq 0$이므로

$\sin A : \cos A = 3 : 2$

$\Rightarrow$ (높이) : (밑변의 길이) $= 3 : 2$

따라서 $\tan A = \frac{(\text{높이})}{(\text{밑변의 길이})} = \frac{3}{2}$

04 $\angle EFG = \angle GFC = x$ (접은각)이고

$\angle GFC = \angle FGE$ (엇각)이므로 $\angle EFG = \angle FGE$

즉, $\triangle EFG$는 $\overline{EF} = \overline{EG}$인 이등변삼각형이다.

직각삼각형 HEG에서 $\overline{HG} = \overline{GD} = 2$, $\overline{HE} = \overline{AB} = 1$

이므로 $\overline{EG} = \sqrt{2^2 + 1^2} = \sqrt{5}$

즉, $\overline{EG} = \overline{EF} = \overline{FC} = \sqrt{5}$

오른쪽 그림과 같이 점 G에서 $\overline{FC}$에 내린 수선의 발을 I라고 하면

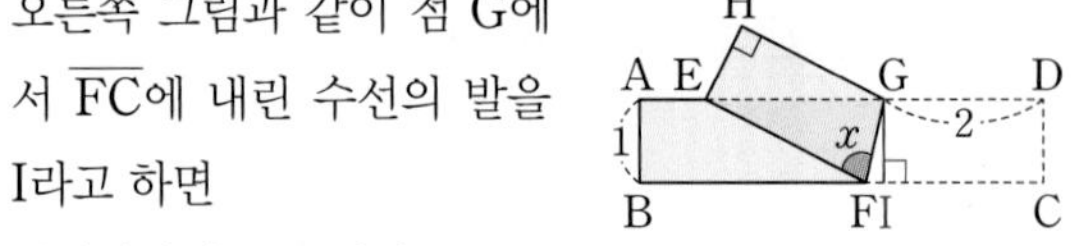

직각삼각형 GFI에서

$\tan x = \frac{\overline{GI}}{\overline{FI}} = \frac{1}{\overline{FC} - \overline{IC}} = \frac{1}{\sqrt{5} - 2} = \sqrt{5} + 2$

05 직각삼각형 DBE에서 $\overline{BE} = \sqrt{(\sqrt{6})^2 + (\sqrt{10})^2} = 4$

$\triangle ABC \backsim \triangle EBD$ (AA닮음)이므로

$\angle BAC = \angle BED = x$

직각삼각형 DBE에서 $\cos x = \frac{\overline{DE}}{\overline{BE}} = \frac{\sqrt{10}}{4}$

06 ② $\sin 30^\circ \times \cos 0^\circ + \tan 45^\circ \times \tan 0^\circ$

$= \frac{1}{2} \times 1 + 1 \times 0 = \frac{1}{2}$

07 직각삼각형에서 빗변의 중점은 외심이다. 즉,

$\overline{AM} = \overline{BM} = \overline{CM}$

삼각형 ABM은 $\overline{AM} = \overline{BM}$인 이등변삼각형이므로

$\angle ABM = \angle BAM = x$

직각삼각형 ABC에서 $\overline{AC} = \sqrt{7^2 - 5^2} = 2\sqrt{6}$

따라서 $\sin x = \frac{\overline{AC}}{\overline{BC}} = \frac{2\sqrt{6}}{7}$

08 $\overline{AC} = x$라고 하자.

직각삼각형 ADC에서

$\tan 60^\circ=\dfrac{\overline{AC}}{\overline{DC}}$이므로

$\sqrt{3}=\dfrac{x}{\overline{DC}}$, $\overline{DC}=\dfrac{\sqrt{3}}{3}x$

직각삼각형 ABC에서

$\tan 45^\circ=\dfrac{\overline{AC}}{\overline{BC}}$이므로

$\overline{AC}=\overline{BC}$, $x=8+\dfrac{\sqrt{3}}{3}x$

$\left(1-\dfrac{\sqrt{3}}{3}\right)x=8$에서 $x=4(3+\sqrt{3})$

따라서

$\triangle ABD=\dfrac{1}{2}\times\overline{BD}\times\overline{AC}$

$=\dfrac{1}{2}\times 8\times 4(3+\sqrt{3})$

$=16(3+\sqrt{3})$

09 $\sqrt{2}\sin(2x-15^\circ)=1$에서

$\sin(2x-15^\circ)=\dfrac{\sqrt{2}}{2}$이고, $0^\circ<2x-15^\circ<60^\circ$이므로

$2x-15^\circ=45^\circ$

$2x=60^\circ$, $x=30^\circ$

따라서 $\tan(3x-30^\circ)=\tan 60^\circ=\sqrt{3}$

10 직각삼각형 DBC에서 $\tan 30^\circ=\dfrac{\overline{CD}}{\overline{BC}}$이므로

$\overline{BC}=2\sqrt{3}$

오른쪽 그림과 같이 점 E에서 $\overline{BC}$에 내린 수선의 발을 H라 하고 $\overline{EH}=x$라 하자.

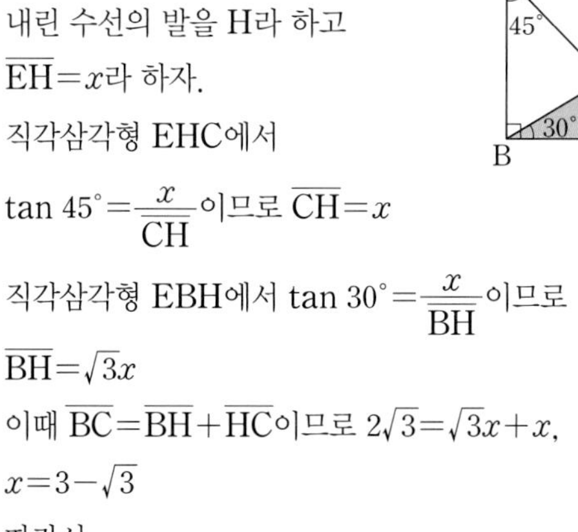

직각삼각형 EHC에서

$\tan 45^\circ=\dfrac{x}{\overline{CH}}$이므로 $\overline{CH}=x$

직각삼각형 EBH에서 $\tan 30^\circ=\dfrac{x}{\overline{BH}}$이므로

$\overline{BH}=\sqrt{3}x$

이때 $\overline{BC}=\overline{BH}+\overline{HC}$이므로 $2\sqrt{3}=\sqrt{3}x+x$,

$x=3-\sqrt{3}$

따라서

$\triangle EBC=\dfrac{1}{2}\times\overline{BC}\times\overline{EH}$

$=\dfrac{1}{2}\times 2\sqrt{3}\times(3-\sqrt{3})$

$=3\sqrt{3}-3$

11 $\sin 90^\circ=1$, $\cos 45^\circ=\dfrac{\sqrt{2}}{2}$

$0^\circ<x<45^\circ$에서 $0<\sin x<\dfrac{\sqrt{2}}{2}<\cos x$이므로

$\sin 35^\circ<\cos 35^\circ<\cos 25^\circ$

$45^\circ<x<90^\circ$에서 $\tan x>\tan 45^\circ=1$이고 x의 값이 커질수록 $\tan x$의 값도 커지므로 $\tan 50^\circ<\tan 80^\circ$

따라서

$\sin 35^\circ<\cos 45^\circ<\cos 25^\circ<\sin 90^\circ<\tan 50^\circ$ $<\tan 80^\circ$이므로 ㄴ－ㄷ－ㄱ－ㅂ－ㄹ－ㅁ이다.

12 $\overline{AC}=\sin x^\circ=0.8090$이므로 $x=54$

따라서 $\overline{BD}=\tan x^\circ=\tan 54^\circ=1.3764$

13 $\overline{AC}=a\ (a>0)$라고 하자.

직각삼각형 ADC에서 $\overline{AD}=\sqrt{a^2+(2a)^2}=\sqrt{5}a$

직각삼각형 ABC에서 $\overline{AB}=\sqrt{a^2+(3a)^2}=\sqrt{10}a$ ··· 1단계

즉, $\cos x=\dfrac{\overline{DC}}{\overline{AD}}=\dfrac{2a}{\sqrt{5}a}=\dfrac{2\sqrt{5}}{5}$,

$\sin y=\dfrac{\overline{AC}}{\overline{AB}}=\dfrac{a}{\sqrt{10}a}=\dfrac{\sqrt{10}}{10}$ ··· 2단계

따라서 $\cos x\times\sin y=\dfrac{2\sqrt{5}}{5}\times\dfrac{\sqrt{10}}{10}=\dfrac{\sqrt{2}}{5}$ ··· 3단계

채점 기준표

단계	채점 기준	비율
1단계	$\overline{AC}$의 길이를 이용하여 $\overline{AD}$, $\overline{AB}$의 길이를 표현한 경우	30 %
2단계	$\cos x$, $\sin y$의 값을 각각 구한 경우	40 %
3단계	$\cos x\times\sin y$의 값을 구한 경우	30 %

14 $A(-2, 0)$, $B(0, 2\sqrt{3})$이므로 직각삼각형 AOB에서

$\tan(\angle BAO)=\dfrac{\overline{BO}}{\overline{AO}}=\dfrac{2\sqrt{3}}{2}=\sqrt{3}$

즉, $\angle BAO=60^\circ$ ··· 1단계

직각삼각형 AOH에서

$\sin 60^\circ=\dfrac{\overline{OH}}{\overline{AO}}$이므로 $\dfrac{\sqrt{3}}{2}=\dfrac{\overline{OH}}{2}$

따라서 $\overline{OH}=\sqrt{3}$ ··· 2단계

채점 기준표

단계	채점 기준	비율
1단계	$\angle BAO$의 크기를 구한 경우	50 %
2단계	$\overline{OH}$의 길이를 구한 경우	50 %

15 직각삼각형 FKL에서 $\overline{FK}=8$ cm이므로

$\overline{FL}=\sqrt{8^2+4^2}=4\sqrt{5}$ (cm) ··· 1단계

직각삼각형 IFL에서

$\overline{FI}=\sqrt{(4\sqrt{5})^2+4^2}=4\sqrt{6}$ (cm) ··· 2단계

즉, $\sin x=\dfrac{\overline{\mathrm{IL}}}{\overline{\mathrm{FI}}}=\dfrac{4}{4\sqrt{6}}=\dfrac{\sqrt{6}}{6}$,

$\cos x=\dfrac{\overline{\mathrm{FL}}}{\overline{\mathrm{FI}}}=\dfrac{4\sqrt{5}}{4\sqrt{6}}=\dfrac{\sqrt{30}}{6}$

따라서 $\sin x\times\cos x=\dfrac{\sqrt{6}}{6}\times\dfrac{\sqrt{30}}{6}=\dfrac{\sqrt{5}}{6}$ ··· 3단계

채점 기준표

단계	채점 기준	비율
1단계	$\overline{\mathrm{FL}}$의 길이를 구한 경우	30 %
2단계	$\overline{\mathrm{FI}}$의 길이를 구한 경우	30 %
3단계	$\sin x\times\cos x$의 값을 구한 경우	40 %

16 $60^\circ<x<90^\circ$에서 $0<\cos x<\dfrac{1}{2}$이고,

$\sin x>\cos x$이므로

$\sin x-\cos x>0$, $\cos x-\dfrac{1}{2}<0$ ··· 1단계

$\sqrt{(\sin x-\cos x)^2}-\sqrt{\left(\cos x-\dfrac{1}{2}\right)^2}$

$=(\sin x-\cos x)-\left\{-\left(\cos x-\dfrac{1}{2}\right)\right\}$

$=\sin x-\cos x+\cos x-\dfrac{1}{2}$

$=\sin x-\dfrac{1}{2}$ ··· 2단계

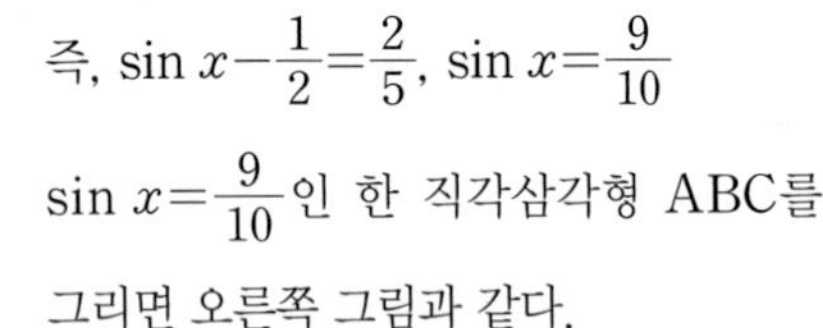

즉, $\sin x-\dfrac{1}{2}=\dfrac{2}{5}$, $\sin x=\dfrac{9}{10}$

$\sin x=\dfrac{9}{10}$인 한 직각삼각형 ABC를 그리면 오른쪽 그림과 같다.

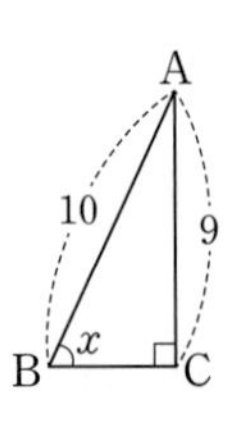

즉, $\overline{\mathrm{BC}}=\sqrt{10^2-9^2}=\sqrt{19}$

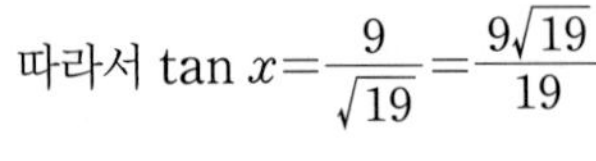

따라서 $\tan x=\dfrac{9}{\sqrt{19}}=\dfrac{9\sqrt{19}}{19}$

··· 3단계

채점 기준표

단계	채점 기준	비율
1단계	$\sin x-\cos x$, $\cos x-\dfrac{1}{2}$의 부호를 옳게 제시한 경우	20 %
2단계	식을 바르게 정리한 경우	40 %
3단계	$\tan x$의 값을 구한 경우	40 %

2 | 삼각비의 활용

개념 체크

본문 30~31쪽

01 12.8 cm

02 (1) $2\sqrt{3}$ (2) $\sqrt{13}$

03 (1) $\dfrac{\sqrt{3}h}{3}$ (2) h (3) $15-5\sqrt{3}$

04 $(3+\sqrt{3})$ cm

05 (1) $\dfrac{15\sqrt{3}}{2}$ (2) 12

06 (1) $10\sqrt{2}$ (2) $30\sqrt{3}$

07 49

대표유형

본문 32~35쪽

01 ④ **02** ⑤ **03** ① **04** ⑤ **05** ③
06 ④ **07** ③ **08** $10\sqrt{34}$ m **09** ①
10 ④ **11** ② **12** ② **13** ①
14 16 cm **15** ③ **16** ③ **17** ⑤ **18** ②
19 ② **20** ③ **21** $3\sqrt{6}$ **22** ②
23 $50\sqrt{2}\ \mathrm{cm}^2$ **24** ⑤

01 $\overline{\mathrm{BC}}=\overline{\mathrm{AB}}\times\tan 48^\circ$이므로

$\overline{\mathrm{BC}}=10\times1.11=11.1\ (\mathrm{m})$

02 $\overline{\mathrm{AB}}=\overline{\mathrm{BC}}\times\cos 36^\circ$이므로

$x=20\times0.81=16.2$

$\overline{\mathrm{AC}}=\overline{\mathrm{BC}}\times\sin 36^\circ$이므로

$y=20\times0.59=11.8$

따라서 $x-y=16.2-11.8=4.4$

03 $\overline{\mathrm{CH}}=\overline{\mathrm{AB}}=6$ m이므로 직각삼각형 CHA에서

$\overline{\mathrm{AH}}=6\times\tan 45^\circ=6\ (\mathrm{m})$

직각삼각형 DHC에서

$\overline{\mathrm{DH}}=6\times\tan 30^\circ=6\times\dfrac{\sqrt{3}}{3}=2\sqrt{3}\ (\mathrm{m})$

이때 $\overline{\mathrm{AD}}=\overline{\mathrm{AH}}+\overline{\mathrm{DH}}=6+2\sqrt{3}$이므로

A건물의 높이는 $(6+2\sqrt{3})$ m

04 오른쪽 그림과 같이 점 B에서 $\overline{\mathrm{AC}}$에 내린 수선의 발을 H라고 하면 직각삼각형 BCH에서

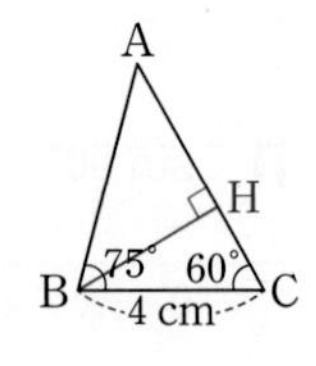

$\overline{BH}=4\times\sin 60^\circ=4\times\frac{\sqrt{3}}{2}=2\sqrt{3}$ (cm)

직각삼각형 ABH에서 $\angle ABH=45^\circ$이므로

$\overline{AB}=\sqrt{2}\times\overline{BH}=\sqrt{2}\times 2\sqrt{3}=2\sqrt{6}$ (cm)

05 오른쪽 그림과 같이 점 A에서 $\overline{BC}$에 내린 수선의 발을 H라고 하면

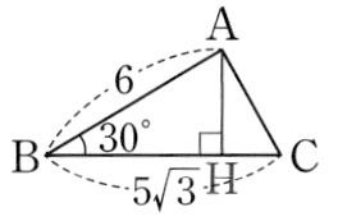

직각삼각형 ABH에서

$\overline{AH}=6\times\sin 30^\circ=6\times\frac{1}{2}=3$

$\overline{BH}=6\times\cos 30^\circ=6\times\frac{\sqrt{3}}{2}=3\sqrt{3}$이고

$\overline{CH}=\overline{BC}-\overline{BH}=2\sqrt{3}$

직각삼각형 AHC에서

$\overline{AC}=\sqrt{\overline{AH}^2+\overline{CH}^2}=\sqrt{3^2+(2\sqrt{3})^2}=\sqrt{21}$

06 오른쪽 그림과 같이 점 A에서 $\overline{BC}$에 내린 수선의 발을 H라고 하면

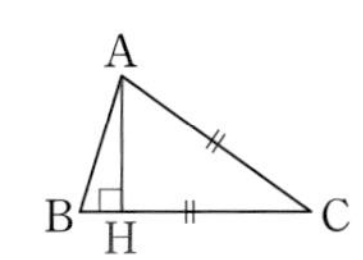

직각삼각형 AHC에서

$\overline{AH}=\overline{AC}\times\sin C=12\times\frac{\sqrt{5}}{3}=4\sqrt{5}$

피타고라스 정리에 의하여

$\overline{CH}=\sqrt{\overline{AC}^2-\overline{AH}^2}=\sqrt{12^2-(4\sqrt{5})^2}=8$

$\overline{BH}=\overline{BC}-\overline{CH}=4$

직각삼각형 ABH에서

$\overline{AB}=\sqrt{\overline{AH}^2+\overline{BH}^2}=\sqrt{(4\sqrt{5})^2+4^2}=\sqrt{96}=4\sqrt{6}$

07 오른쪽 그림과 같이 점 B에서 $\overline{AC}$에 내린 수선의 발을 H라고 하면

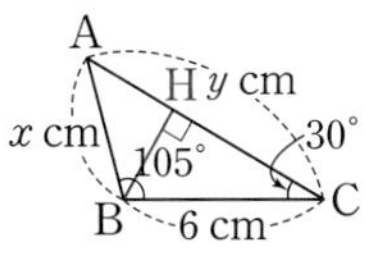

직각삼각형 HBC에서

$\overline{BH}=6\sin 30^\circ=3$ (cm)

$\overline{HC}=6\cos 30^\circ=3\sqrt{3}$ (cm)

직각삼각형 ABH에서

$\angle ABH=105^\circ-60^\circ=45^\circ$이므로

$\overline{AH}=\overline{BH}\times\tan 45^\circ=3$ (cm)

$\overline{AB}=\sqrt{2}\times\overline{BH}=3\sqrt{2}$ (cm)

$\overline{AC}=\overline{AH}+\overline{CH}=3+3\sqrt{3}$ (cm)

따라서 $\frac{y}{x}=\frac{3+3\sqrt{3}}{3\sqrt{2}}=\frac{1+\sqrt{3}}{\sqrt{2}}=\frac{\sqrt{2}+\sqrt{6}}{2}$

08 오른쪽 그림과 같이 점 B에서 $\overline{AC}$에 내린 수선의 발을 H라고 하면

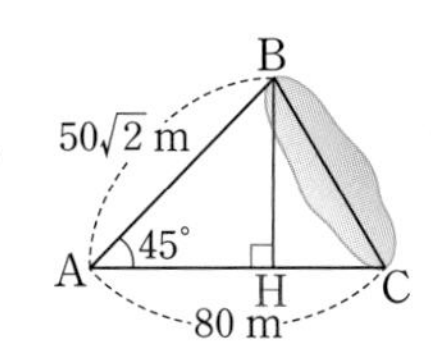

직각삼각형 BAH에서

$\overline{BH}=\overline{AH}=\overline{AB}\times\sin 45^\circ=50\sqrt{2}\times\frac{\sqrt{2}}{2}=50$ (m)

$\overline{HC}=\overline{AC}-\overline{AH}=80-50=30$ (m)

직각삼각형 BHC에서

$\overline{BC}=\sqrt{\overline{BH}^2+\overline{HC}^2}=\sqrt{50^2+30^2}=10\sqrt{34}$ (m)

09 오른쪽 그림과 같이 점 B에서 $\overline{AC}$에 내린 수선의 발을 H라고 하면

직각삼각형 ABH에서

$\overline{BH}=\overline{AB}\times\sin 27^\circ=100\times 0.45=45$ (m)

직각삼각형 BHC에서

$\angle CBH=123^\circ-\angle ABH=60^\circ$

$\frac{\overline{BH}}{\overline{BC}}=\cos 60^\circ=\frac{1}{2}$에서 $\overline{BC}=90$ (m)

10 오른쪽 그림과 같이 점 A에서 $\overline{BC}$에 내린 수선의 발을 H라고 하고 $\overline{AH}=x$ m라 할 때, 직각삼각형 ABH에서

$\overline{BH}=\frac{\overline{AH}}{\tan 60^\circ}=\frac{x}{\sqrt{3}}=\frac{\sqrt{3}}{3}x$ (m)

직각삼각형 AHC에서

$\overline{HC}=\overline{AH}=x$ m

$\overline{BC}=\overline{BH}+\overline{HC}=\frac{3+\sqrt{3}}{3}x$ (m)

즉, $\frac{3+\sqrt{3}}{3}x=20$, $x=10(3-\sqrt{3})$

따라서 지면으로부터 풍선까지의 높이는 $10(3-\sqrt{3})$ m

11 $\overline{AH}=x$라고 하면

직각삼각형 AHC에서

$\overline{AH}=\overline{CH}=x$

직각삼각형 ABH에서

$\overline{BH}=\frac{x}{\tan 30^\circ}=\sqrt{3}x$

$\overline{BC}=\overline{BH}+\overline{CH}=(1+\sqrt{3})x$

즉, $(1+\sqrt{3})x=10$, $x=\frac{10}{1+\sqrt{3}}=5(\sqrt{3}-1)$

$\overline{AH}=5(\sqrt{3}-1)$

따라서 처음으로 틀린 곳은 ②이다.

12 $\overline{AH}=x$라고 하면

직각삼각형 ABH에서

$\overline{BH}=\overline{AH}=x$

직각삼각형 ACH에서

$\angle ACH=180^\circ-\angle ACB=60^\circ$

즉, $\overline{CH}=\dfrac{\overline{AH}}{\tan 60^\circ}=\dfrac{x}{\sqrt{3}}$

$\overline{BC}=\overline{BH}-\overline{CH}$이므로

$12=x-\dfrac{x}{\sqrt{3}}=\left(1-\dfrac{\sqrt{3}}{3}\right)x$, $x=6(3+\sqrt{3})$

따라서 $\overline{AH}=6(3+\sqrt{3})$

13 $\angle B=\angle C=70^\circ$이므로 $\angle A=40^\circ$

따라서

$\triangle ABC=\dfrac{1}{2}\times\overline{AB}\times\overline{AC}\times\sin A$

$=\dfrac{1}{2}\times10\times10\times\sin 40^\circ$

$=\dfrac{1}{2}\times10\times10\times0.64=32\ (\text{cm}^2)$

14 $\triangle ABC=\dfrac{1}{2}\times\overline{BC}\times\overline{AB}\times\sin(180^\circ-135^\circ)$이므로

$24\sqrt{2}=\dfrac{1}{2}\times6\times\overline{AB}\times\dfrac{\sqrt{2}}{2}$

따라서 $\overline{AB}=16\ (\text{cm})$

15 오른쪽 그림과 같이 지름의 길이는 $12\sqrt{3}$이므로

$\overline{AO}=\overline{BO}=\overline{CO}=6\sqrt{3}$

(색칠한 부분의 넓이)

=(△AOC의 넓이)+(부채꼴 OBC의 넓이)

이때 △AOC에서 $\angle AOC=120^\circ$이므로

$\triangle AOC=\dfrac{1}{2}\times6\sqrt{3}\times6\sqrt{3}\times\sin(180^\circ-120^\circ)$

$=27\sqrt{3}$

$\angle COB=60^\circ$이므로

(부채꼴 OBC의 넓이)$=\pi\times(6\sqrt{3})^2\times\dfrac{60^\circ}{360^\circ}=18\pi$

따라서 색칠한 부분의 넓이는 $27\sqrt{3}+18\pi$

16 대각선 AC를 그어 두 삼각형 ABC, ADC로 나누어 구하면

$\triangle ABC=\dfrac{1}{2}\times\overline{AB}\times\overline{BC}\times\sin 60^\circ$

$=\dfrac{1}{2}\times4\times5\times\dfrac{\sqrt{3}}{2}=5\sqrt{3}$

$\triangle ADC=\dfrac{1}{2}\times\overline{AD}\times\overline{CD}\times\sin(180^\circ-150^\circ)$

$=\dfrac{1}{2}\times\sqrt{3}\times3\times\dfrac{1}{2}=\dfrac{3}{4}\sqrt{3}$

따라서

$\square ABCD=\triangle ABC+\triangle ADC=5\sqrt{3}+\dfrac{3}{4}\sqrt{3}=\dfrac{23}{4}\sqrt{3}$

17 $\angle A=\angle C=120^\circ$, $\angle B=60^\circ$이므로

□ABCD는 평행사변형이다.

따라서

$\square ABCD=12\times18\times\sin 60^\circ$

$=12\times18\times\dfrac{\sqrt{3}}{2}$

$=108\sqrt{3}\ (\text{cm}^2)$

18 $\square ABCD=\dfrac{1}{2}\times\overline{AC}\times\overline{BD}\times\sin(180^\circ-150^\circ)$이므로

$20=\dfrac{1}{2}\times10\times\overline{BD}\times\dfrac{1}{2}$

따라서 $\overline{BD}=8$ cm

19 $\angle B=45^\circ$이므로

(마름모 ABCD의 넓이)$=\overline{AB}\times\overline{BC}\times\sin 45^\circ$

$\overline{AB}=\overline{BC}$이므로 $16\sqrt{2}=\overline{AB}^2\times\dfrac{\sqrt{2}}{2}$

따라서 $\overline{AB}=4\sqrt{2}$ cm

20 △ABC에서 $\overline{AC}=\overline{AB}\tan 60^\circ=10\sqrt{3}\ (\text{cm})$이므로

$\triangle ABC=\dfrac{1}{2}\times\overline{AB}\times\overline{AC}$

$=\dfrac{1}{2}\times10\times10\sqrt{3}$

$=50\sqrt{3}\ (\text{cm}^2)$

△ACD에서 $\overline{AC}=\overline{AD}$이고 $\angle CAD=30^\circ$이므로

$\triangle ACD=\dfrac{1}{2}\times\overline{AC}\times\overline{AD}\times\sin 30^\circ$

$=\dfrac{1}{2}\times10\sqrt{3}\times10\sqrt{3}\times\dfrac{1}{2}$

$=75\ (\text{cm}^2)$

□ABCD=△ABC+△ACD이므로

$\square ABCD=50\sqrt{3}+75\ (\text{cm}^2)$

21 $\overline{AC}:\overline{BD}=4:3$이므로

$\overline{AC}=4a$, $\overline{BD}=3a\ (a>0)$라고 하면

$\square ABCD=\dfrac{1}{2}\times\overline{AC}\times\overline{BD}\times\sin 45^\circ$이므로

$18\sqrt{2}=\dfrac{1}{2}\times4a\times3a\times\dfrac{\sqrt{2}}{2}$에서

$a^2=6$, 즉 $a=\sqrt{6}$

따라서 $\overline{BD}=3a=3\sqrt{6}$

22 한 변의 길이가 2 cm인 정육각형을 오른쪽 그림과 같이 6개의 삼각형으로 나눌 수 있다. 6개의 삼각형은 모두 합동인 정삼각형이다.

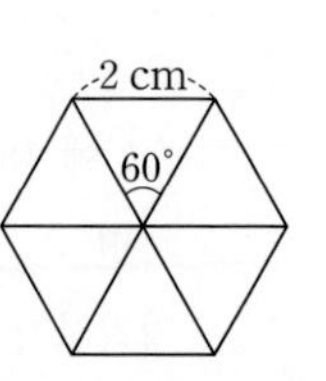

따라서 정육각형의 넓이는

$\frac{1}{2}\times 2\times 2\times \frac{\sqrt{3}}{2}\times 6=6\sqrt{3}\ (\text{cm}^2)$

23 원의 넓이가 $25\pi\ \text{cm}^2$이므로 원의 반지름의 길이는 5 cm이다.

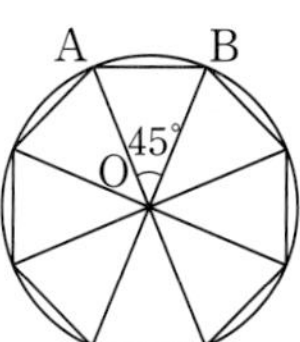

오른쪽 그림과 같이 원의 중심을 O라 하고 8개의 삼각형으로 나누면

$\angle\text{AOB}=\frac{360^\circ}{8}=45^\circ$이고

8개의 삼각형은 모두 합동이다.

$\triangle\text{AOB}=\frac{1}{2}\times 5\times 5\times \sin 45^\circ=\frac{25\sqrt{2}}{4}\ (\text{cm}^2)$이므로

정팔각형의 넓이는

$8\times \frac{25\sqrt{2}}{4}=50\sqrt{2}\ (\text{cm}^2)$

24 $\overline{\text{AC}}\,/\!/\,\overline{\text{DE}}$이므로 $\triangle\text{ACD}=\triangle\text{ACE}$

즉, $\square\text{ABCD}=\triangle\text{ABC}+\triangle\text{ACD}$

$=\triangle\text{ABC}+\triangle\text{ACE}=\triangle\text{ABE}$

따라서

$\square\text{ABCD}=\frac{1}{2}\times\overline{\text{AB}}\times\overline{\text{BE}}\times\sin 60^\circ$

$=\frac{1}{2}\times 6\times 12\times\frac{\sqrt{3}}{2}=18\sqrt{3}$

기출 예상 문제

본문 36~39쪽

01 ⑤	**02** ①	**03** ③	**04** ②	**05** ②
06 ④	**07** ⑤	**08** ④	**09** ③	**10** ⑤
11 ③	**12** ③	**13** ②	**14** 30°	**15** ①
16 ③	**17** $(15\pi-9)\ \text{cm}^2$		**18** ②	**19** ③
20 ⑤	**21** ②	**22** ④	**23** ①	
24 $(2+5\sqrt{2})\ \text{cm}^2$				

01 $\overline{\text{BC}}=\overline{\text{AB}}\times\cos 20^\circ=40\times 0.94=37.6\ (\text{cm})$

02 직각삼각형 ABC에서

$\overline{\text{AB}}=12\times\cos 30^\circ=6\sqrt{3}\ (\text{cm})$,

$\overline{\text{BC}}=12\times\sin 30^\circ=6\ (\text{cm})$이므로

(원뿔의 부피)$=\frac{1}{3}\times 6^2\pi\times 6\sqrt{3}=72\sqrt{3}\pi\ (\text{cm}^3)$

03 직각삼각형 ABC에서 $\angle\text{B}=42^\circ$이므로

$\angle\text{C}=90^\circ-42^\circ=48^\circ$

$\overline{\text{AB}}=20\times\sin 48^\circ=20\times 0.74=14.8\ (\text{m})$

$\overline{\text{AC}}=20\times\cos 48^\circ=20\times 0.67=13.4\ (\text{m})$

따라서 쓰러지기 전의 나무의 높이는

$\overline{\text{AB}}+\overline{\text{AC}}=14.8+13.4=28.2\ (\text{m})$

04 $\overline{\text{AC}}=20$ m이므로 직각삼각형 ABC에서

$\overline{\text{BC}}=\overline{\text{AC}}\times\tan A=20\times\tan 30^\circ=\frac{20\sqrt{3}}{3}\ (\text{m})$

따라서

(B타워의 높이)$=$(A건물의 높이)$+\overline{\text{BC}}$

$=3+\frac{20\sqrt{3}}{3}=\frac{9+20\sqrt{3}}{3}\ (\text{m})$

05 오른쪽 그림과 같이 점 B에서 $\overline{\text{OA}}$에 내린 수선의 발을 H라 하자.

직각삼각형 OBH에서

$\overline{\text{OB}}=30$ cm이므로

$\overline{\text{OH}}=\overline{\text{OB}}\times\cos 60^\circ=30\times\frac{1}{2}=15\ (\text{cm})$

A지점과 B지점의 높이의 차는 $\overline{\text{HA}}$의 길이와 같으므로

$\overline{\text{HA}}=\overline{\text{OA}}-\overline{\text{OH}}=30-15=15\ (\text{cm})$

06 오른쪽 그림과 같이 점 A에서 $\overline{\text{BC}}$에 내린 수선의 발을 H라 하면

$\angle\text{BAH}=45^\circ$,

$\angle\text{CAH}=30^\circ$

직각삼각형 ABH에서

$\overline{\text{AH}}=\overline{\text{AB}}\times\sin 45^\circ=50\sqrt{2}\times\frac{\sqrt{2}}{2}=50$,

$\overline{\text{BH}}=\overline{\text{AB}}\times\cos 45^\circ=50\sqrt{2}\times\frac{\sqrt{2}}{2}=50$

직각삼각형 AHC에서

$\overline{\text{CH}}=\overline{\text{AH}}\times\tan 30^\circ=50\times\frac{\sqrt{3}}{3}=\frac{50\sqrt{3}}{3}$,

$\overline{\text{AC}}=\frac{\overline{\text{AH}}}{\cos 30^\circ}=50\times\frac{2}{\sqrt{3}}=\frac{100\sqrt{3}}{3}$

따라서

$x+y=\left(50+\frac{50\sqrt{3}}{3}\right)+\frac{100\sqrt{3}}{3}=50+50\sqrt{3}$

07 오른쪽 그림과 같이 점 A에서 $\overline{\text{BC}}$에 내린 수선의 발을 H라 하자.

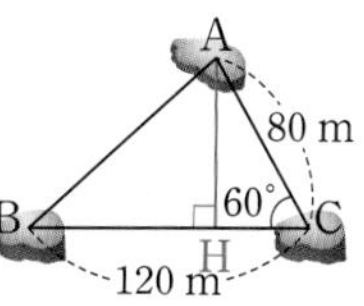

직각삼각형 AHC에서

$\overline{\text{AH}}=80\times\sin 60^\circ=40\sqrt{3}\ (\text{m})$

$\overline{CH}=80\times\cos 60^\circ=40$ (m)

$\overline{BH}=\overline{BC}-\overline{CH}=80$ (m)이므로

직각삼각형 ABH에서

$\overline{AB}=\sqrt{80^2+(40\sqrt{3})^2}=40\sqrt{7}$ (m)

08 오른쪽 그림과 같이 점 B에서 $\overline{AC}$에 내린 수선의 발을 H라 하자.

직각삼각형 ABH에서

$\cos A=\frac{2}{3}$이므로

$\overline{AH}=\overline{AB}\times\cos A=9\times\frac{2}{3}=6$이고

피타고라스 정리에 의하여

$\overline{BH}=\sqrt{9^2-6^2}=3\sqrt{5}$

직각삼각형 HBC에서

$\overline{CH}=\overline{AC}-\overline{AH}=5$이므로

$\overline{BC}=\sqrt{5^2+(3\sqrt{5})^2}=\sqrt{70}$

09 오른쪽 그림과 같이 점 B에서 $\overline{AD}$의 연장선에 내린 수선의 발을 H라 하자.

직각삼각형 BAH에서

$\angle BAH=60^\circ$이므로 $\overline{AH}=12\times\cos 60^\circ=6$,

$\overline{BH}=12\times\sin 60^\circ=6\sqrt{3}$

직각삼각형 BDH에서

$\overline{BD}=\sqrt{(6\sqrt{3})^2+15^2}=\sqrt{333}=3\sqrt{37}$

10 오른쪽 그림과 같이 점 P에서 $\overline{AB}$에 내린 수선의 발을 H라 하자.

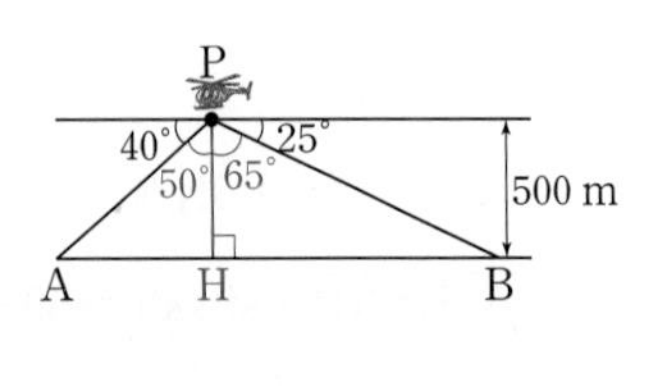

직각삼각형 AHP에서 $\angle APH=50^\circ$이므로

$\overline{AH}=\overline{PH}\times\tan 50^\circ=500\tan 50^\circ$ (m)

직각삼각형 PHB에서 $\angle BPH=65^\circ$이므로

$\overline{HB}=\overline{PH}\times\tan 65^\circ=500\tan 65^\circ$ (m)

따라서

$\overline{AB}=\overline{AH}+\overline{HB}=500(\tan 65^\circ+\tan 50^\circ)$ (m)

11 $\overline{AC}=x$라 하면

직각삼각형 ADC에서 $\angle ADC=60^\circ$이므로

$\overline{CD}=\frac{x}{\tan 60^\circ}=\frac{\sqrt{3}}{3}x$

직각삼각형 ABC에서 $\overline{BC}=4+\frac{\sqrt{3}}{3}x$이고

$\tan B=\frac{\overline{AC}}{\overline{BC}}$이므로

$\frac{\sqrt{3}}{2}=\frac{x}{4+\frac{\sqrt{3}}{3}x}$에서 $\sqrt{3}\left(4+\frac{\sqrt{3}}{3}x\right)=2x$

$4\sqrt{3}+x=2x$, $x=4\sqrt{3}$

따라서 $\overline{AC}=4\sqrt{3}$

12 $\overline{AH}=x$라 하면

직각삼각형 ABH에서

$\overline{BH}=x\tan 45^\circ=x$

직각삼각형 ACH에서

$\overline{CH}=\frac{\overline{AH}}{\tan 50^\circ}=\frac{x}{1.2}=\frac{5}{6}x$

$\overline{BC}=\overline{BH}+\overline{CH}=x+\frac{5}{6}x=\frac{11}{6}x$이므로

$22=\frac{11}{6}x$, $x=12$

따라서 $\overline{AH}=12$

13 $\triangle ABC=\frac{1}{2}\times\overline{AB}\times\overline{BC}\times\sin(180^\circ-B)$

$=\frac{1}{2}\times4\sqrt{3}\times2\times\sin 30^\circ$

$=\frac{1}{2}\times4\sqrt{3}\times2\times\frac{1}{2}=2\sqrt{3}$

14 $\triangle ABC=\frac{1}{2}\times\overline{AB}\times\overline{AC}\times\sin A$이므로

$15=\frac{1}{2}\times10\times6\times\sin A$, $\sin A=\frac{1}{2}$

이때 $0^\circ<\angle A<90^\circ$이므로 $\angle A=30^\circ$

15 $\triangle ABC=\frac{1}{2}\times\overline{AB}\times\overline{BC}\times\sin B$이므로

$12=\frac{1}{2}\times\overline{AB}\times8\times\frac{\sqrt{2}}{2}$, $\overline{AB}=3\sqrt{2}$ (cm)

오른쪽 그림과 같이 점 A에서 $\overline{BC}$에 내린 수선의 발을 H라 하면 직각삼각형 ABH에서

$\overline{AH}=\overline{BH}=\overline{AB}\cos 45^\circ$

$=3\sqrt{2}\times\frac{\sqrt{2}}{2}=3$ (cm)

직각삼각형 AHC에서

$\overline{CH}=\overline{BC}-\overline{BH}=5$이므로

$\overline{AC}=\sqrt{3^2+5^2}=\sqrt{34}$ (cm)

16 $\overline{AB}=6$ cm이고 $\overline{AD}:\overline{BD}=2:1$이므로

$\overline{AD}=4$ cm, $\overline{BD}=2$ cm

$\triangle DEF=\triangle ABC-\triangle ADF-\triangle DBE-\triangle FEC$이고

$\triangle ADF\equiv\triangle BED\equiv\triangle CFE$ (SAS합동)이므로

$\triangle DEF = \triangle ABC - 3\times \triangle ADF$

$= \frac{1}{2}\times 6\times 6\times \frac{\sqrt{3}}{2} - 3\times\left(\frac{1}{2}\times 4\times 2\times \frac{\sqrt{3}}{2}\right)$

$= 9\sqrt{3} - 6\sqrt{3} = 3\sqrt{3}\ (\mathrm{cm}^2)$

17 $\overline{AO}=\overline{BO}=\overline{CO}=6\ (\mathrm{cm})$이고

$\triangle BOC$는 $\overline{BO}=\overline{CO}$인 이등변삼각형이므로

$\angle BOC = 150°$

즉, $\triangle BOC = \frac{1}{2}\times 6\times 6\times \sin(180° - 150°) = 9\ (\mathrm{cm}^2)$

(부채꼴 BOC의 넓이)$=\pi\times 6^2\times\frac{150°}{360°}=15\pi\ (\mathrm{cm}^2)$

(색칠한 부분의 넓이)

=(부채꼴 BOC의 넓이)−($\triangle BOC$의 넓이)

$=15\pi - 9\ (\mathrm{cm}^2)$

18 오른쪽 그림과 같이 꼭짓점 A에서 직선 BC에 내린 수선의 발을 H라 하면

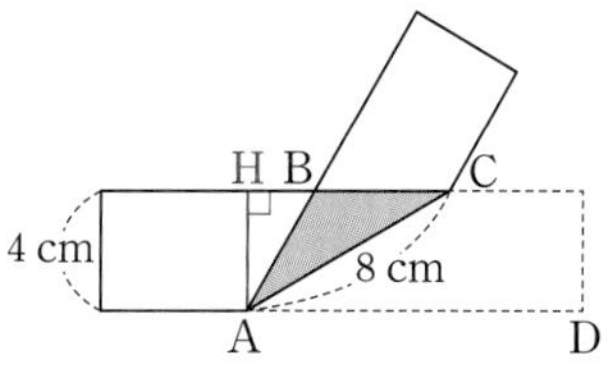

$\overline{AH}=4\ \mathrm{cm}$

직각삼각형 AHC에서

$\sin C = \frac{\overline{AH}}{\overline{AC}} = \frac{4}{8} = \frac{1}{2}$

즉, $\angle ACB = 30°$

$\overline{AD} /\!/ \overline{BC}$이므로 $\angle DAC = \angle ACB = 30°$ (엇각)

$\angle DAC = \angle BAC = 30°$ (접은 각)

$\angle ABH = 60°$이므로 직각삼각형 AHB에서

$\sin 60° = \frac{4}{\overline{AB}},\ \frac{\sqrt{3}}{2} = \frac{4}{\overline{AB}},\ \overline{AB} = \frac{8\sqrt{3}}{3}\ \mathrm{cm}$

따라서

$\triangle ABC = \frac{1}{2}\times\frac{8\sqrt{3}}{3}\times 8\times\frac{1}{2} = \frac{16\sqrt{3}}{3}\ (\mathrm{cm}^2)$

19 $\overline{AB}=\overline{AD}$이므로

$\square ABCD = 4\times 4\times \sin(180° - 120°)$

$= 4\times 4\times\frac{\sqrt{3}}{2}$

$= 8\sqrt{3}$

20 $\overline{AB} : \overline{BC} = 2 : 5$이므로

$\overline{AB}=2a,\ \overline{BC}=5a\ (a>0)$라 하자.

$\square ABCD = 2a\times 5a\times \sin 45° = 80\sqrt{2}$이므로

$a^2=16,\ a=4$

따라서 $\overline{AB}=2\times 4=8\ (\mathrm{cm}),\ \overline{BC}=5\times 4=20\ (\mathrm{cm})$이므로

($\square ABCD$의 둘레의 길이)$=2\times(8+20)$

$=56\ (\mathrm{cm})$

21 $\square ABCD = \frac{1}{2}\times\overline{AC}\times\overline{BD}\times\sin x$이므로

$18 = \frac{1}{2}\times 9\times 12\times \sin x$에서 $\sin x = \frac{1}{3}$

22 오른쪽 그림과 같이 점 A에서 직선 BC에 내린 수선의 발을 P, 점 C에서 직선 AB에 내린 수선의 발을 Q라고 하자.

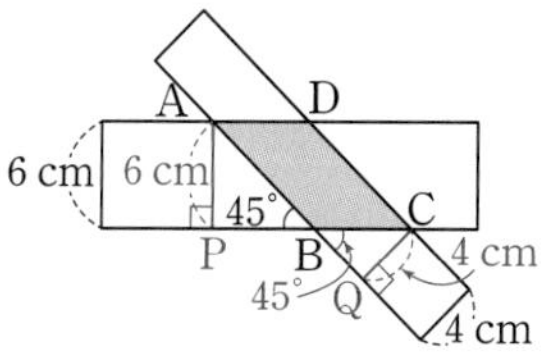

직각삼각형 APB에서 $\overline{AP}=6\ \mathrm{cm}$이므로

$\overline{AB} = \frac{6}{\sin 45°} = 6\sqrt{2}\ (\mathrm{cm})$

직각삼각형 BQC에서 $\overline{CQ}=4\ \mathrm{cm}$이므로

$\overline{BC} = \frac{4}{\sin 45°} = 4\sqrt{2}\ (\mathrm{cm})$

따라서

$\square ABCD = 6\sqrt{2}\times 4\sqrt{2}\times\sin(180° - 135°)$

$= 6\sqrt{2}\times 4\sqrt{2}\times\frac{\sqrt{2}}{2}$

$= 24\sqrt{2}\ (\mathrm{cm}^2)$

23 오른쪽 그림과 같이 원의 중심을 O, 반지름의 길이를 r cm라고 하면

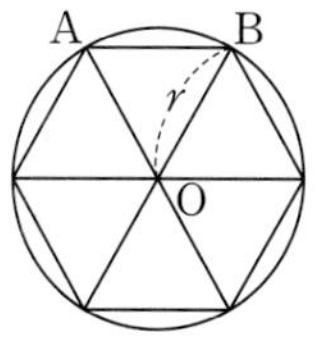

(정육각형의 넓이)

$=6\times\triangle AOB$

$=6\times\left(\frac{1}{2}\times r^2\times\sin 60°\right)$

즉, $6\times\left(\frac{1}{2}\times r^2\times\frac{\sqrt{3}}{2}\right)=24\sqrt{3}$에서 $r^2=16$

이때 $r>0$이므로 $r=4$

따라서 원의 넓이는

$\pi\times 4^2 = 16\pi\ (\mathrm{cm}^2)$

24 직각삼각형 ACD에서

$\overline{AC} = \frac{2}{\sin 45°} = 2\sqrt{2}\ (\mathrm{cm})$이므로

$\square ABCD = \triangle ABC + \triangle ACD$

$= \frac{1}{2}\times 5\times 2\sqrt{2} + \frac{1}{2}\times 2\times 2$

$= 5\sqrt{2} + 2\ (\mathrm{cm}^2)$

고난도 집중 연습

본문 40~41쪽

1 $300(\sqrt{3}-1)$ m	**1-1** $60\sqrt{3}$ m
2 $4(3+\sqrt{3})$	**2-1** $25(\sqrt{3}+1)$
3 $\frac{3}{5}$	**3-1** $\frac{5}{13}$
4 19	**4-1** 1 : 2

1

풀이 전략 주어진 조건을 이용하여 한 변의 길이를 구한 후, 삼각비를 이용하여 식을 세운다.

초속 200m로 움직이므로 $\overline{BC}=600$ m

오른쪽 그림과 같이 점 A에서 $\overline{BC}$에 내린 수선의 발을 H라고 하고, $\overline{AH}=x$ m라 하자.

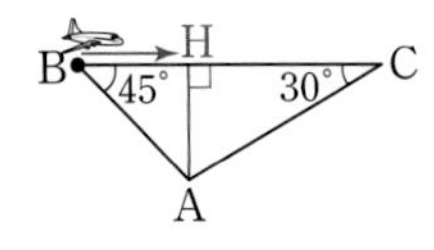

직각삼각형 ABH에서 $\overline{BH}=\overline{AH}=x$ m

$\overline{CH}=\overline{BC}-\overline{BH}=600-x$ (m)

직각삼각형 ACH에서 $\tan 30°=\frac{x}{600-x}$

$\sqrt{3}x=600-x$, $(1+\sqrt{3})x=600$,

$x=\frac{600}{1+\sqrt{3}}=300(\sqrt{3}-1)$

따라서 A지점에서 비행기까지의 높이는 $300(\sqrt{3}-1)$ m

1-1

풀이 전략 주어진 조건을 이용하여 한 변의 길이를 구한 후, 삼각비를 이용하여 식을 세운다.

초속 30 m로 움직이므로 $\overline{BC}=120$ m

$\overline{AD}=x$ m라 하면 직각삼각형 ACD에서

$\overline{CD}=\frac{\overline{AD}}{\tan 60°}=\frac{x}{\sqrt{3}}=\frac{\sqrt{3}}{3}x$ (m)

$\overline{BD}=\overline{BC}+\overline{CD}=120+\frac{\sqrt{3}}{3}x$ (m)

직각삼각형 ABD에서

$\tan 30°=\frac{\overline{AD}}{\overline{BD}}$이므로 $\frac{\sqrt{3}}{3}\left(120+\frac{\sqrt{3}}{3}x\right)=x$

$40\sqrt{3}+\frac{1}{3}x=x$, $x=60\sqrt{3}$

따라서 등대의 높이 $\overline{AD}=60\sqrt{3}$ m

2

풀이 전략 삼각비를 이용하여 삼각형의 한 변의 길이를 구한 후, 삼각형의 넓이를 구한다.

오른쪽 그림과 같이 점 A에서 $\overline{BC}$의 연장선 위에 내린 수선의 발을 H라 하자.

$\overline{CH}=x$라고 하면

$\angle ACH=60°$이므로

$\overline{AC}=2x$, $\overline{AH}=\sqrt{3}x$

직각삼각형 ABH에서

$(4+x)\tan 45°=\sqrt{3}x$

$(\sqrt{3}-1)x=4$, $x=2(\sqrt{3}+1)$

따라서

$\triangle ABC=\frac{1}{2}\times\overline{BC}\times\overline{AH}$

$=\frac{1}{2}\times4\times\sqrt{3}\times2(\sqrt{3}+1)$

$=4(3+\sqrt{3})$

2-1

풀이 전략 삼각비를 이용하여 삼각형의 한 변의 길이를 구한 후, 삼각형의 넓이를 구한다.

오른쪽 그림과 같이 점 C에서 $\overline{AB}$의 연장선 위에 내린 수선의 발을 H라 하자.

$\overline{AH}=x$라 하면

$\angle HAC=45°$이므로

$\overline{CH}=x$, $\overline{AC}=\sqrt{2}x$

직각삼각형 HBC에서

$(10+x)\tan 30°=x$, $10+x=\sqrt{3}x$

$(\sqrt{3}-1)x=10$, $x=5(\sqrt{3}+1)$

따라서

$\triangle ABC=\frac{1}{2}\times\overline{AB}\times\overline{CH}$

$=\frac{1}{2}\times10\times5(\sqrt{3}+1)$

$=25(\sqrt{3}+1)$

3

풀이 전략 정사각형의 한 변의 길이를 이용하여 삼각형의 넓이를 구하는 식을 세운다.

$\overline{AM}=a$ $(a>0)$라 하면

$\overline{AD}=2a$, $\overline{MD}=\sqrt{a^2+4a^2}=\sqrt{5}a$

$\triangle DMN=\square ABCD-\triangle AMD-\triangle DNC-\triangle MBN$

$=4a^2-\frac{1}{2}\times2a\times a-\frac{1}{2}\times a\times2a-\frac{1}{2}\times a\times a$

$=\frac{3}{2}a^2$

또, $\triangle DMN=\frac{1}{2}\times\overline{DM}\times\overline{DN}\times\sin x$

$=\frac{1}{2}\times\sqrt{5}a\times\sqrt{5}a\times\sin x$

$=\frac{5}{2}a^2\sin x$

즉, $\frac{3}{2}a^2=\frac{5}{2}a^2\sin x$

따라서 $\sin x=\frac{3}{5}$

3-1

풀이 전략 정사각형의 한 변의 길이를 이용하여 삼각형의 넓이를 구하는 식을 세운다.

$\overline{CM}=a\ (a>0)$라 하면 $\overline{BM}=2a$, $\overline{AB}=3a$,

$\overline{AM}=\sqrt{4a^2+9a^2}=\sqrt{13}a$

$\triangle AMN$

$=\square ABCD-\triangle ABM-\triangle AND-\triangle MCN$

$=9a^2-\frac{1}{2}\times3a\times2a-\frac{1}{2}\times3a\times2a-\frac{1}{2}\times a\times a$

$=9a^2-3a^2-3a^2-\frac{1}{2}a^2=\frac{5}{2}a^2$

또, $\triangle AMN=\frac{1}{2}\times\overline{AM}\times\overline{AN}\times\sin x$

$=\frac{1}{2}\times\sqrt{13}a\times\sqrt{13}a\times\sin x$

$=\frac{13}{2}a^2\sin x$

즉, $\frac{5}{2}a^2=\frac{13}{2}a^2\sin x$

따라서 $\sin x=\frac{5}{13}$

4

풀이 전략 비례상수를 이용하여 변의 길이를 나타내고 도형의 넓이를 구한다.

$\overline{AD}=2a$, $\overline{BD}=a$, $\overline{AE}=5b$, $\overline{CE}=3b\ (a>0,\ b>0)$라고 하면

$\square DBCE=\triangle ABC-\triangle ADE$

$=\frac{1}{2}\times3a\times8b\times\sin A-\frac{1}{2}\times2a\times5b\times\sin A$

$=7ab\sin A$

이때 $\triangle ABC=12ab\sin A$이므로

$\square DBCE=\triangle ABC\times\frac{7}{12}$

따라서 $m=12$, $n=7$이고

$m+n=12+7=19$

4-1

풀이 전략 비례상수를 이용하여 변의 길이를 나타내고 도형의 넓이를 구한다.

$\overline{AD}:\overline{BD}=1:1$이므로 $\overline{AD}=a$, $\overline{BD}=a\ (a>0)$,

$\overline{BE}:\overline{EC}=2:1$이므로 $\overline{BE}=2b$, $\overline{EC}=b\ (b>0)$라고 하면

$\triangle BDE=\frac{1}{2}\times a\times2b\times\sin B=ab\sin B$

$\square ADEC=\triangle ABC-\triangle BDE$

$=\frac{1}{2}\times2a\times3b\times\sin B-ab\sin B$

$=2ab\sin B$

따라서

($\triangle BDE$의 넓이) : ($\square ADEC$의 넓이)$=1:2$

서술형 집중 연습

본문 42~43쪽

예제 1 6.2 m	유제 1 39.3 m
예제 2 $\frac{12\sqrt{3}}{5}$ cm	유제 2 $\frac{20}{7}$ cm
예제 3 $12\sqrt{3}$	유제 3 $10\sqrt{2}$
예제 4 $\frac{15+5\sqrt{3}}{2}$ m	유제 4 $(6+6\sqrt{3})$ m

예제 1

$\overline{BC}=$ 10 m이므로

직각삼각형 ABC에서

$\overline{AC}=10\times$ tan 25° $=10\times$ 0.47 $=$ 4.7 (m) ··· 1단계

따라서

(나무의 높이)$=\overline{AC}+$(눈높이)

$=$ 4.7 $+1.5=$ 6.2 (m) ··· 2단계

채점 기준표

단계	채점 기준	비율
1단계	$\overline{AC}$의 길이를 구한 경우	70 %
2단계	나무의 높이를 구한 경우	30 %

유제 1

$\overline{BC}=20$ m이므로 직각삼각형 ABC에서

$\overline{AB}=20\tan62°=20\times1.88=37.6$ (m) ··· 1단계

따라서

(건물의 높이)$=\overline{AB}+$(눈높이)

$=37.6+1.7=39.3$ (m) ··· 2단계

채점 기준표

단계	채점 기준	비율
1단계	$\overline{AB}$의 길이를 구한 경우	70 %
2단계	건물의 높이를 구한 경우	30 %

예제 2

$\triangle ABC=\frac{1}{2}\times\overline{AB}\times\overline{AC}\times\sin A$

$=\frac{1}{2}\times\boxed{4}\times\boxed{6}\times\boxed{\sin 60^\circ}=\boxed{6\sqrt{3}}\ (\text{cm}^2)$

··· 1단계

이고

$\triangle ABC$

$=\triangle ABD+\boxed{\triangle ACD}$

$=\frac{1}{2}\times4\times\overline{AD}\times\boxed{\sin 30^\circ}+\frac{1}{2}\times\boxed{6}\times\overline{AD}\times\boxed{\sin 30^\circ}$

$=\overline{AD}+\frac{3}{2}\overline{AD}=\boxed{\frac{5}{2}}\times\overline{AD}$ ··· 2단계

즉, $\boxed{6\sqrt{3}}=\boxed{\frac{5}{2}}\times\overline{AD}$

따라서 $\overline{AD}=\boxed{\frac{12\sqrt{3}}{5}}\ (\text{cm})$ ··· 3단계

채점 기준표

단계	채점 기준	비율
1단계	$\triangle ABC$의 넓이를 구한 경우	30 %
2단계	$\triangle ABD$, $\triangle ACD$의 넓이를 구한 경우	40 %
3단계	$\overline{AD}$의 길이를 구한 경우	30 %

유제 2

$\triangle ABC=\frac{1}{2}\times\overline{AB}\times\overline{AC}\times\sin(180^\circ-120^\circ)$

$=\frac{1}{2}\times10\times4\times\sin 60^\circ=10\sqrt{3}\ (\text{cm}^2)$ ··· 1단계

이고

$\triangle ABC=\triangle ABD+\triangle ACD$

$=\frac{1}{2}\times10\times\overline{AD}\times\sin 60^\circ+\frac{1}{2}\times4\times\overline{AD}\times\sin 60^\circ$

$=\frac{5\sqrt{3}}{2}\overline{AD}+\sqrt{3}\,\overline{AD}$

$=\frac{7\sqrt{3}}{2}\overline{AD}$ ··· 2단계

즉, $10\sqrt{3}=\frac{7\sqrt{3}}{2}\overline{AD}$

따라서 $\overline{AD}=\frac{20}{7}\ (\text{cm})$ ··· 3단계

채점 기준표

단계	채점 기준	비율
1단계	$\triangle ABC$의 넓이를 구한 경우	30 %
2단계	$\triangle ABD$, $\triangle ACD$의 넓이를 구한 경우	40 %
3단계	$\overline{AD}$의 길이를 구한 경우	30 %

예제 3

$\square ABCD=\overline{AB}\times\overline{AD}\times\sin(180^\circ-A)$

$=8\times\boxed{12}\times\boxed{\sin 60^\circ}=\boxed{48\sqrt{3}}$ ··· 1단계

$\triangle BMD=\boxed{\frac{1}{2}}\times\triangle BDC=\boxed{\frac{1}{2}}\times\left(\boxed{\frac{1}{2}}\times\square ABCD\right)$

$=\boxed{\frac{1}{4}}\times\square ABCD=\boxed{\frac{1}{4}}\times\boxed{48\sqrt{3}}=\boxed{12\sqrt{3}}$

··· 2단계

채점 기준표

단계	채점 기준	비율
1단계	$\square ABCD$의 넓이를 구한 경우	50 %
2단계	$\triangle BMD$의 넓이를 구한 경우	50 %

유제 3

$\square ABCD=\overline{AB}\times\overline{AD}\times\sin A$

$=15\times8\times\sin 45^\circ=60\sqrt{2}$ ··· 1단계

$\triangle ACP=\frac{1}{3}\triangle ACD=\frac{1}{3}\times\frac{1}{2}\square ABCD$

$=\frac{1}{6}\square ABCD=\frac{1}{6}\times60\sqrt{2}$

$=10\sqrt{2}$ ··· 2단계

채점 기준표

단계	채점 기준	비율
1단계	$\square ABCD$의 넓이를 구한 경우	50 %
2단계	$\triangle ACP$의 넓이를 구한 경우	50 %

예제 4

가로등의 높이 $\overline{CD}$를 x m라고 하면

직각삼각형 ACD에서

$\overline{AC}=\frac{x}{\tan 60^\circ}=\boxed{\frac{\sqrt{3}}{3}x}\ (\text{m})$

직각삼각형 BCD에서

$\overline{BC}=\overline{BA}+\boxed{\overline{AC}}=\boxed{5+\frac{\sqrt{3}}{3}x}\ (\text{m})$ ··· 1단계

즉, $\overline{BC}\tan\boxed{45^\circ}=\overline{CD}$이므로

$\boxed{5+\frac{\sqrt{3}}{3}x}=x,\ \left(1-\frac{\sqrt{3}}{3}\right)x=5,$ ··· 2단계

$x=\frac{5(3+\sqrt{3})}{2}=\boxed{\frac{15+5\sqrt{3}}{2}}\ (\text{m})$

따라서 가로등의 높이는 $\boxed{\frac{15+5\sqrt{3}}{2}}\ (\text{m})$ ··· 3단계

채점 기준표

단계	채점 기준	비율
1단계	$\overline{BC}$의 길이를 구한 경우	30 %
2단계	삼각비를 이용하여 식을 세운 경우	30 %
3단계	가로등의 높이를 구한 경우	40 %

유제 4

학교 건물의 높이 $\overline{CD}$를 x m라고 하면

직각삼각형 DBC에서

$\overline{BC}=\dfrac{\overline{CD}}{\tan 45^\circ}=x$

직각삼각형 DAC에서

$\overline{AC}=\overline{AB}+\overline{BC}=12+x$ ··· 1단계

즉, $\overline{CD}=\overline{AC}\times\tan 30^\circ$

$x=(12+x)\times\dfrac{\sqrt{3}}{3}$, $\left(1-\dfrac{\sqrt{3}}{3}\right)x=4\sqrt{3}$ ··· 2단계

$x=4\sqrt{3}\times\dfrac{3+\sqrt{3}}{2}=6\sqrt{3}+6$

따라서 학교 건물의 높이는 $(6+6\sqrt{3})$ m ··· 3단계

채점 기준표

단계	채점 기준	비율
1단계	$\overline{AC}$의 길이를 구한 경우	30 %
2단계	삼각비를 이용하여 식을 세운 경우	30 %
3단계	학교 건물의 높이를 구한 경우	40 %

중단원 실전 테스트 1회

본문 44~46쪽

01 ④ **02** ③ **03** ③ **04** ⑤ **05** ①
06 ② **07** ③ **08** ① **09** ② **10** ⑤
11 ③ **12** ① **13** $(20\sqrt{3}-20)$ km
14 $(9+3\sqrt{3}+3\sqrt{6})$ cm **15** 60 **16** 12 cm

01 $\overline{AB}=\overline{BC}\times\cos 24^\circ=10\times0.91=9.1$,

$\overline{AC}=\overline{BC}\times\sin 24^\circ=10\times0.41=4.1$

($\triangle$ABC의 둘레의 길이)$=10+9.1+4.1=23.2$

02 삼각기둥의 밑면 $\triangle$ABC에서

$\overline{AB}=8\cos 60^\circ=4$ (cm),

$\overline{AC}=8\sin 60^\circ=4\sqrt{3}$ (cm)이므로

$\triangle ABC=\dfrac{1}{2}\times4\times4\sqrt{3}=8\sqrt{3}$ (cm^2)

삼각기둥의 높이를 h cm라 하면

삼각기둥의 부피가 $80\sqrt{3}$ (cm^3)이므로

$80\sqrt{3}=8\sqrt{3}\times h$, $h=10$ (cm)

03 $\overline{AH}=30$ m이므로

$\triangle$ACH에서

$\overline{CH}=30\times\tan 32^\circ=30\times0.62=18.6$ (m)

$\triangle$ABH에서

$\overline{BH}=30\times\tan 20^\circ=30\times0.36=10.8$ (m)

따라서

(첨탑의 높이)$=\overline{CH}+\overline{BH}$

$=18.6+10.8=29.4$ (m)

04 오른쪽 그림과 같이 점 B에서 $\overline{OA}$에 내린 수선의 발을 H라고 하면

$\overline{AH}=0.8$ m이므로

$\overline{OH}=\overline{AO}-\overline{AH}=2-0.8=1.2$ (m)

직각삼각형 OHB에서

$\overline{HB}=\sqrt{2^2-(1.2)^2}=1.6$ (m)

따라서 $\sin x=\dfrac{\overline{HB}}{\overline{OB}}=\dfrac{1.6}{2}=0.8$

05 오른쪽 그림과 같이 학교, 집, 도서관을 각각 A, B, C라 하자. 점 C에서 $\overline{AB}$의 연장선에 내린 수선의 발을 H라고 하면

$\angle CBH=45^\circ$이고

직각삼각형 CBH에서

$\overline{BH}=\overline{CH}=2\times\cos 45^\circ=\sqrt{2}$ (km)

직각삼각형 CAH에서

$\overline{AC}=\sqrt{\overline{AH}^2+\overline{CH}^2}=\sqrt{(2\sqrt{2})^2+(\sqrt{2})^2}$

$=\sqrt{8+2}=\sqrt{10}$ (km)

06 $\overline{AH}=h$라고 하면

직각삼각형 ABH에서

$\overline{BH}=h\times\tan 45^\circ=h$

직각삼각형 ACH에서

$\overline{CH}=h\times\tan 30^\circ=\dfrac{\sqrt{3}}{3}h$

$\overline{BC}=\overline{BH}+\overline{CH}$이므로

$h+\dfrac{\sqrt{3}}{3}h=12$에서 $\left(1+\dfrac{\sqrt{3}}{3}\right)h=12$

$h=6(3-\sqrt{3})$

따라서

$\triangle ABC=\dfrac{1}{2}\times12\times6(3-\sqrt{3})=36(3-\sqrt{3})$

07 $\triangle ABC=\dfrac{1}{2}\times\overline{AB}\times\overline{BC}\times\sin 30^\circ$이므로

$18=\dfrac{1}{2}\times6\times\overline{BC}\times\dfrac{1}{2}$, $\overline{BC}=12$ (cm)

08 오른쪽 그림과 같이 점 D에서 $\overline{AB}$에 내린 수선의 발을 H라고 하자.

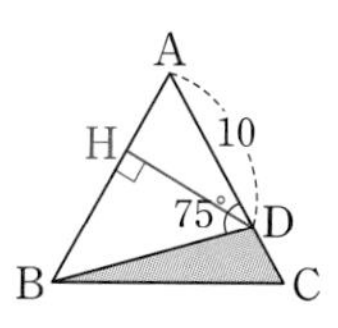

직각삼각형 ADH에서

$\angle A=60^\circ$이므로

$\overline{AH}=\overline{AD}\times\cos 60°=5$

$\overline{DH}=\overline{AD}\times\sin 60°=5\sqrt{3}$

직각삼각형 BDH에서 $\angle HDB=45°$이므로

$\overline{BH}=\overline{DH}=5\sqrt{3}$

즉, 정삼각형 ABC에서

$\overline{AC}=\overline{BC}=\overline{AB}=\overline{AH}+\overline{BH}=5+5\sqrt{3}$이고

$\overline{CD}=\overline{AC}-\overline{AD}=(5+5\sqrt{3})-10=5\sqrt{3}-5$

따라서

$\triangle BDC=\frac{1}{2}\times\overline{BC}\times\overline{CD}\times\sin C$

$=\frac{1}{2}\times(5\sqrt{3}+5)\times(5\sqrt{3}-5)\times\frac{\sqrt{3}}{2}$

$=\frac{25\sqrt{3}}{2}$

09 $\triangle ABC=\frac{1}{2}\times\overline{AB}\times\overline{BC}\times\sin(180°-B)$이고

$\overline{DB}=\overline{AB}\times1.1$, $\overline{BE}=0.8\times\overline{BC}$이므로

$\triangle DBE$

$=\frac{1}{2}\times\overline{DB}\times\overline{BE}\times\sin(180°-B)$

$=\frac{1}{2}\times(1.1\times\overline{AB})\times(0.8\times\overline{BC})\times\sin(180°-B)$

$=\left\{\frac{1}{2}\times\overline{AB}\times\overline{BC}\times\sin(180°-B)\right\}\times1.1\times0.8$

$=25\times1.1\times0.8$

$=22\ (cm^2)$

10 $\overline{AB}=\overline{AC}$이고 $\angle B=60°$이므로 $\triangle ABC$는 정삼각형,

즉, $\overline{AC}=\overline{BC}=16\ (cm)$

직각삼각형 ACD에서

$\angle ACD=90°-60°=30°$이므로

$\overline{CD}=\overline{AC}\times\cos 30°=16\times\frac{\sqrt{3}}{2}=8\sqrt{3}\ (cm)$

따라서

$\square ABCD$

$=\triangle ABC+\triangle ACD$

$=\frac{1}{2}\times16\times16\times\sin 60°+\frac{1}{2}\times16\times8\sqrt{3}\times\sin 30°$

$=64\sqrt{3}+32\sqrt{3}$

$=96\sqrt{3}(cm^2)$

다른 풀이

$\square ABCD$

$=\frac{1}{2}\times(\overline{AD}+\overline{BC})\times\overline{CD}$

$=\frac{1}{2}\times(16\cos 60°+16)\times8\sqrt{3}$

$=\frac{1}{2}\times(8+16)\times8\sqrt{3}$

$=96\sqrt{3}\ (cm^2)$

11 $\overline{AP}:\overline{BP}=3:1$이고 $\overline{AQ}:\overline{DQ}=2:5$이므로

$\overline{AP}=3a$, $\overline{BP}=a$, $\overline{AQ}=2b$, $\overline{DQ}=5b\ (a>0,\ b>0)$

라 하자.

$S_1=\frac{1}{2}\times3a\times2b\times\sin A=3ab\sin A$

$S_2=\triangle ABD-S_1$

$=\frac{1}{2}\times4a\times7b\times\sin A-3ab\sin A$

$=11ab\sin A$

$S_3=\frac{1}{2}\times4a\times7b\times\sin A=14ab\sin A$

따라서

$S_1:S_2:S_3$

$=3ab\sin A:11ab\sin A:14ab\sin A$

$=3:11:14$

12 $\overline{BD}\,/\!/\,\overline{AE}$이므로 $\triangle ADB=\triangle EDB$

즉, $\square ABCD=\triangle ABD+\triangle DBC$

$=\triangle EDB+\triangle DBC$

$=\triangle DEC$

따라서

$\triangle DEC=\frac{1}{2}\times\overline{CE}\times\overline{CD}\times\sin 60°$

$=\frac{1}{2}\times(4+3)\times3\times\frac{\sqrt{3}}{2}$

$=\frac{21\sqrt{3}}{4}$

13 직각삼각형 CBH에서

$\overline{BH}=\frac{\overline{CH}}{\tan 45°}=20\ (km)$ ··· 1단계

직각삼각형 CAH에서

$\overline{AH}=\frac{\overline{CH}}{\tan 30°}=20\sqrt{3}\ (km)$ ··· 2단계

즉, $\overline{AB}=\overline{AH}-\overline{BH}=20\sqrt{3}-20\ (km)$

따라서 두 관측소 A, B 사이의 거리는

$(20\sqrt{3}-20)$ km ··· 3단계

채점 기준표

단계	채점 기준	비율
1단계	$\overline{BH}$의 길이를 구한 경우	30 %
2단계	$\overline{AH}$의 길이를 구한 경우	30 %
3단계	두 관측소 사이의 거리를 구한 경우	40 %

14 오른쪽 그림과 같이 점 A에서 $\overline{BC}$에 내린 수선의 발을 H라고 하자.

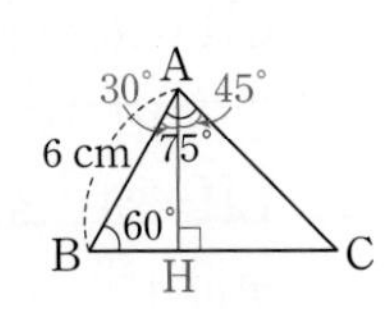

직각삼각형 ABH에서

$\overline{AH}=6\sin 60°=3\sqrt{3}\ (cm)$

$\overline{BH}=6\cos 60^\circ=3\,(cm)$

직각삼각형 AHC에서

$\overline{CH}=\frac{\overline{AH}}{\tan 45^\circ}=3\sqrt{3}\,(cm)$,

$\overline{AC}=\frac{\overline{AH}}{\cos 45^\circ}=3\sqrt{6}\,(cm)$ ··· 1단계

즉, $\overline{BC}=\overline{BH}+\overline{CH}=3+3\sqrt{3}\,(cm)$ ··· 2단계

따라서 △ABC의 둘레의 길이는

$\overline{AB}+\overline{BC}+\overline{AC}=6+(3+3\sqrt{3})+3\sqrt{6}$

$=9+3\sqrt{3}+3\sqrt{6}\,(cm)$ ··· 3단계

채점 기준표

단계	채점 기준	비율
1단계	$\overline{AC}$의 길이를 구한 경우	30 %
2단계	$\overline{BC}$의 길이를 구한 경우	40 %
3단계	△ABC의 둘레의 길이를 구한 경우	30 %

15 $\triangle ACD=\frac{1}{2}\times\overline{AD}\times\overline{AC}\times\sin(\angle CAD)$이므로

$90=\frac{1}{2}\times 15\times\overline{AC}\times\sin(\angle CAD)$,

$\overline{AC}\times\sin(\angle CAD)=12$ ··· 1단계

따라서

$\triangle ABC=\frac{1}{2}\times\overline{AB}\times\overline{AC}\times\sin(\angle BAC)$

$=\frac{1}{2}\times 10\times\overline{AC}\times\sin(\angle CAD)$

$=\frac{1}{2}\times 10\times 12=60$ ··· 2단계

채점 기준표

단계	채점 기준	비율
1단계	$\overline{AC}\times\sin(\angle CAD)$의 값을 구한 경우	50 %
2단계	△ABC의 넓이를 구한 경우	50 %

16 $\overline{AC}:\overline{BD}=4:5$이므로 $\overline{AC}=4a$ cm,

$\overline{BD}=5a$ cm $(a>0)$라고 하자. ··· 1단계

$\square ABCD=\frac{1}{2}\times\overline{AC}\times\overline{BD}\times\sin(180^\circ-\angle BOC)$

$=\frac{1}{2}\times 4a\times 5a\times\sin 30^\circ=5a^2$

즉, $5a^2=45$에서 $a^2=9$, $a=3$ ··· 2단계

따라서 $\overline{AC}=4a=4\times 3=12\,(cm)$ ··· 3단계

채점 기준표

단계	채점 기준	비율
1단계	$\overline{AC}$, $\overline{BD}$의 길이를 a를 이용하여 표현한 경우	20 %
2단계	a의 값을 구한 경우	40 %
3단계	$\overline{AC}$의 길이를 구한 경우	40 %

중단원 실전 테스트 2회

본문 47~49쪽

01 ②	02 ①	03 ①	04 ①	05 ④
06 ⑤	07 ①	08 ②	09 ⑤	10 ②
11 ④	12 ③	13 23 m	14 $(4+4\sqrt{3})$ cm	
15 $18(1+\sqrt{3})$ cm^2	16 $\left(4\sqrt{3}+\frac{4\pi}{3}\right)$ cm^2			

01 $\overline{BC}=\overline{AC}\times\sin 53^\circ=50\times 0.8=40\,(m)$

02 $\overline{AC}=h$라고 하자.

직각삼각형 ADC에서

$\overline{CD}=\overline{AC}\times\tan y=h\tan y$

직각삼각형 ABC에서

$\overline{BC}=\overline{AC}\times\tan x=h\tan x$

즉, $10+h\tan y=h\tan x$에서

$h(\tan x-\tan y)=10$

$h=\frac{10}{\tan x-\tan y}$

03 비행기가 초속 200m의 속력으로 5초 동안 이동한 거리는

$\overline{AB}=200\,(m/초)\times 5(초)=1000\,(m)$

따라서 지면으로부터의 높이는

$\overline{BC}=\overline{AB}\times\sin 17^\circ=1000\times 0.29=290\,(m)$

04 오른쪽 그림과 같이 점 A에서 $\overline{BC}$의 연장선 위에 내린 수선의 발을 H라 하자.

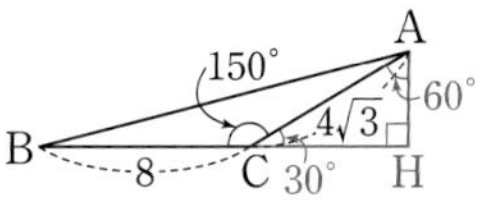

직각삼각형 ACH에서

$\overline{CH}=4\sqrt{3}\times\cos 30^\circ=6$

$\overline{AH}=4\sqrt{3}\times\sin 30^\circ=2\sqrt{3}$

직각삼각형 ABH에서

$\overline{AB}=\sqrt{14^2+(2\sqrt{3})^2}=4\sqrt{13}$

05 오른쪽 그림과 같이 점 A에서 $\overline{BC}$에 내린 수선의 발을 H라 하고, $\overline{AH}=h$라 하자.

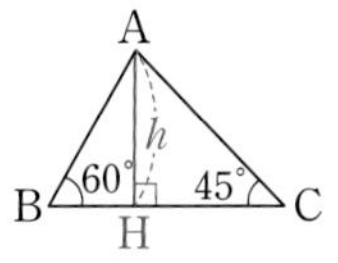

$\overline{BH}=\frac{h}{\tan 60^\circ}=\frac{\sqrt{3}}{3}h$,

$\overline{CH}=\frac{h}{\tan 45^\circ}=h$이고

$\triangle ABC=\frac{1}{2}\times\overline{BC}\times\overline{AH}$이므로

$6+2\sqrt{3}=\frac{1}{2}\times\left(1+\frac{\sqrt{3}}{3}\right)h\times h$

$2(3+\sqrt{3})=\frac{1}{6}(3+\sqrt{3})h^2$, $h^2=12$

$h>0$이므로 $h=2\sqrt{3}$ (cm)

$\overline{BC}=\left(1+\frac{\sqrt{3}}{3}\right)h=\left(1+\frac{\sqrt{3}}{3}\right)\times 2\sqrt{3}=2+2\sqrt{3}$ (cm)

06 오른쪽 그림과 같이 점 A에서 $\overline{BC}$에 내린 수선의 발을 H라고 하자.

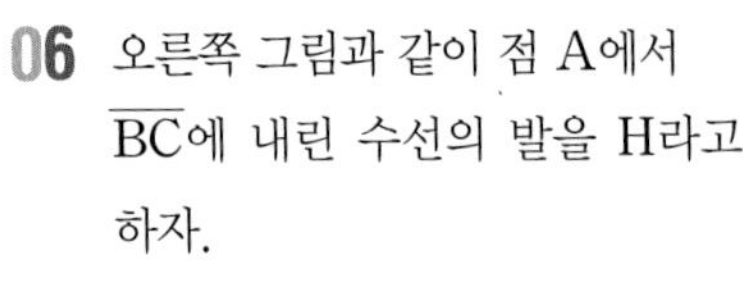

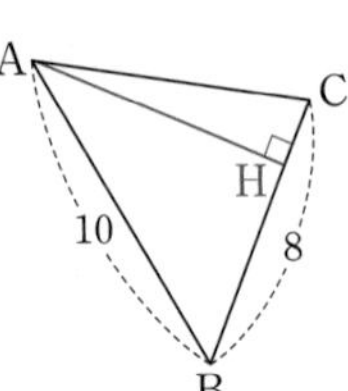

$\triangle ABH$에서

$\sin B=\frac{\overline{AH}}{\overline{AB}}$, $\frac{4}{5}=\frac{\overline{AH}}{10}$, $\overline{AH}=8$

피타고라스 정리에 의하여

$\overline{BH}=\sqrt{10^2-8^2}=6$

즉, $\overline{CH}=\overline{BC}-\overline{BH}=8-6=2$

따라서 $\triangle AHC$에서 피타고라스 정리에 의하여

$\overline{AC}=\sqrt{8^2+2^2}=2\sqrt{17}$

07 $\square BDEC$는 정사각형이므로 $\overline{BC}=\overline{BD}=6$ cm

직각삼각형 ABC에서 $\overline{AB}=\overline{BC}\times\cos 60^\circ=3$ (cm)

$\angle ABD=90^\circ+60^\circ=150^\circ$이므로

$\triangle ABD=\frac{1}{2}\times\overline{AB}\times\overline{BD}\times\sin(180^\circ-\angle ABD)$

$=\frac{1}{2}\times 3\times 6\times\sin(180^\circ-150^\circ)$

$=\frac{9}{2}$ (cm^2)

08 $\triangle ABC=\frac{1}{2}\times 10\times 12\sqrt{2}\times\sin 45^\circ=60$이고

점 G는 무게중심이므로

$\triangle ABG=\frac{1}{3}\triangle ABC=\frac{1}{3}\times 60=20$

09 $\overline{AD}=12$이고 $\overline{BF}:\overline{CF}=1:2$이므로

$\overline{BF}=12\times\frac{1}{3}=4$, $\overline{CF}=12\times\frac{2}{3}=8$

$\overline{CD}=6$이고 $\overline{AE}:\overline{BE}=1:1$이므로

$\overline{AE}=3$, $\overline{EB}=3$

$\triangle DEF$

$=\square ABCD-\triangle AED-\triangle EBF-\triangle DFC$

$=72-\frac{1}{2}\times 12\times 3-\frac{1}{2}\times 4\times 3-\frac{1}{2}\times 8\times 6$

$=72-18-6-24=24$

직각삼각형 AED에서

$\overline{DE}=\sqrt{12^2+3^2}=3\sqrt{17}$

직각삼각형 DFC에서

$\overline{DF}=\sqrt{6^2+8^2}=10$

$\triangle DEF=\frac{1}{2}\times\overline{DE}\times\overline{DF}\times\sin x$이므로

$24=\frac{1}{2}\times 3\sqrt{17}\times 10\times\sin x$

따라서 $\sin x=\frac{8\sqrt{17}}{85}$

10 $\square ABCD$가 등변사다리꼴이므로 $\overline{AC}=\overline{BD}$

$\square ABCD=\frac{1}{2}\times\overline{AC}\times\overline{AC}\times\sin(180^\circ-120^\circ)$이므로

$\frac{1}{2}\times\overline{AC}^2\times\frac{\sqrt{3}}{2}=8\sqrt{3}$에서 $\overline{AC}^2=32$

이때 $\overline{AC}>0$이므로 $\overline{AC}=4\sqrt{2}$

11 $\square ABCD$

$=\triangle ABD+\triangle BCD$

$=\frac{1}{2}\times 4\sqrt{3}\times 6\times\sin(180^\circ-150^\circ)$

$+\frac{1}{2}\times 12\sqrt{2}\times(12+2\sqrt{3})\times\sin 45^\circ$

$=6\sqrt{3}+12\sqrt{3}+72$

$=18\sqrt{3}+72$

12 $\triangle ABE\equiv\triangle C'BE$ (RHS합동)이고

$\angle ABC'=90^\circ-30^\circ=60^\circ$이므로 $\angle ABE=30^\circ$

직각삼각형 ABE에서 $\overline{AB}=10$이므로

$\overline{AE}=10\tan 30^\circ=\frac{10\sqrt{3}}{3}$

따라서

$\square ABC'E=2\triangle ABE$

$=2\times\frac{1}{2}\times 10\times\frac{10\sqrt{3}}{3}=\frac{100\sqrt{3}}{3}$

13 직각삼각형 DCE에서

$\overline{CE}=\overline{DC}\times\cos 60^\circ=2$ (m)

$\overline{DE}=\overline{DC}\times\sin 60^\circ=2\sqrt{3}=3.4$ (m) ··· 1단계

직각삼각형 ABE에서

$\overline{AE}=\overline{BE}\times\tan 50^\circ=22\times 1.2=26.4$ (m) ··· 2단계

따라서 $\overline{AD}=\overline{AE}-\overline{DE}=26.4-3.4=23$ (m)

··· 3단계

채점 기준표

단계	채점 기준	비율
1단계	$\overline{DE}$의 길이를 구한 경우	30 %
2단계	$\overline{AE}$의 길이를 구한 경우	30 %
3단계	$\overline{AD}$의 길이를 구한 경우	40 %

14 직각삼각형 ADB에서

$\overline{BD}=6\cos 45^\circ=3\sqrt{2}$ (cm),

$\overline{AD}=6\sin 45^\circ=3\sqrt{2}$ (cm)

직각삼각형 CBE에서

$\overline{BE}=8\cos 60^\circ=4$ (cm),

$\overline{CE}=8\sin 60^\circ=4\sqrt{3}$ (cm)

즉, $\overline{AF}=\overline{BD}+\overline{BE}=3\sqrt{2}+4$ (cm) ··· 1단계

$\overline{CF}=\overline{CE}-\overline{AD}=4\sqrt{3}-3\sqrt{2}$ (cm) ··· 2단계

따라서

$\overline{AF}+\overline{CF}=3\sqrt{2}+4+4\sqrt{3}-3\sqrt{2}$

$=4+4\sqrt{3}$ (cm) ··· 3단계

채점 기준표

단계	채점 기준	비율
1단계	$\overline{AF}$의 길이를 구한 경우	40 %
2단계	$\overline{CF}$의 길이를 구한 경우	40 %
3단계	$\overline{AF}+\overline{CF}$의 값을 구한 경우	20 %

15 오른쪽 그림과 같이 삼각형 BEC의 점 E에서 $\overline{BC}$에 내린 수선의 발을 H라 하자.

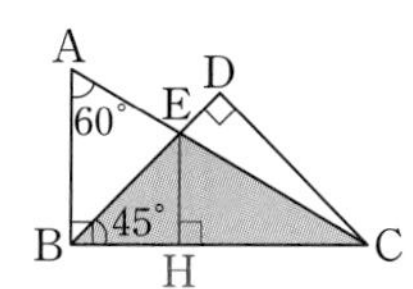

△EHC에서 $\overline{CE}=12$ cm 이므로

$\overline{EH}=\overline{CE}\times\sin 30^\circ=12\times\frac{1}{2}=6$ (cm), ··· 1단계

$\overline{HC}=\overline{CE}\times\cos 30^\circ=6\sqrt{3}$ (cm)

△EBH에서 $\overline{BH}=\frac{\overline{EH}}{\tan 45^\circ}=6$ (cm)

$\overline{BC}=\overline{BH}+\overline{HC}=6+6\sqrt{3}$ (cm) ··· 2단계

따라서

$\triangle BEC=\frac{1}{2}\times\overline{BC}\times\overline{EH}$

$=\frac{1}{2}\times(6+6\sqrt{3})\times 6$

$=18(1+\sqrt{3})$ (cm²) ··· 3단계

채점 기준표

단계	채점 기준	비율
1단계	$\overline{EH}$의 길이를 구한 경우	30 %
2단계	$\overline{BC}$의 길이를 구한 경우	40 %
3단계	△BEC의 넓이를 구한 경우	30 %

16 △AOB에서 $\overline{AO}=\overline{BO}$ (반지름)이므로

$\angle ABO=30^\circ$

$\overline{AB}\,/\!/\,\overline{OC}$이므로 $\angle BOC=\angle ABO=30^\circ$

(색칠한 부분의 넓이)

$=\triangle AOB+$(부채꼴 BOC의 넓이)

$=\frac{1}{2}\times 4\times 4\times\sin(180^\circ-120^\circ)+\pi\times 4^2\times\frac{30^\circ}{360^\circ}$

··· 1단계 ··· 2단계

$=4\sqrt{3}+\frac{4\pi}{3}$ (cm²) ··· 3단계

채점 기준표

단계	채점 기준	비율
1단계	△AOB의 넓이를 구한 경우	40 %
2단계	부채꼴 BOC의 넓이를 구한 경우	30 %
3단계	색칠한 부분의 넓이를 구한 경우	30 %

Ⅵ 원의 성질

1 | 원과 직선

개념 체크

본문 52~53쪽

01 (1) 3 (2) 6 (3) 5
02 (1) 5 cm (2) 7 cm
03 (1) 5 (2) 10
04 55°
05 50°
06 $4\sqrt{2}$
07 (1) $x=7$, $y=9$ (2) $x=5$, $y=1$
08 6

대표유형

본문 54~57쪽

01 10 cm	02 ④	03 ②	04 8	05 $4\sqrt{3}$
06 50°	07 ④	08 12π cm²		09 24
10 $\sqrt{21}$	11 ③	12 15 cm	13 $4\sqrt{3}$	14 ④
15 ③	16 5 cm	17 10 cm	18 10	19 1 cm
20 ④	21 30 cm²	22 6	23 13 cm	
24 20 cm				

01 원의 성질에 의하여 $\overline{AH}=\frac{1}{2}\overline{AB}=8$ (cm)
원 O의 반지름의 길이를 r cm라 하면
△OAH에서 피타고라스 정리에 의하여
$8^2+(r-4)^2=r^2$
$64+r^2-8r+16=r^2$에서 $8r=80$
$r=10$
따라서 원 O의 반지름의 길이는 10 cm

02 원의 반지름의 길이를 r cm, 원의 중심을 O라 하면
△OAD에서 피타고라스 정리에 의하여
$r^2=6^2+(r-3)^2$
$r^2=36+r^2-6r+9$, $6r=45$
$r=7.5$
따라서 원 O의 반지름의 길이는 7.5 cm

03 오른쪽 그림과 같이 선분 AB의 중점을 M이라 하면

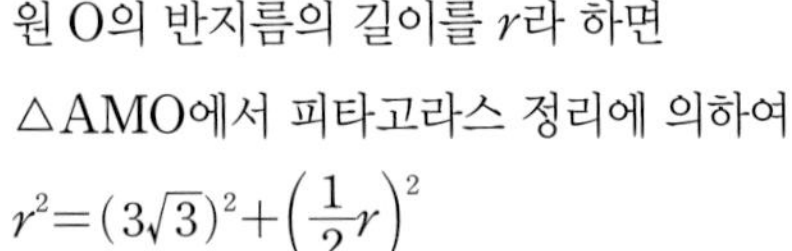

원의 성질에 의하여
$\angle AMO=90°$
원 O의 반지름의 길이를 r라 하면
△AMO에서 피타고라스 정리에 의하여
$r^2=(3\sqrt{3})^2+\left(\frac{1}{2}r\right)^2$
$\frac{3}{4}r^2=27$, $r^2=36$
$r=6$ $(r>0)$
따라서 원의 반지름의 길이는 6

04 원의 현에 대한 성질에 의하여 $\overline{CD}=\overline{AB}$
△OMB에서 피타고라스 정리에 의하여
$\overline{MB}=\sqrt{5^2-3^2}=4$
따라서 $\overline{CD}=\overline{AB}=2\overline{MB}=8$

05 원의 현에 대한 성질에 의하여
△OAB≡△OCD
이때 $\overline{OA}=4$이므로 △OAH에서
피타고라스 정리에 의하여
$\overline{AH}=\sqrt{4^2-2^2}=2\sqrt{3}$
따라서 $\overline{AB}=\overline{CD}=4\sqrt{3}$이고,
$\triangle OCD=\triangle OAB=\frac{1}{2}\times4\sqrt{3}\times2=4\sqrt{3}$

06 원의 현에 대한 성질에 의하여 $\overline{AB}=\overline{AC}$
△ABC가 $\overline{AB}=\overline{AC}$인 이등변삼각형이므로
이등변삼각형의 성질에 의하여
$\angle ABC=\angle ACB=65°$
따라서 $\angle x=180°-2\times65°=50°$

07 원의 접선의 성질에 의하여 $\overline{AP}=\overline{BP}$
$\angle OAP=90°$이므로 $\angle BAP=55°$
△PAB는 $\overline{AP}=\overline{BP}$인 이등변삼각형이므로
$\angle x=180°-2\times55°=70°$

08 $\angle OAP=90°$이고 $\angle APO=30°$
$\overline{AO}=6\times\tan30°=2\sqrt{3}$ (cm)
따라서 원 O의 넓이는
$\pi\times(2\sqrt{3})^2=12\pi$ (cm²)

09 원의 접선의 성질에 의하여
$\overline{BQ}=\overline{BD}$, $\overline{CP}=\overline{CD}$이므로

$\overline{AB}+\overline{BC}+\overline{CA}$

$=\overline{AB}+\overline{BD}+\overline{DC}+\overline{CA}$

$=\overline{AB}+\overline{BQ}+\overline{CP}+\overline{CA}$

$=\overline{AQ}+\overline{AP}$

원의 접선의 성질에 의하여 $\angle APO$가 직각이므로

$\triangle APO$에서 피타고라스 정리에 의하여

$\overline{AP}=\sqrt{13^2-5^2}=12$

또한 원의 접선의 성질에 의하여 $\overline{AP}=\overline{AQ}$이므로

삼각형 ABC의 둘레의 길이는

$\overline{AB}+\overline{BC}+\overline{CA}=\overline{AQ}+\overline{AP}=2\overline{AP}=24$

10 오른쪽 그림과 같이 점 D에서 선분 BC에 내린 수선의 발을 H라 하면

$\overline{DC}=\overline{DE}+\overline{EC}=\overline{AD}+\overline{BC}=10$

$\overline{HC}=\overline{BC}-\overline{AD}=4$

$\triangle DHC$에서 피타고라스 정리에 의하여

$\overline{DH}=\sqrt{10^2-4^2}=2\sqrt{21}$

이때 $\overline{DH}=\overline{AB}$이므로 반원 O의 반지름의 길이는 $\sqrt{21}$

11 오른쪽 그림과 같이 점 A에서 선분 CD에 내린 수선의 발을 H라 하면

$\overline{AD}=\overline{AE}+\overline{ED}$

$=\overline{AB}+\overline{CD}=10\ (\text{cm})$

$\overline{DH}=\overline{DC}-\overline{AB}=6\ (\text{cm})$

$\triangle AHD$에서 피타고라스 정리에 의하여

$\overline{AH}=\sqrt{10^2-6^2}=8\ (\text{cm})$

따라서 사각형 ABCD의 넓이는

$\frac{1}{2}\times(2+8)\times8=40\ (\text{cm}^2)$

12 오른쪽 그림과 같이 $\overline{FD}$의 길이를 x cm라 하고, 점 F에서 선분 BC에 내린 수선의 발을 H라 하자. 원의 접선의 성질에 의하여

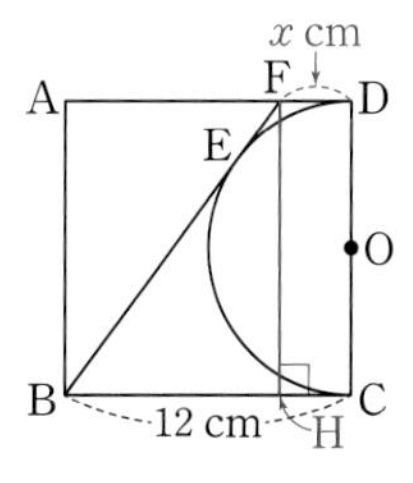

$\overline{EF}=\overline{FD}=x$ cm

$\overline{BE}=\overline{BC}=12$ cm

$\overline{BF}=12+x\ (\text{cm})$

$\overline{BH}=12-x\ (\text{cm})$

$\triangle FBH$에서 피타고라스 정리에 의하여

$(12+x)^2=(12-x)^2+12^2$

$144+24x+x^2=144-24x+x^2+144$

$48x=144,\ x=3$

따라서 $\overline{BF}=12+x=15\ (\text{cm})$

13 원의 성질에 의하여 $\overleftrightarrow{OH}$는 $\overline{AB}$의 수직이등분선이므로

$\triangle OAH$에서 피타고라스 정리에 의하여

$\overline{AH}=\sqrt{4^2-2^2}=2\sqrt{3}$

따라서 $\overline{AB}=2\overline{AH}=4\sqrt{3}$

14 원의 성질에 의하여 $\overline{AD}=\overline{DB}$, $\angle ODA=90°$

$\triangle ODA$에서 $\overline{OA}=3$이고, 피타고라스 정리에 의하여

$\overline{AD}=\sqrt{3^2-1^2}=2\sqrt{2}$

따라서 $\overline{AB}=2\overline{AD}=4\sqrt{2}$

15 오른쪽 그림과 같이 큰 원의 반지름의 길이를 R, 작은 원의 반지름의 길이를 r라 하자.

색칠한 부분의 넓이는

$R^2\pi-r^2\pi=(R^2-r^2)\pi$

원의 성질에 의하여 $\triangle OAH$는 직각삼각형이고,

$\overline{OA}=R,\ \overline{OH}=r,\ \overline{AH}=\frac{1}{2}\overline{AB}=6$

$\triangle OAH$에서 피타고라스 정리에 의하여

$R^2-r^2=6^2=36$

따라서 색칠한 부분의 넓이는

$(R^2-r^2)\pi=36\pi$

16 오른쪽 그림과 같이 $\overline{BD}$의 길이를 x cm라 하면

원의 접선의 성질에 의하여 $\overline{BE}=x$ cm

$\overline{AD}=\overline{AF}=8-x\ (\text{cm})$,

$\overline{CE}=\overline{CF}=12-x\ (\text{cm})$에서

$\overline{AC}=\overline{AF}+\overline{CF}=(8-x)+(12-x)=10\ (\text{cm})$

$20-2x=10,\ x=5$

따라서 $\overline{BD}$의 길이는 5 cm

17 원의 접선의 성질에 의하여

$\overline{AD}=\overline{AF}=3$ cm

$\overline{DB}=\overline{BE}=6$ cm

$\overline{EC}=\overline{FC}=4$ cm

따라서 $\overline{BC}=\overline{BE}+\overline{EC}=10\ (\text{cm})$

18 원의 접선의 성질에 의하여

$\overline{BP}+\overline{PQ}+\overline{QB}$

$=\overline{BP}+\overline{PR}+\overline{RQ}+\overline{QB}$

$=\overline{BP}+\overline{PD}+\overline{EQ}+\overline{QB}$

$=\overline{BD}+\overline{BE}$

또한, $\overline{AB}+\overline{BC}-\overline{AC}=7+12-9=10$이고
$\overline{AB}+\overline{BC}-\overline{AC}$
$=(\overline{AD}+\overline{DB})+(\overline{BE}+\overline{EC})-(\overline{CF}+\overline{FA})$
$=(\overline{AD}-\overline{FA})+(\overline{EC}-\overline{CF})+(\overline{BD}+\overline{BE})$
$=\overline{BD}+\overline{BE}=10$
따라서 △BQP의 둘레의 길이는 10

19 삼각형 ABC에서 피타고라스 정리에 의하여
$\overline{BC}=\sqrt{4^2+3^2}=5$ (cm)
원 O의 반지름의 길이를 r cm라 하면
$\triangle ABC=\frac{1}{2}r(3+4+5)=\frac{1}{2}\times3\times4=6$ (cm²)
$6r=6$, $r=1$
따라서 원 O의 반지름의 길이는 1 cm

20 오른쪽 그림과 같이 원 O의 반지름의 길이를 r cm라 하면 □ODBE는 한 변의 길이가 r cm인 정사각형이므로 $\overline{BD}=\overline{BE}=r$ cm 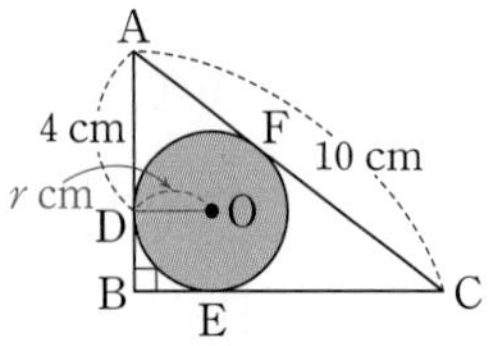
원의 접선의 성질에 의하여
$\overline{AF}=\overline{AD}=4$ cm
$\overline{CE}=\overline{CF}=6$ cm
삼각형 ABC에서 피타고라스 정리에 의하여
$10^2=(4+r)^2+(6+r)^2$
$100=16+8r+r^2+36+12r+r^2$
$r^2+10r-24=0$, $(r+12)(r-2)=0$
$r=-12$ 또는 $r=2$
이때 $r>0$이므로 $r=2$
따라서 원 O의 넓이는 4π cm²

21 오른쪽 그림과 같이 $\overline{AD}=x$ cm라 하자. 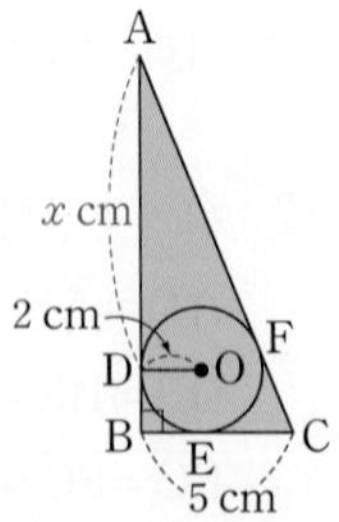
원의 접선의 성질에 의하여
$\overline{AF}=\overline{AD}=x$ cm
□ODBE는 한 변의 길이가 2 cm인 정사각형이므로
$\overline{AB}=x+2$ (cm)
$\overline{CE}=\overline{FC}=3$ cm
$\overline{AC}=x+3$ (cm)
삼각형 ABC에서 피타고라스 정리에 의하여
$(x+2)^2+5^2=(x+3)^2$
$x^2+4x+4+25=x^2+6x+9$, $2x=20$
$x=10$
따라서 $\overline{AB}=12$ cm이고, 직각삼각형 ABC의 넓이는 $\frac{1}{2}\times12\times5=30$ (cm²)

22 원에 외접하는 사각형의 두 쌍의 대변의 길이의 합은 같으므로
$(a+1)+(a^2+a)=(4a-1)+(2a-2)$
$a^2+2a+1=6a-3$, $a^2-4a+4=0$
$(a-2)^2=0$, $a=2$
따라서 $\overline{BC}=2^2+2=6$

23 오른쪽 그림과 같이 $\overline{CD}$의 길이를 x cm라 하면 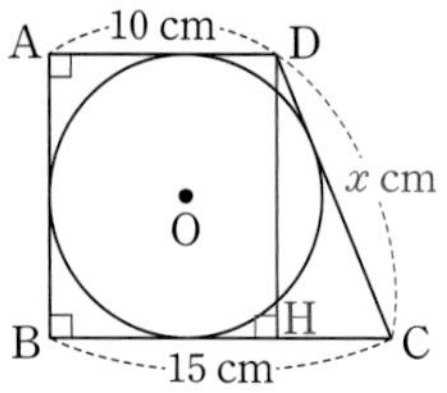
원에 외접하는 사각형의 두 쌍의 대변의 길이의 합은 같으므로
$\overline{AB}+\overline{CD}=25$ cm
$\overline{AB}=25-x$ (cm)
점 D에서 선분 BC에 내린 수선의 발을 H라 하면
$\overline{CH}=5$ cm
△DHC에서 피타고라스 정리에 의하여
$(25-x)^2+5^2=x^2$
$x^2-50x+625+25=x^2$, $50x=650$
$x=13$
따라서 $\overline{CD}$의 길이는 13 cm

24 △CDE에서 피타고라스 정리에 의하여
$\overline{CE}=\sqrt{8^2+15^2}=17$ (cm)
오른쪽 그림과 같이 $\overline{BC}$의 길이를 x cm라 하면 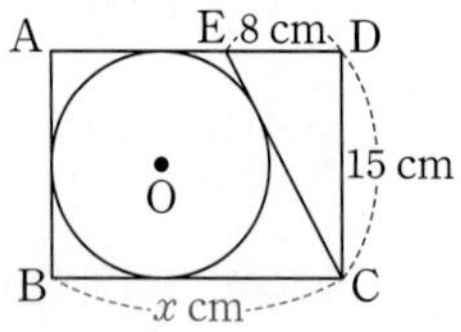
$\overline{AE}=x-8$ (cm)
원에 외접하는 사각형의 두 쌍의 대변의 길이의 합은 같으므로
$15+17=(x-8)+x$
$2x-8=32$, $x=20$
따라서 $\overline{BC}$의 길이는 20 cm

기출 예상 문제

본문 58~59쪽

01 ④	**02** ③	**03** $2\sqrt{14}$ cm	
04 10 cm^2	**05** ③	**06** 16π cm^2	**07** ③
08 5π	**09** 14 cm	**10** ③	**11** 12 cm^2 **12** ⑤

01 원 O의 지름의 길이가 12 cm이므로 반지름의 길이는 6 cm이다.

$\overline{OH}=10-6=4$ (cm)

직각삼각형 OHC에서 피타고라스 정리에 의하여

$\overline{CH}=\sqrt{6^2-4^2}=2\sqrt{5}$ (cm)

원에서 현의 성질에 의하여

$\overline{CD}=2\overline{CH}=4\sqrt{5}$ (cm)

02 오른쪽 그림과 같이 원의 중심 O에서 $\overline{AB}$에 내린 수선의 발을 H라 하면 원에서 현의 성질에 의하여

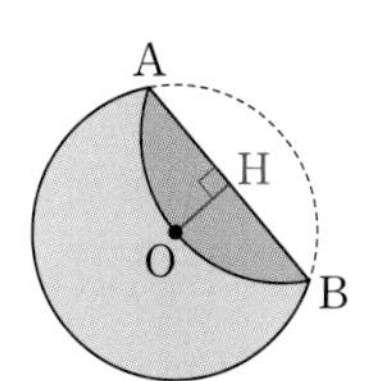

$\overline{AH}=\overline{HB}$

직각삼각형 OHA에서 피타고라스 정리에 의하여

$\overline{AH}=\sqrt{8^2-4^2}=4\sqrt{3}$ (cm)

따라서 $\overline{AB}=2\overline{AH}=8\sqrt{3}$ (cm)

03 오른쪽 그림과 같이 원의 중심 O에서 $\overline{BC}$에 내린 수선의 발을 H라 하면 원에서 현의 성질에 의하여

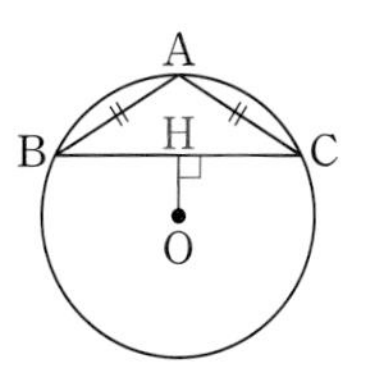

$\overline{BH}=\overline{HC}=2\sqrt{10}$ cm

이때 이등변삼각형의 성질에 의하여 $\overline{AH}$와 $\overline{BC}$는 직교하므로 세 점 A, H, O는 한 직선 위에 있다.

△OHB에서 피타고라스 정리에 의하여

$\overline{OH}=\sqrt{7^2-(2\sqrt{10})^2}=3$ (cm)

따라서 $\overline{AH}=\overline{OA}-\overline{OH}=4$ (cm)

△ABH에서 피타고라스 정리에 의하여

$\overline{AB}=\sqrt{(2\sqrt{10})^2+4^2}=2\sqrt{14}$ (cm)

04 원에서 현의 성질에 의하여

$\overline{AB}=\overline{CD}=10$ cm, $\overline{AM}=\overline{MB}=5$ cm

△OMB에서 피타고라스 정리에 의하여

$\overline{OM}=\sqrt{(\sqrt{29})^2-5^2}=2$ (cm)

따라서 $\triangle OAB=\frac{1}{2}\times10\times2=10$ (cm^2)

05 오른쪽 그림과 같이 원 O의 반지름의 길이를 r라 하면

원 O의 넓이가 48π이므로

$48\pi=\pi r^2$, $r^2=48$

$r=4\sqrt{3}$ $(r>0)$

원의 현에 대한 성질에 의하여 $\overline{AB}=\overline{AC}$이므로

△ABC는 정삼각형이다.

정삼각형의 외심은 각의 이등분선의 교점이기도 하므로 $\angle OAN=30^\circ$

△OAN에서 $\overline{AN}=4\sqrt{3}\cos30^\circ=6$

원에서 현의 성질에 의하여

$\overline{AC}=2\overline{AN}=12$

따라서 △ABC의 둘레의 길이는 36

06 원의 접선의 성질에 의하여

$\overline{OA}\perp\overline{AP}$, $\overline{OB}\perp\overline{BP}$

□OAPB에서 $\angle AOB=360^\circ-60^\circ-90^\circ-90^\circ=120^\circ$

이때 △OAP≡△OBP이므로 $\angle OPA=30^\circ$

△OAP에서 $\overline{OA}=12\times\tan30^\circ=4\sqrt{3}$ (cm)

따라서 부채꼴 AOB의 넓이는

$\pi\times(4\sqrt{3})^2\times\frac{120^\circ}{360^\circ}=16\pi$ (cm^2)

07 원의 접선의 성질에 의하여

$\overline{CA}=\overline{CE}$, $\overline{DB}=\overline{DE}$

따라서

$\overline{PC}+\overline{CD}+\overline{PD}$

$=\overline{PC}+(\overline{CE}+\overline{DE})+\overline{PD}$

$=\overline{PC}+\overline{CA}+\overline{DB}+\overline{PD}$

$=\overline{PA}+\overline{PB}=2\overline{PA}$

또한 $\overline{OA}\perp\overline{PA}$이므로

△OAP에서 피타고라스 정리에 의하여

$\overline{AP}=\sqrt{9^2-3^2}=6\sqrt{2}$ (cm)

따라서 △CDP의 둘레의 길이는

$2\overline{AP}=12\sqrt{2}$ (cm)

08 원의 접선의 성질에 의하여

$\overline{CE}=\overline{CB}=5$, $\overline{DA}=\overline{DE}=2$

오른쪽 그림과 같이 점 D에서 $\overline{BC}$에 내린 수선의 발을 H라 하면

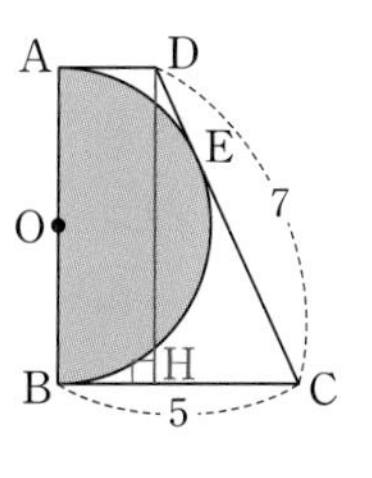

△DHC에서 $\overline{CH}=5-2=3$이고,

피타고라스 정리에 의하여

$\overline{DH}=\sqrt{7^2-3^2}=2\sqrt{10}$

$\overline{DH}=\overline{AB}$이므로 $\overline{OA}=\sqrt{10}$

따라서 반원 O의 넓이는

$\frac{1}{2}\times(\sqrt{10})^2\times\pi=5\pi$

09 오른쪽 그림과 같이 큰 원의 반지름의 길이를 R cm, 작은 원의 반지름의 길이를 r cm라 하면

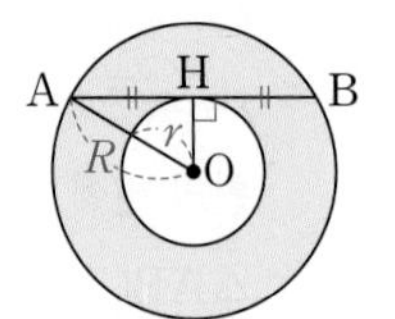

$R^2\pi-r^2\pi=(R^2-r^2)\pi=49\pi$

이므로 $R^2-r^2=49$

원의 접선과 현의 성질에 의하여 $\overline{OH}$는 $\overline{AB}$의 수직이등분선이고, $\triangle OAH$에서 피타고라스 정리에 의하여

$\overline{AH}=\sqrt{R^2-r^2}=\sqrt{49}=7$ (cm)

따라서 $\overline{AB}=2\overline{AH}=14$ (cm)

10 오른쪽 그림과 같이

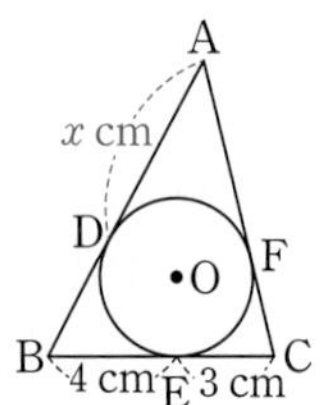

$\overline{AD}=x$ cm라 하면

원의 접선의 성질에 의하여

$\overline{AD}=\overline{AF}=x$ cm

$\overline{BD}=\overline{BE}=4$ cm

$\overline{CE}=\overline{CF}=3$ cm

$\overline{AB}+\overline{BC}+\overline{CA}=\overline{AD}+\overline{DB}+\overline{BE}+\overline{EC}+\overline{CF}+\overline{FA}$

$=2x+14=26$

따라서 $x=6$이므로 $\overline{AD}$의 길이는 6 cm

11 □ODBE는 한 변의 길이가 2 cm인 정사각형이므로

$\overline{DB}=2$ cm, $\overline{AD}=4$ cm

원의 접선의 성질에 의하여 $\overline{AF}=\overline{AD}=4$ cm

$\overline{CF}=\overline{EC}=x$ cm라 하면

$\triangle ABC$에서 피타고라스 정리에 의하여

$(4+x)^2=6^2+(2+x)^2$

$x^2+8x+16=36+x^2+4x+4$

$4x=24,\ x=6$

이때 $\triangle COF=\triangle COE=\frac{1}{2}\times6\times2=6$ (cm^2)

따라서 색칠한 부분의 넓이는 12 cm^2

12 $\triangle CDE$에서 피타고라스 정리에 의하여

$\overline{DE}=\sqrt{15^2-12^2}=9$ (cm)

$\overline{BC}$의 길이를 x cm라 하면 $\overline{AE}=x-9$ (cm)

원에 외접하는 사각형의 성질에 의하여

$x+(x-9)=15+12$

$2x-9=27,\ x=18$

따라서 $\overline{BC}$의 길이는 18 cm

고난도 집중 연습

본문 60~61쪽

1	9	**1-1**	6
2	$8\sqrt{2}$	**2-1**	$\frac{12}{25}$
3	2	**3-1**	$\frac{48}{5}$
4	6	**4-1**	6

1

풀이 전략 보조선을 그어 직각삼각형을 만든 후, 원의 접선의 성질과 피타고라스 정리를 이용하여 식을 세운다.

$\overline{EC}$의 길이를 x라 하면 원의 접선의 성질에 의하여

$\overline{CD}=\overline{EC}=x,\ \overline{EA}\perp\overline{BC}$

$\triangle BAE$에서 피타고라스 정리에 의하여

$\overline{BE}=\sqrt{17^2-15^2}=8$

오른쪽 그림과 같이 점 C에서 $\overline{AB}$에 내린 수선의 발을 H라 하면

$\overline{CH}=15,\ \overline{BH}=17-x$

$\triangle BHC$에서 피타고라스 정리에 의하여

$(x+8)^2=15^2+(17-x)^2$

$x^2+16x+64=225+289-34x+x^2$

$50x=450,\ x=9$

따라서 $\overline{EC}=9$

1-1

풀이 전략 원의 접선의 성질과 피타고라스 정리를 이용하여 식을 세운다.

$\overline{EC}$의 길이를 x라 하면 $\overline{BE}=5-x$

원의 접선의 성질에 의하여

$\overline{EF}=\overline{BE}=5-x,\ \overline{AF}\perp\overline{DE}$

$\overline{AF}=\overline{AB}=4$이므로

$\triangle AFD$에서 피타고라스 정리에 의하여

$\overline{DF}=\sqrt{5^2-4^2}=3$

이때 $\overline{DE}=\overline{EF}+\overline{DF}=(5-x)+3=8-x$

오른쪽 그림과 같이 점 E에서 $\overline{AD}$에 내린 수선의 발을 H라 하면

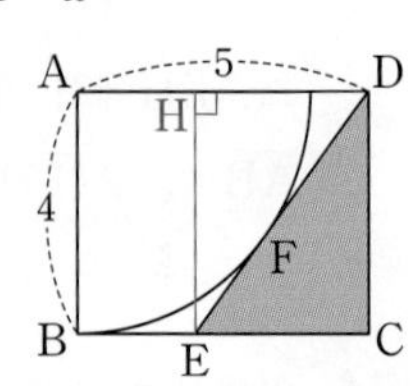

$\overline{DH}=x,\ \overline{EH}=4$

$\triangle DHE$에서 피타고라스 정리에 의하여

$(8-x)^2=x^2+4^2$

$x^2-16x+64=x^2+16$

$16x=48,\ x=3$

따라서 $\triangle CDE=\frac{1}{2}\times3\times4=6$

2

풀이 전략 보조선을 그어 서로 닮음인 두 직각삼각형을 만들고, 원의 성질과 피타고라스 정리를 이용한다.

오른쪽 그림과 같이 점 O_1에서 $\overline{AP}$에 내린 수선의 발을 H라 하면 원에서 현의 성질에 의하여

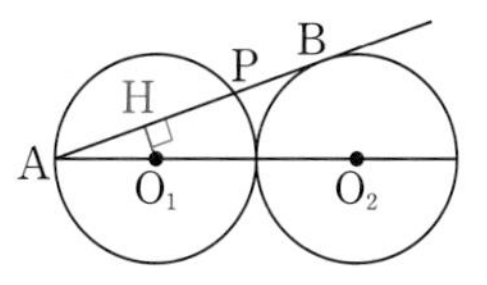

$\overline{AH}=\frac{1}{2}\overline{AP}$

원의 접선의 성질에 의하여 $\overline{O_2B}\perp\overline{AB}$

$\angle A$는 공통, $\angle AHO_1=\angle ABO_2=90^\circ$이므로

$\triangle AHO_1 \backsim \triangle ABO_2$ (AA닮음)

이때 $\overline{O_1H}:\overline{O_2B}=\overline{AO_1}:\overline{AO_2}=1:3$이고

$\overline{O_2B}=6$이므로 $\overline{O_1H}=2$

$\triangle O_1HA$에서 피타고라스 정리에 의하여

$\overline{AH}=\sqrt{6^2-2^2}=4\sqrt{2}$

따라서 $\overline{AP}=8\sqrt{2}$

2-1

풀이 전략 보조선을 그어 서로 닮음인 두 직각삼각형을 만들고, 원의 성질과 피타고라스 정리를 이용한다.

다음 그림과 같이 점 O_2에서 $\overline{PQ}$에 내린 수선의 발을 H라 하자.

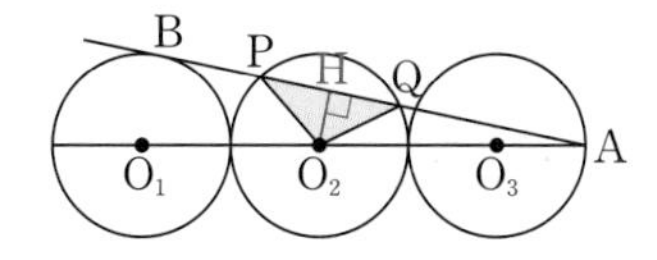

원에서 현의 성질에 의하여 $\overline{PH}=\overline{HQ}$

원의 접선의 성질에 의하여 $\overline{O_1B}\perp\overline{AB}$

$\angle A$는 공통, $\angle AHO_2=\angle ABO_1=90^\circ$이므로

$\triangle AHO_2 \backsim \triangle ABO_1$ (AA닮음)

이때 $\overline{O_2H}:\overline{O_1B}=\overline{AO_2}:\overline{AO_1}=3:5$이고

$\overline{O_1B}=1$이므로 $\overline{O_2H}=\frac{3}{5}$

$\triangle PO_2H$에서 피타고라스 정리에 의하여

$\overline{PH}=\sqrt{1^2-\left(\frac{3}{5}\right)^2}=\frac{4}{5}$

따라서 $\triangle PO_2Q=\frac{1}{2}\times\frac{8}{5}\times\frac{3}{5}=\frac{12}{25}$

3

풀이 전략 선분 O_1O_2를 빗변으로 하는 직각삼각형을 만들고 피타고라스 정리를 이용한다.

원 O_1의 반지름의 길이는 $\frac{1}{2}\overline{AB}=8$이고, 원 O_2의 반지름의 길이를 r라 하자. 오른쪽 그림과 같이 점 O_1을 지나고 $\overline{AB}$에 평행한 직선과 점 O_2를 지나고 $\overline{BC}$에 평행한 직선의 교점을 H라 하면

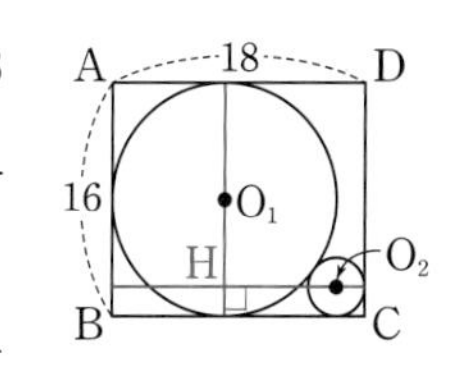

$\angle O_1HO_2=90^\circ$, $\overline{O_1O_2}=8+r$

$\overline{O_1H}=16-8-r=8-r$, $\overline{O_2H}=18-8-r=10-r$

$\triangle O_1HO_2$에서 피타고라스 정리에 의하여

$(8+r)^2=(8-r)^2+(10-r)^2$

$r^2+16r+64=r^2-16r+64+r^2-20r+100$

$r^2-52r+100=0$, $(r-50)(r-2)=0$

$r=2$ 또는 $r=50$

이때 $0<r<8$이므로 $r=2$

따라서 작은 원 O_2의 반지름의 길이는 2

3-1

풀이 전략 원의 접선의 성질과 피타고라스 정리를 이용한다.

원의 접선의 성질에 의하여 $\overline{O_1A}\perp\overline{BP}$, $\overline{O_2B}\perp\overline{BP}$

$\angle P$는 공통, $\angle PAO_1=\angle PBO_2=90^\circ$이므로

$\triangle PAO_1 \backsim \triangle PBO_2$ (AA닮음)

이때 $\overline{PO_1}:\overline{PO_2}=\overline{O_1A}:\overline{O_2B}=4:9$이므로

$\overline{PO_1}=13\times\frac{4}{5}=\frac{52}{5}$

$\triangle PAO_1$에서 피타고라스 정리에 의하여

$\overline{AP}^2=\left(\frac{52}{5}\right)^2-4^2=\left(\frac{48}{5}\right)^2$

$\overline{AP}=\frac{48}{5}$

4

풀이 전략 원에 외접하는 사각형의 두 쌍의 대변의 길이의 합은 같다는 것을 이용하여 변의 길이를 미지수로 나타낸다.

$\overline{AB}=\overline{CD}=x$라 하면

원에 외접하는 사각형의 성질에 의하여

$\overline{EC}=\overline{AE}+\overline{BC}-\overline{AB}=18-x$

$\triangle CDE$에서 피타고라스 정리에 의하여

$(18-x)^2=6^2+x^2$

$x^2-36x+324=36+x^2$, $36x=288$

$x=8$

따라서 원 O_1의 반지름의 길이는 $\frac{1}{2}\overline{AB}=4$

O_2의 반지름의 길이를 r라 하면

$\triangle CDE=\frac{1}{2}\times6\times8=\frac{1}{2}r(6+8+10)$이므로

$24=12r$, $r=2$

따라서 원 O_2의 반지름의 길이는 2이고, 두 원의 반지름의 길이의 합은 6

4-1

풀이 전략

원의 접선의 성질을 이용하여 변의 길이를 미지수로 나타낸다.

오른쪽 그림과 같이 $\overline{AC}$가 원 O_1에 접하는 점을 F라 하고, $\overline{FC}=x$라 하면

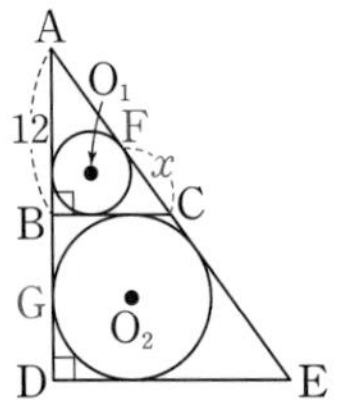

원의 접선의 성질에 의하여

$\overline{AC}=9+x$, $\overline{BC}=3+x$

$\triangle ABC$에서 피타고라스 정리에 의하여

$(9+x)^2=12^2+(3+x)^2$

$x^2+18x+81=144+x^2+6x+9$

$12x=72$, $x=6$

따라서 $\overline{AB}+\overline{BC}+\overline{CA}=12+9+15=36$

또, $\overline{AD}$가 원 O_2에 접하는 점을 G라 하면

원의 접선의 성질에 의하여

$\overline{AB}+\overline{BC}+\overline{CA}=2\overline{AG}=36$이므로

$\overline{AG}=18$

따라서 $\overline{BG}=\overline{AG}-\overline{AB}=6$이므로 원 O_2의 반지름의 길이는 6

채점 기준표

단계	채점 기준	비율
1단계	반지름의 길이를 미지수로 놓은 경우	10 %
2단계	피타고라스 정리를 이용하여 식을 세운 경우	60 %
3단계	방정식을 풀어 반지름의 길이를 구한 경우	30 %

서술형 집중 연습

본문 62~63쪽

예제 1 5 cm	유제 1 $\left(\frac{16}{3}\pi-4\sqrt{3}\right)$ cm^2
예제 2 $4\sqrt{3}$	유제 2 24
예제 3 4π cm^2	유제 3 $6-\pi$
예제 4 4	유제 4 $\frac{24}{5}$

예제 1

현의 수직이등분선은 그 원의 [중심]을 지나므로 원의 중심을 O, 반지름의 길이를 r cm라 하면

삼각형 OAD는 직각삼각형이다. ··· 1단계

$\overline{OA}=r$ cm, $\overline{OD}=$[$(r-2)$] cm이므로

피타고라스 정리에 의하여

$(\boxed{r})^2=4^2+(\boxed{r-2})^2$ ··· 2단계

방정식을 풀면 $r=\boxed{5}$ cm이므로

원의 반지름의 길이는 5 cm이다. ··· 3단계

유제 1

현의 수직이등분선은 그 원의 중심을 지나므로 원의 중심을 O, 반지름의 길이를 r cm라 하면 삼각형 OAD는 직각삼각형이다.

$\overline{OA}=r$ cm, $\overline{OD}=(r-2)$ cm이므로

피타고라스 정리에 의하여

$r^2=(2\sqrt{3})^2+(r-2)^2$ ··· 1단계

$r^2=12+r^2-4r+4$, $4r=16$, $r=4$

따라서 원의 반지름의 길이는 4 cm이다. ··· 2단계

$\triangle OAD$에서 $\sin(\angle AOD)=\frac{\sqrt{3}}{2}$이므로

$\angle AOD=60^\circ$, $\angle AOB=120^\circ$

따라서 활꼴의 넓이는

$4^2\pi\times\frac{120^\circ}{360^\circ}-\frac{1}{2}\times4\sqrt{3}\times2=\frac{16}{3}\pi-4\sqrt{3}$ (cm^2) ··· 3단계

채점 기준표

단계	채점 기준	비율
1단계	반지름의 길이를 미지수로 놓고 식을 세운 경우	50 %
2단계	방정식을 풀어 반지름의 길이를 구한 경우	10 %
3단계	활꼴의 넓이를 구한 경우	40 %

예제 2

점 Q는 접점이므로 $\angle OQA=\boxed{90}^\circ$

$\triangle OAQ$에서

$\overline{AQ}=4\cos\boxed{30}^\circ=\boxed{2\sqrt{3}}$ ··· 1단계

원의 접선의 성질에 의하여 $\overline{AP}=\boxed{2\sqrt{3}}$

이때 $\overline{BD}=\overline{BQ}$이고 $\overline{CD}=\boxed{\overline{CP}}$이므로

$\overline{BC}=\overline{BD}+\overline{CD}=\overline{BQ}+\boxed{\overline{CP}}$

따라서 $\triangle ABC$의 둘레의 길이는

$\overline{AB}+\overline{AC}+\overline{BC}$

$=\overline{AB}+\overline{AC}+\overline{BQ}+\boxed{\overline{CP}}$

$=\overline{AP}+\overline{AQ}$

$=2\overline{AQ}=\boxed{4\sqrt{3}}$ ··· 2단계

채점 기준표

단계	채점 기준	비율
1단계	접선의 길이를 구한 경우	30 %
2단계	원의 접선의 성질을 이용하여 △ABC의 둘레의 길이를 구한 경우	70 %

유제 2

점 P는 접점이므로 $\angle OPA=90°$

$\triangle OAP$에서

$\overline{AP}=5\tan(\angle AOP)=12$ ··· 1단계

원의 접선의 성질에 의하여 $\overline{AQ}=12$

이때 $\overline{BD}=\overline{BQ}$이고 $\overline{CD}=\overline{CP}$이므로

$\overline{BC}=\overline{BD}+\overline{CD}=\overline{BQ}+\overline{CP}$

따라서 $\triangle ABC$의 둘레의 길이는

$\overline{AB}+\overline{AC}+\overline{BC}$

$=\overline{AB}+\overline{AC}+\overline{BQ}+\overline{CP}$

$=\overline{AP}+\overline{AQ}$

$=2\overline{AP}=24$ ··· 2단계

채점 기준표

단계	채점 기준	비율
1단계	접선의 길이를 구한 경우	30 %
2단계	원의 접선의 성질을 이용하여 △ABC의 둘레의 길이를 구한 경우	70 %

예제 3

원의 접선의 성질에 의하여

$\overline{BF}=\boxed{6}$ cm, $\overline{CE}=\boxed{4}$ cm

$\overline{AF}=\overline{AE}=x$ cm라 하면 ··· 1단계

$\overline{AB}=\boxed{(6+x)}$ cm, $\overline{AC}=\boxed{(4+x)}$ cm

삼각형 ABC에서 피타고라스 정리에 의하여

$10^2=(x+6)^2+(\boxed{x+4})^2$ ··· 2단계

$x^2+10x-\boxed{24}=0$, $(x+12)(x-\boxed{2})=0$

$x=-12$ 또는 $x=\boxed{2}$

이때 $x>0$이므로 $x=\boxed{2}$

따라서 원 O의 넓이는 $x^2\pi=\boxed{4\pi}$ (cm^2)이다. ··· 3단계

채점 기준표

단계	채점 기준	비율
1단계	접선의 길이를 미지수로 놓은 경우	10 %
2단계	미지수에 대한 식을 세운 경우	40 %
3단계	이차방정식을 풀어 해를 구하고 원 O의 넓이를 구한 경우	50 %

유제 3

원의 접선의 성질에 의하여

$\overline{AF}=3$, $\overline{CF}=2$

$\overline{BD}=\overline{BE}=r$라 하면 ··· 1단계

$\overline{AB}=3+r$, $\overline{BC}=2+r$

삼각형 ABC에서 피타고라스 정리에 의하여

$5^2=(r+3)^2+(r+2)^2$ ··· 2단계

$r^2+5r-6=0$, $(r+6)(r-1)=0$

$r=-6$ 또는 $r=1$

이때 $r>0$이므로 $r=1$

따라서 색칠한 부분의 넓이는

$\frac{1}{2}\times3\times4-\pi\times1^2=6-\pi$ ··· 3단계

채점 기준표

단계	채점 기준	비율
1단계	접선의 길이를 미지수로 놓은 경우	10 %
2단계	미지수에 대한 식을 세운 경우	40 %
3단계	이차방정식을 풀어 해를 구하고 색칠한 부분의 넓이를 구한 경우	50 %

예제 4

$\overline{EF}=x$라 하면 원의 접선의 성질에 의하여

$\overline{AE}=\overline{EF}=\boxed{x}$이므로 $\overline{ED}=\overline{AD}-\overline{AE}=\boxed{9-x}$,

$\overline{CF}=\overline{BC}=\boxed{9}$이므로 $\overline{EC}=\overline{EF}+\overline{CF}=\boxed{9+x}$,

$\overline{CD}=\overline{AB}=\boxed{12}$ ··· 1단계

직각삼각형 CDE에서 피타고라스 정리에 의하여

$(\boxed{9+x})^2=12^2+(\boxed{9-x})^2$

$x^2+18x+81=144+81-18x+x^2$

$36x=144$, $x=4$

따라서 $x=\boxed{4}$이므로 $\overline{EF}=\boxed{4}$ ··· 2단계

채점 기준표

단계	채점 기준	비율
1단계	접선의 성질을 이용하여 변의 길이를 미지수로 놓은 경우	50 %
2단계	피타고라스 정리를 이용하여 $\overline{EF}$의 길이를 구한 경우	50 %

유제 4

정사각형의 한 변의 길이를 x라 하면

원의 접선의 성질에 의하여 $\overline{AF}=\overline{AB}=x$이므로

$\overline{FE}=\overline{EA}-\overline{FA}=6-x$, $\overline{EC}=\overline{FE}=6-x$

$\overline{ED}=\overline{CD}-\overline{CE}=2x-6$

$\overline{AD}=x$ ··· 1단계

직각삼각형 ADE에서 피타고라스 정리에 의하여

$6^2=x^2+(2x-6)^2$

$5x^2-24x=0$, $x(5x-24)=0$

$x=0$ 또는 $x=\frac{24}{5}$

이때 $x>0$이므로 $x=\frac{24}{5}$

따라서 정사각형 ABCD의 한 변의 길이는 $\frac{24}{5}$이다.

··· 2단계

채점 기준표

단계	채점 기준	비율
1단계	접선의 성질을 이용하여 변의 길이를 미지수로 놓은 경우	50 %
2단계	피타고라스 정리를 이용하여 정사각형 ABCD의 한 변의 길이를 구한 경우	50 %

중단원 실전 테스트 1회

본문 64~66쪽

01 ④	**02** ⑤	**03** ⑤	**04** ⑤	**05** ②
06 ③	**07** ③	**08** ③	**09** ④	**10** ⑤
11 ②	**12** ④	**13** $2\sqrt{10}$	**14** 4π cm^2	
15 $\frac{9}{8}\pi$ cm^2		**16** 72 cm^2		

01 원의 중심을 O라 하면 원에서 현의 성질에 의하여 세 점 O, M, C는 한 직선 위에 있다.
원 O의 반지름의 길이를 r라 하면
$\triangle$OAM에서 $\overline{OM}=r-8$이고
피타고라스 정리에 의하여
$r^2=12^2+(r-8)^2$
$r^2=144+r^2-16r+64$, $16r=208$
$r=13$

02 오른쪽 그림과 같이 점 O에서 $\overline{AB}$에 내린 수선의 발을 H라 하면
원에서 현의 성질에 의하여
$\overline{AH}=\overline{HB}$
$\overline{OH}=3$ cm
$\triangle$OAH에서 피타고라스 정리에 의하여
$\overline{AH}=\sqrt{6^2-3^2}=3\sqrt{3}$ (cm)
$\overline{AB}=6\sqrt{3}$ cm

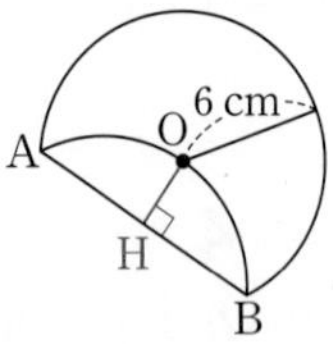

03 원에서 현의 성질에 의하여
$\overline{AM}=\overline{MB}$, $\overline{AB}=\overline{CD}$
$\triangle$OAM에서 피타고라스 정리에 의하여
$\overline{AM}=\sqrt{10^2-5^2}=5\sqrt{3}$ (cm)
$\overline{CD}=\overline{AB}=2\overline{AM}=10\sqrt{3}$ cm

04 원의 접선의 성질에 의하여 $\overline{OA}\perp\overline{AP}$
$\triangle$OAP에서 피타고라스 정리에 의하여
$\overline{AP}=\sqrt{10^2-6^2}=8$
이때 $\overline{AB}\perp\overline{OP}$이므로
$\square OAPB=\frac{1}{2}\times\overline{AB}\times\overline{OP}=5\overline{AB}$이고
$\square OAPB=2\triangle OAP=2\times\frac{1}{2}\times6\times8=48$
따라서 $5\overline{AB}=48$이므로 $\overline{AB}=\frac{48}{5}$

05 원에서 현의 성질에 의하여 $\overline{CH}=\overline{HD}$
$\triangle$OCH에서 피타고라스 정리에 의하여
$\overline{CH}=\sqrt{6^2-2^2}=4\sqrt{2}$ (cm)
따라서 $\overline{CD}=2\overline{CH}=8\sqrt{2}$ cm

06 원의 접선의 성질에 의하여 $\overline{GF}=\overline{GE}$, $\overline{HF}=\overline{HA}$
$\overline{DG}+\overline{GH}+\overline{HD}$
$=\overline{DG}+\overline{GF}+\overline{FH}+\overline{HD}$
$=\overline{DG}+\overline{GE}+\overline{AH}+\overline{HD}$
$=\overline{DA}+\overline{DE}=2\overline{DA}$
마찬가지 방법으로 $2\overline{PA}=\overline{PD}+\overline{DC}+\overline{CP}=36$이므로
$\overline{PA}=18$
따라서 $\overline{DA}=18-12=6$이고, $\triangle$DGH의 둘레의 길이는 $2\overline{DA}=12$

07 $\triangle ABC=\frac{1}{2}\times4\times(\overline{AB}+\overline{BC}+\overline{CA})=24$이므로
$\triangle$ABC의 둘레의 길이는
$\overline{AB}+\overline{BC}+\overline{CA}=12$ (cm)

08 원의 접선의 성질에 의하여 $\overline{OA}\perp\overline{AP}$, $\overline{OB}\perp\overline{BP}$
$\square$OAPB에서 $\angle AOB=360°-30°-90°-90°=150°$
따라서 색칠한 부분은 중심각의 크기가 210°인 부채꼴이고, 그 넓이는 $\pi\times6^2\times\frac{210°}{360°}=21\pi$ (cm^2)

09 오른쪽 그림과 같이 $\overline{AB}$가 작은 원에 접하는 점을 H라 하면
원의 접선과 현의 성질에 의하여
$\overline{OH}$는 $\overline{AB}$의 수직이등분선이다. 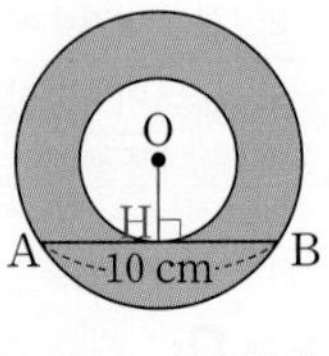
큰 원의 반지름의 길이를 R cm, 작은 원의 반지름의 길이를 r cm라 하자.
$\triangle$OAH에서 피타고라스 정리에 의하여
$R^2-r^2=\overline{AH}^2=25$
따라서 색칠한 부분의 넓이는
$R^2\pi-r^2\pi=(R^2-r^2)\pi=25\pi$ (cm^2)

10 원의 접선의 성질에 의하여
$\overline{DA}=\overline{DE}$, $\overline{CB}=\overline{CE}$, $\overline{CD}=13$ cm
오른쪽 그림과 같이 점 D에서 $\overline{BC}$에 내린 수선의 발을 H라 하면
$\overline{CH}=5$ cm

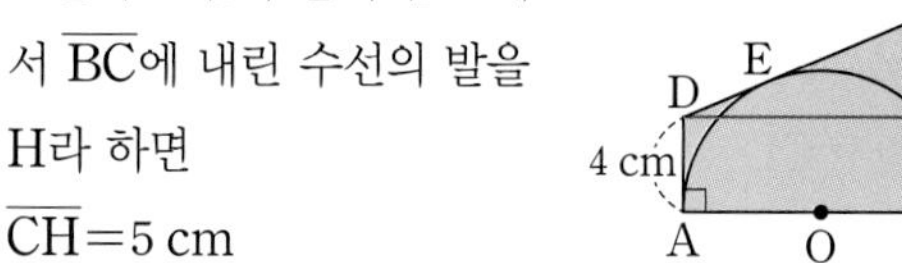

△CHD에서 피타고라스 정리에 의하여
$\overline{DH}=\sqrt{13^2-5^2}=12$ (cm)
$\square ABCD=\frac{1}{2}(4+9)\times 12=78$ (cm^2)

11 원의 접선의 성질에 의하여
$\overline{AD}=\overline{AF}=x$ cm
$\overline{BE}=\overline{BD}=6$ cm, $\overline{CF}=\overline{CE}=4$ cm
△ABC의 둘레의 길이는
$2x+20=26$이므로 $x=3$

12 원 O의 반지름의 길이를 r라 하면
$\overline{AB}=\overline{CD}=2r$
원에 외접하는 사각형의 성질에 의하여
$\overline{EC}=\overline{AE}+\overline{BC}-\overline{AB}=18-2r$
△CDE에서 피타고라스 정리에 의하여
$(18-2r)^2=6^2+(2r)^2$
$4r^2-72r+324=36+4r^2$
$72r=288$, $r=4$
따라서 원 O의 반지름의 길이는 4

13 큰 원의 반지름의 길이를 R, 작은 원의 반지름의 길이를 r라 하자.
색칠한 부분의 넓이는 큰 원의 넓이와 작은 원의 넓이의 차이므로
$R^2\pi-r^2\pi=(R^2-r^2)\pi=36\pi$이고, $R^2-r^2=36$이다. ••• 1단계

오른쪽 그림과 같이 $\overline{OH}$를 그리면
원의 접선의 성질에 의하여
$\overline{AB}\perp\overline{OH}$이고,
원에서 현의 성질에 의하여
$\overline{AH}=\overline{HB}$이다.

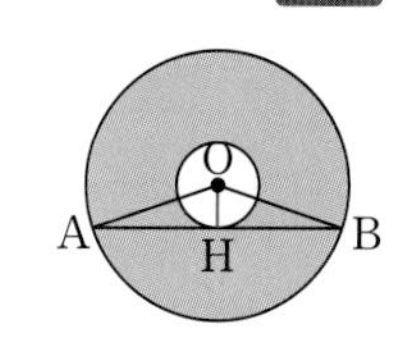

△OAH에서 피타고라스 정리에 의하여
$R^2-r^2=\overline{AH}^2=36$, $\overline{AH}=6$
$\overline{AB}=2\overline{AH}=12$ ••• 2단계
이때 $\triangle OAB=\frac{1}{2}r\times 12=6r=12$이므로
$r=2$
또, $R^2-r^2=36$에서 $R^2=40$, $R=2\sqrt{10}$
따라서 큰 원의 반지름의 길이는 $2\sqrt{10}$ ••• 3단계

채점 기준표

단계	채점 기준	비율
1단계	두 원의 반지름의 길이의 관계식을 세운 경우	30 %
2단계	원의 성질을 이용하여 $\overline{AB}$의 길이를 구한 경우	40 %
3단계	큰 원의 반지름의 길이를 구한 경우	30 %

14 △ABC에서 피타고라스 정리에 의하여
$\overline{BC}=\sqrt{8^2+6^2}=10$ (cm) ••• 1단계
원 O의 반지름의 길이를 r cm라 하면
$\triangle ABC=\frac{1}{2}\times 8\times 6=\frac{1}{2}\times r\times(8+6+10)$
$24=12r$, $r=2$
따라서 원 O의 넓이는 4π (cm^2) ••• 2단계

채점 기준표

단계	채점 기준	비율
1단계	$\overline{BC}$의 길이를 구한 경우	30 %
2단계	원 O의 넓이를 구한 경우	70 %

15 $\overline{AB}^2+\overline{AC}^2=\overline{BC}^2$이 성립하므로 $\angle A=90°$이다.
반원 O의 반지름의 길이를 r cm라 하고, 오른쪽 그림과 같이 $\overline{OD}$, $\overline{OE}$를 그리자.

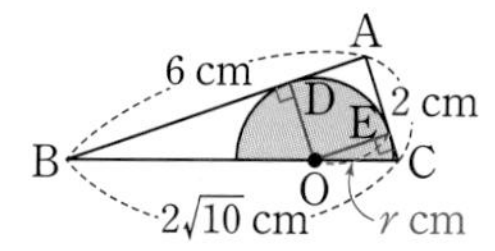

원의 접선의 성질에 의하여
$\overline{OD}\perp\overline{AB}$, $\overline{OE}\perp\overline{AC}$
$\angle A=90°$이고, $\overline{OE}=\overline{OD}$이므로
□ADOE는 한 변의 길이가 r cm인 정사각형이다.
△BOD에서 $\overline{BD}=6-r$, $\overline{OD}=r$ ••• 1단계
$\angle B$는 공통, $\angle A=\angle BDO=90°$이므로
△BOD∽△BCA (AA닮음)
이때 $6:2=(6-r):r$이므로
$6-r=3r$, $r=\frac{3}{2}$ ••• 2단계
따라서 반원 O의 넓이는
$\frac{1}{2}\times\pi\times\left(\frac{3}{2}\right)^2=\frac{9}{8}\pi$ (cm^2) ••• 3단계

채점 기준표

단계	채점 기준	비율
1단계	접선의 길이를 반지름의 길이 r를 이용하여 나타낸 경우	20 %
2단계	반지름의 길이를 구한 경우	50 %
3단계	반원 O의 넓이를 구한 경우	30 %

16 원 O의 반지름의 길이가 4 cm이므로

$\overline{AB}=8$ cm

원에 외접하는 사각형의 두 쌍의 대변의 길이의 합은 같으므로

$\overline{AD}+\overline{BC}=\overline{AB}+\overline{CD}=18$ ··· 1단계

$\square ABCD=\frac{1}{2}(\overline{AD}+\overline{BC})\times\overline{AB}$

$=\frac{1}{2}\times18\times8=72\ (\text{cm}^2)$

따라서 □ABCD의 넓이는 72 cm^2 ··· 2단계

채점 기준표

단계	채점 기준	비율
1단계	윗변과 아랫변의 길이의 합을 구한 경우	50 %
2단계	□ABCD의 넓이를 구한 경우	50 %

중단원 실전 테스트 2회

본문 67~69쪽

01 ④ **02** ③ **03** ⑤ **04** ⑤ **05** ⑤
06 ④ **07** ④ **08** ③ **09** ② **10** ②
11 ④ **12** ③ **13** 10π cm **14** $20\pi\text{ cm}^2$
15 162 cm^2 **16** $(16-8\sqrt{3})$ cm

01 ㉡: 현의 수직이등분선은 그 원의 중심을 지나지만, 모든 이등분선이 그 원의 중심을 지나지는 않는다. (거짓)

02 원에서 현의 성질에 의하여

$\overline{AH}=\frac{1}{2}\overline{AB}=4\ (\text{cm})$

△OAH에서 피타고라스 정리에 의하여

$\overline{OA}=\sqrt{4^2+4^2}=4\sqrt{2}\ (\text{cm})$

따라서 원 O의 넓이는

$\pi\times(4\sqrt{2})^2=32\pi\ (\text{cm}^2)$

03 오른쪽 그림과 같이 점 O에서 $\overline{AB}$에 내린 수선의 발을 H라 하면

원에서 현의 성질에 의하여

$\overline{AH}=\overline{HB}$

$\overline{OH}=5$ cm

△OAH에서 피타고라스 정리에 의하여

$\overline{AH}=\sqrt{10^2-5^2}=5\sqrt{3}\ (\text{cm})$

$\overline{AB}=2\overline{AH}=10\sqrt{3}$ cm

04 원에서 현의 성질에 의하여

$\overline{CD}=\overline{AB},\ \overline{AB}=2\overline{AM}$

△OAM에서 피타고라스 정리에 의하여

$\overline{AM}=\sqrt{6^2-(2\sqrt{3})^2}=2\sqrt{6}\ (\text{cm})$

따라서 $\overline{CD}=2\overline{AM}=4\sqrt{6}$ cm

05 원의 접선의 성질에 의하여

$\overline{PA}\perp\overline{OA}$, △POA≡△POB

△POA에서

$\overline{OA}=5\sqrt{3}\times\tan 30^\circ=5\ (\text{cm})$

$\overline{OA}=\overline{OB}$이므로 $\overline{OB}=5$ cm

06 원에서 현의 성질에 의하여 $\overline{AB}=\overline{AC}$이므로 △ABC는 이등변삼각형이다.

이등변삼각형의 두 밑각의 크기는 서로 같으므로

$\angle BAC=180^\circ-2\times65^\circ=50^\circ$

07 원의 접선과 현의 성질에 의하여 $\overleftrightarrow{OH}$는 $\overline{AB}$의 수직이등분선이다.

△OAH에서 피타고라스 정리에 의하여

$\overline{AH}=\sqrt{6^2-4^2}=2\sqrt{5}\ (\text{cm})$

따라서 $\overline{AB}=4\sqrt{5}$ cm

08 오른쪽 그림과 같이 $\overline{PQ}$가 원 O에 접하는 점을 R라 하자.

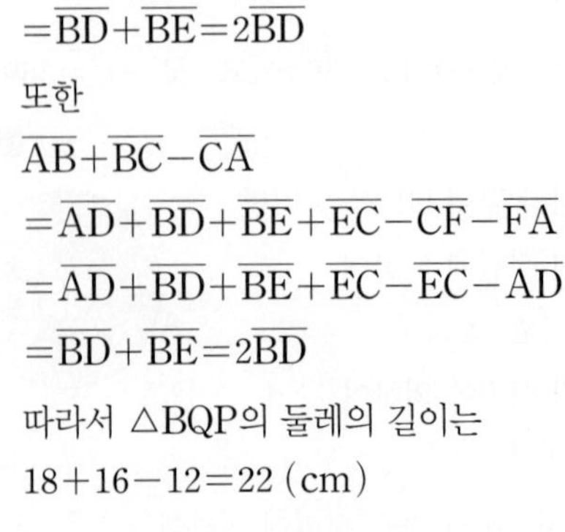

원의 접선의 성질에 의하여

$\overline{BP}+\overline{PQ}+\overline{BQ}$

$=\overline{BP}+\overline{PR}+\overline{RQ}+\overline{BQ}$

$=\overline{BP}+\overline{PD}+\overline{QE}+\overline{BQ}$

$=\overline{BD}+\overline{BE}=2\overline{BD}$

또한

$\overline{AB}+\overline{BC}-\overline{CA}$

$=\overline{AD}+\overline{BD}+\overline{BE}+\overline{EC}-\overline{CF}-\overline{FA}$

$=\overline{AD}+\overline{BD}+\overline{BE}+\overline{EC}-\overline{EC}-\overline{AD}$

$=\overline{BD}+\overline{BE}=2\overline{BD}$

따라서 △BQP의 둘레의 길이는

$18+16-12=22\ (\text{cm})$

09 원의 접선의 성질에 의하여

$\overline{DE}=\overline{DA}=4$ cm

$\overline{CE}=\overline{CB}=8$ cm

오른쪽 그림과 같이 점 D에서 $\overline{BC}$에 내린 수선의 발을 H라 하면

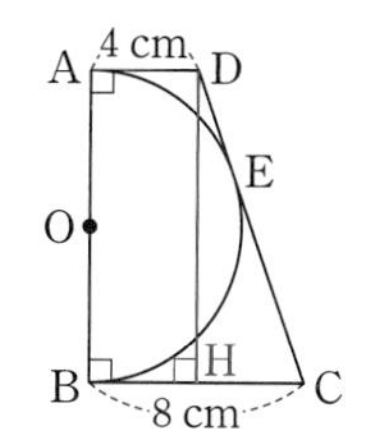

$\overline{CH}=4$ cm

$\triangle DHC$에서 피타고라스 정리에 의하여 $\overline{DH}=\sqrt{12^2-4^2}=8\sqrt{2}$ (cm)

이때 $\overline{DH}=\overline{AB}=8\sqrt{2}$ cm이므로

반원 O의 반지름의 길이는 $4\sqrt{2}$ cm

10 원의 접선의 성질에 의하여 $\triangle OAD \equiv \triangle OAE$

원 O의 반지름의 길이를 r라 하면

$\angle OAD=30°$이므로 $\overline{OA}=2r$

$\overline{OF}=r$이고, 세 점 O, A, F는 한 직선 위에 있으므로

$\overline{AF}=3r=9$, $r=3$

따라서 원 O의 넓이는 9π

11 원의 접선의 성질에 의하여

$\overline{AS}=\overline{AP}=2$ cm

$\overline{SD}=\overline{DR}=4$ cm

$\overline{QC}=\overline{CR}=6$ cm

$\overline{BP}=\overline{BQ}=8$ cm

따라서 $\overline{BP}+\overline{DR}=8+4=12$ (cm)

12 $\overline{CD}=10$ cm이고

원에 외접하는 사각형의 두 쌍의 대변의 길이의 합은 서로 같으므로

$\overline{AD}+\overline{BC}=\overline{AB}+\overline{CD}=12+10=22$ (cm)

$\square ABCD=\frac{1}{2}\times(\overline{AD}+\overline{BC})\times\overline{CD}$

$=\frac{1}{2}\times 22\times 10=110$ (cm^2)

13 원 O의 반지름의 길이를 r cm라 하자.

$\triangle OAH$에서 $\overline{OH}=\overline{OC}-\overline{HC}=r-2$ (cm)

$\overline{OA}=r$ cm ··· 1단계

$\triangle OAH$에서 피타고라스 정리에 의하여

$r^2=4^2+(r-2)^2$

$r^2=16+r^2-4r+4$

$4r=20$, $r=5$ ··· 2단계

따라서 원 O의 반지름의 길이는 5 cm이고, 둘레의 길이는 10π cm이다. ··· 3단계

채점 기준표

단계	채점 기준	비율
1단계	직각삼각형의 각 변의 길이를 미지수로 놓은 경우	30 %
2단계	반지름의 길이를 구한 경우	50 %
3단계	원 O의 둘레의 길이를 구한 경우	20 %

14 큰 원의 반지름의 길이를 R cm, 작은 원의 반지름의 길이를 r cm라 하자.

오른쪽 그림과 같이 점 O에서 $\overline{AD}$에 내린 수선의 발을 H라 하면

원에서 현의 성질에 의하여

$\overline{AH}=\frac{1}{2}\overline{AD}=6$ (cm)

$\overline{BH}=\frac{1}{2}\overline{BC}=4$ (cm)

$\overline{OD}$, $\overline{OC}$, $\overline{OH}$를 그리고

$\overline{OH}=x$ cm라 하자. ··· 1단계

$\triangle ODH$에서 피타고라스 정리에 의하여

$R^2=6^2+x^2$ ······ ㉠

$\triangle OCH$에서 피타고라스 정리에 의하여

$r^2=4^2+x^2$ ······ ㉡

㉠−㉡을 하면

$R^2-r^2=6^2-4^2=20$ ··· 2단계

색칠한 부분의 넓이는

$R^2\pi-r^2\pi=(R^2-r^2)\pi=20\pi$ (cm^2) ··· 3단계

채점 기준표

단계	채점 기준	비율
1단계	보조선을 그려 각 변의 길이를 구한 경우	20 %
2단계	피타고라스 정리를 이용하여 두 원의 반지름의 길이 사이의 관계식을 세운 경우	50 %
3단계	색칠한 부분의 넓이를 구한 경우	30 %

15 $\overline{CP}$의 길이를 x cm라 하면

$\overline{BP}=18-x$ (cm), $\overline{CD}=12$ cm이고

원에 외접하는 사각형의 두 쌍의 대변의 길이의 합은 서로 같으므로

$\overline{AP}=\overline{AD}+\overline{CP}-\overline{CD}=18+x-12=x+6$ ··· 1단계

$\triangle ABP$에서 피타고라스 정리에 의하여

$12^2+(18-x)^2=(x+6)^2$

$144+324-36x+x^2=x^2+12x+36$

$48x=432$, $x=9$ ··· 2단계

따라서 사각형 APCD의 넓이는

$\frac{1}{2}(18+9)\times 12=162$ (cm^2) ··· 3단계

채점 기준표

단계	채점 기준	비율
1단계	직각삼각형의 각 변의 길이를 미지수를 이용하여 나타낸 경우	40 %
2단계	피타고라스 정리를 이용하여 각 변의 길이를 구한 경우	40 %
3단계	사각형 APCD의 넓이를 구한 경우	20 %

16 원 O_2의 반지름의 길이는 $\frac{1}{2}\overline{AB}=4$ (cm)이고, 원 O_1의 반지름의 길이를 r cm라 하자.

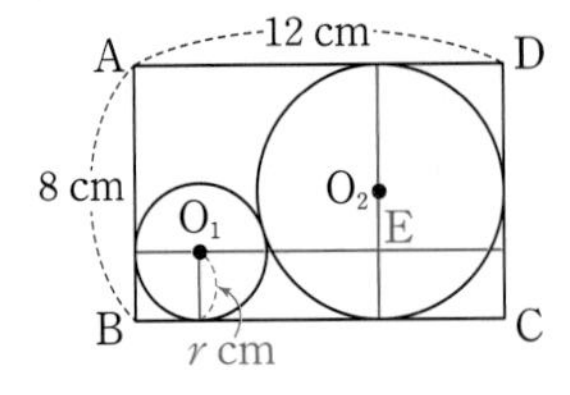

오른쪽 그림과 같이 점 O_1을 지나면서 $\overline{AD}$에 평행한 직선과 점 O_2를 지나면서 $\overline{AB}$에 평행한 직선의 교점을 E라고 하면

$\angle O_1EO_2=90°$

$\overline{O_1O_2}=r+4$ (cm)

$\overline{O_1E}=12-r-4=8-r$ (cm)

$\overline{O_2E}=8-r-4=4-r$ (cm)

$\triangle O_1EO_2$에서 피타고라스 정리에 의하여

$(r+4)^2=(8-r)^2+(4-r)^2$ ··· 1단계

$r^2+8r+16=64-16r+r^2+16-8r+r^2$

$r^2-32r+64=0$

$r=16\pm\sqrt{(-16)^2-64}=16\pm8\sqrt{3}$

이때 $0<r<4$이므로 $r=16-8\sqrt{3}$ ··· 2단계

따라서 원 O_1의 반지름의 길이는 $16-8\sqrt{3}$ (cm)

채점 기준표

단계	채점 기준	비율
1단계	반지름의 길이에 대한 관계식을 세운 경우	50 %
2단계	원 O_1의 반지름의 길이를 구한 경우	50 %

2 | 원주각

개념 체크

본문 72~73쪽

01 (1) 48° (2) 110° (3) 104° (4) 42° (5) 60°
02 $\angle x=23°$, $\angle y=46°$
03 38°
04 (1) 33 (2) 6 (3) 45 (4) 10
05 (1) 37° (2) 45° (3) 99° (4) 20°

대표유형

본문 74~77쪽

01 14°	**02** ④	**03** 162°	**04** 34°	**05** ③
06 ②	**07** ③	**08** ③	**09** 73°	**10** ③
11 ④	**12** ②	**13** $\frac{7}{5}$	**14** $\frac{\sqrt{5}}{3}$	**15** ②
16 $4\sqrt{2}\pi$	**17** ③	**18** ②	**19** $\frac{21}{4}$ cm	**20** ③
21 2π cm	**22** 10π cm		**23** ③	**24** 107°

01 $\angle APC=\frac{1}{2}\angle AOC=48°$

$\angle APC=\angle APB+\angle BPC$
$=\angle APB+\angle BQC$
$=\angle x+34°$

따라서 $\angle x=14°$

02 $\triangle AOB$는 $\overline{AO}=\overline{BO}$인 이등변삼각형이므로

$\angle AOB=180°-2\times34°=112°$

$\angle ACB=\frac{1}{2}\angle AOB=56°$

따라서 $\angle x=56°$

03 호 ADB에 대한 원주각의 크기가 126°이므로 중심각의 크기는 252°이다.

따라서 $\angle x=360°-252°=108°$,

$\angle y=\frac{1}{2}\angle x=54°$이고

$\angle x+\angle y=108°+54°=162°$

04 $\angle AOB=2\angle APB=112°$

$\triangle OAB$는 $\overline{OA}=\overline{OB}$인 이등변삼각형이므로

$\angle OAB=\frac{1}{2}(180°-112°)=34°$

05 $\angle ACB=\frac{1}{2}\angle AOB=\frac{1}{2}(180°-72°)=54°$

06 $\angle APB=180°-\angle AOB$이고

$\angle AOB=2\times(180°-\angle ACB)=116°$

따라서 $\angle APB=64°$

07 $\angle ACB=\angle ADB=\angle APB-\angle PAD=63°$

08 $\angle ACB=\angle ADB=40°$, $\angle BDC=\angle BAC=54°$

$\triangle BCD$에서 삼각형의 내각의 크기의 합이 180°이므로

$\angle x+40°+31°+54°=180°$

$\angle x=55°$

09 $\angle ABD=\angle ACD=\angle CAP+\angle CPA=73°$

10 반원에 대한 원주각의 크기는 90°이므로

$\angle ADB=90°$

$\angle x=\angle ABD=90°-32°=58°$

11 $\triangle ABC$에서 반원에 대한 원주각의 크기는 90°이므로

$\angle ACB=90°$

$\angle CBD=90°-32°-23°=35°$

따라서 $\angle COD=2\angle CBD=70°$

12 반원에 대한 원주각의 크기는 90°이므로

$\angle ACB=90°$

$\angle PAC=90°-58°=32°$

따라서 $\angle COD=2\angle CAD=64°$

13 반원에 대한 원주각의 크기는 90°이므로

$\angle ACB=90°$

$\triangle ABC$에서 $\overline{AB}=10$이고, 피타고라스 정리에 의하여 $\overline{BC}=\sqrt{10^2-6^2}=8$

$\sin A+\cos A=\frac{8}{10}+\frac{6}{10}=\frac{7}{5}$

14 오른쪽 그림과 같이 $\overrightarrow{BO}$와 원 O의 교점 중 B가 아닌 다른 교점을 D라 하면

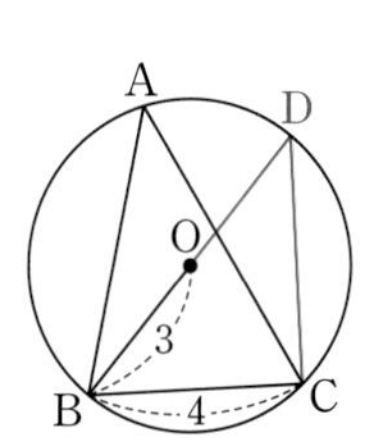

반원에 대한 원주각의 크기가 90°이므로

$\angle BCD=90°$

또한 $\overline{BD}=6$이므로 $\triangle BCD$에서 피타고라스 정리에 의하여

$\overline{CD}=\sqrt{6^2-4^2}=2\sqrt{5}$

이때 $\angle A=\angle BDC$이므로

$\cos A=\cos(\angle BDC)=\frac{\overline{CD}}{\overline{BD}}=\frac{\sqrt{5}}{3}$

15 오른쪽 그림과 같이 $\overrightarrow{BO}$와 원 O의 교점 중 B가 아닌 다른 교점을 D라 하면 반원에 대한 원주각의 크기가 90°이므로

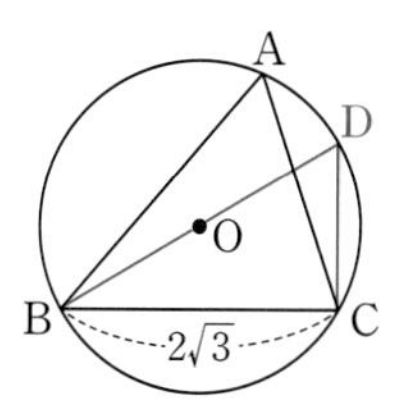

$\angle BCD=90°$

$\angle A=\angle BDC$이므로

$\tan A=\tan(\angle BDC)=\frac{\overline{BC}}{\overline{CD}}=\sqrt{3}$

이때 $\overline{BC}=2\sqrt{3}$이므로 $\overline{CD}=2$

$\triangle BCD$에서 피타고라스 정리에 의하여

$\overline{BD}=\sqrt{(2\sqrt{3})^2+2^2}=4$

따라서 원 O의 반지름의 길이는 2이고, 원 O의 넓이는 4π이다.

16 오른쪽 그림과 같이 $\overrightarrow{BO}$와 원 O의 교점 중 B가 아닌 다른 교점을 D라 하자.

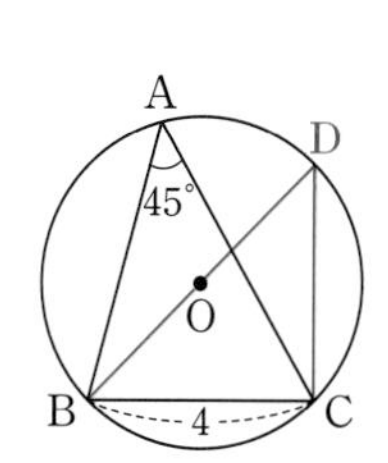

반원에 대한 원주각의 크기가 90°이므로

$\angle BCD=90°$

이때 $\angle BDC=\angle A=45°$이므로

$\triangle BCD$는 $\angle C$가 직각인 직각이등변삼각형이다.

따라서 $\overline{BD}=4\sqrt{2}$이므로 원 O의 둘레의 길이는 $4\sqrt{2}\pi$

17 한 원에서 호의 길이는 원주각의 크기에 정비례하므로

$\angle x=2\angle AEB=68°$

18 반원에 대한 원주각의 크기가 90°이므로

$\angle ADB=90°$

한 원에서 같은 길이의 호에 대한 원주각의 크기는 같으므로

$\angle CAD=\angle BAC=31°$

$\triangle APD$에서 삼각형의 내각의 크기의 합이 180°이므로

$\angle APD=90°-31°=59°$

19 $\angle ADB=\angle APB-\angle PAD=24°$

한 원에서 호의 길이는 원주각의 크기에 정비례하므로

$24° : 42°=3\text{ cm} : \overparen{CD}$

$\overparen{CD}=\frac{21}{4}\text{ cm}$

20 한 원에서 호의 길이는 원주각의 크기에 정비례하므로

31° : $\angle BAD = \widehat{AC} : \widehat{BED} = 1 : 3$에서

$\angle BAD = 93^\circ$

$\triangle ADP$에서

$\angle x = \angle BAD - \angle ADP = 62^\circ$

21 원의 둘레의 길이가 60π cm이고, 한 원에서 호의 길이는 원주각의 크기에 정비례하므로

$\widehat{AB} = 60\pi \times \frac{36^\circ}{180^\circ} = 12\pi$ (cm)

$\widehat{BC} = 60\pi \times \frac{45^\circ}{180^\circ} = 15\pi$ (cm)

$\widehat{CD} = 60\pi \times \frac{15^\circ}{180^\circ} = 5\pi$ (cm)

따라서 $\widehat{AB} - \widehat{BC} + \widehat{CD} = 2\pi$ (cm)

22 원의 둘레의 길이는 36π이고

$\triangle APD$에서 $\angle PAD + \angle PDA = 50^\circ$

즉, $\widehat{AC}$와 $\widehat{BD}$에 대한 원주각의 크기의 합이 50°이고,

한 원에서 호의 길이는 원주각의 크기에 정비례하므로

$\widehat{AC} + \widehat{BD} = 36\pi \times \frac{50^\circ}{180^\circ} = 10\pi$ (cm)

23 네 점 A, B, C, D가 한 원 위에 있으므로

$\angle BDC = \angle BAC = \angle x$

$\angle ADB = \angle ACB = 46^\circ$

이때 $\angle x + 46^\circ = 110^\circ$이므로

$\angle x = 64^\circ$

24 네 점 A, B, C, D가 한 원 위에 있으므로

$\angle ADB = \angle ACB = 30^\circ$

$\triangle DPB$에서

$\angle QBC = \angle DPB + \angle PDB = 47^\circ + 30^\circ = 77^\circ$

$\triangle QBC$에서

$\angle x = \angle QBC + \angle QCB = 77^\circ + 30^\circ = 107^\circ$

기출 예상 문제

본문 78~79쪽

01 180 **02** ② **03** ⑤ **04** 45° **05** 16°
06 43° **07** 54° **08** 6π **09** 33° **10** 26°
11 40° **12** 88°

01 $\angle AQB = \frac{1}{2}\angle AOB = 78^\circ$

$\angle APB = \frac{1}{2}(360^\circ - \angle AOB) = 102^\circ$

따라서 $x = 78$, $y = 102$이고 $x + y = 180$

02 $\angle AOB = 2\angle x$이고

$\triangle PQA$와 $\triangle BQO$에서

$\angle x + 42^\circ = 2\angle x + 10^\circ$이므로

$\angle x = 32^\circ$

03 $\angle ACB = \frac{1}{2}\angle AOB = \frac{1}{2}(180^\circ - \angle P) = 65^\circ$

04 $\angle x = \angle APB = 180^\circ - 85^\circ - 50^\circ = 45^\circ$

05 $\angle APB = \frac{1}{2}\angle AOB = 38^\circ$이므로

$\angle BQC = \angle BPC = 54^\circ - 38^\circ = 16^\circ$

06 반원에 대한 원주각의 크기는 90°이므로

$\angle ACB = 90^\circ$

$\angle ACE = 90^\circ - \angle ECB = 90^\circ - \angle EDB = 43^\circ$

07 반원에 대한 원주각의 크기는 90°이므로

$\angle ACB = 90^\circ$

$\angle DAB = \angle DCB = 90^\circ - \angle ACD = 54^\circ$

08 오른쪽 그림과 같이 $\overrightarrow{BO}$와 원 O의 교점 중 B가 아닌 다른 교점을 D라 하자.

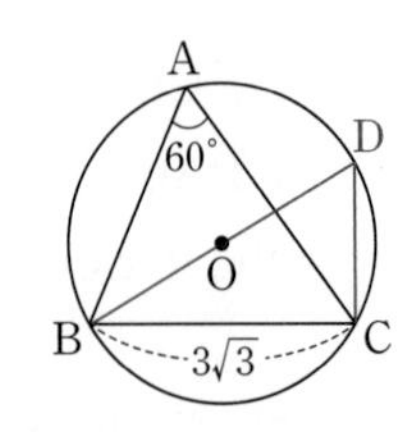

반원에 대한 원주각의 크기가 90°이므로

$\angle BCD = 90^\circ$

$\angle BDC = \angle BAC = 60^\circ$

$\frac{\overline{BC}}{\overline{BD}} = \sin 60^\circ = \frac{\sqrt{3}}{2}$이고, $\overline{BC} = 3\sqrt{3}$이므로

$\overline{BD} = 6$

따라서 원 O의 둘레의 길이는 6π

09 반원에 대한 원주각의 크기는 90°이므로

$\angle ACB = 90^\circ$

한 원에서 호의 길이가 같으면 원주각의 크기도 같으므로 $\angle ABC = \angle x$

$\triangle ABC$에서 삼각형의 내각의 크기의 합이 180°이므로

$24^\circ + \angle x + \angle x + 90^\circ = 180^\circ$

$2\angle x = 66^\circ$, $\angle x = 33^\circ$

10 한 원에서 원주각의 크기는 호의 길이에 정비례하므로
$\angle ACD : \angle BDC = \widehat{AD} : \widehat{BC} = 1 : 2$
따라서 $\angle BDC = 2\angle x$
$\triangle CDP$에서 $\angle x + 2\angle x = 78°$
$\angle x = 26°$

11 한 원에서 호의 길이는 원주각의 크기에 정비례하므로
$\angle CAD : \angle BCA = \widehat{CD} : \widehat{AB} = 5 : 13$
$25° : \angle BCA = 5 : 13$
$\angle BCA = 65°$
$\triangle ACP$에서 $\angle CPA = \angle BCA - \angle CAP = 40°$
따라서 $\angle x = 40°$

12 네 점 A, B, C, D가 한 원 위에 있으므로
$\angle BCD = \angle BAD = 20°$
$\triangle BCP$에서
$\angle ABC = \angle BCP + \angle BPC = 20° + 48° = 68°$
따라서 $\angle x = \angle DAP + \angle ABC = 20° + 68° = 88°$

고난도 집중 연습

본문 80~81쪽

1 $24°$	**1-1** $57°$
2 $63°$	**2-1** $85°$
3 $\frac{2\sqrt{21}}{25}$	**3-1** 9π
4 $61°$	**4-1** $62.5°$

1

풀이 전략 보조선을 그리고 원 O에서 한 호에 대한 원주각의 크기는 그 호에 대한 중심각의 크기의 $\frac{1}{2}$임을 이용한다.

오른쪽 그림과 같이 $\overline{BC}$를 그리면 원주각의 성질에 의하여

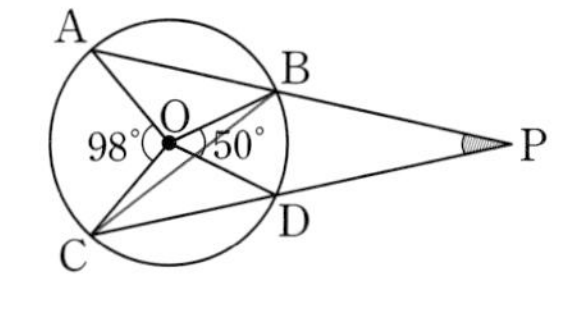

$\angle BCD = \frac{1}{2}\angle BOD = 25°$

$\angle ABC = \frac{1}{2}\angle AOC = 49°$

$\triangle BCP$에서
$\angle BPC = \angle ABC - \angle BCP = 24°$

1-1

풀이 전략 보조선을 그리고 원 O에서 한 호에 대한 원주각의 크기는 그 호에 대한 중심각의 크기의 $\frac{1}{2}$임을 이용한다.

오른쪽 그림과 같이 $\overline{BC}$를 그리면 원주각의 성질에 의하여

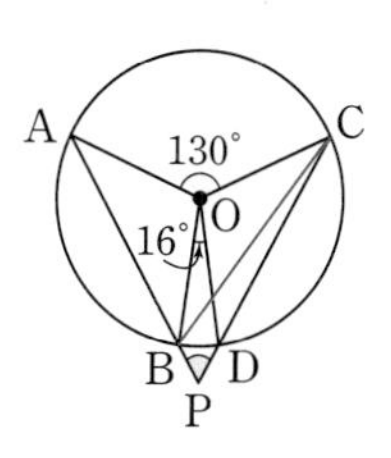

$\angle ABC = \frac{1}{2}\angle AOC = 65°$

$\angle BCD = \frac{1}{2}\angle BOD = 8°$

$\triangle BCP$에서
$\angle BPC = \angle ABC - \angle BCP = 57°$

2

풀이 전략 원에서 한 호에 대한 원주각의 크기는 모두 같다는 것을 이용한다.

삼각형 ADP에서
$\angle DAP + \angle DPB = \angle x$이므로
$\angle DAP = \angle x - 30° = \angle BCD$
삼각형 QCD에서
$\angle AQC = \angle QCD + \angle x$이므로
$96° = \angle x - 30° + \angle x$, $2\angle x = 126°$
$\angle x = 63°$

2-1

풀이 전략 원에서 한 호에 대한 원주각의 크기는 모두 같다는 것을 이용한다.

네 점 A, B, C, D가 한 원 위에 있으므로
$\angle DAC = \angle DBC = \angle x$
삼각형 APC에서
$\angle DAC = 50° + \angle C$이므로
$\angle C = \angle x - 50°$
삼각형 QBC에서
$\angle x + \angle C = 120°$이므로
$2\angle x = 170$, $\angle x = 85°$

3

풀이 전략 반원에 대한 원주각의 크기는 $90°$임을 이용하여 직각삼각형에서 삼각비의 값을 구한다.

반원에 대한 원주각의 크기는 $90°$이므로
$\angle ACB = 90°$, $\angle CAB = \angle x$
$\triangle ABC$에서 $\overline{AB} = 10$이므로
피타고라스 정리에 의하여
$\overline{CA} = \sqrt{10^2 - (2\sqrt{21})^2} = 4$

$$\sin x \times \cos x = \sin(\angle CAB) \times \cos(\angle CAB) = \frac{2\sqrt{21}}{10} \times \frac{4}{10} = \frac{2\sqrt{21}}{25}$$

3-1

풀이 전략 반원에 대한 원주각의 크기는 90°임을 이용하여 보조선을 그려 직각삼각형을 만든다.

$\angle ABD = \angle ACD = \angle x$이고

반원에 대한 원주각의 크기가 90°이므로

$\angle ADB = 90^\circ$

원 O의 반지름의 길이를 r라 하면

$\overline{AB} = 2r$, $\overline{AD} = \overline{AB} \sin x = \frac{2}{3}r$

$\triangle ABD$에서 피타고라스 정리에 의하여

$\left(\frac{2}{3}r\right)^2 + (6\sqrt{2})^2 = (2r)^2$

$\frac{4}{9}r^2 + 72 = 4r^2$, $\frac{32}{9}r^2 = 72$

$r^2 = \frac{81}{4}$, $r = \frac{9}{2}\ (r > 0)$

따라서 원 O의 둘레의 길이는 9π

4

풀이 전략 보조선을 그리고 원 O에서 한 호에 대한 원주각의 크기는 그 호에 대한 중심각의 크기의 $\frac{1}{2}$임을 이용한다.

한 원에서 현의 길이가 같은 호에 대한 원주각의 크기는 서로 같으므로

$\angle BAQ = \angle ABQ$

오른쪽 그림과 같이

$\overline{OA}$, $\overline{OB}$를 그리면

$\overline{PA} \perp \overline{OA}$, $\overline{PB} \perp \overline{OB}$이므로

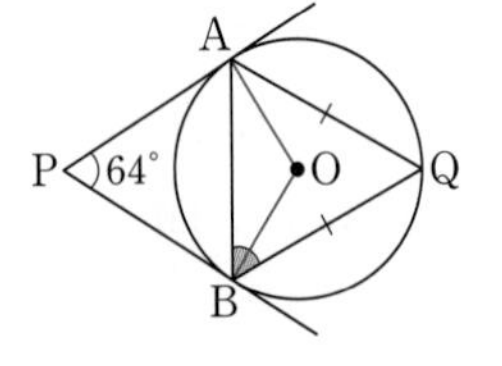

$\angle AOB = 180^\circ - 64^\circ = 116^\circ$

$\angle AQB = \frac{1}{2}\angle AOB = 58^\circ$

따라서 $\angle ABQ = \frac{1}{2}(180^\circ - 58^\circ) = 61^\circ$

4-1

풀이 전략 보조선을 그리고 원 O에서 한 호에 대한 원주각의 크기는 그 호에 대한 중심각의 크기의 $\frac{1}{2}$임을 이용한다.

원에서 현의 성질에 의하여 $\overline{QA} = \overline{QB}$

한 원에서 현의 길이가 같은 호에 대한 원주각의 크기는 서로 같으므로 $\angle QBA = \angle QAB = \angle x$

오른쪽 그림과 같이

$\overline{OA}$, $\overline{OB}$를 그리면

$\overline{PA} \perp \overline{OA}$, $\overline{PB} \perp \overline{OB}$이므로

$\angle AOB = 180^\circ - 70^\circ = 110^\circ$

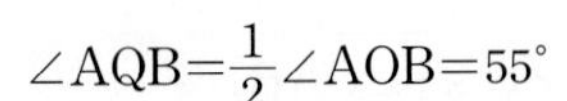

$\angle AQB = \frac{1}{2}\angle AOB = 55^\circ$

따라서 $\angle x = \frac{1}{2}(180^\circ - 55^\circ) = 62.5^\circ$

본문 82~83쪽

서술형 집중 연습

예제 1 $\angle x = 47^\circ$, $\angle y = 38^\circ$

유제 1 $\angle x = 54^\circ$, $\angle y = 48^\circ$

예제 2 8π 유제 2 32π

예제 3 29° 유제 3 25°

예제 4 $\frac{3}{4}$ 유제 4 $\frac{14}{3}$

예제 1

반원에 대한 원주각의 크기는 $\boxed{90}$°이므로

$\angle ACB = \boxed{90}^\circ$

원주각의 성질에 의하여 $\angle DCB = \angle x$이므로

$\angle x = \boxed{47}^\circ$ ··· 1단계

원주각의 성질에 의하여 $\angle CBA = \angle y$

삼각형 ABC는 직각삼각형이므로

$\angle y = \boxed{38}^\circ$ ··· 2단계

채점 기준표

단계	채점 기준	비율
1단계	$\angle x$의 크기를 구한 경우	50 %
2단계	$\angle y$의 크기를 구한 경우	50 %

유제 1

반원에 대한 원주각의 크기는 90°이므로

$\angle ADB = 90^\circ$, $\angle ACB = 90^\circ$

원주각의 성질에 의하여 $\angle DAB = \angle x$

삼각형 DAB는 직각삼각형이므로

$\angle x = 54^\circ$ ··· 1단계

원주각의 성질에 의하여 $\angle ABC = \angle y$

삼각형 ABC는 직각삼각형이므로

$\angle y = 48^\circ$ ··· 2단계

채점 기준표

단계	채점 기준	비율
1단계	$\angle x$의 크기를 구한 경우	50 %
2단계	$\angle y$의 크기를 구한 경우	50 %

예제 2

$\overline{OC}$를 그리면

두 삼각형 OCA, OBC는 이등변삼각형이므로

$\angle OCA = \boxed{30}^\circ$, $\angle OCB = \boxed{10}^\circ$

따라서 $\angle ACB = \boxed{40}^\circ$ ··· 1단계

원주각의 성질에 의하여 $\angle AOB = \boxed{80}^\circ$

부채꼴 AOB의 넓이는

$6 \times 6 \times \dfrac{\boxed{80^\circ}}{360^\circ} \times \pi = \boxed{8\pi}$ ··· 2단계

채점 기준표

단계	채점 기준	비율
1단계	원주각의 크기를 구한 경우	50 %
2단계	부채꼴 AOB의 넓이를 구한 경우	50 %

유제 2

$\overline{BD}$를 그리면 원주각의 성질에 의하여

$\angle ADB = \angle AEB = 12^\circ$, $\angle BDC = 40^\circ$ ··· 1단계

원주각의 성질에 의하여 $\angle BOC = 80^\circ$

부채꼴 BOC의 넓이는

$12 \times 12 \times \dfrac{80^\circ}{360^\circ} \times \pi = 32\pi$ ··· 2단계

채점 기준표

단계	채점 기준	비율
1단계	원주각의 크기를 구한 경우	50 %
2단계	부채꼴 BOC의 넓이를 구한 경우	50 %

예제 3

$2\widehat{AD} = \widehat{BC}$이므로 $\widehat{AD}$와 $\widehat{BC}$의 길이의 비는

$1 : \boxed{2}$

호의 길이는 원주각의 크기에 정비례하므로

$\angle BAC$의 크기는 $\angle x$의 $\boxed{2}$배이다.

즉, $\angle BAC = \boxed{2\angle x}$ ··· 1단계

$\angle DPC = 93^\circ$이므로 $\angle BPC = \boxed{87}^\circ$

$\angle x + \angle BAC = \angle BPC$이므로

$\angle x = \boxed{29}^\circ$ ··· 2단계

채점 기준표

단계	채점 기준	비율
1단계	각을 미지수를 이용하여 나타낸 경우	50 %
2단계	$\angle x$의 크기를 구한 경우	50 %

유제 3

호의 길이는 원주각의 크기에 정비례하므로

$\angle ADB$의 크기는 $\angle DAC$의 3배이다.

즉, $\angle ADB = 3\angle x$ ··· 1단계

$\angle APB = 100^\circ$이고 $\angle PDA + \angle PAD = 100^\circ$이므로

$\angle x = 25^\circ$ ··· 2단계

채점 기준표

단계	채점 기준	비율
1단계	각을 미지수를 이용하여 나타낸 경우	50 %
2단계	$\angle x$의 크기를 구한 경우	50 %

예제 4

선분 OA의 연장선을 그어 원 O와 만나는 점을 D라 하자.

반원에 대한 원주각의 크기는 $\boxed{90}^\circ$이므로

$\angle ABD = \boxed{90}^\circ$

삼각형 ABD는 직각삼각형이므로

$\sin D = \dfrac{\boxed{\overline{AB}}}{\boxed{\overline{AD}}}$ ··· 1단계

이때 원주각의 성질에 의하여

$\angle D = \angle C$이므로

$\sin C = \sin D = \dfrac{\overline{AB}}{\overline{AD}} = \dfrac{\boxed{3}}{\boxed{4}}$ ··· 2단계

채점 기준표

단계	채점 기준	비율
1단계	원주각의 성질을 이용하여 직각삼각형을 찾은 경우	50 %
2단계	삼각비의 값을 구한 경우	50 %

유제 4

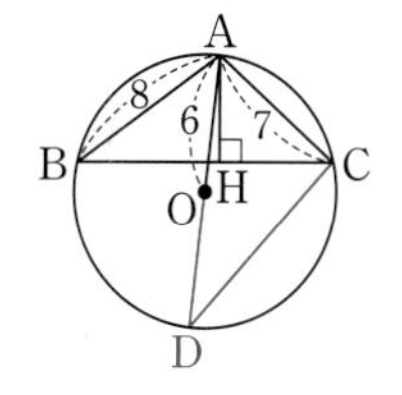

오른쪽 그림과 같이 선분 OA의 연장선을 그어 원 O와 만나는 점을 D라 하자.

반원에 대한 원주각의 크기는 90°이므로 $\angle ACD = 90^\circ$

원주각의 성질에 의하여

$\angle ABH = \angle ADC$,

$\angle AHB = \angle ACD = 90^\circ$이므로

$\triangle ABH \backsim \triangle ADC$ (AA닮음) ··· 1단계

$\overline{AD} = 12$이므로

$\overline{AB} : \overline{AH} = \overline{AD} : \overline{AC}$에서

$8 : \overline{AH} = 12 : 7$, $\overline{AH} = \dfrac{14}{3}$ ··· 2단계

채점 기준표

단계	채점 기준	비율
1단계	원주각의 성질을 이용하여 직각삼각형을 찾은 경우	50 %
2단계	$\overline{AH}$의 길이를 구한 경우	50 %

중단원 실전 테스트 1회

본문 84~86쪽

01 ②	**02** ②	**03** ②	**04** ③	**05** ④
06 ④	**07** ④	**08** ⑤	**09** ②	**10** ②
11 ⑤	**12** ①	**13** $80°$	**14** $76°$	**15** $15°$
16 4 cm				

01 $\angle BEC=\angle BAC=36°$

$\angle BED=\frac{1}{2}\angle BOD=55°$이므로

$\angle x=55°-36°=19°$

02 $\angle ADB=\frac{1}{2}\angle AOB=39°$이므로

$\angle BEC=\angle BDC=65°-39°=26°$

03 $\angle AOC=360°-2\angle ABC=140°$이고

□ABCO에서

$\angle x=360°-110°-53°-140°=57°$

04 $\angle BQA=\frac{1}{2}\angle BOA=\frac{1}{2}(180°-56°)=62°$

$\triangle OAQ$, $\triangle OBQ$는 이등변삼각형이므로

$\angle OQA=\angle OAQ=\angle y$

$\angle OQB=\angle OBQ=\angle x$

따라서 $\angle x+\angle y=\angle BQA=62°$

05 $\angle ADB=\angle ACB=\angle x$이고

$\triangle APD$에서

$\angle x=84°-12°=72°$

06 $\angle CAB=\angle CDB=25°$이고

반원에 대한 원주각의 크기는 $90°$이므로

$\angle ABC=90°$

이때 $\angle ADB=\angle ACB=65°$이므로

$\angle x=65°$

$\triangle PBC$에서

$\angle y=180°-34°-65°=81°$

따라서 $\angle y-\angle x=16°$

07 오른쪽 그림과 같이 선분 OA의 연장선이 원 O와 만나는 점 중 A가 아닌 다른 점을 D라고 하자. 반원에 대한 원주각의 크기는 $90°$이므로

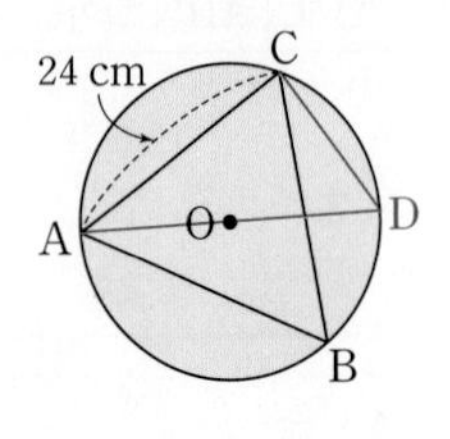

$\angle ACD=90°$

$\angle ADC=\angle ABC$

$\tan B=\tan(\angle ADC)=\frac{\overline{AC}}{\overline{CD}}=\frac{3}{2}$

$\frac{24}{\overline{CD}}=\frac{3}{2}$에서 $\overline{CD}=16\,(cm)$

$\triangle ACD$에서 피타고라스 정리에 의하여

$\overline{AD}=\sqrt{24^2+16^2}=8\sqrt{13}\,(cm)$

따라서 원 O의 반지름의 길이는 $4\sqrt{13}$ cm이고, 원 O의 넓이는 $208\pi\ cm^2$

08 한 원에서 호의 길이가 같은 두 원주각의 크기는 서로 같으므로

$\angle ACD=\angle DBC=29°$

$\triangle DBC$에서 삼각형의 내각의 크기의 합이 $180°$이므로

$64°+29°+\angle x+29°=180°$

$\angle x=58°$

09 한 원에서 호의 길이가 같은 두 원주각의 크기는 서로 같으므로

$\angle DBC=\angle ACB=26°$

$\triangle PBC$에서

$\angle x=26°+26°=52°$

10 한 원에서 호의 길이는 원주각의 크기에 정비례하므로

$\angle ACB=2\angle DBC$

$\triangle PBC$에서

$\angle ACB+\angle DBC=123°$이므로

$3\angle DBC=123°$, $\angle DBC=41°$

따라서 $\angle ACB=82°$

11 네 점 A, B, C, D가 한 원 위에 있기 위해서는

$\angle BAC=\angle BDC=\angle x$

$\triangle ABC$에서 삼각형의 내각의 크기의 합이 $180°$이므로

$\angle x+81°+52°=180°$

$\angle x=47°$

12 ㄱ. $\overline{AC}$와 $\overline{BD}$의 교점을 P라 하면 $\angle DPC=65°$이고 $\triangle DPC$에서 $\angle PDC=35°$이다.

즉, $\angle BDC=\angle BAC=35°$이므로 네 점은 한 원 위에 있다.

ㄴ. $\angle BAC=80°$이지만 $\angle BDC=90°$로 $\angle BAC$와 같지 않으므로 네 점은 한 원 위에 있지 않다.

ㄷ. $\angle BAC=45^\circ$이지만 $\angle BDC=65^\circ$로 $\angle BAC$와 같지 않으므로 네 점은 한 원 위에 있지 않다.

따라서 네 점이 한 원 위에 있는 것은 ㄱ뿐이다.

13 오른쪽 그림과 같이 선분 BC를 그리면 한 원에서 호의 길이가 같은 두 원주각의 크기는 서로 같으므로 $\angle ACB=\angle ACD=50^\circ$

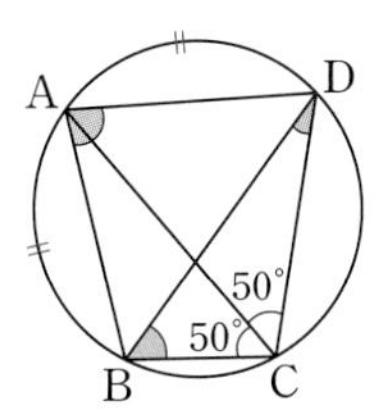

$\triangle BCD$에서

$\angle BDC+\angle DBC=180^\circ-100^\circ=80^\circ$ … 1단계

$\angle BDC=\angle BAC$, $\angle DBC=\angle DAC$이므로

$\angle BAD=\angle BAC+\angle DAC$

$=\angle BDC+\angle DBC=80^\circ$ … 2단계

채점 기준표

단계	채점 기준	비율
1단계	원주각의 성질을 이용하여 식을 세운 경우	50 %
2단계	$\angle BAD$의 크기를 구한 경우	50 %

14 $\triangle AOC$와 $\triangle BOD$는 이등변삼각형이므로

$\angle AOC=180^\circ-2\times20^\circ=140^\circ$

$\angle BOD=180^\circ-2\times32^\circ=116^\circ$

$\angle AOC=\angle AOB+\angle BOC=140^\circ$,

$\angle BOD=\angle BOC+\angle COD=116^\circ$ … 1단계

두 식의 각 변을 더하면

$\angle AOB+2\angle BOC+\angle COD=256^\circ$

$\angle AOB+\angle BOC+\angle COD=180^\circ$이므로

$\angle BOC=76^\circ$ … 2단계

채점 기준표

단계	채점 기준	비율
1단계	이등변삼각형의 성질을 이용하여 각의 크기를 구한 경우	50 %
2단계	$\angle BOC$의 크기를 구한 경우	50 %

15 오른쪽 그림과 같이 $\angle BAD=x^\circ$라 하면

$\triangle APD$에서

$\angle ADP=x^\circ-40^\circ$

한 원에서 같은 길이의 호에 대한 원주각의 크기는 같으므로

$\angle BCD=\angle ADB=\angle DBC=x^\circ$ … 1단계

$\triangle BCD$에서

$x^\circ+x^\circ+x^\circ-40^\circ+x^\circ=180^\circ$ … 2단계

$4x^\circ=220^\circ$, $x^\circ=55^\circ$

따라서 $\angle ADC=15^\circ$ … 3단계

채점 기준표

단계	채점 기준	비율
1단계	원주각의 성질을 이용하여 각의 크기를 미지수로 나타낸 경우	40 %
2단계	미지수에 대한 방정식을 세운 경우	40 %
3단계	$\angle ADC$의 크기를 구한 경우	20 %

16 $\triangle APB$에서

$\angle PAB=70^\circ-20^\circ=50^\circ$ … 1단계

한 원에서 원주각의 크기는 호의 길이에 정비례하므로

$\overset{\frown}{AD}:\overset{\frown}{BC}=\angle ABD:\angle BAC=20:50$

$\overset{\frown}{BC}=10$ cm이므로 비례식을 풀면

$\overset{\frown}{AD}=4$ cm … 2단계

채점 기준표

단계	채점 기준	비율
1단계	$\angle PAB$의 크기를 구한 경우	30 %
2단계	비례식을 이용하여 $\overset{\frown}{AD}$의 길이를 구한 경우	70 %

중단원 실전 테스트 2회

본문 87~89쪽

01 ② **02** ④ **03** ③ **04** ② **05** ②
06 ③ **07** ③ **08** ③ **09** ④ **10** ⑤
11 ③ **12** ②, ⑤ **13** 64° **14** $\frac{3}{7}$ **15** 69°
16 59°

01 $\angle B$와 $\angle C$는 $\overset{\frown}{AD}$에 대한 원주각이므로 크기가 항상 같다.

02 $\angle y=2\angle BCD=240^\circ$이므로

$\angle BOD=120^\circ$

$\angle x=\frac{1}{2}\angle BOD=60^\circ$

따라서 $\angle y-\angle x=180^\circ$

03 $\angle BAC=\angle BDC=\angle y$

$\triangle ABC$에서

$\angle x+\angle y+31^\circ+43^\circ=180^\circ$이므로

$\angle x+\angle y=106^\circ$

04 반원에 대한 원주각의 크기는 $90°$이므로

$\angle BCD=90°$

$\angle BDC=\angle BAC=36°$

$\triangle BCD$에서

$\angle x=90°-36°=54°$

05 오른쪽 그림과 같이 $\overline{AD}$를 그리면

$\angle BAD=\frac{1}{2}\angle BOD=12°$

$\angle ADC=\frac{1}{2}\angle AOC=35°$

$\triangle ADP$에서

$\angle x=35°-12°=23°$

06 반원에 대한 원주각의 크기는 $90°$이므로

$\angle ADC=90°$

$\angle ADB=\angle AEB=48°$

따라서 $\angle x=90°-48°=42°$

07 반원에 대한 원주각의 크기는 $90°$이므로

$\angle ACB=90°$

오른쪽 그림의 $\triangle ABC$에서

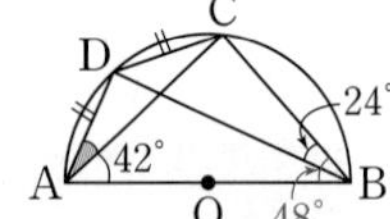

$\angle CBA=48°$

한 원에서 같은 길이의 호에 대한 원주각의 크기는 서로 같으므로

$\angle DBC=\angle ABD=24°$

$\angle CAD=\angle CBD=24°$

08 오른쪽 그림과 같이 $\overline{BD}$를 그리면 한 원에서 같은 길이의 호에 대한 원주각의 크기는 서로 같으므로

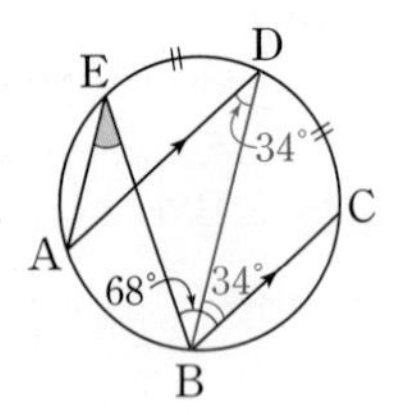

$\angle EBD=\angle DBC=34°$

$\angle ADB=\angle DBC$ (엇각)

$\angle AEB=\angle ADB=34°$

09 반원에 대한 원주각의 크기는 $90°$이므로

$\angle ACB=90°$

$\triangle ABC$에서 $\angle ABC=55°$

한 원에서 호의 길이는 원주각의 크기에 정비례하므로

$\widehat{AC}:\widehat{BC}=55:35$

$\widehat{BC}=14\text{ cm}$

10 한 원에서 호의 길이는 원주각의 크기에 정비례하므로

$\angle DAB:\angle ABC:\angle BCD:\angle CDA$

$=5:3:5:7$

$\angle DAB+\angle ABC+\angle BCD+\angle CDA=360°$

이므로

$\angle BCD=\frac{5}{20}\times 360°=90°$

11 오른쪽 그림과 같이 $\overline{BC}$를 그리면 한 원에서 호의 길이는 원주각의 크기에 정비례하므로

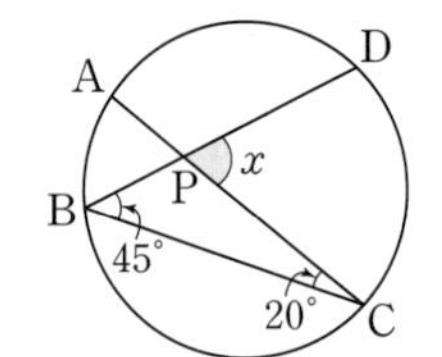

$\angle ACB=\frac{1}{9}\times 180°=20°$

$\angle DBC=\frac{1}{4}\times 180°=45°$

$\triangle PBC$에서 $\angle x=45°+20°=65°$

12 ① $\angle BAC=45°$, $\angle BDC=48°$로 서로 다르므로 네 점은 한 원 위에 있지 않다.

② $\angle ADB=\angle ACB=50°$이므로 네 점은 한 원 위에 있다.

③ $\angle BAC=37°$, $\angle BDC=39°$로 서로 다르므로 네 점은 한 원 위에 있지 않다.

④ $\angle DAC=31°$, $\triangle BPC$에서 $\angle DBC=96°-63°=33°$로 서로 다르므로 네 점은 한 원 위에 있지 않다.

⑤ $\triangle PAC$에서 $\angle DAC=34°+12°=46°$이고 $\angle DAC=\angle DBC=46°$이므로 네 점은 한 원 위에 있다.

따라서 네 점이 한 원 위에 있는 것은 ②, ⑤이다.

13 원에서 한 호에 대한 원주각의 크기는 그 호에 대한 중심각의 크기의 $\frac{1}{2}$이므로

$\angle AOB=2\angle AEB=24°$

$\angle BOC=2\angle BDC=40°$ ··· 1단계

따라서 $\angle AOC=\angle AOB+\angle BOC=64°$ ··· 2단계

채점 기준표

단계	채점 기준	비율
1단계	원주각의 성질을 이용하여 중심각의 크기를 구한 경우	50 %
2단계	$\angle AOC$의 크기를 구한 경우	50 %

14 반원에 대한 원주각의 크기는 $90°$이므로

$\angle ACB=90°$

$\angle CBA=\angle DCA=\angle x$

△ABC에서 피타고라스 정리에 의하여

$\overline{AB}=\sqrt{3^2+(2\sqrt{10})^2}=7$ ··· 1단계

$\angle x=\angle CBA$이므로

$\cos x\times\tan x$

$=\cos(\angle CBA)\times\tan(\angle CBA)$

$=\frac{2\sqrt{10}}{7}\times\frac{3}{2\sqrt{10}}=\frac{3}{7}$ ··· 2단계

채점 기준표

단계	채점 기준	비율
1단계	$\overline{AB}$의 길이를 구한 경우	50 %
2단계	$\cos x\times\tan x$의 값을 구한 경우	50 %

15 오른쪽 그림과 같이 $\overline{BD}$를 그리면 반원에 대한 원주각의 크기가 90°이므로

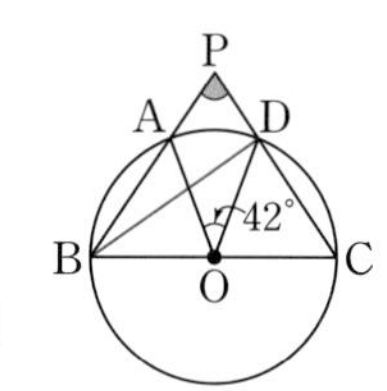

$\angle BDC=90^\circ$ ··· 1단계

원에서 한 호에 대한 원주각의 크기는 그 호에 대한 중심각의 크기의 $\frac{1}{2}$이므로

$\angle ABD=\frac{1}{2}\angle AOD=21^\circ$ ··· 2단계

△BPD에서 $\angle APD=90^\circ-21^\circ=69^\circ$ ··· 3단계

채점 기준표

단계	채점 기준	비율
1단계	보조선을 그려 직각삼각형을 찾은 경우	30 %
2단계	원주각의 성질을 이용하여 원주각의 크기를 구한 경우	40 %
3단계	∠APD의 크기를 구한 경우	30 %

16 $\angle BAC=\angle BDC$이므로 네 점 A, B, C, D는 한 원 위에 있다. ··· 1단계

따라서 원주각의 성질에 의하여

$\angle DAC=\angle DBC=39^\circ$ ··· 2단계

△APD에서

$\angle ADB=98^\circ-39^\circ=59^\circ$ ··· 3단계

채점 기준표

단계	채점 기준	비율
1단계	네 점 A, B, C, D가 한 원 위에 있음을 보인 경우	30 %
2단계	원주각의 성질을 이용하여 각의 크기를 구한 경우	40 %
3단계	∠ADB의 크기를 구한 경우	30 %

실전 모의고사 1회

본문 92~95쪽

01 ④ **02** ③ **03** ① **04** ② **05** ①
06 ④ **07** ④ **08** ① **09** ⑤ **10** ③
11 ② **12** ④ **13** ③ **14** ⑤ **15** ④
16 ③ **17** ③ **18** ③ **19** ② **20** ③
21 $\frac{7}{5}$ **22** $4\sqrt{6}$ **23** $\left(\frac{16}{3}\pi-8\sqrt{3}\right)\text{cm}^2$
24 $8\sqrt{3}$ **25** 36°

01 ① $\sin A=\frac{\overline{BC}}{\overline{AC}}=\frac{6}{10}=\frac{3}{5}$

② $\sin C=\frac{\overline{AB}}{\overline{AC}}=\frac{8}{10}=\frac{4}{5}$

③ $\cos A=\frac{\overline{AB}}{\overline{AC}}=\frac{8}{10}=\frac{4}{5}$

④ $\cos C=\frac{\overline{BC}}{\overline{AC}}=\frac{6}{10}=\frac{3}{5}$

⑤ $\tan A=\frac{\overline{BC}}{\overline{AB}}=\frac{6}{8}=\frac{3}{4}$

따라서 옳은 것은 ④이다.

02 주어진 조건에 맞는 삼각형 ABC는 오른쪽 그림과 같다.

C
4
A
3
B

피타고라스 정리에 의하여

$\overline{BC}=\sqrt{4^2-3^2}=\sqrt{7}$

$\tan A=\frac{\sqrt{7}}{3}$, $\sin A=\frac{\sqrt{7}}{4}$이므로

$\frac{\tan A}{\sin A}=\frac{\sqrt{7}}{3}\div\frac{\sqrt{7}}{4}=\frac{4}{3}$

03 $A(-5,\ 0)$, $B(0,\ 2)$라고 하면

직각삼각형 AOB에서 $\tan a=\frac{\overline{BO}}{\overline{AO}}=\frac{2}{5}$

04 $A=\sin 30^\circ-\sin 45^\circ=\frac{1}{2}-\frac{\sqrt{2}}{2}$

$B=\cos 45^\circ+\cos 60^\circ=\frac{\sqrt{2}}{2}+\frac{1}{2}$이므로

$AB=\left(\frac{1}{2}-\frac{\sqrt{2}}{2}\right)\left(\frac{1}{2}+\frac{\sqrt{2}}{2}\right)=\left(\frac{1}{2}\right)^2-\left(\frac{\sqrt{2}}{2}\right)^2=-\frac{1}{4}$

05 $0^\circ<x<45^\circ$이므로 $\sin x<\cos x$이고 $\cos x<1$

$\sqrt{(\sin x-\cos x)^2}+\sqrt{(\cos x-1)^2}$

$=|\sin x-\cos x|+|\cos x-1|$

$=-(\sin x-\cos x)+\{-(\cos x-1)\}$

$=-\sin x+\cos x-\cos x+1$

$=-\sin x+1$

06 $\cos 24° = \dfrac{\overline{AB}}{\overline{AC}}$이므로

$0.91 = \dfrac{\overline{AB}}{5}$, $\overline{AB} = 4.55$

$\sin 24° = \dfrac{\overline{BC}}{\overline{AC}}$이므로

$0.41 = \dfrac{\overline{BC}}{5}$, $\overline{BC} = 2.05$

따라서 $\overline{AB} + \overline{BC} = 4.55 + 2.05 = 6.6$

07 직각삼각형 ABC에서

$\overline{AC} = \dfrac{\overline{AB}}{\cos 45°} = 10 \times \dfrac{2}{\sqrt{2}} = 10\sqrt{2}$ (cm)

직각삼각형 ACD에서

$\overline{AD} = \dfrac{\overline{AC}}{\cos 45°} = 10\sqrt{2} \times \dfrac{2}{\sqrt{2}} = 20$ (cm)

직각삼각형 ADE에서

$\overline{AE} = \dfrac{\overline{AD}}{\cos 45°} = 20 \times \dfrac{2}{\sqrt{2}} = 20\sqrt{2}$ (cm)

08 정삼각형 BCD에서 $\overline{BC} = \overline{CD} = \overline{BD} = 8\sqrt{2}$이므로

$\triangle BCD = \dfrac{1}{2} \times 8\sqrt{2} \times 8\sqrt{2} \times \sin 60° = 32\sqrt{3}$

직각삼각형 ABH에서 $\overline{AB} = 8$이므로

$\overline{AH} = \overline{AB} \cos x° = 8 \cos x°$

(삼각뿔의 부피)$= \dfrac{1}{3} \times \triangle BCD \times \overline{AH}$

$= \dfrac{1}{3} \times 32\sqrt{3} \times 8 \cos x°$

$= \dfrac{256\sqrt{3}}{3} \cos x°$

09 $\triangle ABC = \dfrac{1}{2} \times \overline{AB} \times \overline{AC} \times \sin A$이므로

$14\sqrt{3} = \dfrac{1}{2} \times 8 \times 7 \times \sin A$에서 $\sin A = \dfrac{\sqrt{3}}{2}$

즉, $A = 60°$ $(0° < A < 90°)$

따라서 $\tan A = \tan 60° = \sqrt{3}$

10 $\square ABCD = \overline{AD} \times \overline{AB} \times \sin(180° - A)$이므로

$30 = 6 \times \overline{AB} \times \sin 30°$에서 $\overline{AB} = 10$

따라서 □ABCD의 둘레의 길이는

$2 \times (\overline{AB} + \overline{AD}) = 2(6 + 10) = 32$

11 직각삼각형 ADE에서

$\overline{DE} = \overline{AD} \times \tan 32° = 6 \times 0.62 = 3.72$ (m)

(나무의 높이)$= \overline{DE} + \overline{CD} = 3.72 + 1.5 = 5.22$ (m)

12 원의 중심으로부터 같은 거리에 있는 두 현의 길이는 같으므로

$x = 9$

13 원의 중심에서 현에 내린 수선은 그 현을 이등분하므로

$\overline{AM} = \overline{BM} = 15$

직각삼각형 AMO에서 $\overline{OM} = \sqrt{17^2 - 15^2} = 8$

$\overline{AB} = \overline{CD} = 30$이므로 $\overline{ON} = \overline{OM} = 8$

14 다음 그림과 같이 원 O의 반지름의 길이를 r cm, 원의 중심에서 현 AB에 내린 수선의 발을 H라고 하면

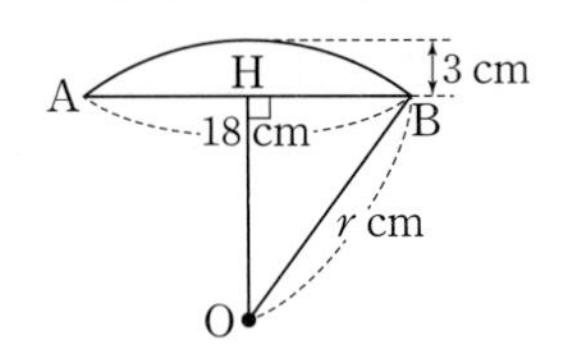

$\overline{BH} = \dfrac{1}{2}\overline{AB} = 9$ (cm)

직각삼각형 OBH에서 $r^2 = 9^2 + (r-3)^2$

$r^2 = 81 + r^2 - 6r + 9$, $6r = 90$

$r = 15$ (cm)

15 오른쪽 그림과 같이 점 D에서 $\overline{BC}$에 내린 수선의 발을 H라 하면

직각삼각형 DHC에서

$\overline{DH} = 6$ cm이므로

$\overline{CH} = \sqrt{10^2 - 6^2} = 8$ (cm)

$\overline{BH} = x$ cm라고 하면 $\overline{AD} = x$ cm이므로

□ABCD에서 $x + (x + 8) = 6 + 10$

$2x = 8$, $x = 4$

따라서 $\overline{BC} = \overline{BH} + \overline{CH} = 4 + 8 = 12$ (cm)

16 $\overrightarrow{PB}$는 원 O의 접선이므로 $\angle OBP = 90°$

직각삼각형 OBP에서 $\overline{BP} = \sqrt{13^2 - 5^2} = 12$ (cm)

이때 $\overline{AP} = \overline{BP}$이므로 $\overline{AP} = 12$ cm

17 $\overline{OP} = \overline{OA}$이므로 삼각형 OPA는 이등변삼각형이다.

즉, $\angle OPA = \boxed{\angle OAP}$

$\angle AOB$는 삼각형 OPA의 한 $\boxed{외각}$이므로

$\angle AOB = \angle OPA + \angle OAP = 2 \times \boxed{\angle APB}$

따라서 $\angle APB = \dfrac{1}{2}\angle AOB$이다.

18 한 호에 대한 원주각의 크기는 같으므로 $x=62$

지름에 대한 원주각의 크기는 90°이므로

$x^\circ+y^\circ+90^\circ=180^\circ$, $y=28$

따라서 $x-y=62-28=34$

19 $\angle APB=\frac{1}{2}\angle AOB=35^\circ$이고, $\widehat{AB}=\widehat{BC}$이므로

$\angle APB=\angle AQB=\angle BQC$

즉, $\angle a=35^\circ$, $\angle b=70^\circ$

따라서 $\angle a+\angle b=105^\circ$

20 삼각형 ABP에서 $\angle BPC=\angle ABP+\angle BAP$이므로

$60^\circ=20^\circ+\angle BAP$, $\angle BAP=40^\circ$

원주각의 크기는 호의 길이에 정비례하므로

$\widehat{BC} : \widehat{AD}=\angle BAC : \angle ABD$에서

$5\text{ cm} : \widehat{AD}=40^\circ : 20^\circ$

$\widehat{AD}=\frac{5}{2}\text{ cm}$

21 $\angle A=90^\circ$이고, $\angle ADE=\angle ACB$이므로

$\triangle ABC \backsim \triangle AED$ (AA닮음)

직각삼각형 ADE에서 $\overline{AE}=\sqrt{10^2-6^2}=8$ ··· 1단계

즉, $\sin B=\sin(\angle AED)=\frac{\overline{AD}}{\overline{DE}}=\frac{6}{10}=\frac{3}{5}$

$\sin C=\sin(\angle ADE)=\frac{\overline{AE}}{\overline{DE}}=\frac{8}{10}=\frac{4}{5}$ ··· 2단계

따라서 $\sin B+\sin C=\frac{3}{5}+\frac{4}{5}=\frac{7}{5}$ ··· 3단계

채점 기준표

단계	채점 기준	배점
1단계	$\overline{AE}$의 길이를 구한 경우	2점
2단계	$\sin B$, $\sin C$의 값을 각각 구한 경우	2점
3단계	$\sin B+\sin C$의 값을 구한 경우	1점

22 직각삼각형 ABC에서 $\cos 45^\circ=\frac{\overline{AB}}{\overline{AC}}$이므로

$\frac{\sqrt{2}}{2}=\frac{6}{\overline{AC}}$, $\overline{AC}=6\sqrt{2}$ ··· 1단계

직각삼각형 ACD에서 $\cos 30^\circ=\frac{\overline{AC}}{\overline{CD}}$이므로

$\frac{\sqrt{3}}{2}=\frac{6\sqrt{2}}{\overline{CD}}$, $\overline{CD}=6\sqrt{2}\times\frac{2}{\sqrt{3}}=4\sqrt{6}$ ··· 2단계

채점 기준표

단계	채점 기준	배점
1단계	$\overline{AC}$의 길이를 구한 경우	2점
2단계	$\overline{CD}$의 길이를 구한 경우	3점

23 직각삼각형 AOH에서

$\overline{OH}=\overline{OA}\times\cos 30^\circ=4\sqrt{3}\text{ (cm)}$

(부채꼴의 AOB의 넓이)$=\pi\times8^2\times\frac{30^\circ}{360^\circ}=\frac{16}{3}\pi\text{ (cm}^2\text{)}$

··· 1단계

(삼각형 AOH의 넓이)$=\frac{1}{2}\times8\times4\sqrt{3}\times\sin 30^\circ$

$=8\sqrt{3}\text{ (cm}^2\text{)}$ ··· 2단계

(색칠한 부분의 넓이)

=(부채꼴 AOB의 넓이) - (삼각형 AOH의 넓이)

$=\frac{16}{3}\pi-8\sqrt{3}\text{ (cm}^2\text{)}$ ··· 3단계

채점 기준표

단계	채점 기준	배점
1단계	부채꼴 AOB의 넓이를 구한 경우	2점
2단계	삼각형 AOH의 넓이를 구한 경우	2점
3단계	색칠한 부분의 넓이를 구한 경우	1점

24 $\overline{CD}=16$이므로 $\overline{AO}=8$, $\overline{OE}=\overline{OD}-\overline{DE}=4$

직각삼각형 AOE에서 $\overline{AE}=\sqrt{8^2-4^2}=4\sqrt{3}$ ··· 1단계

$\overline{AB}\perp\overline{CD}$이므로 $\overline{AE}=\overline{BE}$

따라서 $\overline{AB}=2\overline{AE}=8\sqrt{3}$ ··· 2단계

채점 기준표

단계	채점 기준	배점
1단계	$\overline{AE}$의 길이를 구한 경우	3점
2단계	$\overline{AB}$의 길이를 구한 경우	2점

25 지름에 대한 원주각의 크기는 90°이므로

$\angle ACB=90^\circ$ ··· 1단계

삼각형 PCB에서 $\angle CPB+\angle CBP=\angle ACB$이므로

$72^\circ+\angle CBP=90^\circ$, $\angle CBP=18^\circ$ ··· 2단계

$\angle CBD$는 $\widehat{CD}$에 대한 원주각이므로

$\angle COD=2\angle CBP=36^\circ$ ··· 3단계

채점 기준표

단계	채점 기준	배점
1단계	지름에 대한 원주각의 크기를 구한 경우	1점
2단계	$\widehat{CD}$에 대한 원주각의 크기를 구한 경우	2점
3단계	$\angle COD$의 크기를 구한 경우	2점

실전 모의고사 2회

본문 96~99쪽

01 ⑤	**02** ③	**03** ①	**04** ④	**05** ④
06 ④	**07** ⑤	**08** ⑤	**09** ③	**10** ③
11 ②	**12** ⑤	**13** ②	**14** ④	**15** ①
16 ③	**17** ①	**18** ②	**19** ②	**20** ④

21 $\frac{16\sqrt{281}}{281}$ **22** $40(\sqrt{3}+1)$ m

23 $\frac{9\sqrt{10}}{50}$ **24** $\frac{8}{3}$ cm **25** 90°

01 ① $\overline{AB}=\sqrt{(\sqrt{2})^2+(3\sqrt{2})^2}=2\sqrt{5}$

② $\sin A=\frac{\overline{BC}}{\overline{AB}}=\frac{3\sqrt{2}}{2\sqrt{5}}=\frac{3\sqrt{10}}{10}$, $\cos C=\cos 90^\circ=0$

이므로 $\sin A\neq\cos C$

③ $\cos A=\frac{\overline{AC}}{\overline{AB}}=\frac{\sqrt{2}}{2\sqrt{5}}=\frac{\sqrt{10}}{10}$

④ $\tan B=\frac{\overline{AC}}{\overline{BC}}=\frac{\sqrt{2}}{3\sqrt{2}}=\frac{1}{3}$

⑤ $\sin C=\sin 90^\circ=1$

따라서 옳은 것은 ⑤이다.

02 $\tan A=\frac{\overline{BC}}{\overline{AC}}$이므로 $\frac{4}{3}=\frac{\overline{BC}}{6}$, $\overline{BC}=8$

피타고라스 정리에 의하여 $\overline{AB}=\sqrt{6^2+8^2}=10$

따라서 $\cos B=\frac{\overline{BC}}{\overline{AB}}=\frac{8}{10}=\frac{4}{5}$

03 $\triangle$ADE와 $\triangle$BEF에서 $\angle DAE=\angle EBF=90^\circ$이고

$\angle EFB=\angle DEA=x$이므로

$\triangle ADE\backsim\triangle BEF$ (AA닮음)

삼각형 ADE에서 $\overline{DE}=\overline{CD}=\overline{AB}=17$이므로

$\overline{AE}=\sqrt{17^2-8^2}=15$

따라서 $\sin x=\frac{\overline{AD}}{\overline{DE}}=\frac{8}{17}$, $\cos x=\frac{\overline{AE}}{\overline{DE}}=\frac{15}{17}$이

므로 $\cos x-\sin x=\frac{15}{17}-\frac{8}{17}=\frac{7}{17}$

04 ① $\sin 60^\circ+\cos 90^\circ=\frac{\sqrt{3}}{2}+0=\frac{\sqrt{3}}{2}$

② $\sin 30^\circ-\tan 45^\circ=\frac{1}{2}-1=-\frac{1}{2}$

③ $\sin 90^\circ\times\tan 30^\circ=1\times\frac{\sqrt{3}}{3}=\frac{\sqrt{3}}{3}$

④ $\tan 45^\circ\div\sin 45^\circ=1\div\frac{\sqrt{2}}{2}=\sqrt{2}$

⑤ $\cos 45^\circ\times\sin 0^\circ+\sin 30^\circ\times\cos 0^\circ$

$=\frac{\sqrt{2}}{2}\times 0+\frac{1}{2}\times 1=\frac{1}{2}$

따라서 옳은 것은 ④이다.

05 오른쪽 그림과 같이 점 C에서 y축에 내린 수선의 발을 H라고 하면 삼각형 OCH에서 $\overline{OC}=1$이므로

$\sin x=\overline{CH}=\overline{OE}$

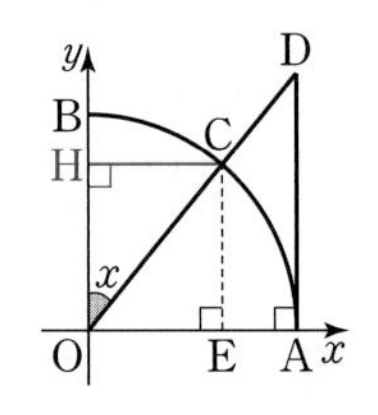

06 ④ $0^\circ<A<45^\circ$이면 $\sin A<\cos A$이고,

$45^\circ<A<90^\circ$이면 $\sin A>\cos A$

07 $\angle HAB=90^\circ-41^\circ=49^\circ$이므로

$\overline{HB}=\overline{AH}\times\tan 49^\circ=100\times 1.15=115$ (m)

08 오른쪽 그림과 같이 점 B에서 $\overline{AC}$에 내린 수선의 발을 H라고 하면

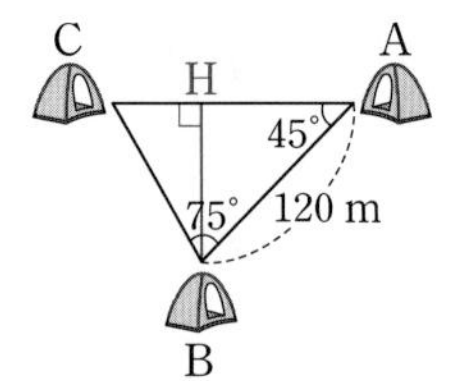

직각삼각형 ABH에서

$\overline{AB}=120$ m이므로

$\overline{BH}=120\times\sin 45^\circ=60\sqrt{2}$ (m)

$\angle CBH=75^\circ-45^\circ=30^\circ$이므로

직각삼각형 BHC에서 $\cos 30^\circ=\frac{\overline{BH}}{\overline{BC}}$

$\frac{\sqrt{3}}{2}=\frac{60\sqrt{2}}{\overline{BC}}$, $\overline{BC}=40\sqrt{6}$ (m)

09 점 O는 삼각형 ABC의 외심이므로

$\angle BOC=2\angle A=120^\circ$이고, $\overline{BO}=\overline{CO}=4$ cm

따라서

$\triangle OBC=\frac{1}{2}\times\overline{OB}\times\overline{OC}\times\sin(180^\circ-120^\circ)$

$=\frac{1}{2}\times 4\times 4\times\frac{\sqrt{3}}{2}$

$=4\sqrt{3}$ (cm^2)

10 정육각형의 한 내각의 크기는

$\frac{180^\circ\times(6-2)}{6}=120^\circ$이므로

오른쪽 그림과 같이 $\triangle$AOB는 정삼각형이다.

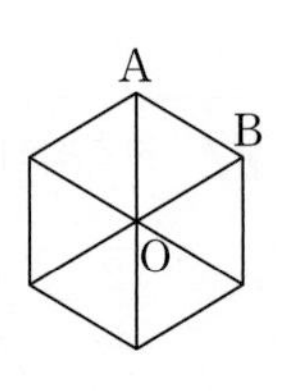

이때 정육각형의 넓이는

$6\times\triangle AOB=6\times\frac{1}{2}\times\overline{AO}\times\overline{BO}\times\sin 60^\circ$

$=6\times\frac{1}{2}\times\overline{AB}^2\times\frac{\sqrt{3}}{2}$

즉, $18\sqrt{3}=\frac{3\sqrt{3}}{2}\times\overline{AB}^2$에서 $\overline{AB}^2=12$

$\overline{AB}=2\sqrt{3}$ (cm)

11 $\square ABCD = \triangle ABD + \triangle BCD$

$= \frac{1}{2} \times 3 \times 6\sqrt{2} \times \sin(180° - 135°)$

$+ \frac{1}{2} \times 10 \times 2\sqrt{3} \times \sin 60°$

$= 9 + 15 = 24$

12 오른쪽 그림과 같이 색종이의 반지름의 길이를 r cm라고 하고, 원의 중심에서 $\overline{AB}$에 내린 수선의 발을 H라고 하면 $\overline{OH} = \frac{r}{2}$ cm이고 원의 중심에서 현에 내린 수선은 현을 이등분하므로

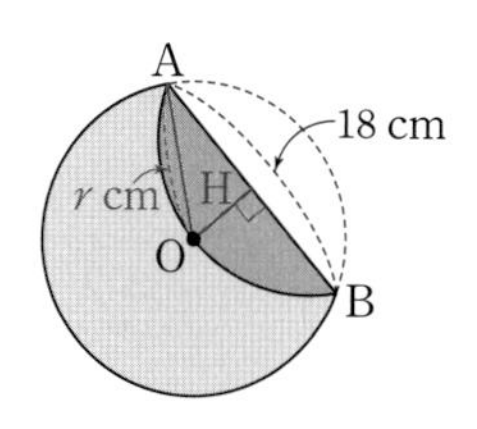

$\overline{AH} = \overline{BH} = 9$ cm

삼각형 AOH에서 $r^2 = 9^2 + \left(\frac{r}{2}\right)^2$이므로

$r^2 = 81 + \frac{r^2}{4}$, $\frac{3}{4}r^2 = 81$

$r^2 = 108$, $r = 6\sqrt{3}$ (cm)

(접기 전 색종이의 넓이) $= \pi \times r^2 = 108\pi$ (cm^2)

13 $\triangle OBM$에서 $\overline{OM} = \frac{1}{2} \times \overline{OC} = 5$ (cm)이므로

$\overline{BM} = \sqrt{10^2 - 5^2} = 5\sqrt{3}$ (cm)

이때 $\overline{AM} = \overline{BM}$이므로

$\overline{AB} = 2\overline{BM} = 10\sqrt{3}$ cm

14 원의 중심에서 두 현까지의 거리가 같으면 두 현의 길이는 같으므로 $\overline{AB} = \overline{AC}$

즉, $\triangle ABC$는 이등변삼각형이다.

따라서 $\angle x = \frac{1}{2} \times (180° - 58°) = 61°$

15 $\overline{BP} = x$ cm라 하면

원의 접선의 성질에 의하여 $\overline{BP} = \overline{BQ} = x$ cm이므로

$\overline{CQ} = 13 - x$ (cm) $= \overline{CR}$

마찬가지로 $\overline{AP} = 12 - x$ (cm) $= \overline{AR}$

즉, $\overline{AC} = \overline{AR} + \overline{CR}$이므로

$(12 - x) + (13 - x) = 7$

$25 - 2x = 7$, $2x = 18$, $x = 9$

따라서 $\overline{BP} = 9$ cm

16 삼각형 ABC에서 $\angle A = 180° - (20° + 120°) = 40°$

원의 접선의 성질에 의하여 $\overline{AD} = \overline{AF}$이므로

$\triangle ADF$는 이등변삼각형이다.

따라서 $\angle ADF = \frac{1}{2} \times (180° - 40°) = 70°$

17 세 점 P, Q, R를 지나는 원의 중심을 O라고 하면

$\angle POQ = 2\angle PRQ = 60°$이고, $\overline{OP} = \overline{OQ}$이므로

$\triangle POQ$는 정삼각형이다.

따라서 $\overline{OP} = \overline{OQ} = \overline{PQ} = 14$ m

18 $\angle DAB = \angle DCB = 65°$이므로 $\triangle CBP$에서

$y° = 180° - (65° + 25°) = 90°$

$\overline{AB}$는 지름이므로 지름에 대한 원주각 $\angle ACB = 90°$

즉, $x° = \angle ACB - \angle DCB = 90° - 65° = 25°$

따라서 $x + y = 25 + 90 = 115$

19

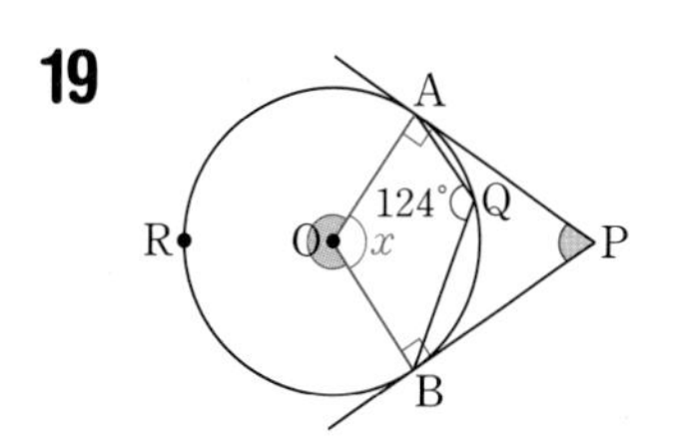

위의 그림에서 두 점 A, B는 접점이므로

$\angle PAO = \angle PBO = 90°$

$\overset{\frown}{ARB}$에 대한 원주각 $\angle AQB = 124°$이므로

$\angle x = 360° - 2 \times 124° = 112°$

$\square AOBP$에서

$\angle APB = 360° - (90° + 90° + 112°) = 68°$

20 네 점 A, B, C, D가 한 원 위에 있으므로

$\angle CAD = \angle CBD = 40°$

삼각형 BDE에서 $\angle DBE + \angle BED = \angle BDA$이므로

$40° + \angle BED = 95°$, $\angle BED = 55°$

21 직각삼각형 CDB에서 $\overline{BD} = \sqrt{13^2 - 5^2} = 12$

$\overline{AD} : 12 = 1 : 3$이므로 $\overline{AD} = 4$

직각삼각형 ABC에서

$\overline{AB} = \overline{AD} + \overline{BD} = 4 + 12 = 16$이므로

$\overline{AC} = \sqrt{16^2 + 5^2} = \sqrt{281}$ ··· 1단계

따라서 $\cos x = \frac{\overline{AB}}{\overline{AC}} = \frac{16}{\sqrt{281}} = \frac{16\sqrt{281}}{281}$ ··· 2단계

채점 기준표

단계	채점 기준	배점
1단계	$\overline{AC}$의 길이를 구한 경우	3점
2단계	$\cos x$의 값을 구한 경우	2점

22 빌딩의 높이 $\overline{CD}$를 x m라고 하면
직각삼각형 BCD에서 $\overline{BC}=x$ m
직각삼각형 ACD에서
$\overline{AC}=\overline{AB}+\overline{BC}=80+x$ (m) ··· 1단계
즉, $\tan 30°=\dfrac{x}{80+x}$이므로
$\dfrac{1}{\sqrt{3}}=\dfrac{x}{80+x}$
$\sqrt{3}x=80+x$, $(\sqrt{3}-1)x=80$
$x=\dfrac{80}{\sqrt{3}-1}=40(\sqrt{3}+1)$
따라서 빌딩의 높이는 $40(\sqrt{3}+1)$ m ··· 2단계

채점 기준표

단계	채점 기준	배점
1단계	$\overline{AC}$의 길이를 미지수를 이용하여 나타낸 경우	2점
2단계	빌딩의 높이를 구한 경우	3점

23 $\triangle MCN=\square ABCD-\triangle AMN-\triangle NCD-\triangle MBC$
$=96-\dfrac{1}{2}\times4\times6-\dfrac{1}{2}\times6\times8-\dfrac{1}{2}\times4\times12$
$=96-12-24-24=36$ ··· 1단계
또, $\triangle MCN=\dfrac{1}{2}\times\overline{MC}\times\overline{NC}\times\sin x$이고
$\overline{MC}=\sqrt{4^2+12^2}=4\sqrt{10}$, $\overline{NC}=\sqrt{6^2+8^2}=10$이므로 ··· 2단계
$36=\dfrac{1}{2}\times4\sqrt{10}\times10\times\sin x$
$\sin x=\dfrac{9}{5\sqrt{10}}=\dfrac{9\sqrt{10}}{50}$ ··· 3단계

채점 기준표

단계	채점 기준	배점
1단계	$\triangle MCN$의 넓이를 구한 경우	2점
2단계	$\overline{MC}$, $\overline{NC}$의 길이를 구한 경우	1점
3단계	$\sin x$의 값을 구한 경우	2점

24 오른쪽 그림과 같이 점 C에서 $\overline{AD}$에 내린 수선의 발을 H라고 하면 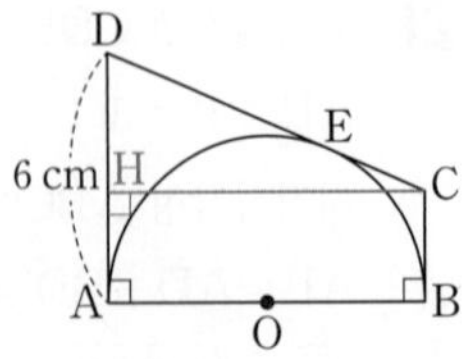
D, E, 6 cm, H, C, A, O, B
$\overline{CH}=\overline{AB}=8$ cm
$\overline{BC}=x$ cm라고 하면
$\overline{DH}=\overline{DA}-\overline{HA}=6-x$ (cm) ··· 1단계
원의 접선의 성질에 의하여
$\overline{AD}=\overline{DE}=6$ cm이고, $\overline{BC}=\overline{EC}=x$ cm이므로
$\overline{DC}=\overline{DE}+\overline{EC}=6+x$ (cm) ··· 2단계
$\triangle DHC$는 직각삼각형이므로
$(6+x)^2=(6-x)^2+8^2$
$12x=-12x+64$, $24x=64$, $x=\dfrac{8}{3}$
따라서 $\overline{BC}=\dfrac{8}{3}$ cm ··· 3단계

채점 기준표

단계	채점 기준	배점
1단계	$\overline{DH}$의 길이를 미지수를 이용하여 나타낸 경우	1점
2단계	$\overline{CD}$의 길이를 미지수를 이용하여 나타낸 경우	2점
3단계	$\overline{BC}$의 길이를 구미지수를 이용하여 나타낸 경우	2점

25 $\widehat{BD}$의 길이가 원주의 $\dfrac{1}{5}$이므로
$\angle BAD=180°\times\dfrac{1}{5}=36°$ ··· 1단계
이때 $\widehat{AC}:\widehat{BD}=3:2$이므로
$\angle ADC:\angle BAD=3:2$
$\angle ADC:36°=3:2$에서 $\angle ADC=54°$ ··· 2단계
$\triangle ADP$에서 $\angle APD=180°-(36°+54°)=90°$ ··· 3단계

채점 기준표

단계	채점 기준	배점
1단계	$\angle BAD$의 크기를 구한 경우	2점
2단계	$\angle ADC$의 크기를 구한 경우	2점
3단계	$\angle APD$의 크기를 구한 경우	1점

실전 모의고사 3회

본문 100~103쪽

01 ③	**02** ⑤	**03** ⑤	**04** ④	**05** ③
06 ②	**07** ①	**08** ②	**09** ③	**10** ①
11 ④	**12** ②	**13** ⑤	**14** ①	**15** ③
16 ④	**17** ②	**18** ②	**19** ③	**20** ⑤

21 $\dfrac{3\sqrt{3}}{2}$ **22** $35\sqrt{3}$ cm^2 **23** $2\sqrt{7}$ cm
24 $\sqrt{21}$ cm **25** $69°$

01 $\overline{AB}:\overline{BC}=1:3$이므로 $\overline{AB}=a$, $\overline{BC}=3a$ $(a>0)$라고 하면 피타고라스 정리에 의하여
$\overline{AC}=\sqrt{a^2+(3a)^2}=\sqrt{10}a$
$\sin A=\dfrac{\overline{BC}}{\overline{AC}}=\dfrac{3a}{\sqrt{10}a}=\dfrac{3\sqrt{10}}{10}$
$\cos C=\dfrac{\overline{BC}}{\overline{AC}}=\dfrac{3\sqrt{10}}{10}$
따라서 $\sin A+\cos C=\dfrac{3\sqrt{10}}{10}+\dfrac{3\sqrt{10}}{10}=\dfrac{3\sqrt{10}}{5}$

02 △EBC는 이등변삼각형이므로 ∠EMB=90°

△EMB에서 피타고라스 정리에 의하여

$\overline{EM}=\sqrt{6^2-2^2}=4\sqrt{2}$ (cm)

△EMN은 $\overline{EM}=\overline{EN}$인 이등변삼각형이므로 오른쪽 그림과 같이 점 E에서 $\overline{MN}$으로 내린 수선의 발을 H라 하면

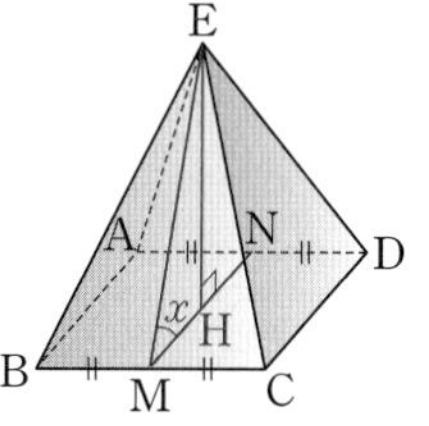

$\overline{MH}=\overline{NH}=\frac{1}{2}\overline{MN}=2$ (cm)

△EMH에서 피타고라스 정리에 의하여

$\overline{EH}=\sqrt{(4\sqrt{2})^2-2^2}=2\sqrt{7}$ (cm)

따라서 $\sin x=\frac{\overline{EH}}{\overline{EM}}=\frac{2\sqrt{7}}{4\sqrt{2}}=\frac{\sqrt{14}}{4}$

03 $\tan A=\sqrt{5}$인 한 직각삼각형 ABC를 그리면 오른쪽 그림과 같다.

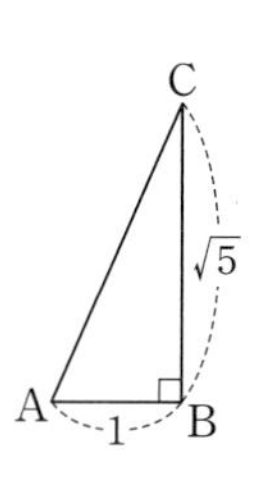

피타고라스 정리에 의하여

$\overline{AC}=\sqrt{1^2+(\sqrt{5})^2}=\sqrt{6}$이므로

$\sin A\times\cos A=\frac{\sqrt{5}}{\sqrt{6}}\times\frac{1}{\sqrt{6}}=\frac{\sqrt{5}}{6}$

04 $\sin 45°\times\tan x=2\times\sin 60°\times\cos 45°$에서

$\frac{\sqrt{2}}{2}\times\tan x=2\times\frac{\sqrt{3}}{2}\times\frac{\sqrt{2}}{2}$

$\tan x=\sqrt{3}$이므로 $x=60°$

05 $\cos 47°=0.682$, $\tan 47°=1.0724$이므로

$\cos 47°+\tan 47°=1.7544$

06 직각삼각형 ABE에서 $\overline{AE}=2\sqrt{3}$

$\cos 45°=\frac{2\sqrt{3}}{\overline{BE}}$이므로 $\overline{BE}=2\sqrt{6}$

직각삼각형 BEF에서 $\sin 60°=\frac{\overline{BE}}{\overline{BF}}$이므로

$\frac{\sqrt{3}}{2}=\frac{2\sqrt{6}}{\overline{BF}}$, $\overline{BF}=4\sqrt{2}$

$\tan 60°=\frac{\overline{BE}}{\overline{EF}}$이므로

$\sqrt{3}=\frac{2\sqrt{6}}{\overline{EF}}$, $\overline{EF}=2\sqrt{2}$

직각삼각형 EFD에서 ∠DEF=45°이므로

$\cos 45°=\frac{\overline{ED}}{\overline{EF}}$, $\frac{\sqrt{2}}{2}=\frac{\overline{ED}}{2\sqrt{2}}$, $\overline{ED}=2$

직각삼각형 BCF에서 ∠BFC=75°이므로

$\sin 75°=\frac{\overline{BC}}{\overline{BF}}=\frac{\overline{AE}+\overline{ED}}{\overline{BF}}$

$=\frac{2\sqrt{3}+2}{4\sqrt{2}}=\frac{\sqrt{2}+\sqrt{6}}{4}$

07 $x=\overline{AC}\times\sin 50°=12\times0.76=9.12$이고

$y=\overline{AC}\times\cos 50°=12\times0.64=7.68$이므로

$x-y=9.12-7.68=1.44$

08 직각삼각형 ABH에서

$\overline{AH}=\overline{AB}\sin 30°=14\times\frac{1}{2}=7$

직각삼각형 ACH에서

$\overline{AC}=\frac{\overline{AH}}{\sin 45°}=7\div\frac{\sqrt{2}}{2}=7\sqrt{2}$

09 $\triangle ABC=\frac{1}{2}\times\overline{AB}\times\overline{BC}\times\sin(180°-B)$

$=\frac{1}{2}\times3\times8\times\frac{\sqrt{3}}{2}$

$=6\sqrt{3}$ (cm²)

10 오른쪽 그림과 같이 점 A, D에서 $\overline{BC}$에 내린 수선의 발을 각각 P, Q라고 하면 □ABCD는 등변사다리꼴이므로

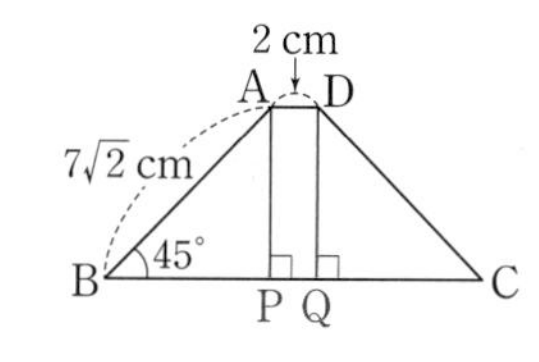

△ABP≡△DCQ (RHA합동)

△ABP에서 $\overline{AP}=7\sqrt{2}\sin 45°=7$ (cm),

$\overline{BP}=7\sqrt{2}\cos 45°=7$ (cm)

즉, $\triangle ABP=\frac{1}{2}\times7\times7=\frac{49}{2}$ (cm²)

$\square APQD=\overline{AD}\times\overline{AP}=2\times7=14$ (cm²)

따라서

$\square ABCD=2\times\triangle ABP+\square APQD$

$=2\times\frac{49}{2}+14$

$=49+14=63$ (cm²)

다른 풀이

$\square ABCD=\frac{1}{2}\times(\overline{AD}+\overline{BC})\times\overline{AP}$

$=\frac{1}{2}\times(2+16)\times7$

$=63$ (cm²)

11 현의 수직이등분선은 원의 중심을 지나므로 원의 중심은 $\overline{PQ}$ 위에 존재한다.

오른쪽 그림과 같이 원의 반지름의 길이를 r cm라고 하면

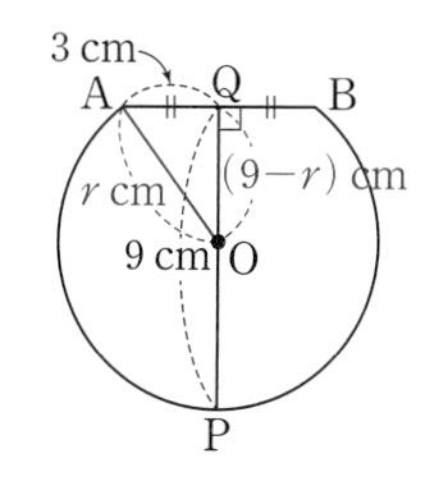

$\overline{AO}=r$ cm,

$\overline{OQ}=\overline{PQ}-\overline{OP}=9-r$ (cm)

△AOQ에서 피타고라스 정리에 의하여

$(9-r)^2=r^2-3^2$이므로

$r^2-18r+81=r^2-9$, $18r=90$

$r=5$

따라서 원의 반지름의 길이는 5 cm

12 오른쪽 그림과 같이 점 P에서 $\overline{AB}$에 내린 수선의 발을 H라고 하면

$\triangle APB=\frac{1}{2}\times\overline{AB}\times\overline{PH}$

즉, $\overline{PH}$의 길이가 최대일 때 $\triangle APB$가 최대가 된다.

$\overline{PH}$의 길이가 최대가 되는 경우는 $\overline{PH}$가 원의 중심을 지나는 경우, 즉 점 P′의 위치에 있을 때이다.

원의 중심에서 현에 수선을 그었을 때 수선은 그 현을 이등분하므로 $\overline{AH'}=\frac{1}{2}\times16=8$

직각삼각형 AOH′에서 $\overline{OH'}=\sqrt{10^2-8^2}=6$

즉, $\overline{P'H'}=\overline{P'O}+\overline{OH'}=10+6=16$

따라서 $\triangle ABP=\frac{1}{2}\times16\times16=128$

13 $\triangle COM$에서 $\overline{CO}=\overline{AO}=11$ cm이므로

$\overline{CM}=\sqrt{11^2-5^2}=4\sqrt{6}$ (cm)

$\overline{OM}\perp\overline{CD}$이므로 $\overline{CD}=2\overline{CM}=8\sqrt{6}$ (cm)

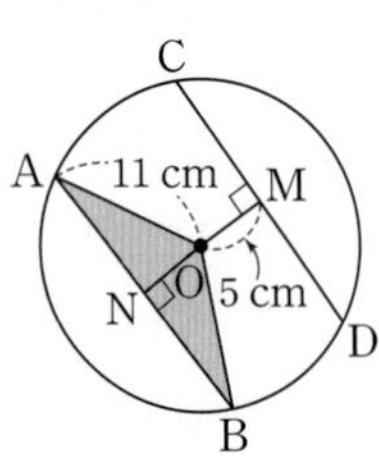

오른쪽 그림과 같이 원의 중심에서 현 AB에 내린 수선의 발을 N이라 하면 $\overline{AB}=\overline{CD}$이므로 원의 중심에서부터 두 현까지의 거리는 같다. 즉,

$\overline{ON}=5$ cm

따라서

$\triangle AOB=\frac{1}{2}\times\overline{AB}\times\overline{ON}$

$=\frac{1}{2}\times8\sqrt{6}\times5$

$=20\sqrt{6}$ (cm^2)

14 원의 접선의 성질에 의하여 $\overline{PA}=\overline{PB}$이므로 $\triangle PAB$는 이등변삼각형이다.

즉, $\angle PAB=\angle PBA=80°$

따라서 $\angle APB=180°-(80°+80°)=20°$

15 오른쪽 그림과 같이 점 C에서 $\overline{AD}$에 내린 수선의 발을 H라고 하면 원의 접선의 성질에 의하여 $\overline{AD}=\overline{DE}=5$, $\overline{BC}=\overline{CE}=2$이므로

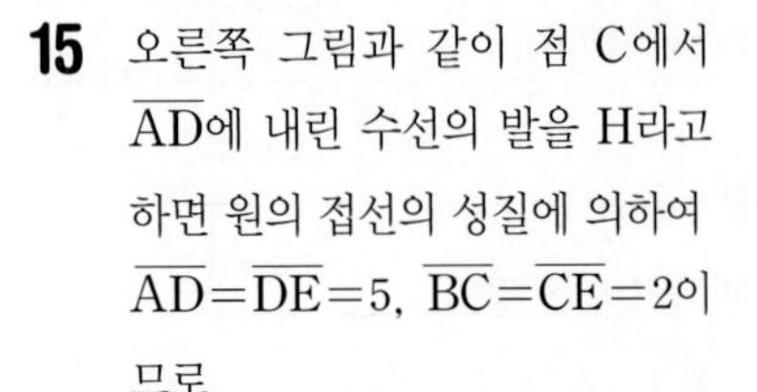

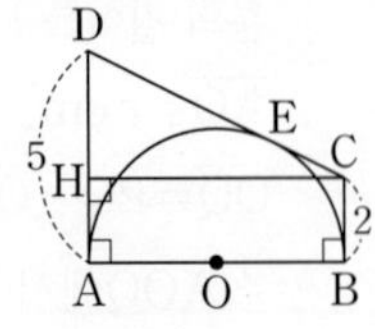

$\overline{CD}=\overline{DE}+\overline{CE}=7$

또, $\overline{DH}=\overline{DA}-\overline{AH}=3$이므로

$\triangle DHC$에서 피타고라스 정리에 의하여

$\overline{CH}=\sqrt{7^2-3^2}=2\sqrt{10}$

즉, 반원 O의 지름의 길이는 $\overline{AB}=\overline{CH}=2\sqrt{10}$이므로 반지름의 길이는 $\sqrt{10}$

16 $\widehat{AB}=\widehat{BC}=\widehat{CD}=\widehat{DE}=\widehat{EA}$이므로

$\widehat{DE}$는 원주의 $\frac{1}{5}$이다.

즉, $\angle DBE=\frac{1}{5}\times180°=36°$

17 오른쪽 그림과 같이 $\overline{BE}$를 그리면

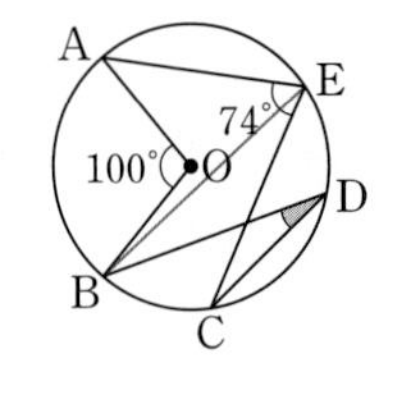

$\angle AEB=\frac{1}{2}\angle AOB=50°$이므로

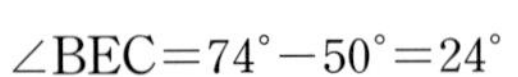

$\angle BEC=74°-50°=24°$

$\angle BEC=\angle BDC$이므로

$\angle BDC=24°$

18 오른쪽 그림과 같이 $\overline{AD}$가 원 O의 지름일 때,

$\angle ABD=90°$이고

$\angle ACB=\angle ADB$,

$\tan C=\tan D=\frac{\overline{AB}}{\overline{BD}}$이므로

$4=\frac{8}{\overline{BD}}$, $\overline{BD}=2$ (cm)

$\triangle ABD$에서 피타고라스 정리에 의하여

$\overline{AD}=\sqrt{8^2+2^2}=2\sqrt{17}$ (cm)

즉, 원 O의 반지름의 길이는

$\overline{AO}=\frac{1}{2}\overline{AD}=\sqrt{17}$ (cm)

따라서 원 O의 넓이는

$\pi\times(\sqrt{17})^2=17\pi$ (cm^2)

19 오른쪽 그림과 같이

$\angle APC=\angle ADC+\angle BAD$

이므로

$\angle APC$

$=(\widehat{AC}$의 원주각의 크기$)+(\widehat{BD}$의 원주각의 크기$)$

즉,

$(\widehat{AC}$의 중심각의 크기$)+(\widehat{BD}$의 중심각의 크기$)$

$=2\angle APC$

$\widehat{AC}+\widehat{BD}=\pi$이므로 $6\pi\times\frac{2\angle APC}{360°}=\pi$

따라서 $\angle APC=30°$

20 네 점 A, B, C, D가 한 원 위에 있으므로 다음 그림과 같이 $\overline{AC}$를 그리면

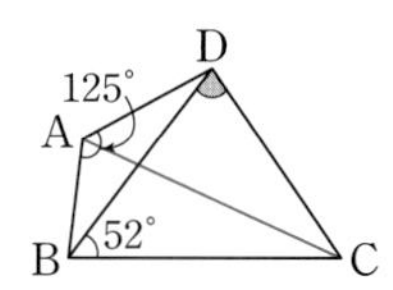

$\angle CBD = \angle CAD = 52°$

$\angle BAC = \angle A - \angle CAD = 125° - 52° = 73°$

따라서 $\angle BDC = \angle BAC = 73°$

21 $\overline{OC} = 2$이므로 △COD에서

$\overline{CD} = 2\sin 60° = \sqrt{3}$, $\overline{OD} = 2\cos 60° = 1$

즉, $\overline{BD} = \overline{OB} - \overline{OD} = 1$ ··· 1단계

△EOB에서 $\overline{OB} = 2$이므로

$\overline{EB} = 2\tan 60° = 2\sqrt{3}$ ··· 2단계

$\square CDBE = \frac{1}{2} \times (\overline{CD} + \overline{BE}) \times \overline{BD}$

$= \frac{1}{2} \times (\sqrt{3} + 2\sqrt{3}) \times 1$

$= \frac{3\sqrt{3}}{2}$ ··· 3단계

채점 기준표

단계	채점 기준	배점
1단계	$\overline{CD}$, $\overline{BD}$의 길이를 구한 경우	2점
2단계	$\overline{BE}$의 길이를 구한 경우	1점
3단계	□CDBE의 넓이를 구한 경우	2점

22 $\tan B = \sqrt{3}$이고 $0° < \angle B < 90°$이므로 $\angle B = 60°$ ··· 1단계

$\triangle ABC = \frac{1}{2} \times \overline{AB} \times \overline{BC} \times \sin B$

$= \frac{1}{2} \times 10 \times 14 \times \frac{\sqrt{3}}{2}$

$= 35\sqrt{3}\ (\text{cm}^2)$ ··· 2단계

채점 기준표

단계	채점 기준	배점
1단계	∠B의 크기를 구한 경우	2점
2단계	△ABC의 넓이를 구한 경우	3점

23 △ABC의 한 변의 길이가 8 cm이므로

$\overline{AD} = \overline{BE} = \overline{CF} = 8 \times \frac{3}{4} = 6\ (\text{cm})$,

$\overline{BD} = \overline{EC} = \overline{AF} = 8 \times \frac{1}{4} = 2\ (\text{cm})$

△ADF≡△BED≡△CFE (SAS합동)이므로

△DEF는 정삼각형이다.

△DEF

$= \triangle ABC - \triangle ADF - \triangle DBE - \triangle ECF$

$= \frac{1}{2} \times 8 \times 8 \times \sin 60° - 3\left(\frac{1}{2} \times 6 \times 2 \times \sin 60°\right)$

$= 16\sqrt{3} - 9\sqrt{3} = 7\sqrt{3}\ (\text{cm}^2)$ ··· 1단계

따라서 $\frac{1}{2} \times \overline{DE}^2 \times \sin 60° = 7\sqrt{3}\ (\text{cm}^2)$이므로

$\overline{DE} = 2\sqrt{7}$ cm ··· 2단계

채점 기준표

단계	채점 기준	배점
1단계	△DEF의 넓이를 구한 경우	3점
2단계	$\overline{DE}$의 길이를 구한 경우	2점

24 오른쪽 그림과 같이 점 C에서 $\overline{AD}$에 내린 수선의 발을 H라고 하면

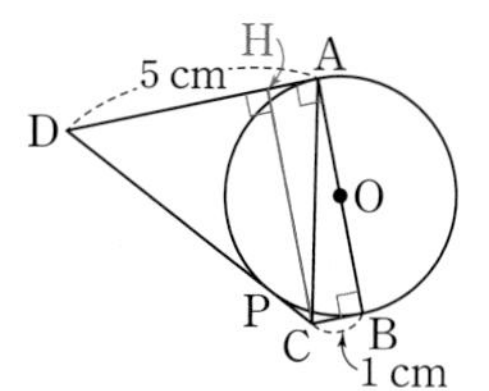

원의 접선의 성질에 의하여

$\overline{AD} = \overline{DP} = 5$ cm,

$\overline{BC} = \overline{CP} = 1$ cm이므로

$\overline{CD} = \overline{DP} + \overline{CP} = 6\ (\text{cm})$ ··· 1단계

$\overline{DH} = \overline{AD} - \overline{AH} = 5 - 1 = 4\ (\text{cm})$

△DHC에서

피타고라스 정리에 의하여

$\overline{CH} = \sqrt{6^2 - 4^2} = 2\sqrt{5}\ (\text{cm})$ ··· 2단계

따라서 △ACH에서 피타고라스 정리에 의하여

$\overline{AC} = \sqrt{\overline{AH}^2 + \overline{CH}^2} = \sqrt{1^2 + (2\sqrt{5})^2} = \sqrt{21}\ (\text{cm})$ ··· 3단계

채점 기준표

단계	채점 기준	배점
1단계	$\overline{CD}$의 길이를 구한 경우	1점
2단계	$\overline{CH}$의 길이를 구한 경우	2점
3단계	$\overline{AC}$의 길이를 구한 경우	2점

25 오른쪽 그림과 같이 $\overrightarrow{PA}$, $\overrightarrow{PB}$는 원 O의 접선이므로

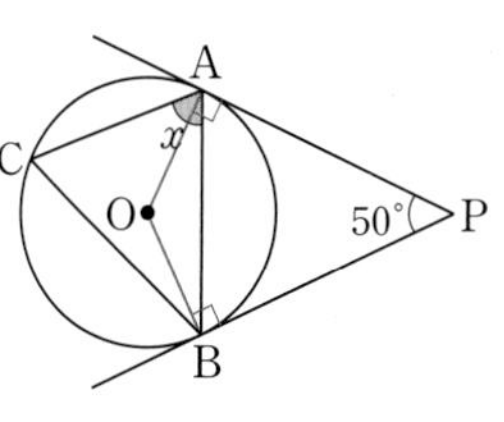

$\angle PAO = \angle PBO = 90°$

사각형 AOBP에서

$\angle AOB = 130°$ ··· 1단계

이때 $\angle ACB = \frac{1}{2}\angle AOB$이므로 $\angle ACB = 65°$ ··· 2단계

△ABC에서 $\angle ABC + \angle BAC = 180° - 65° = 115°$

$\overset{\frown}{AC} : \overset{\frown}{BC} = 2 : 3$이므로

$\angle BAC = 115° \times \frac{3}{5} = 69°$ ··· 3단계

채점 기준표

단계	채점 기준	배점
1단계	$\angle$AOB의 크기를 구한 경우	1점
2단계	$\angle$ACB의 크기를 구한 경우	2점
3단계	$\angle$BAC의 크기를 구한 경우	2점

최종 마무리 50제

본문 104~111쪽

01 ④	02 ①	03 ②	04 ②	05 ②
06 ④	07 ③	08 ①	09 ⑤	10 ⑤
11 ③	12 ④	13 ②	14 ②	15 ②
16 ④	17 63 m	18 $20\sqrt{13}$ m		19 ③
20 ②	21 ⑤	22 ④	23 ②	24 150°
25 ②	26 ③	27 ④	28 ①	
29 27 cm²	30 ⑤	31 ②	32 ④	33 ④
34 ①	35 ③	36 ④	37 16 cm	38 ③
39 ①	40 ①	41 ④	42 $\frac{4}{5}$	43 ①
44 35°	45 ③	46 ②	47 ②	48 ②
49 ⑤	50 80°			

01 $\overline{BC}=\sqrt{17^2-15^2}=8$이므로

$\cos A=\frac{15}{17}$, $\sin A=\frac{8}{17}$, $\tan A=\frac{8}{15}$

따라서

$\cos A\times\tan A\div\sin A=\frac{15}{17}\times\frac{8}{15}\div\frac{8}{17}=1$

02 직선 $x-2y+8=0$의 그래프는 오른쪽 그림과 같다.

$A(-8,\ 0)$, $B(0,\ 4)$이므로

$\overline{AB}=\sqrt{8^2+4^2}=4\sqrt{5}$

$\tan\alpha=\frac{\overline{BO}}{\overline{AO}}=\frac{1}{2}$,

$\sin\alpha=\frac{\overline{BO}}{\overline{AB}}=\frac{4}{4\sqrt{5}}=\frac{1}{\sqrt{5}}=\frac{\sqrt{5}}{5}$

따라서 $\tan\alpha\times\sin\alpha=\frac{1}{2}\times\frac{\sqrt{5}}{5}=\frac{\sqrt{5}}{10}$

03 $\sin A=\frac{\overline{BC}}{\overline{AC}}$이므로 $\frac{10}{\overline{AC}}=\frac{\sqrt{6}}{3}$

$\overline{AC}=5\sqrt{6}$ (cm)

피타고라스 정리에 의하여

$\overline{AB}=\sqrt{(5\sqrt{6})^2-10^2}=5\sqrt{2}$ (cm)

따라서 $\triangle ABC=\frac{1}{2}\times10\times5\sqrt{2}=25\sqrt{2}$ (cm²)

04 직각삼각형 ABD에서 $\tan x=\frac{\sqrt{3}}{3}$이므로

$\frac{\overline{BD}}{4\sqrt{3}}=\frac{\sqrt{3}}{3}$, $\overline{BD}=4$

피타고라스 정리에 의하여

$\overline{AD}=\sqrt{(4\sqrt{3})^2+4^2}=8$

$\triangle ABD\backsim\triangle CED$ (AA닮음)이므로

$\angle DCE=\angle DAB=x$이고

$\overline{AD}:\overline{CD}=\overline{BD}:\overline{DE}$, 즉 $8:4=4:\overline{DE}$이므로

$\overline{DE}=2$

직각삼각형 CDE에서 $\overline{CE}=\sqrt{4^2-2^2}=2\sqrt{3}$

따라서 직각삼각형 ACE에서

$\tan y=\frac{\overline{CE}}{\overline{AE}}=\frac{2\sqrt{3}}{10}=\frac{\sqrt{3}}{5}$

05 $\tan A=\frac{\sqrt{7}}{3}$인 한 직각삼각형 ABC를 그리면 오른쪽 그림과 같다.

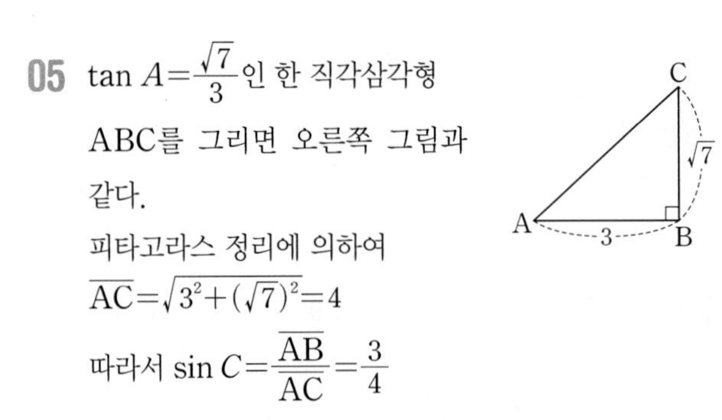

피타고라스 정리에 의하여

$\overline{AC}=\sqrt{3^2+(\sqrt{7})^2}=4$

따라서 $\sin C=\frac{\overline{AB}}{\overline{AC}}=\frac{3}{4}$

06 $\triangle ABC\backsim\triangle DEC\backsim\triangle BDC\backsim\triangle BED\backsim\triangle ADB$ (AA닮음)이므로

① $\triangle DEC$에서 $\sin C=\frac{\overline{DE}}{\overline{CD}}$

② $\triangle BDC$에서 $\sin C=\frac{\overline{BD}}{\overline{BC}}$

③ $\triangle ABC$에서 $\sin C=\frac{\overline{AB}}{\overline{AC}}$

④ $\triangle BDE$에서 $\sin C=\sin(\angle BDE)=\frac{\overline{BE}}{\overline{BD}}$

⑤ $\triangle ABD$에서 $\sin C=\sin(\angle ABD)=\frac{\overline{AD}}{\overline{AB}}$

07 직각삼각형 DBE에서

$\overline{DE}=\sqrt{1^2+(\sqrt{5})^2}=\sqrt{6}$

$\triangle ABC\backsim\triangle EBD$ (AA닮음)이므로

$\cos A=\cos(\angle DEB)=\dfrac{\overline{BE}}{\overline{DE}}=\dfrac{1}{\sqrt{6}}$

$\sin A=\sin(\angle DEB)=\dfrac{\overline{BD}}{\overline{DE}}=\dfrac{\sqrt{5}}{\sqrt{6}}$

따라서 $\cos A\times\sin A=\dfrac{1}{\sqrt{6}}\times\dfrac{\sqrt{5}}{\sqrt{6}}=\dfrac{\sqrt{5}}{6}$

08 삼각형의 세 내각의 크기의 합이 $180°$이므로

세 내각의 크기는 각각 $180°\times\dfrac{1}{1+2+3}=30°$,

$180°\times\dfrac{2}{1+2+3}=60°$, $180°\times\dfrac{3}{1+2+3}=90°$

즉, $A=30°$, $B=60°$

따라서

$\sin A+\cos B=\sin 30°+\cos 60°$

$=\dfrac{1}{2}+\dfrac{1}{2}=1$

09 $(\cos 0°+\sin 30°)(\sin 90°-\cos 60°)$

$=\left(1+\dfrac{1}{2}\right)\left(1-\dfrac{1}{2}\right)$

$=1-\left(\dfrac{1}{2}\right)^2$

$=1-\dfrac{1}{4}=\dfrac{3}{4}$

10 직각삼각형 ACD에서 $\overline{AD}=4\sqrt{3}$

직각삼각형 ABD에서

$\tan 30°=\dfrac{\overline{AD}}{\overline{AB}}$이므로 $\dfrac{\sqrt{3}}{3}=\dfrac{4\sqrt{3}}{\overline{AB}}$

따라서 $\overline{AB}=12$

11 $\angle COH=180°-120°=60°$이고 반지름의 길이가 6 cm이므로

직각삼각형 OCH에서 $\cos 60°=\dfrac{\overline{OH}}{\overline{OC}}$

$\dfrac{1}{2}=\dfrac{\overline{OH}}{6}$, $\overline{OH}=3$ cm

이때 $\overline{BO}=6$ cm이므로

$\overline{BH}=\overline{BO}-\overline{OH}=6-3=3$ (cm)

12 직각삼각형 OCD에서

$\cos x=\dfrac{\overline{OD}}{\overline{OC}}=\overline{OD}$, $\sin y=\dfrac{\overline{OD}}{\overline{OC}}=\overline{OD}$이므로

$\overline{BD}=\overline{OB}-\overline{OD}=1-\cos x=1-\sin y$

13 $\cos 90°=0<\cos 18°$이고

$0<\sin 32°<\sin 45°=\cos 45°<\cos 18°<1$,

$\tan 45°=1<\tan 52°$이므로

$\cos 90°<\sin 32°<\cos 18°<\tan 45°<\tan 52°$

따라서 두 번째로 작은 값은 ② $\sin 32°$

14 $45°<A<90°$일 때, $\cos A<1$이고

$\sin 45°=\cos 45°>\cos A$이므로

$\sqrt{(1-\cos A)^2}-\sqrt{(\sin 45°-\cos A)^2}$

$=|1-\cos A|-|\sin 45°-\cos A|$

$=1-\cos A-(\sin 45°-\cos A)$

$=1-\cos A-\sin 45°+\cos A$

$=1-\sin 45°$

$=1-\dfrac{\sqrt{2}}{2}$

15 $\sin x°=\dfrac{81.92}{100}=0.8192$이므로 $x=55$

$\cos 55°=\dfrac{y}{100}$이므로 $0.5736=\dfrac{y}{100}$, $y=57.36$

따라서 $y-x=57.36-55=2.36$

16 $\overline{AC}=\dfrac{\overline{BC}}{\tan 60°}=\dfrac{30\sqrt{3}}{\sqrt{3}}=30$

$\overline{AB}=\dfrac{\overline{BC}}{\sin 60°}=30\sqrt{3}\div\dfrac{\sqrt{3}}{2}=60$

따라서 나무가 쓰러지기 전의 높이는

$\overline{AC}+\overline{AB}=30+60=90$

17 지면을 이륙한지 3초가 지났으므로

$\overline{AC}=50$ (m/초)$\times 3$ (초)$=150$ (m)

$\overline{AB}=\overline{AC}\times\sin 25°=150\times 0.42=63$ (m)

18 오른쪽 그림과 같이 점 A에서 $\overline{BC}$에 내린 수선의 발을 H라고 하면

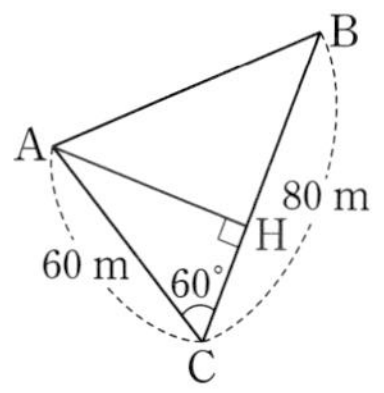

직각삼각형 ACH에서

$\overline{CH}=\overline{AC}\times\cos 60°$

$=60\times\dfrac{1}{2}=30$ (m)

$\overline{AH}=\overline{AC}\times\sin 60°=60\times\dfrac{\sqrt{3}}{2}=30\sqrt{3}$ (m)

직각삼각형 AHB에서

$\overline{BH}=\overline{BC}-\overline{CH}=80-30=50$ (m)

피타고라스 정리에 의하여

$\overline{AB}=\sqrt{(30\sqrt{3})^2+50^2}=20\sqrt{13}$ (m)

19 오른쪽 그림과 같이 점 C에서 $\overline{AB}$에 내린 수선의 발을 H라고 하면

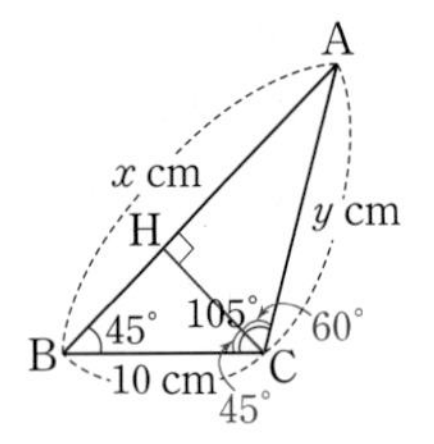

△BHC에서

$\overline{BH}=\overline{CH}=\frac{10}{\sqrt{2}}=5\sqrt{2}$ (cm)

∠ACH=105°−45°=60°이므로

△ACH에서

$\overline{AC}=\frac{\overline{CH}}{\cos 60^\circ}=5\sqrt{2}\div\frac{1}{2}=10\sqrt{2}$ (cm)

이때 $\overline{AH}=\overline{CH}\times\tan 60^\circ=5\sqrt{2}\times\sqrt{3}=5\sqrt{6}$ (cm)

$\overline{AB}=\overline{BH}+\overline{AH}=5\sqrt{2}+5\sqrt{6}=5(\sqrt{2}+\sqrt{6})$ (cm)

따라서 $x=5(\sqrt{2}+\sqrt{6})$, $y=10\sqrt{2}$이므로

$xy=5(\sqrt{2}+\sqrt{6})\times10\sqrt{2}$

$=100(1+\sqrt{3})$

20 $\overline{PH}=x$ m라고 하면 직각삼각형 PHA에서

$\overline{AH}=\frac{x}{\tan 60^\circ}=\frac{x}{\sqrt{3}}=\frac{\sqrt{3}}{3}x$ (m)

직각삼각형 PHB에서

$\overline{BH}=\frac{x}{\tan 30^\circ}=\sqrt{3}x$ (m)

이때 $\overline{AB}$=120(m/분)×3(분)=360 (m)

$\overline{AB}=\overline{BH}-\overline{AH}$이므로 $\sqrt{3}x-\frac{\sqrt{3}}{3}x=360$

$\left(\sqrt{3}-\frac{\sqrt{3}}{3}\right)x=360$, $\frac{2\sqrt{3}}{3}x=360$, $x=180\sqrt{3}$

따라서 건물의 높이는 $180\sqrt{3}$ m

21 오른쪽 그림과 같이 점 C에서 $\overline{AB}$에 내린 수선의 발을 H라고 하면

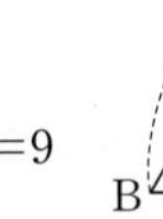

△ACH에서

$\cos A=\frac{\overline{AH}}{\overline{AC}}$, $\frac{3}{4}=\frac{\overline{AH}}{12}$, $\overline{AH}=9$

피타고라스 정리에 의하여

$\overline{CH}=\sqrt{12^2-9^2}=3\sqrt{7}$이므로

$\triangle ABC=\frac{1}{2}\times\overline{AB}\times\overline{CH}=\frac{1}{2}\times14\times3\sqrt{7}=21\sqrt{7}$

22 $\overline{AC}=x$ cm라고 하자.

∠A=60°이므로 ∠BAD=∠DAC=30°

△ABC=△ABD+△ADC이고

$\triangle ABC=\frac{1}{2}\times8\times x\times\sin 60^\circ=2\sqrt{3}x$ (cm²),

$\triangle ABD=\frac{1}{2}\times8\times5\sqrt{3}\times\sin 30^\circ=10\sqrt{3}$ (cm²),

$\triangle ADC=\frac{1}{2}\times5\sqrt{3}\times x\times\sin 30^\circ=\frac{5\sqrt{3}}{4}x$ (cm²)이므로

$2\sqrt{3}x=10\sqrt{3}+\frac{5\sqrt{3}}{4}x$, $\frac{3\sqrt{3}}{4}x=10\sqrt{3}$, $x=\frac{40}{3}$

따라서 $\overline{AC}=\frac{40}{3}$ cm

23 $\overline{AC}$: $\overline{BD}$=3 : 4이므로 $\overline{AC}=3a$ (cm)라고 하면 $\overline{BD}=4a$ (cm)

$\square ABCD=\frac{1}{2}\times3a\times4a\times\sin(180^\circ-135^\circ)$이므로

$81\sqrt{2}=3\sqrt{2}a^2$, $a^2=27$, $a=3\sqrt{3}$ $(a>0)$

이때 $\overline{AC}=3a=9\sqrt{3}$ (cm), $\overline{BD}=4a=12\sqrt{3}$ (cm)

이므로 $\overline{AC}+\overline{BD}=21\sqrt{3}$ (cm)

24 $\square ABCD=10\times16\times\sin(180^\circ-B)$이고

$\triangle APC=\frac{1}{4}\triangle ABC=\frac{1}{4}\left(\frac{1}{2}\square ABCD\right)=\frac{1}{8}\square ABCD$

이므로

$10=\frac{1}{8}\times\{10\times16\times\sin(180^\circ-B)\}$,

$\sin(180^\circ-B)=\frac{1}{2}$

이때 $0^\circ<180^\circ-B<90^\circ$이므로 $180^\circ-B=30^\circ$

따라서 ∠B=150°

25 오른쪽 그림과 같이 $\overline{BD}/\!/\overline{CE}$이므로

△BDC=△BED

즉,

□ABCD

=△ABD+△BDC

=△ABD+△BED

=△ABE

$6\sqrt{2}=\frac{1}{2}\times4\times(2+\overline{DE})\times\sin(180^\circ-135^\circ)$

$2+\overline{DE}=6$, $\overline{DE}=4$

26 $\overline{AO}=20$ cm,

$\overline{OP}=\frac{1}{2}\overline{OC}=\frac{1}{2}\times20=10$ (cm)이므로

직각삼각형 AOP에서

$\overline{AP}=\sqrt{20^2-10^2}=10\sqrt{3}$ (cm)

따라서 $\overline{AB}=2\overline{AP}=20\sqrt{3}$ (cm)

27 현의 수직이등분선은 원의 중심을 지나므로 오른쪽 그림과 같다.

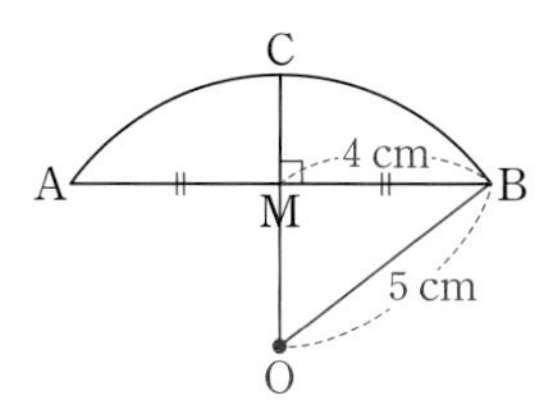

직각삼각형 OBM에서

$\overline{BO}=5$ cm,

$\overline{BM}=4$ cm이므로

피타고라스 정리에 의하여

$\overline{OM}=\sqrt{5^2-4^2}=3$ (cm)

따라서 $\overline{CM}=\overline{CO}-\overline{OM}=5-3=2$ (cm)

28 원의 중심에서 현에 내린 수선은 그 현을 이등분하므로

$\overline{CM}=\frac{1}{2}\overline{CD}=2$ (cm), $\overline{AM}=\frac{1}{2}\overline{AB}=5$ (cm)

직각삼각형 OCM에서 피타고라스 정리에 의하여

$\overline{OC}=\sqrt{1^2+2^2}=\sqrt{5}$ (cm)

직각삼각형 OAM에서 피타고라스 정리에 의하여

$\overline{OA}=\sqrt{1^2+5^2}=\sqrt{26}$ (cm)

따라서 색칠한 부분의 넓이는

$\pi\times\overline{OA}^2-\pi\times\overline{OC}^2=26\pi-5\pi=21\pi$ (cm^2)

29 오른쪽 그림과 같이 원의 중심에서 현 AB에 내린 수선의 발을 N이라고 하면 $\overline{AB}=\overline{CD}$이므로

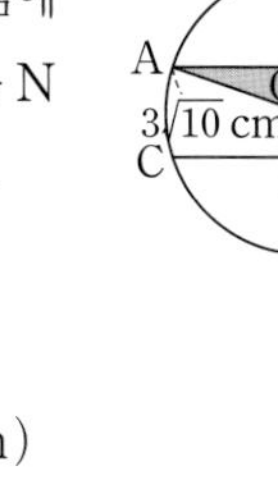

$\overline{ON}=\overline{OM}=3$ cm

직각삼각형 AON에서

$\overline{AN}=\sqrt{(3\sqrt{10})^2-3^2}=9$ (cm)

$\overline{AB}=2\overline{AN}=18$ (cm)

따라서 $\triangle AOB=\frac{1}{2}\times18\times3=27$ (cm^2)

30 $\overline{OM}=\overline{ON}$이므로 $\overline{AB}=\overline{BC}$

즉, $\angle A=\angle C=60^\circ$이므로 $\angle B=60^\circ$

따라서 $\triangle ABC$는 정삼각형이다.

$\triangle BOM$에서 $\angle OBM=30^\circ$이므로

$\overline{BM}=\frac{\overline{OM}}{\tan 30^\circ}=2\sqrt{3}\div\frac{\sqrt{3}}{3}=6$

$\overline{AB}=2\overline{BM}=12$이므로

$\triangle ABC=\frac{1}{2}\times12\times12\times\sin 60^\circ$

$=\frac{1}{2}\times12\times12\times\frac{\sqrt{3}}{2}=36\sqrt{3}$

31 □AMON에서

$\angle A=360^\circ-(90^\circ+90^\circ+122^\circ)=58^\circ$

$\overline{OM}=\overline{ON}$이므로 $\overline{AB}=\overline{AC}$

즉, $\triangle ABC$는 $\overline{AB}=\overline{AC}$인 이등변삼각형이므로

$\angle ACB=\frac{1}{2}\times(180^\circ-58^\circ)=61^\circ$

32 $\angle OAP=\angle OBP=90^\circ$이므로

□AOBP에서 $\angle AOB=120^\circ$

직각삼각형 AOP에서

$\overline{AO}=\overline{AP}\times\tan 30^\circ=12\times\frac{\sqrt{3}}{3}=4\sqrt{3}$ (cm)

따라서 부채꼴 AOB의 넓이는

$\pi\times(4\sqrt{3})^2\times\frac{120^\circ}{360^\circ}=16\pi$ (cm^2)

33 $\overline{CE}=x$ cm, $\overline{DB}=y$ cm라고 하자.

원의 접선의 성질에 의하여

$\overline{CE}=\overline{AC}=x$ cm, $\overline{ED}=\overline{BD}=y$ cm이고

$\overline{CD}=6$ cm이므로

$x+y=6$

$\overline{PA}=\overline{PB}$이므로 $6+x=8+y$

$\begin{cases}x+y=6\\6+x=8+y\end{cases}$를 풀면 $x=4$, $y=2$

따라서 $\overline{PA}=\overline{PC}+\overline{CA}=6+x=10$ (cm)

34 오른쪽 그림과 같이 점 D에서 $\overline{BC}$에 내린 수선의 발을 H라 하면

원의 접선의 성질에 의하여

$\overline{DE}=\overline{AD}=4$ cm,

$\overline{CE}=\overline{BC}=9$ cm

$\overline{BH}=\overline{AD}=4$ cm이므로

$\overline{HC}=5$ cm

직각삼각형 DHC에서 피타고라스 정리에 의하여

$\overline{DH}=\sqrt{13^2-5^2}=12$ (cm)

즉, $\overline{AO}=\frac{1}{2}\times\overline{AB}=\frac{1}{2}\times12=6$ (cm)

따라서 반원 O의 넓이는

$\pi\times6^2\times\frac{1}{2}=18\pi$ (cm^2)

35 오른쪽 그림과 같이

$\overline{AD}=x$ cm라고 하면 내접원의

반지름의 길이가 2 cm이므로

$\overline{EC}=\overline{CF}=2$ cm

$\overline{BE}=\overline{BC}-\overline{EC}=4$ (cm)

원의 접선의 성질에 의하여

$\overline{BD}=\overline{BE}=4$ cm, $\overline{AD}=\overline{AF}=x$ cm

즉, $\overline{AB}=x+4$ (cm), $\overline{AC}=x+2$ (cm)

피타고라스 정리에 의하여

$(4+x)^2=6^2+(2+x)^2$

$x^2+8x+16=36+x^2+4x+4$

$4x=24$, $x=6$

따라서 $\overline{AB}=x+4=10$ (cm)

36 △ECD에서 피타고라스 정리에 의하여

$\overline{DE}=\sqrt{12^2+5^2}=13$ (cm)

$\overline{BE}=x$ cm라고 하면

$\overline{AD}=\overline{BC}=x+5$ (cm), $\overline{AB}=\overline{CD}=12$ cm

원에 외접하는 사각형에서 두 쌍의 대변의 길이의 합은 같으므로 $\overline{AB}+\overline{DE}=\overline{AD}+\overline{BE}$

$12+13=x+(x+5)$에서

$2x=20$, $x=10$

따라서 $\overline{BE}=10$ cm

37 다음 그림과 같이 두 원 O_1, O_2가 만나는 점을 P라고 하고, $\overline{AP}=x$ cm라고 하자. 원의 접선의 성질을 이용하여 각 변의 길이를 x를 이용하여 나타내면 다음과 같다.

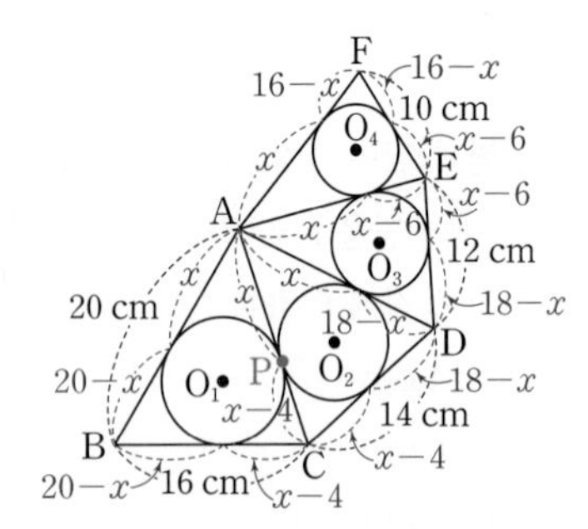

따라서 $\overline{AF}=x+(16-x)=16$ (cm)

38 $\overline{BE}=x$ cm라고 하면 원의 접선의 성질에 의하여

$\overline{BD}=\overline{BE}=x$ cm이므로

$\overline{AF}=\overline{AD}=15-x$ (cm), $\overline{CF}=\overline{EC}=10-x$ (cm)

즉, $\overline{AC}=\overline{AF}+\overline{CF}$이므로

$(15-x)+(10-x)=13$

$2x=12$, $x=6$

따라서 $\overline{BE}=6$ cm

39 오른쪽 그림과 같이 $\overset{\frown}{BC}$ 위에 한 점 P를 잡으면 $\overset{\frown}{BPC}$의 중심각의 크기는 $360°-220°=140°$

즉, ∠BAC는 $\overset{\frown}{BPC}$의 원주각의 크기이므로

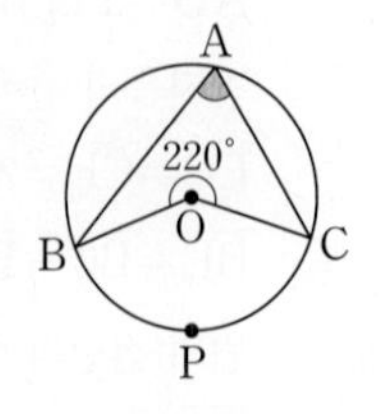

$\angle BAC=\frac{1}{2}\times 140°=70°$

40 $\overline{PA}$, $\overline{PB}$는 접선이므로 $\angle OAP=\angle OBP=90°$

$\overset{\frown}{AB}$의 원주각과 중심각 사이의 관계에 의하여

$\angle AOB=2\angle AQB=2\times 65°=130°$

□AOBP에서

$\angle APB=360°-(90°+90°+130°)=50°$

41 △PAC에서

$\angle DAE=\angle CPA+\angle PCA=35°+22°=57°$이고

$\angle ADB=\angle ACB=22°$이므로

△AED에서

$\angle DEC=\angle ADB+\angle DAE=22°+57°=79°$

42 오른쪽 그림과 같이 $\overline{BA'}$이 원의 지름일 때 $\overset{\frown}{BC}$의 원주각

$\angle BAC=\angle BA'C$이고,

원 O의 반지름의 길이가 5 cm이므로 $\overline{BA'}=10$ cm

△A′BC에서 피타고라스 정리에 의하여

$\overline{A'C}=\sqrt{10^2-6^2}=8$ (cm)

따라서 $\cos A=\cos A'=\frac{\overline{A'C}}{\overline{A'B}}=\frac{8}{10}=\frac{4}{5}$

43 오른쪽 그림과 같이 $\overline{AB}$는 원의 지름이므로

$\angle ACB=90°$

$\overset{\frown}{CD}$의 원주각

$\angle CBD=\frac{1}{2}\angle COD=21°$

△CBP에서

$\angle APB=180°-(90°+21°)=69°$

44 오른쪽 그림과 같이 $\overrightarrow{BP}$는 반원 O′에 그은 접선이므로

$\angle O'PB=90°$

즉, 삼각형 PO′B에서

$\angle PO'B=70°$

$\angle PAO=\frac{1}{2}\angle PO'O=\frac{1}{2}\times 70°=35°$

45 $\angle APC=\frac{1}{2}\angle AOC=42°$이고

$\angle CQB=\angle CPB=18°$이므로

$\angle APB=\angle APC+\angle CPB=42°+18°=60°$

46 오른쪽 그림과 같이

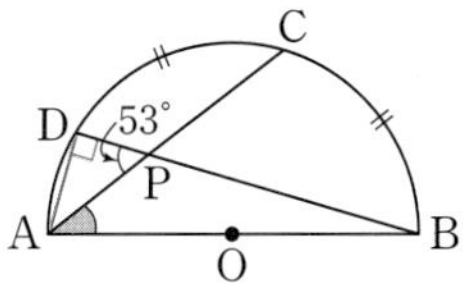

$\angle CAB = x$라고 하면

$\overline{AB}$는 반원 O의 지름이므로 $\angle ADB = 90^\circ$

$\widehat{BC} = \widehat{CD}$이므로

원주각 $\angle CAB = \angle DAC = x$

삼각형 DAP에서 $x + 53^\circ + 90^\circ = 180^\circ$이므로

$x = 37^\circ$

따라서 $\angle CAB = 37^\circ$

47 삼각형 ADP에서 $\angle DAP + \angle ADP = \angle DPB$이므로

$\angle DAP = 50^\circ$

원주각의 크기는 호의 길이에 정비례하므로

$\angle ADC : \angle DAB = \widehat{AC} : \widehat{DB}$

$30^\circ : 50^\circ = 6 : \widehat{DB}$

$\widehat{DB} = 10\ (\text{cm})$

48 점 I는 $\triangle ABC$의 내심이므로

$\angle BAP = \angle CAP$, $\angle ABQ = \angle CBQ$

삼각형 ABC에서

$2\angle CAP + 2\angle ABQ + 36^\circ = 180^\circ$이므로

$\angle CAP + \angle ABQ = 72^\circ$

($\widehat{PC}$의 중심각의 크기)+($\widehat{CQ}$의 중심각의 크기)

$= 2 \times 72^\circ = 144^\circ$

따라서 $\widehat{PQ} = 2\pi \times 10 \times \dfrac{144^\circ}{360^\circ} = 8\pi\ (\text{cm})$

49 ① $\angle BAC \neq \angle BDC$이므로 네 점이 한 원 위에 있지 않다.

② 삼각형 BCD에서

$\angle BDC = 180^\circ - (20^\circ + 95^\circ) = 65^\circ$이므로

$\angle BAC \neq \angle BDC$

따라서 네 점이 한 원 위에 있지 않다.

③ $\angle ADB \neq \angle ACB$이므로 네 점이 한 원 위에 있지 않다.

④ 삼각형 ABP에서 $\angle ABP = 65^\circ - 32^\circ = 33^\circ$이므로

$\angle ABD \neq \angle ACD$

따라서 네 점이 한 원 위에 있지 않다.

⑤ 삼각형 APB에서 $\angle ABP = 80^\circ - 60^\circ = 20^\circ$

$\angle ABD = \angle ACD$이므로 네 점 A, B, C, D는 한 원 위에 있다.

50 네 점 A, B, C, D가 한 원 위에 있고, $\overline{AD} = \overline{BC}$이므로 $\angle ABD = \angle BAC = 40^\circ$

$\triangle ABP$에서

$\angle APD = \angle BAP + \angle ABP = 40^\circ + 40^\circ = 80^\circ$

MEMO